高等院校计算机教育系列教材

Oracle 11g 数据库基础与应用教程

钱慎一　编著

清华大学出版社

北　京

内 容 简 介

Oracle 是数据库领域最优秀的数据库系统之一,本书以 Oracle 11g 为蓝本,系统地讲述了数据库的原理、Oracle 11g 的功能和应用。

全书共分 11 章,在讲述数据库原理的基础知识和数据库结构化查询语言 SQL 的同时,详细地介绍了 Oracle 11g 数据库的安装和卸载、PL/SQL 编程、基本操作、安全管理、存储管理、备份与恢复、闪回技术等,最后通过实例阐述了基于 Java 开发包和 Oracle 数据库的开发过程,此外,还配有大量的图片和翔实的代码,便于读者自行上机练习。

本书内容翔实、结构合理、示例丰富、语言简洁流畅,主要用于培养数据库管理人员和数据库开发人员,适合作为高等院校本、专科计算机软件、信息系统、电子商务等相关专业的数据库课程教材,同时也适合作为各种数据库技术培训班的教材以及数据库开发人员的参考资料。

图书在版编目(CIP)数据

Oracle 11g 数据库基础与应用教程/钱慎一编著. --北京:清华大学出版社,2011.6(2020.1重印)
(高等院校计算机教育系列教材)
ISBN 978-7-302-25628-1

Ⅰ. ①O… Ⅱ. ①钱… Ⅲ. ①关系数据库—数据库管理系统,Oracle 11g—高等学校—教材
Ⅳ. ①TP311.138

中国版本图书馆 CIP 数据核字(2011)第 087954 号

责任编辑:张　瑜　宋延清
装帧设计:杨玉兰
责任校对:周剑云
责任印制:刘祎淼
出版发行:清华大学出版社
　　　　网　　　址:http://www.tup.com.cn, http://www.wqbook.com
　　　　地　　　址:北京清华大学学研大厦 A 座　　　　邮　　编:100084
　　　　社 总 机:010-62770175　　　　　　　　　　邮　　购:010-62786544
　　　　投稿与读者服务:010-62776969, c-service@tup.tsinghua.edu.cn
　　　　质量反馈:010-62772015, zhiliang@tup.tsinghua.edu.cn
印　装　者:北京国马印刷厂
经　　销:全国新华书店
开　　本:185×260　　印　张:22.5　　　字　　数:542 千字
版　　次:2011 年 6 月第 1 版　　　　印　　次:2020 年 1 月第 7 次印刷
定　　价:38.00 元

产品编号:040131-01

前　　言

　　信息技术的飞速发展大大推动了社会的进步，也逐渐改变了人们的生活、工作和学习方式。数据库技术现已成为计算机科学技术中发展最快的领域之一，也是应用最广的技术之一。数据库技术和网络技术是信息技术中的重要支柱。当今各种热门的信息系统，例如管理信息系统、企业资源计划、供应链管理系统、客户关系管理系统、电子商务系统、决策支持系统、智能信息系统等，都离不开数据库技术强有力的支持。

　　Oracle 数据库系统是数据库领域最优秀的数据库之一，随着版本的不断升级，功能越来越强大。最新版本的 Oracle 11g 可以为各类用户提供完整的数据库解决方案，可以帮助用户建立自己的电子商务体系，从而增强了用户对外界变化的敏捷反应能力，提高了用户的市场竞争力。

　　目前，我国应用型和工程型人才短缺，原有的教材已经不适合现在的要求。紧缺型人才的培养注重的是实践能力，应该在学校就开始培养学生的动手能力，使学生在毕业后能直接上岗工作，所以教材的改革就显得尤为重要。本书从实际应用角度出发，系统地介绍了数据库和 Oracle 的相关概念和原理、Oracle 的数据库管理与操作和 Oracle 的应用开发基础，并通过案例来介绍基于 Java 开发包和 Oracle 数据库进行案例开发的详细过程。全书共分 11 章，各章内容介绍如下。

　　第 1 章　讲述数据库的基本概念、原理和数据库设计的方法与步骤。

　　第 2 章　讲述 Oracle 的发展历史、产品版本、Oracle 11g 的体系结构和新特性。

　　第 3 章　讲述 Oracle 在 Windows 上的安装、卸载和配置。

　　第 4~5 章　讲述 SQL 语言基础与 Oracle PL/SQL 语言及编程技术。

　　第 6~10 章　讲述 Oracle 的基本操作及其数据库的管理应用操作、安全管理、存储管理、备份与恢复、闪回技术等。

　　第 11 章　讲述基于 Oracle 数据库和 Java 开发包的综合应用实例。

　　本书相关源代码可以从 www.wenyuan.com.cn 下载。

　　本书由资深 Oracle 专家钱慎一老师编著。另外，闫红岩、张保威、金松河、张旭、贺蕾、张阳、王国胜、伏银恋、徐明华、尼春雨、张丽等也参与了编写工作。在本书的编写和出版过程中得到了郑州轻工业学院教务处的大力支持和帮助，在此由衷地向他们表示感谢！本书除了可用作高等院校本专科学生的教材外，也兼顾了普通读者，可供从事计算机应用开发的人员在学习数据库技术时参考。

　　由于编写工作繁忙，书中难免会有疏漏之处，恳请广大读者给予批评指正。

编　者

目 录

第 1 章　数据库技术基础

数据库技术已成为计算机科学的一个重要分支，是数据管理的最新技术，是计算机科学技术中发展最快的领域之一。许多信息系统都是以数据库为基础建立的，数据库已成为计算机信息系统的核心技术和重要基础，成为人们储存数据、管理信息、共享资源的最先进、最常用的技术。

本章将介绍数据库系统的基本概念、数据管理技术的发展过程、数据模型、数据库系统设计、数据库应用系统结构和数据库的规范化理论等，最后还将阐述高级数据库技术的相关知识。读者从中可以学习到为什么要使用数据库技术以及明确数据库技术的重要性。本章是学习后面各章节的预备和基础。

1.1　数据库的基本概念

数据库技术是计算机技术中发展最为迅速的领域之一，已成为人们存储数据、管理信息和共享资源的最常用、最先进的技术。数据库技术已经在科学、技术、经济、文化和军事等各个领域发挥着重要的作用。

1.1.1　数据管理的发展

自计算机产生以来，人类社会进入了信息时代，对数据处理速度及规模的需求远远超出了过去人工或机械方式的能力范围，计算机以其快速准确的计算能力和海量的数据存储能力在数据处理领域得到了广泛的应用。随着数据处理的工作量呈几何方式的不断增加，数据管理技术应运而生，其演变过程随着计算机硬件或软件的发展速度以及计算机应用领域的不断拓宽而不断变化。总地来说，数据管理的发展经历了人工管理、文件管理和数据库管理 3 个阶段。

1．人工管理阶段

在计算机没有应用到数据管理领域之前，数据管理的工作是由人工完成的。这种数据处理经历了很长一段时间。

20 世纪 50 年代中期以前，计算机主要用于科学计算。当时外存的状况是只有纸带、卡片、磁带等设备，并没有磁盘等直接存取的存储设备；而计算机系统软件的状况是没有操作系统，没有管理数据的软件，在这种情况下的数据管理方式为人工管理数据。人工管理数据具有如下特点。

(1) 数据不被保存

由于当时计算机主要用于科学计算，一般不需要将数据长期保存，只是在计算某一课题时将数据输入，用完就撤走。

(2) 应用程序管理数据

数据需要由应用程序自己管理，没有相应的软件系统负责数据的管理工作。应用程序中不仅要规定数据的逻辑结构，而且要设计物理结构，包括存储结构、存取方法、输入方式等，因此程序员负担很重。

(3) 数据不能共享

数据是面向应用的，一组数据只能对应一个程序。当多个应用程序涉及某些相同的数据时，由于必须各自定义，无法互相利用、互相参照，因此程序与程序之间有大量的冗余数据，如图 1.1 所示。

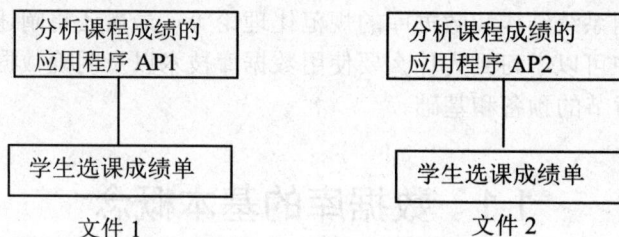

```
┌──────────────┐        ┌──────────────┐
│  分析课程成绩的  │        │  分析课程成绩的  │
│  应用程序 AP1   │        │  应用程序 AP2   │
└──────┬───────┘        └──────┬───────┘
       │                        │
┌──────┴───────┐        ┌──────┴───────┐
│  学生选课成绩单  │        │  学生选课成绩单  │
└──────────────┘        └──────────────┘
     文件 1                    文件 2
```

图 1.1 两个应用程序各自使用同一数据

(4) 数据不具有独立性

数据的逻辑结构或物理结构改变后，必须对应用程序做相应的修改，这就进一步加重了程序员的负担。

在人工管理阶段，程序与数据之间的一一对应关系如图 1.2 所示。

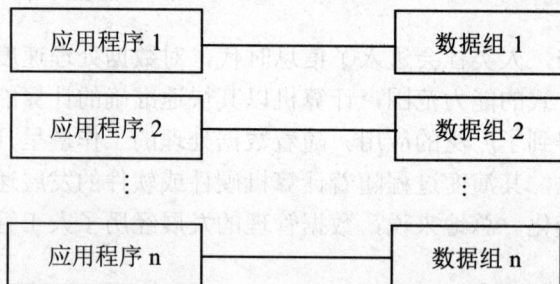

```
┌──────────────┐          ┌──────────────┐
│  应用程序 1    │──────────│  数据组 1     │
└──────────────┘          └──────────────┘

┌──────────────┐          ┌──────────────┐
│  应用程序 2    │──────────│  数据组 2     │
└──────────────┘          └──────────────┘
       ⋮                          ⋮
┌──────────────┐          ┌──────────────┐
│  应用程序 n    │──────────│  数据组 n     │
└──────────────┘          └──────────────┘
```

图 1.2 人工管理阶段应用程序与数据之间的对应关系

2. 文件系统阶段

到了 20 世纪 50 年代后期，及 60 年代中期，这时已有了磁盘、磁鼓等直接存储设备；而在计算机系统方面，不同类型的操作系统的出现极大地增强了计算机系统的功能。操作系统中用来进行数据管理的部分是文件系统。这时可以把相关的数据组织成一个文件存放在计算机中，在需要的时候只要提供文件名，计算机就能从文件系统中找出所要的文件，把文件中存储的数据提供给用户进行处理。但是，由于这时数据的组织仍然是面向程序，所以存在大量的数据冗余，无法有效地进行数据共享。

(1) 文件系统管理数据具有如下优点。

● 数据可以长期保存：数据可以组织成文件长期保存在计算机中反复使用。

● 由文件系统管理数据：文件系统把数据组织成内部有结构的记录，实现"按文件名访问，按记录进行存取"的管理技术。

文件系统使应用程序与数据之间有了初步的独立性，程序员不必过多地考虑数据存储的物理细节。例如，文件系统中可以有顺序结构文件、索引结构文件、Hash 等。数据在存储上的不同不会影响程序的处理逻辑。如果数据的存储结构发生改变，应用程序的改变很小，节省了程序的维护工作量。

(2) 但是，文件系统仍存在以下缺点。

● 数据共享性差，冗余度大：在文件系统中，一个(或一组)文件基本上对应于一个应用(程序)，即文件是面向应用的。当不同的应用(程序)使用部分相同的数据时，也必须建立各自的文件，而不能共享相同的数据。因此数据的冗余度大，浪费存储空间。同时由于相同数据的重复存储、各自管理，容易造成数据的不一致性，给数据的修改和维护带来了困难。

● 数据独立性差：文件系统中的文件是为某一特定应用服务的，文件的逻辑结构对该应用来说是优化的，因此要相对现有的数据再增加一些新的应用会很困难，系统不容易扩充。一旦数据的逻辑结构发生改变，就必须修改应用程序，修改文件结构的定义。因此数据与程序之间仍缺乏独立性。文件系统阶段程序与数据之间的关系如图 1.3 所示。

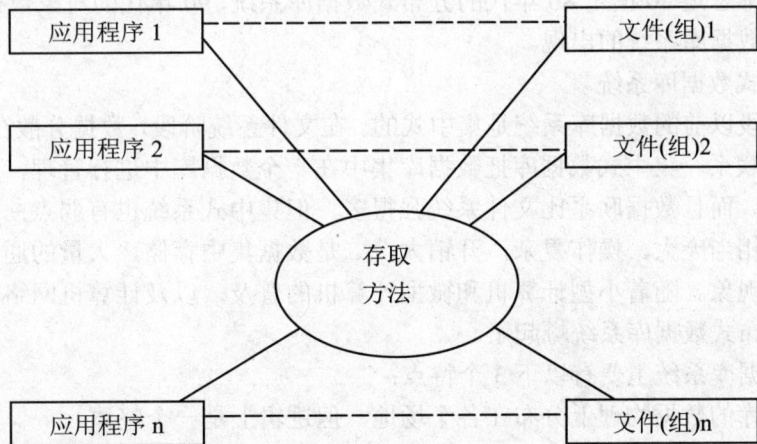

图 1.3　文件系统阶段应用程序与数据之间的对应关系

3. 数据库系统阶段

20 世纪 60 年代后期，计算机用于管理的规模越来越大，应用越来越广泛，数据量急剧增长，同时多种应用、多种语言互相覆盖的共享数据集合的要求也越来越强烈。

这时已有大容量磁盘，硬件价格下降，软件价格则上升，为编制和维护系统软件及应用程序所需的成本相对增加。在这种背景下，以文件系统作为数据管理手段已经不能满足应用的需求，于是为解决多用户、多应用共享数据的需求，使数据为尽可能多的应用服务，数据库技术便应运而生，出现了统一管理数据的专用软件系统——数据库管理系统。

用数据库系统来管理数据比文件系统具有明显的优点，从文件系统到数据库系统，标志着数据管理技术的飞跃。

在数据库系统阶段，应用程序与数据之间的对应关系如图 1.4 所示。

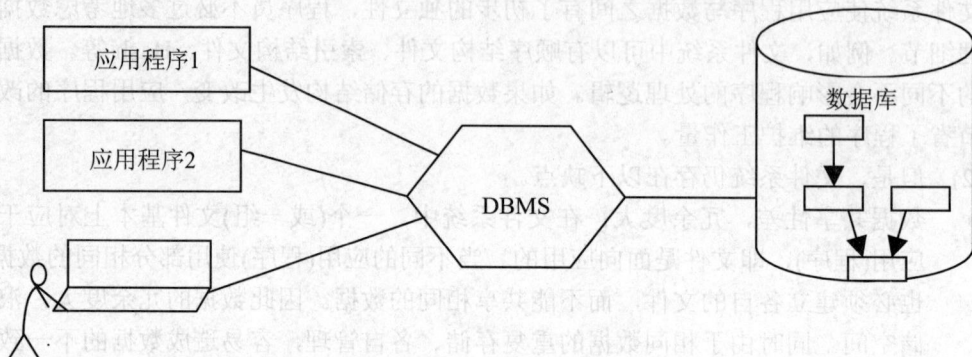

图 1.4　数据库系统阶段应用程序与数据之间的对应关系

由于数据库是以数据为中心组织数据、减少了数据的冗余，可提供更高的数据共享能力，同时要求程序和数据具有较高的独立性，当数据的逻辑结构改变时，不涉及数据的物理结构，也不影响应用程序，这样就降低了应用程序研制与维护的费用。

随着计算机应用的进一步发展和网络的出现，有人提出数据管理的高级数据库阶段，这一段的主要标志是 20 世纪 80 年代的分布式数据库系统、90 年代的对象数据库系统和 21 世纪初的网络数据库系统的出现。

(1)　分布式数据库系统

在这一阶段以前的数据库系统是集中式的。在文件系统阶段，数据分散在各个文件中，文件之间缺乏联系。集中式数据库把数据库集中在一个数据库中进行管理，减少了数据冗余的不一致性，而且数据联系比文件系统强得多。但集中式系统也有弱点：一是随着数据量增加，系统相当庞大，操作复杂，开销大；二是数据集中存储，大量的通信都要通过主机，造成拥挤现象。随着小型计算机和微型计算机的普及，以及计算机网络软件和远程通信的发展，分布式数据库系统崛起了。

分布式数据库系统主要有以下 3 个特点：

- 数据库的数据物理上分布在各个场地，但逻辑上是一个整体。
- 各个场地既可执行局部应用(访问本地 DB)，又可执行全局应用(访问异地 DB)。
- 各地的计算机由数据通信网络相联系。本地计算机单独不能胜任的处理任务，可以通过通信网络取得其他 DB 和计算机的支持。

分布式数据库系统兼顾了集中管理和分布处理两个方面，因而有良好的性能。

(2)　对象数据库系统

在数据处理领域，关系数据库的使用已相当普遍、相当出色。但是现实世界存在着许多具有更复杂数据结构的实际应用领域，已有的层次、网状、关系三种数据模型对这些应用领域都显得力不从心。例如多媒体数据、多维表格数据、CAD 数据等应用问题，需要更高级的数据库技术来表达，以便于管理、构造与维护大容量的持久数据，并使它们能与大型复杂程序紧密结合。对象数据库正是适应这种形势发展起来的，它是面向对象的程序设计技术与数据技术结合的产物。

对象数据库系统主要有以下两个特点：

● 对象数据库模型能完整地描述现实世界的数据结构，能表达数据间嵌套、递归的联系。

● 具有面向对象技术的封装性(把数据与操作定义在一起)和继承性(继承数据结构和操作)的特点，提高了软件的可重用性。

(3)　网络数据库系统

随着 C/S(客户机/服务器)结构的出现，人们可以最有效地使用计算机资源。但在网络环境中，如果要隐藏各种复杂性，就要使用中间件。中间件是网络环境中保证不同的操作系统、通信协议和 DBMS 之间进行对话、互操作的软件系统。其中涉及数据访问的中间件，就是 20 世纪 90 年代提出的 ODBC 技术和 JDBC 技术。

现在，计算机网络已成为信息化社会中十分重要的一类基础设施。随着广域网(WAN)的发展，信息高速公路已发展成为采用通信手段将地理位置分散的、各自具备自主功能的若干台计算机和数据库系统有机地连接起来，组成因特网(Internet)，用于实现通信交往、资源共享或协调工作等目标。这个目标在 20 世纪末已经实现，正在对社会的发展起着极大的推进作用。

上述三个阶段可以做一比较，如表 1.1 所示。

表 1.1　数据管理三个阶段的比较

		人工管理阶段	文件系统阶段	数据库系统阶段
背景	应用背景	科学计算	科学计算、管理	大规模管理
	硬件背景	无直接存取设备	磁盘、磁鼓	大容量磁盘
	软件背景	没有操作系统	有文件系统	有数据库管理系统
	处理方式	批处理	联机实时处理、批处理	联机实时处理、分布处理、批处理
特点	数据库的管理者	用户(程序员)	文件系统	数据库管理系统
	数据的共享程度	某一应用程序	某一应用	现实世界
	数据面向的对象	无共享，冗余度极大	共享性差，冗余度大	共享性高，冗余度小
	数据的独立性	不独立，完全依赖于程序	独立性差	具有高度的物理独立性和一定的逻辑独立性
	数据的结构化	无结构	记录内有结构、整体无结构	整体结构化，用数据模型描述
	数据控制能力	应用程序自己控制	应用程序自己控制	由数据库管理系统提供数据安全性、完整性、并发控制和恢复能力

1.1.2　数据库与数据库管理系统

数据库与数据库管理系统是密切相关的两个基本概念，我们先可以简单地理解为：数据库是指存放数据的文件，而数据库管理系统是用来管理和控制数据库文件的组织、存储以及如何访问数据库中数据的专门工具。事实上，数据库管理系统是计算机系统中有着非常重要地位的系统软件。

1.　数据库

数据库(Database)，顾名思义，就是存放数据的仓库。只不过这个仓库是在计算机的存储设备上，而且数据是按照一定的数据模型组织并存放在外存上的一组相关数据集合，通常这些数据是面向一个组织、企业或部门的。例如学生成绩管理系统中，学生的基本信息、课程信息、成绩信息等都是来自学生成绩管理数据库的。

除了用户可以直接使用的数据外，还有另外一种数据，它们是有关数据库的定义信息的，如数据库的名称、表的定义、数据库用户名及密码、权限等。这些数据用户不会经常性地使用，但是对数据库来说非常重要。这些数据通常存放在"数据字典(Data Dictionary)"中。数据字典是数据库管理系统中非常重要的组成部分之一，它是由数据库管理系统自动生成并维护的一组表和视图。数据字典是数据库管理系统工作的依据，数据库管理系统借助于数据字典来理解数据库中数据的组织，并完成对数据库中数据的管理与维护。数据库用户可通过数据字典获取有用的信息，如用户创建了哪些数据库对象，这些对象是如何定义的，这些对象允许哪些用户使用等。但是，数据库用户是不能随便改动数据字典中的内容的。

人们收集并抽取出一个应用所需要的大量数据之后，应将其保存起来供进一步查询和加工处理，以获得更多有用的信息。过去人们把数据存放在文件柜里，当数据越来越多时从大量的文件中查找数据显得十分困难。现在人们借助计算机和数据库科学地保存和管理大量复杂的数据，能方便而充分地利用这些宝贵的信息资源。

严格地讲，数据库是长期存储在计算机内、有组织的、大量的、可共享的数据集合。数据库中的数据按一定的数据模型组织、描述和存储，具有较小的冗余度、较高的数据独立性和易扩展性，并可为各种用户共享。简单地说，数据库数据具有永久存储、有组织和可共享这 3 个基本特点。

2.　数据库管理系统

在建立了数据库之后，下一个问题就是如何科学地组织和存储数据，如何高效地获取和维护数据，完成这个任务的机制是一个系统软件——数据库管理系统 DBMS(Database Management System)。

DBMS 是指数据库系统中对数据进行管理的软件系统，它是数据库系统的核心组成部分，数据库系统的一切操作，包括查询、更新及各种控制，都是通过 DBMS 进行的。DBMS 总是基于数据模型，因此可以把它看成是某种数据模型在计算机系统上的具体实现。根据所采用数据模型的不同，DBMS 可以分成网状型、层次型、关系型、面向对象型等。但在不同的计算机系统中，由于缺乏统一的标准，即使是同种数据模型的 DBMS，它们在用户接口、系统功能等方面也常常是不同的。

如果用户要对数据库进行操作，是由 DBMS 把操作从应用程序带到外部级和概念级，再导向内部级，进而操纵存储器中的数据。一个 DBMS 的主要目标是使数据作为一种可管理的资源来处理。DBMS 应使数据易于为各种不同的用户所共享，应该增进数据的安全性、完整性及可用性，并提供高度的数据独立性。

1.1.3 数据库系统

数据库系统是指在计算机系统中引入数据库后的系统，一般由数据库、数据库管理系统(及其开发工具)、应用系统和数据库管理员构成。应当指出的是，数据库的建立、使用和维护等工作只靠一个 DBMS 是远远不够的，还要有专门的人员来完成，这些人被称为数据库管理员 DBA(Database Administrator)。

在一般不引起混淆的情况下，人们常常把数据库系统简称为数据库。数据库系统组成如图 1.5 所示。数据库系统在计算机系统中的地位如图 1.6 所示。

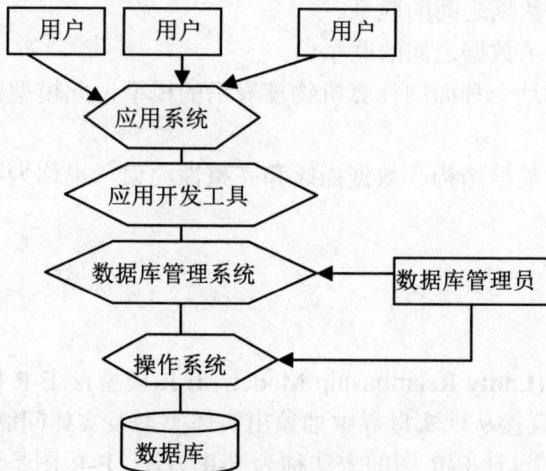

图 1.5　数据库系统

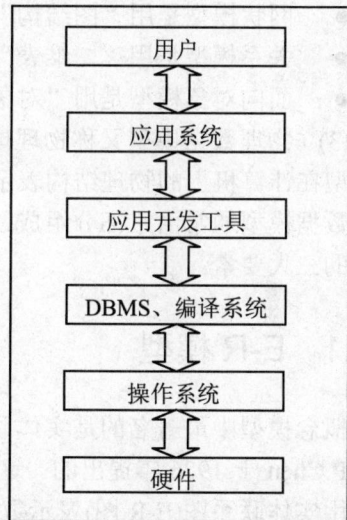

图 1.6　数据库在计算机系统中的地位

1.2　数　据　模　型

模型是现实世界特征的模拟与抽象。比如一组建筑规划沙盘、精致逼真的飞机航模，都是对现实生活中的事物的描述和抽象，见到它就会让人们联想到现实世界中的实物。

数据模型(Data Model)也是一种模型，它是现实世界数据特征的抽象。由于计算机不可能直接处理现实世界中的具体事物，因此人们必须事先把具体事物转换成计算机能够处理的数据，即首先要数字化，要把现实世界中的人、事、物和概念用数据模型这个工具来抽象、表示和加工处理。数据模型是数据库中用来对现实世界进行抽象的工具，是数据库中用于提供信息表示和操作手段的形式构架，是现实世界的一种抽象模型。

数据模型按不同的应用层次分为 3 种类型，分别是概念数据模型(Conceptual Data Model)、逻辑数据模型(Logic Data Model)和物理数据模型(Physical Data Model)。

(1) 概念数据模型又称概念模型，是一种面向客观世界、面向用户的模型，与具体的数据库管理系统无关，与具体的计算机平台无关。

人们通常先将现实世界中的事物抽象到信息世界，建立所谓的"概念模型"，然后再将信息世界的模型映射到机器世界，将概念模型转换为计算机世界中的模型。因此，概念模型是从现实世界到机器世界的一个中间层次。

(2) 逻辑数据模型又称逻辑模型，是一种面向数据库系统的模型，它是概念模型到计算机之间的中间层次。概念模型只有在转换成逻辑模型之后才能在数据库中得以表示。目前，逻辑模型的种类很多，其中比较成熟的有层次模型、网状模型、关系模型、面向对象模型等。

这几种数据模型的根区别在于数据结构不同，即数据之间联系的表示方式不同：

- 层次模型用"树结构"来表示数据之间的联系。
- 网状模型是用"图结构"来表示数据之间的联系。
- 关系模型是用"二维表"来表示数据之间的联系。
- 面向对象模型是用"对象"来表示数据之间的联系。

(3) 物理数据模型又称物理模型，它是一种面向计算机物理表示的模型，此模型是数据模型在计算机上的物理结构表示。

数据模型通常由三部分组成，分别是数据结构、数据操纵和完整性约束，也称为数据模型的三大要素。

1.2.1 E-R 模型

概念模型中最著名的是实体联系模型(Entity Relationship Model，E-R 模型)。E-R 模型是 P.P.Chen 于 1976 年提出的。这个模型直接从现实世界中抽象出实体类型及实体间联系，然后用实体联系图(E-R 图)表示数据模型。设计 E-R 图的方法称为 E-R 方法。E-R 图是设计概念模型的有力工具。下面先介绍一下有关的名词术语及 E-R 图。

1. 实体

现实世界中客观存在并可相互区分的事物叫做实体。实体可以是一个具体的人或物，如王伟、汽车等；也可以是抽象的事件或概念，如购买一本图书等。

2. 属性

实体的某一特性称为属性。如学生实体有学号、姓名、年龄、性别、系等方面的属性。属性有"型"和"值"之分，"型"即为属性名，如姓名、年龄、性别是属性的型；"值"即为属性的具体内容，如(990001，张立，20，男，计算机)这些属性值的集合表示了一个学生实体。

3．实体型

若干个属性型组成的集合可以表示一个实体的类型，简称实体型。如学生(学号，姓名，年龄，性别，系)就是一个实体型。

4．实体集

同型实体的集合称为实体集。如所有的学生、所有的课程等。

5．码

能唯一标识一个实体的属性或属性集称为实体的码。如学生的学号，学生的姓名可能有重名，不能作为学生实体的码。

6．域

属性值的取值范围称为该属性的域。如学号的域为 6 位整数，姓名的域为字符串集合，年龄的域为小于 40 的整数，性别的域为(男，女)。

7．联系

在现实世界中，事物内部以及事物之间是有联系的，这些联系同样也要抽象和反映到信息世界中来。在信息世界中将被抽象为实体型内部的联系和实体型之间的联系。

实体内部的联系通常是指组成实体的各属性之间的联系；实体之间的联系通常是指不同实体集之间的联系。

两个实体型之间的联系有如下 3 种类型。

(1)　一对一联系(1:1)

实体集 A 中的一个实体至多与实体集 B 中的一个实体相对应，反之亦然，则称实体集 A 与实体集 B 为一对一的联系。记作 1:1。如班级与班长、观众与座位、病人与床位。

(2)　一对多联系(1:n)

实体集 A 中的一个实体与实体集 B 中的多个实体相对应，反之，实体集 B 中的一个实体至多与实体集 A 中的一个实体相对应。记作 1:n。如班级与学生、公司与职员、省与市。

(3)　多对多(m:n)

实体集 A 中的一个实体与实体集 B 中的多个实体相对应，反之，实体集 B 中的一个实体与实体集 A 中的多个实体相对应。记作(m:n)。如教师与学生、学生与课程、工厂与产品。

实际上，一对一联系是一对多联系的特例，而一对多联系又是多对多联系的特例。可以用图形来表示两个实体型之间的这三类联系，如图 1.7 所示。

在 E-R 图中有下面 4 个基本成分：

* 矩形框，表示实体类型(研究问题的对象)。
* 菱形框，表示联系类型(实体间的联系)。
* 椭圆形框，表示实体类型和联系类型的属性。
* 直线，联系类型与其涉及的实体类型之间以直线连接，用来表示它们之间的联系，并在直线端部标注联系的种类(1:1、1:N 或 M:N)。

相应的命名均记入各种框中。对于实体标识符的属性，在属性名下面画一条横线。

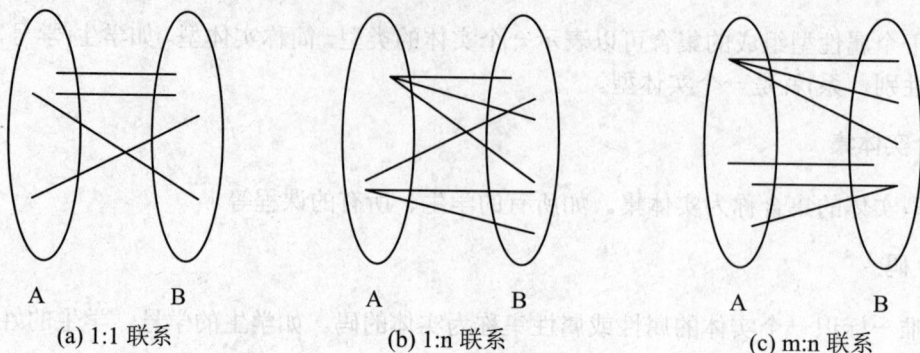

(a) 1:1 联系　　　　　(b) 1:n 联系　　　　　(c) m:n 联系

图 1.7　三种联系示意

下面通过一个例子来说明设计 E-R 图的过程。

【例 1.1】为图书管理设计一个 E-R 模型。读者从图书馆借书，图书馆从出版社购书，E-R 图的具体建立过程如下。

①　首先确定实体类型。本问题有 3 个实体类型：读者、书、出版社。

②　确定联系类型。读者和书之间是 M:N 联系，起名为"借阅"，书和出版社之间是 1:N 联系，起名为"订购"。

③　把实体类型和联系类型组合成 E-R 图。

④　确定实体类型和联系类型的属性。实体类型读者的属性有：读者编号、读者姓名、读者年龄、性别、系别；实体类型书的属性有：书号、书名、作者、价格；实体类型出版社的属性有：出版社编号、出版社名、出版社地址。联系类型借阅的属性有：借阅日期、归还日期。

⑤　确定实体类型的键，在 E-R 图属于键的属性名下画一条横线。具体的 E-R 图如图 1.8 所示。

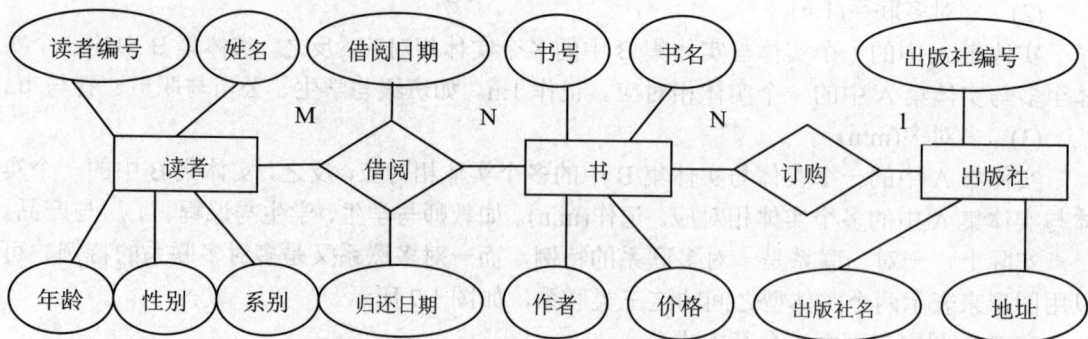

图 1.8　E-R 图实例

E-R 模型有两个明显的优点：一是接近于人的思维，容易理解；二是与计算机无关，用户容易接受。因此 E-R 模型已成为软件工程中的一个重要设计方法。

但是 E-R 模型只能说明实体间语义的联系，还不能进一步说明详细的数据结构。一般遇到一个实际问题，总是先设计一个 E-R 模型，然后再把 E-R 模型转换成计算机已实现的数据模型。

1.2.2　关系模型

目前，数据库领域中最常用的逻辑数据模型有 4 种：

- 层次模型(Hierarchical Model)
- 网状模型(Network Model)
- 关系模型(Relational Model)
- 面向对象模型(Object Oriented Model)

其中，层次模型和网状模型统称为非关系模型。

非关系模型的数据库系统在 20 世纪 70 年代至 80 年代初非常流行，在数据库系统产品中占据了主导地位，现在已逐渐被关系模型的数据库系统取代，但在美国等一些国家里，由于早期开发的应用系统都是基于层次数据库或网状数据库系统的，因此目前仍有不少层次数据库或网状数据库系统在继续使用。

1970 年美国 IBM 公司 San Jose 研究室的研究员 E.F.Codd 首次提出了数据库系统的关系模型，开创了数据库关系方法和关系数据理论的研究，为数据库技术奠定了理论基础。20 世纪 80 年代以来，计算机厂商新推出的数据库管理系统几乎都支持关系模型，非关系系统的产品也大都加上了对关系模型的接口。数据库领域当前的研究工作也都是以关系方法为基础。

面向对象的方法和技术在计算机各个领域，包括程序设计语言、软件工程、信息系统设计、计算机硬件设计等各方面都产生了深远的影响，也促进了数据库中面向对象数据模型的研究和发展。

关系模型是目前最重要的一种数据模型。关系数据库系统采用关系模型作为数据的组织方式，下面主要介绍一下关系模型。

1．关系模型的基本术语

(1)　二维表

在关系模型中，数据结构用单一的二维表结构来表示实体及实体间的关系，如图 1.9 所示。

一个关系对应一个二维表，二维表名就是关系名。图 1.9 中包含两个二维表，即两个关系——学生信息关系及选课信息关系。

(2)　属性及值域

二维表中的列(字段)称为关系的属性。属性的个数称为关系的元数，又称为度。度为 n 的关系称为 n 元关系，度为 1 的关系称为一元关系，度为 2 的关系称为二元关系。关系的属性包括属性名和属性值两部分，其列名即为属性名，列值即为属性值。属性值的取值范围称为值域，每一个属性对应一个值域，不同属性的值域可以相同。

图 1.9 中，学生信息关系中有学号、姓名、性别、年龄 4 个属性，是四元关系。其中性别属性的值域是"男"和"女"，年龄属性的值域是 18~65。选课信息关系中有学号、课程号、成绩 3 个属性，是三元关系。学号"101001"就是学号属性的一个值。

关系名→学生信息表			↙属性(字段、数据项)	
学号	姓名	性别	年龄	←关系模式(记录类型)
101001	王军	男	24	
101003	黄明业	男	24	←元组(记录)
103018	张华	女	25	
104024	吴林华	女	27	

↑主键　↑外键　　　↑属性值(字段值)

参照表↓	选课信息表	
学号	课程号	成绩
101001	001	75
101003	003	80
103018	005	85
104024	002	77

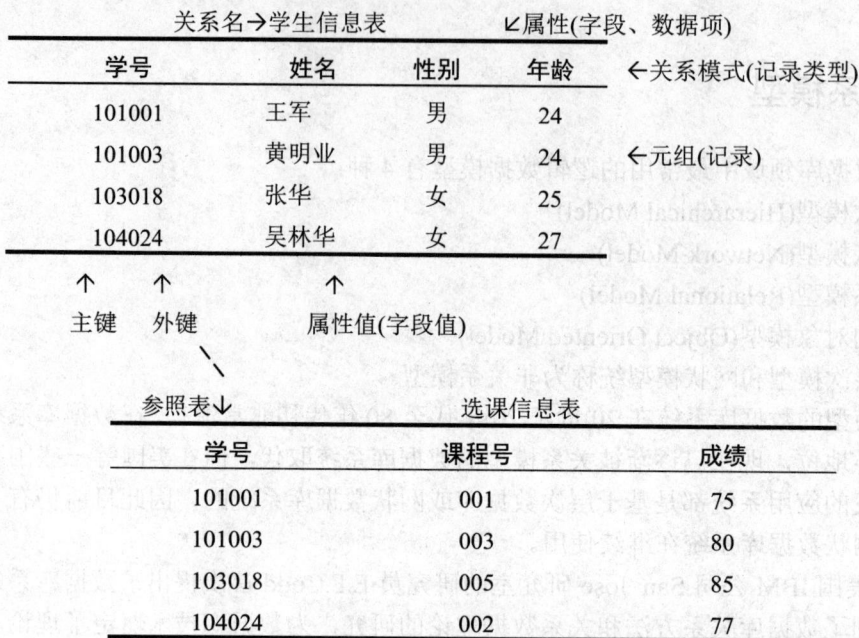

图 1.9　关系模型的基本术语

(3) 关系模式

二维表中的行定义(表头)、记录的类型，即对关系的描述称为关系模式，关系模式的一般形式为：

关系名(属性 1，属性 2，……，属性 n)

如图 1.9 中的两个关系模式表示为：

学生信息关系(学号，姓名，性别，年龄)

选课信息关系(学号，课程号，成绩)

(4) 元组

二维表中的一行，即每一记录的值称为关系的一个元组。其中，每一个属性的值称为元组的分量。关系由关系模式和元组的集合组成。

如图 1.11 中，学生信息关系有以下元组：

(101001，王军，男，24)

(103018，张华，女，35)

选课信息关系有以下元组：

(101001，001，75)

(101003，003，80)

(5) 键(或码)

由一个或多个属性组成。在实际使用中，有下列几种键。

● 候选码(Candidate Key)：若关系中的某一属性组的值能唯一地标识一个元组，则称该属性组为候选码。

● 主码(Primary Key)：若一个关系有多个候选码，则选定其中一个为主码。主码中包含的属性称为主属性。不包含在任何候选码中的属性称为非码属性(Non-Key Attribute)。关系模型的所有属性组是这个关系模式的候选码,称为全码(All-Key)。

● 外码(Foreign Key):设 F 是关系 R 的一个或一组属性,但不是关系 R 的码。如果 F 与关系 S 的主码 Ks 相对应,则称 F 是关系 R 的外码,关系 R 称为参照关系,关系 S 称为被参照关系或目标关系。

图 1.9 的学生信息关系中,学号就是主码,在选课信息关系中,(学号,课程号)为主码,而学号称为外码。

(6) 主属性与非主属性

关系中包含在任何一个候选键中的属性称为主属性,不包含在任何一个候选键中的属性称为非主属性。如图 1.9 中的学生信息关系中因为(学号)、(姓名)是候选键,所以学号和姓名是主属性,其他属性是非主属性。

2. 关系的性质

我们用集合的观点定义关系。关系是笛卡尔积的子集。也就是说,把关系看成一个集合,集合中的元素是元组,每个元组的属性个数均相同。如果一个关系的元组个数是无限的,称为无限关系;反之,称为有限关系。

在关系模型中对关系做了一些规范性的限制,可通过二维表格形象地理解关系的性质。

(1) 关系中每个属性值都是不可分解的,即关系的每个元组分量必须是原子的。从二维表的角度讲,不允许表中嵌套表。图 1.10(a)就出现了这种表中再嵌套表的情况,在"学时"下嵌套"讲课"和"实验"。虽然类似这样的表在实际生活中司空见惯,但却不符合关系的基本定义。因为关系是从域出发定义的,每个元组分量都是不可再分的,不可能出现表中套表的现象。遇到这种情况,可对表格进行简单的等价变换,使之成为符合规范的关系。例如,可把图 1.10(a)改成图 1.10(b)。这里把"学时"分成两列——"理论学时"和"实验学时",两个属性都取自同一个域"学时"。

课程	学时	
	理论	实验
数据库原理	54	10
编译原理	40	10

(a) 不符合规范,非关系

课程	理论学时	实验学时
数据库原理	54	10
编译原理	40	10
操作系统	50	12

(b) 符合规范的关系

图 1.10 关系规范举例

(2) 关系中不允许出现相同的元组。从语义角度看,二维表中的一行即一个元组,代表着一个实体。现实生活中不可能出现完全一样无法区分的两个实体，因此，二维表不允许出现相同的两行。同一关系中不能有两个相同的元组存在，否则将使关系中的元组失去唯一性，这一性质在关系模型中很重要。

(3) 在定义一个关系模式时，可随意指定属性的排列次序，因为交换属性排序的先后，并不改变关系的实际意义。例如，在定义图 1.10(b)所示的关系模式时，可以指定属性的次序为(课程，理论学时，实验学时)，也可以指定属性的次序为(课程，实验学时，理论学时)。

(4) 在一个关系中，元组的排列次序可任意交换，并不改变关系的实际意义。由于关系是一个集合，因此不考虑元组间的顺序问题。在实际应用中，常常对关系中的元组排序，这样做仅仅是为了加快检索数据的速度，提高数据处理的效率。

对性质(3)和性质(4)，需要再补充一点。判断两个关系是否相等，是从集合的角度来考虑的。与属性的次序无关，与元组次序无关，与关系的命名也无关。如果两个关系仅仅是上述差别，在其余各方面完全相同，就认为这两个关系相等。

(5) 关系模式相对稳定，关系却随着时间的推移不断变化。这是由于数据库的更新操作(包括插入、删除、修改)引起的。

3．关系模式

关系模式是对关系的描述。关系模式是型，而关系是值。定义关系模式必须指明：
- 元组集合的结构。包括属性构成、属性来自的域、属性与域之间的映象关系。
- 元组语义以及完整性约束条件。
- 属性间的数据依赖关系集合。

关系模式可以形式化地表示为：

R(U，D，dom，F)

其中：

R——关系名

U——组成该关系的属性名集合

D——属性组 U 中属性所属的域

dom——属性向域的映象集合

F——属性间的数据依赖关系集合

关系模式通常可以简记为 R(U)或 R(A_1, A_2, ..., A_n)，其中 R 为关系名，A_1, A_2, ..., A_n 为属性名。

4．关系的数据操作和完整性

关系数据模型的操作主要包括查询、插入、删除和修改数据。一方面，关系模型中的数据操作是集合操作，操作对象和操作结果都是关系，即若干元组的集合，而不像非关系模型中那样是单记录的操作方式。另一方面，关系模型把存取路径向用户隐蔽起来，用户只要指出"干什么"或"找什么"，不必详细说明"怎么干"或"怎么找"，从而大大地提高了数据的独立性，提高了用户生产率。

关系的数据操作必须满足关系的完整性约束条件。关系的完整性约束条件包括三大类：实体完整性、参照完整性和用户定义的完整性。

(1) 实体完整性(Entity Integrity)

一个基本关系通常对应现实世界的一个实体集。例如学生关系对应于学生的集合。现实世界中的实体是可区分的，即它们具有某种唯一性标识。相应地，关系模型中以主码作为唯一性标识。主码中的属性即主属性不能取空值。所谓空值就是"不知道"或"无意义"的值。如果主属性取空值，就说明存在某个不可标识的实体，即存在不可区分的实体，这与现实世界的应用环境相矛盾，因此这个实体一定不是一个完整的实体。

实体完整性规则：若属性 A 是基本关系 R 的主属性，则属性 A 不能取空值。

(2) 参照完整性(Referential Integrity)

现实世界中的实体之间往往存在某种联系，在关系模型中实体及实体间的联系都是用关系来描述的。这样就自然存在着关系与关系间的引用。

设 F 是基本关系 R 的一个或一组属性，但不是关系 R 的码，如果 F 与基本关系 S 的主码 Ks 相对应，则称 F 是基本关系 R 的外码(Foreign Key)，并称基本关系 R 为参照关系 (Referencing Relation)，基本关系 S 为被参照关系(Referenced Relation)或目标关系(Target Relation)。关系 R 和 S 不一定是不同的关系。

参照完整性规则就是定义外码与主码之间的引用规则。

参照完整性规则：若属性(或属性组)F 是基本关系 R 的外码，它与基本关系 S 的主码 Ks 相对应(基本关系 R 和 S 不一定是不同的关系)，则对于 R 中每个元组在 F 上的值必须为：

● 或者取空值(F 的每个属性值均为空值)。
● 或者等于 S 中某个元组的主码值。

【例 1.2】下面各种情况说明了参照完整性规则在关系中是如何实现的。在关系数据库中有下列两个关系模式：

学生关系模式：

S(学号，姓名，性别，年龄，班级号，系别)，PK(学号)

学习关系模式：

SC(学号，课程号，成绩)，PK(学号，课程号)，FK1(学号)，FK2(课程号)

据规则要求关系 SC 中的"学号"值应该在关系 S 中出现。如果关系 SC 中有一个元组 (S07, C04, 80)，而学号 S07 却在关系 S 中找不到，那么就认为在关系 SC 中引用了一个不存在的学生实体，这就违反了参照完整性规则。另外，在关系 SC 中"学号"不仅是外键，也是主键的一部分，因此这里"学号"值不允许空。

(3) 用户定义的完整性(User-defined Integrity)

实体完整性和参照性适用于任何关系数据库系统。除此之外，不同的关系数据库系统根据其应用环境的不同，往往还需要一些特殊的约束条件。

用户定义的完整性就是针对某一具体关系数据库的约束条件，它反映某一具体应用所涉及的数据必须满足的语义要求。关系模型应提供定义和检验这类完整性的机制，以便用统一的系统的方法处理它们，而不要由应用程序承担这一功能。

【例 1.3】对于例 1.2 中的学生关系模式 S，学生的年龄定义为两位整数，但范围还太大，为此用户可以写出如下规则，把年龄限制在 15~30 岁之间：

CHECK(AGE BETWEEN 15 AND 30)

5．关系数据模型的存储结构

在关系数据模型中，实体及实体间的联系都用表来表示。在数据库的物理组织中，表以文件形式存储，有的系统一个表对应一个操作系统文件，有的系统自己设计文件结构。

6．关系数据模型的优缺点

关系数据模型具有下列优点：

- 关系模型与非关系模型不同，它是建立在严格的数学概念的基础上的。
- 关系模型的概念单一。无论实体还是实体之间的联系都用关系表示。对数据的检索结果也是关系(即表)。所以其数据结构简单、清晰，用户易懂易用。
- 关系模型的存取路径对用户透明，从而具有更高的数据独立性、更好的安全保密性，也简化了程序员的工作和数据库开发建立的工作。

正是由于上述优点的存在，关系数据模型诞生以后才得以快速发展。但是，关系数据模型也有缺点。其中最主要的缺点是，由于存取路径对用户透明，查询效率往往不如非关系数据模型。因此为了提高性能，必须对用户的查询请求进行优化，增加了开发数据库管理系统的难度。

1.3　数据库系统结构

考察数据库系统的结构可以有多种不同的层次或不同的角度。从数据库管理系统角度看，数据库系统通常采用三级模式结构；这是数据库管理系统内部的系统结构。从数据库最终用户角度看，数据库系统的结构分为集中式结构(又可有单用户结构、主从式结构)、分布式结构、客户/服务器结构和并行结构。这是数据库系统外部的体系结构。

本节分别从以上两个方面介绍数据库的系统结构。

1.3.1　数据库的三级模式结构

模式(Schema)是数据库中全体数据的逻辑结构和特征的描述，它仅仅涉及型的描述，不涉及具体的值。模式的一个具体值称为模式的一个实例(Instance)。同一个模式可以有很多实例。模式是相对稳定的，而实例是相对变动的，因为数据库中的数据是在不断更新的。模式反映的是数据的结构及其联系，而实例反映的是数据库某一时刻的状态。

虽然实际的数据库系统软件的产品种类很多，它们支持不同的数据模型，使用不同的数据库语言，建立在不同的操作系统之上。但从数据库管理系统的角度看，它们的体系结构都具有相同的特征，即采用三级模式结构。

1．数据库系统的三级模式结构

数据库系统的三级模式结构是指数据库系统是由模式、外模式和内模式三级构成，如图 1.11 所示。

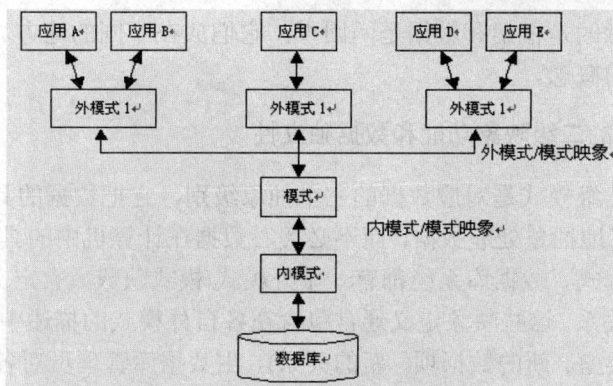

图 1.11 数据库系统的三级模式结构

(1) 模式

模式也称为逻辑模式，是数据序中全体数据的逻辑结构和特征的描述，是所有用户的公共视图。用模式数据描述语言来定义。它是数据库的整个逻辑描述，并说明了一个数据库所采用的数据模型。同时它还给出了实体和属性的名字，并说明了它们之间的关系，是一个可以放进数据项值的框架。

目前，模式中通常还包括寻址方式、存取控制、保密定义、安全性和完整性等方面的内容。

(2) 外模式

外模式也称子模式或用户模式，它是数据库用户看见和使用的局部数据的逻辑结构和特征的描述，是数据库的用户视图，是与某个应用相关的数据的逻辑表示。只有相同数据视图的用户，共享一个子模式，一个子模式可以为多个用户所使用。从逻辑关系上看，子模式是模式的一个逻辑子集，从一个模式可以推导出许多不同的子模式。设立子模式的好处是：

- 方便了用户的使用，简化了用户的接口。用户只要依照模式编写应用程序或在终端输入命令，无须了解数据的存储结构。
- 保证数据的独立性。由于在三级模式之间存在两级映象，使得物理模式和概念模式的变化，都反映不到子模式一层，从而不用修改应用程序，提高了数据的独立性。
- 有利于数据共享。从同一模式产生不同的子模式，减少了数据的冗余度，有利于为多种应用服务。
- 有别于数据的安全和保密。用户程序只能操作其子模式范围内的数据，从而把其与数据库中的其余数据隔离开来，缩小了程序错误传播的范围，保证了其他数据的安全。

(3) 内模式

描述物理数据存储的模式叫内模式(物理模式)。它是数据物理结构和存储结构的描述，是数据库的内部表示方式。它规定数据项、记录、数据集、索引和存取路径在内的一切物理组织方式，以及优化性能、响应时间和存储空间需求。它还规定记录的位置、块的大小与溢出区等。一个数据库只有一个内模式。

无论哪一级模式，都只能是处理数据的一个框架，而按这些框架植入的数据才是数据库的内容。但要注意的是框架和数据是两回事,它们放在不同的地方。所以模型、模式、具体值是三个不同的概念。

2.数据库系统的二级映象功能和数据独立性

数据库系统的三级模式是对应数据的三个抽象级别,它把数据的具体组织留结 DBMS 管理,使用户能逻辑地抽象处理数据,而不必关心数据在计算机中的具体表示与存储方式。

对于每一个外模式,数据库系统都有一个外模式/模式映象,它定义了该数据库外模式与模式之间的对应关系。这些映象定义通常包含在各自外模式的描述中。当模式改变时(例如,增加新的数据类型、新的数据项、新的关系),由数据库管理员对各个外模式/模式的映象做相应的改变,可以使外模式不变,从而应用程序不必修改,保证了数据的逻辑独立性。

数据库只有一个模式,也只有一个内模式,所以模式/内模式映象是唯一的,它定义了数据全局逻辑结构与存储结构之间的对应关系。例如,说明逻辑记录在内部是如何表示的。

该映象定义通常包含在模式描述中。当数据库的存储结构改变了(例如,采用了更先进的存储结构),由数据库管理员对模式/内模式映象做相应的改变,可以使模式保持不变,从而保证了数据的物理独立性。

1.3.2 数据库的体系结构

从数据库管理系统的角度看,数据库系统是一个三级模式结构,但数据库的这种模式结构对最终用户和程序员是透明的,他们见到的仅是数据库的外模式和应用程序。从最终用户角度来看,数据库系统分为单用户结构、主从式结构、分布式结构和客户/服务器结构。

1.单用户数据库系统

单用户的数据库系统(如图 1.12 所示)是最早期的、最简单的数据库系统。在单用户系统中,整个数据库系统,包括应用程序、DBMS、数据等都装在一台计算机上,由一个用户独占,不同的机器间不能共享数据。

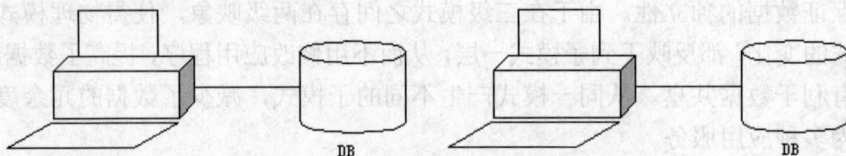

图 1.12   单用户数据库系统

例如:一个企业的各个部门都使用本部门的机器来管理本部门的数据,各个部门的机器是独立的。由于不同部门之间不能共享数据,因此企业内部存在大量的冗余数据。

2.主从式结构的数据库系统

主从式结构是指一个主机带多个终端的多用户结构。在这种结构中,数据库系统,包括应用程序、DBMS、数据等集中存放在主机上,所有任务都由主机完成,各个用户通过主机的终端并发地存取数据库,共享数据资源,如图 1.13 所示。

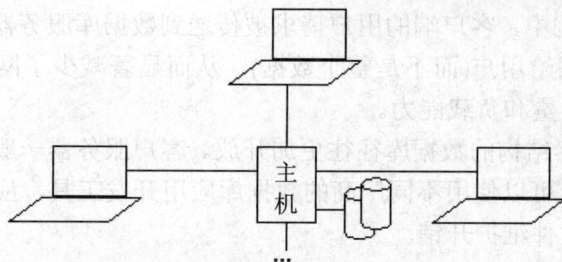

图 1.13　主从式数据库系统

主从式结构的优点是结构简单，数据易于维护和管理。缺点是当终端用户增加到一定程度后，主机的任务过于繁重，成为瓶颈，从而使系统性能大幅度下降。另外当主机出现故障后，整个系统不能使用，因而系统的可靠性不高。

3. 分布式结构的数据库系统

分布式结构的数据库系统是指数据库中的数据在逻辑上是个整体，但物理分布在计算机网络的不同结点上，如图 1.14 所示。

网络的每一个结点都可以独立处理本地数据库中的数据，执行局部应用；同时也可以同时存取和处理多个异地数据库中的数据，执行全局应用。

分布式结构的数据库系统是计算机网络发展的必然产物，它适应了地理上分散的公司、团体和组织对于数据库应用的需求。但数据的分布存放，给数据的管理、维护带来困难。此外，当用户需要经常访问远程数据时，系统效率明显地受网络交通的制约。

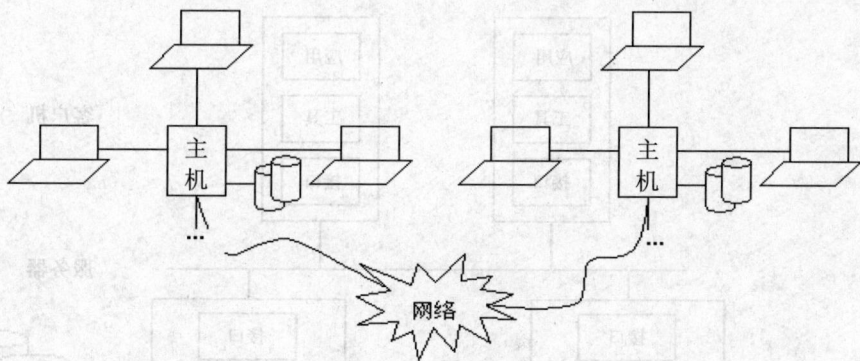

图 1.14　分布式数据库系统

4. 客户/服务器结构的数据库系统

主从式数据库系统中的主机和分布式数据库系统中的每个结点机都是一个通用计算机，既执行 DBMS 功能，又执行应用程序。随着工作站功能的增强和广泛使用，人们开始把 DBMS 功能与应用分开。网络中某些结点上的计算机专门执行 DBMS 功能，称为数据库服务器，简称服务器，其他结点上的计算机安装 DBMS 外围应用开发工具，支持用户的应用，称为客户机，这就是客户/服务器结构的数据库系统。

在客户/服务器结构中，客户端的用户请求被传送到数据库服务器，数据库服务器进行处理后，只将结果返回给用户(而不是整个数据)，从而显著减少了网络数据的传输量，提高了系统的性能、吞吐量和负载能力。

另外，客户/服务器结构的数据库往往更加开放。客户服务器一般都能在多种不同的硬件和软件平台上运行，可以使用不同厂商的数据库应用开发工具，应用程序具有更强的可移植性，同时减少了软件维护开销。

客户/服务器数据库系统可以分为集中式服务器结构(如图 1.15 所示)和分布式服务器结构(如图 1.16 所示)。前者在网络中仅有一台数据库服务器，而有多台客户机。后者在网络中有多台数据库服务器。分布式服务器结构是客户/服务器与分布式数据库的结合。

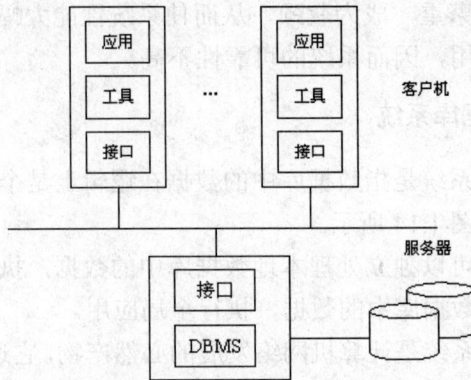

图 1.15　集中式的服务器结构

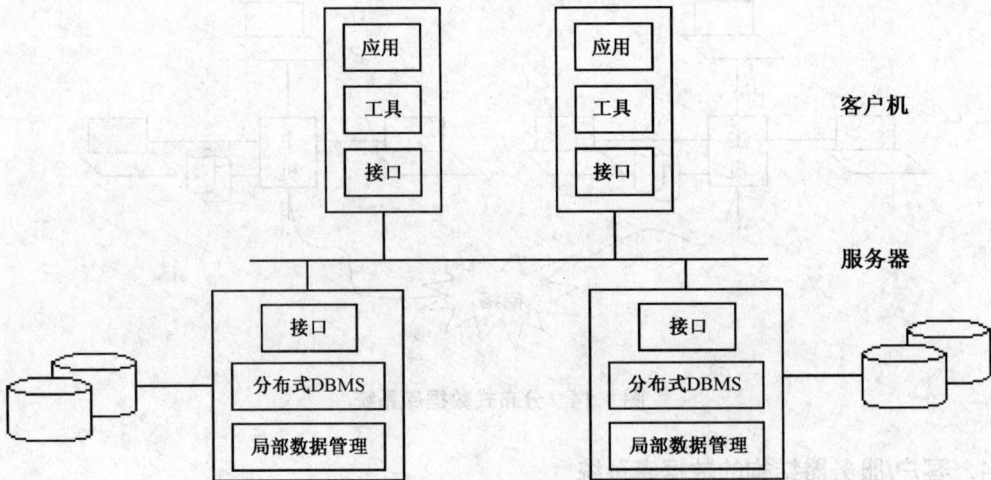

图 1.16　分布式服务器结构

与主从式结构相似，在集中的服务器结构中，一个数据库服务器要为众多的客户机服务，往往容易构成瓶颈，制约系统的性能。

与分布式结构相似，在分布式服务器结构中，数据分布在不同的服务器上，从而给数据的处理、管理和维护带来困难。

1.3.3　数据库的连接

1. 关系数据库标准语言 SQL

由于不同的应用程序可以选择不同的 DBMS，而对数据库的具体操作都是通过 DBMS 来实现的，应用程序不可能跳过 DBMS 直接访问数据本身，所以我们对通过 DBMS 访问数据的操作进行了语言标准的统一，这就是 SQL 语言。

关系数据库标准语言 SQL(Structured Query Language)，又称为结构化查询语言，是关系型数据库管理系统中最流行的数据查询和更新语言，用户可以使用 SQL 语言对数据库执行各种操作，包括数据定义、数据操纵和数据控制等与数据库有关的全部功能。

SQL 语言是在 1974 年由美国 IBM 公司的 San Jose 研究所中的科研人员 Boyce 和 Chamberlin 提出的，并于 1975~1979 年在关系数据库管理系统原型 System R 上实现了这种语言。1986 年 10 月，美国国家标准局(American National Standards Institute，ANSI)的数据库委员会批准了 SQL 作为关系数据库语言的美国标准,同年公布了 SQL 标准文本 SQL_86。1987 年国际标准化组织(International Standards Organization，ISO)将其采纳为国际标准。1989 年公布了 SQL_89，1992 年又公布了 SQL_92(也称为 SQL2)。1999 年颁布了反映最新数据库理论和技术的标准 SQL_99(也称为 SQL3)。

由于 SQL 语言具有功能丰富、简洁易学、使用方式灵活等突出优点，因而备受计算机工业界和计算机用户的欢迎。尤其自 SQL 成为国际标准后，各数据库管理系统厂商纷纷推出各自的支持 SQL 的软件或与 SQL 接口的软件。这就使得大多数数据库均采用了 SQL 作为共同的数据存取语言和标准接口。

但是，不同的数据库管理系统厂商开发的 SQL 并不完全相同。这些不同类型的 SQL 一方面遵循了标准 SQL 语言规定的基本操作，另一方面又在标准 SQL 语言的基础上进行了扩展，增强了一些功能。不同的 SQL 类型有不同的名称，例如，Oracle 产品中的 SQL 称为 PL/SQL，Microsoft SQL Server 产品中的 SQL 称为 Transact-SQL。

关于 SQL 语言的更多介绍将在后面的章节中进行。

2. DBMS 的接口

有了统一的 SQL 语言，我们可以在应用程序中通过 SQL 语言来表达数据访问的需求，由应用程序将 SQL 语句传递给 DBMS，而 DBMS 接收到 SQL 语句后，执行相应的操作，再把结果返回给应用程序。完成一次对数据库的访问，负责完成相应传递功能的程序就是 DBMS 的接口。

在整个数据库系统进行安装部署的时候，DBMS 的接口应该根据系统要求安装到各个服务器或是客户机上来，并进行相应的配置，以保障应用程序能够连接到正确的数据库。一般来说，大型数据库均提供专门的接口供应用程序连接使用，而小型数据库，我们通常会使用数据库中间件进行连接。Windows 提供的 ODBC 就是一个很常见也很通用的一款数据库中间件，利用 ODBC 可以连接文本数据源、Excel、FoxPro、Access 等各种不同类型的数据库文件，当然，经过配置也可以连接 MS SQL Server 或是 Oracle 等大型数据库的数据源。

1.4 数据库的规范化

关系数据库设计的一个重要的结果是生成一组关系模式。在这组关系模式中我们希望不存储重复的数据，在进行数据更新时不出现异常，并且可以方便地获取信息。一个不规范的关系模式可能会带来数据冗余、插入异常、修改异常和删除异常。如何设计一个高质量的关系模式？它没有冗余，没有更新异常，并且信息完备，这就需要理论支持。因此我们应该给出一套规范化的理论，判断我们所设计的关系模式达到哪种程度的规范化。关系数据理论可以帮助我们设计一个好的关系数据库模式，它是数据库逻辑设计的一个有力工具。在本节中我们主要讨论规范化的理论，并给出函数依赖和多值依赖的概念。

1.4.1 数据依赖

数据依赖是通过一个关系中属性之间值的相等与否体现出来的数据间的相互关系，是现实世界属性之间相互联系的抽象，是数据内在的性质，是语义的体现。

关系模式是用来定义关系的，一个关系数据库包含一组关系，定义这组关系的关系模式集合 U 以及属性间数据的依赖关系集合 F，因此，关系模式 R 定义为一个三元组：R(U，F)。当且仅当 U 上的一个关系 r 满足 F 时，r 成为关系模式 R(U，F)的一个关系。

由于关系模式经常出现数据冗余量大、数据的增加和删除异常的问题，导致此关系模式不是一个最优关系模式，这主要是因为模式中的某些数据依赖引起的，规范化理论正是用来改造关系模式的，通过分解关系模式来消除其中的不合适和不准确的数据依赖，来解决上述的问题。

1.4.2 相关概念

1. 函数依赖

设 R(U)是一个关系模式，U 是 R 的属性集合，X 和 Y 是 U 的子集。对于 R(U)上的任意一个可能的关系 r，如果 r 中不存在两个元组，它们在 X 上的属性值相同，而在 Y 的属性值上不同，则称"X 函数确定 Y"或"Y 函数依赖于 X"，记为 X→Y。

2. 平凡函数依赖和非平凡函数依赖

在关系模式 R(U)中，对于 U 的子集 X 和 Y，如果 X→Y 且 Y 不是 X 的子集，则 X→Y 成为非平凡函数依赖；若 Y 是 X 的子集，则称其为平凡函数依赖。

3. 完全依赖与部分依赖

在关系模式中 R(U)中，如果 X→Y，并且对 X 的任何一个真子集 X'，不存在 X'→Y，则称 Y 完全依赖于 X，否则，可以说 Y 不完全依赖于 X，称之为 Y 部分依赖于 X。

4．传递函数依赖

在关系模式中 R(U)中，如果 X→Y，Y→Z，且 Y 不是 X 的子集，也不存在 Y→X，则称 Z 传递依赖于 X。

5．码

设 K 为关系模式 R(U，F)中的属性或是属性组合，若 U 完全依赖于 K，则称 K 为 R 的一个候选码；若关系模式 R 有多个候选码，则选定其中的一个作为主码。候选码能够唯一标识关系，是关系模式中一组最重要的属性。另外，主码和外码一起提供了表示关系之间的联系的手段。

1.4.3　范式

规范化理论研究关系模式中各属性之间的依赖关系以及对关系模式性能的影响，探讨关系模式应该具备的性质与设计方法。关系必须是规范化的关系，应该满足一定的约束条件。我们把关系的规范化形式叫做范式(Normal Form，NF)。范式表示的是关系模式的规范化程度，也即满足某种约束条件的关系模式，根据满足的约束条件的不同来确定范式。在目前 6 种范式中，我们主要介绍前 3 种范式。一般来说，在数据库设计的时候，规范化到 3NF 也已经足够。

1．第一范式(1NF)

如果一个关系模式的所有属性都是不可分的基本数据项，则 R 为 1NF。

任何一个关系数据库中，1NF 是对关系模式的最起码的要求，不满足 1NF 的数据库模式不能成为关系数据库。但是满足了 1NF 不一定就是一个好的关系模式，如表 1.2 所示。

表 1.2　不符合 1NF 的关系

工作证号	员工姓名	薪　金	
		基本工资	奖　金
2006001	张天	800	3000
2006002	王耀	1000	4000
2006003	孙东平	1200	5000

由表 1.2 可以看出，"薪金"是可以分割的数据项，因此不符合 1NF 的标准，所以必须对其进行规范化处理，如表 1.3 所示。

表 1.3　符合 1NF 的关系

工作证号	员工姓名	基本工资	奖　金
2006001	张天	800	3000
2006002	王耀	1000	4000
2006003	孙东平	1200	5000

2．第二范式(2NF)

若关系模式 R 为 1NF，并且每一个非主属性都完全依赖于 R 的码，则 R 为 2NF。关系 R 不仅满足 1NF，且 R 中只存在一个主码，所有非主属性都应该完全依赖于该主码。

2NF 不允许关系模式的属性之间有这样的函数依赖 X→Y，其中 X 是码的真子集，Y 是非主属性。

显然，如果关系模式 R 只包含一个属性的码，那么如果 R 为 1NF，则 R 一定是 2NF。在表 1.4 中，关系满足 1NF，但不满足 2NF。

表 1.4　不符合 2NF 的关系

工作证号	员工姓名	项目代号	所在城市
2006001	张天	07001	北京
2006002	王耀	06002	郑州
2006003	孙东平	07001	北京

在表 1.4 中，主码由工作证号和项目代号组成，而姓名依赖于工作证号，所在城市依赖于项目代号。

这样会造成数据冗余和更新异常。增加新的项目数据时，没有对应的员工信息；删除员工信息时，有可能同时将项目信息删除。解决的方法是将一个这样的非 2NF 分解成多个 2NF 的关系模式如下。

- 员工关系：工作证号、员工姓名。
- 项目关系：项目代号、所在城市。
- 员工与项目关系：工作证号、项目代号。

3．第三范式(3NF)

如果关系模式 R 为 2NF，X 是 R 的候选码，Y，Z 是 R 的非主属性组，如果不存在 Y→Z，亦即不存在属性是通过其他属性(组)传递依赖于码，则 R 为 3NF。

如表 1.5 所示，关系满足 2NF，不满足 3NF。在表 1.5 中，项目名称和所在城市依赖于项目代号，邮政编码也依赖于项目代号，但是这个依赖是由于邮政编码依赖于所在城市，而后者又依赖于项目代号，才造成邮政编码依赖于项目代号这个事实。一方面，如果北京的项目很多，那么 100000 的邮政编码也就会出现大量的重复；而另一方面，如果某个城市没有项目，也就造成了城市和邮政编码对应信息的缺失，也就是说，仍然存在数据冗余和更新异常。解决传递依赖的方法仍然是对其进行分解，将其分成两个 3NF。

表 1.5　不符合 3NF 的关系

项目代号	项目名称	所在城市	邮政编码
07001	调研项目	北京	100000
06002	开发项目	郑州	450000
07002	管理项目	北京	100000

- 项目关系：项目代号、项目名称、所在城市。
- 城市关系：城市、邮政编码。

4．关系模式规范化的步骤

规范化的基本思想是逐步消除数据依赖不合理的部分，使模式中的各关系模式达到某种程度上的分离，尽量减少数据冗余和更新异常的出现，即让一个关系描述一种实体或其属性之间的关系，是概念的单一化。

其基本步骤如图 1.17 所示。

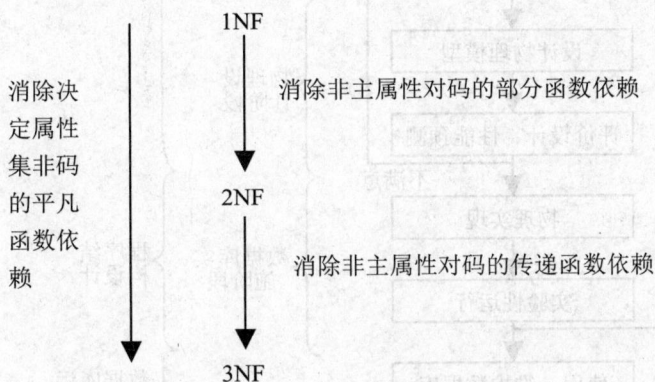

图 1.17　关系模式规范化步骤

1.5　数据库设计

有人说：一个成功的管理信息系统，是由 50%的业务加 50%的软件所组成，而 50%的成功软件又有 25%的数据库加 25%的程序所组成，作者认为非常有道理。因此，要开发管理信息系统，数据库设计的好坏是一个关键。

数据库设计是指在给定的环境下，创造一个性能良好的、能满足不同用户使用要求的、又能被选定的 DBMS 所接受的数据模式。

从本质上讲，数据库设计乃是将数据库系统与现实世界相结合的一种过程。

人们总是力求设计出的数据库好用，但是设计数据库时既要考虑数据库的框架和数据结构，又要考虑应用程序存取数据库和处理数据，因此，最佳设计不可能一蹴而就，只能是一个反复探寻的过程。

大体上可以把数据库设计划分成以下几个阶段：需求分析阶段、概念结构设计阶段、逻辑结构设计阶段、数据库物理结构设计阶段、数据库实施阶段、数据库运行和维护阶段。如图 1.18 所示。

下面详细介绍数据库设计过程。

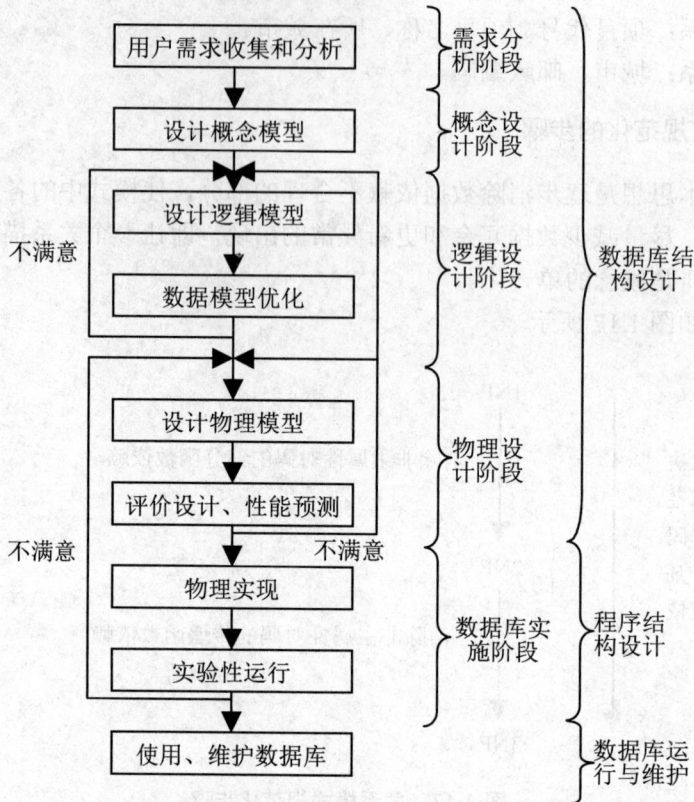

图 1.18　数据库的设计流程

1.5.1　需求分析

　　准确地、毫不含糊地搞清楚用户要求，乃是数据库设计的关键。需求分析的好坏，决定了数据库设计的成败。

　　确定用户的最终需求其实是一件很困难的事，这是因为一方面用户缺少计算机知识，开始时无法确定计算机究竟能为自己做什么，不能做什么，因此无法一下子准确地表达自己的需求，他们所提出的需求往往不断地变化。另一方面设计人员缺少用户的专业知识，不易理解用户的真正需求，甚至误解用户的需求。此外新的硬件、软件技术的出现也会使用户需求发生变化。因此设计人员必须与用户不断深入地进行交流，才能逐步确定用户的实际需求。

　　需求分析阶段的成果是系统需求规格说明书，主要包括有数据流程图(DFD)、数据字典(DD)、各种说明性文档、统计输出表、系统功能结构图等。系统需求说明书是以后设计、开发、测试和验收等过程的重要依据。

　　需求分析的任务是通过详细调查现实世界要处理的对象(组织、部门、企业等)，充分了解原系统(手工系统或计算机系统)工作概况，明确用户的各种需求，然后在此基础上确定新系统的功能。新系统必须充分考虑今后可能的扩充和改变，不能仅仅按当前应用需求来设计数据库。

需求分析的重点是调查、收集与分析用户在数据管理中的信息要求、处理要求、安全性与完整性要求。

需求分析阶段的主要任务有以下几方面。

(1) 确认系统的设计范围,调查信息需求与收集数据。分析需求调查得到的资料,明确计算机应当处理和能够处理的范围,确定新系统应具备的功能。

(2) 综合各种信息包含的数据,各种数据之间的关系,数据的类型、取值范围和流向。

(3) 建立需求说明文档、数据字典和数据流程图。将需求调查文档化,文档既要为用户所理解,又要方便数据库的概念结构设计。需求分析的结果应及时与用户进行交流,反复修改,直到得到用户的认可。在数据库设计中,数据需求分析是对有关信息系统现有数据及数据间联系的收集和处理,当然也要适当考虑系统在将来的可能需求。一般地,需求分析包括数据流的分析及功能分析。功能分析是指系统如何得到事务活动所需要的数据,在事务处理中如何使用这些数据进行处理(也叫加工),以及处理后数据流向的全过程的分析。换言之,功能分析是对所建数据模型支持的系统事务处理的分析。

数据流分析是对事务处理所需的原始数据的收集及经处理后所得数据及其流向,一般用数据流程图来表示。在需求分析阶段,应当用文档形式整理出整个系统所涉及的数据、数据间的依赖关系、事务处理的说明和所需产生的报告,并且尽量借助于数据字典加以说明。除了使用数据流程图、数据字典以外,需求分析还可使用判定表、判定树等工具。

1.5.2 概念结构设计

概念结构设计是数据库设计的第二阶段,其目标是对需求说明书提供的所有数据和处理要求进行抽象与综合处理,按一定的方法构造反映用户环境的数据及其相互联系的概念模型,即用户的数据模型或企业数据模型。这种概念数据模型与 DBMS 无关,是面向现实世界的数据模型,极易为用户所理解。

为了保证所设计的概念数据模型能够完全、正确地反映用户的数据及其相互关系,便于完成用户所要求的各种处理,在本阶段设计中可吸收用户参与和评议设计。在进行概念结构设计时,可设计各个应用的视图(View),即各个应用所看到的数据及其结构,然后再进行视图集成(View Integration),以形成用户的概念数据模型。这样形成的初步数据模型还要经过数据库设计者和用户的审查和修改,最后形成所需的概念数据模型。

1.5.3 逻辑结构设计

逻辑结构设计阶段的设计目标是把上一阶段得到的与 DBMS 无关的概念数据模型转换成等价的、并为某个特定的 DBMS 所接受的逻辑模型所表示的概念模式,同时将概念结构设计阶段得到的应用视图转换成外部模式,即特定 DBMS 下的应用视图。在转换过程中要进一步落实需求说明,并满足 DBMS 的各种限制。逻辑结构设计阶段的结果是 DBMS 提供的数据定义语言(DDL)写成的数据模式,逻辑结构设计的具体方法与 DBMS 的逻辑数据模型有关。

逻辑结构设计即是在概念结构设计的基础上进行数据模型设计，可以是层次、网状模型和关系模型，由于当前的绝大多数 DBMS 都是基于关系模型的，E-R 方法又是概念结构设计的主要方法，如何在全局 E-R 图基础上进行关系模型的逻辑结构设计成为这一阶段的主要内容。在进行逻辑结构设计时并不考虑数据在某一 DBMS 下的具体物理实现，即数据是如何在计算机中存储的。

1.5.4　数据库物理设计

将一个给定逻辑结构实施到具体的环境中时，逻辑数据模型要选取一个具体的工作环境，这个工作环境提供了数据存储结构与存取方法，这个过程就是数据库的物理设计。物理结构设计阶段的任务是把逻辑结构设计阶段得到的逻辑数据库在物理上加以实现，其主要内容是根据 DBMS 提供的各种手段，设计数据的存储形式和存取路径，如文件结构、索引的设计等，即设计数据库的内模式或存储模式。数据库的内模式对数据库的性能影响很大，应根据处理需求及 DBMS、操作系统和硬件的性能进行精心设计。

数据库的物理设计通常分为两步，第一，确定数据库的物理结构，第二，评价实施空间效率和时间效率。

确定数据库的物理结构包含下面 4 方面的内容：

- 确定数据的存储结构。
- 设计数据的存取路径。
- 确定数据的存放位置。
- 确定系统配置。

数据库物理设计过程中需要对时间效率、空间效率、维护代价和各种用户要求进行权衡，选择一个优化方案作为数据库物理结构。

1.5.5　数据库的实施

数据库实施主要包括以下工作：

- 用 DDL 定义数据库结构。
- 组织数据入库。
- 编制与调试应用程序。
- 数据库试运行。

1. 定义数据库结构

确定了数据库的逻辑结构与物理结构后，就可以用所选用的 DBMS 提供的数据定义语言(DDL)来严格描述数据库结构。

2. 数据装载

数据库结构建立好后，就可以向数据库中装载数据了。组织数据入库是数据库实施阶段最主要的工作。对于数据量不是很大的小型系统，可以用人工方法完成数据的入库，其步骤如下。

(1) 筛选数据

需要装入数据库中的数据通常都分散在各个部门的数据文件或原始凭证中，所以首先必须把需要入库的数据筛选出来。

(2) 转换数据格式

筛选出来的需要入库的数据，其格式往往不符合数据库要求，还需要进行转换，这种转换有时可能很复杂。

(3) 输入数据

将转换好的数据输入计算机中。

(4) 校验数据

检查输入的数据是否有误。

对于中大型系统，由于数据量极大，用人工方式组织数据入库将会耗费大量的人力物力，而且很难保证数据的正确性。因此应该设计一个数据输入子系统，由计算机辅助数据的入库工作。

3. 编制与调试应用程序

数据库应用程序的设计应该与数据设计并行进行。在数据库实施阶段，当数据库结构建立好后，就可以开始编制与调试数据库的应用程序，也就是说，编制与调试应用程序是与组织数据入库同步进行的。调试应用程序时由于数据入库尚未完成，可先使用模拟数据。

4. 数据库试运行

应用程序调试完成，并且已有一小部分数据入库后，就可以开始数据库的试运行。数据库试运行也称为联合调试，其主要工作包括：

- 功能测试。即实际运行应用程序，执行对数据库的各种操作，测试应用程序的各种功能。
- 性能测试。即测量系统的性能指标，分析是否符合设计目标。

1.5.6 数据库的运行和维护

数据库试运行结果符合设计目标后，数据库就可以真正投入运行了。数据库投入运行标志着开发任务的基本完成和维护工作的开始，但并不意味着设计过程的终结，由于应用环境在不断变化，数据库运行过程中物理存储也会不断变化，对数据库设计进行评价、调整、修改等维护工作是一个长期的任务，也是设计工作的继续和提高。

在数据库运行阶段，对数据库经常性的维护工作主要是由 DBA 完成的，它包括：故障维护，数据库的安全性、完整性控制，数据库性能的监督、分析和改进，以及数据库的重组织和重构造。

本 章 小 结

本章主要介绍了数据库技术的基础知识，从数据库系统的基本概念、数据管理技术的发展历史、数据模型、数据库系统设计、数据库应用系统结构和数据库的规范化理论等几个方面做了详细的阐述，最后还补充了高级数据库技术的相关知识。通过本章的学习，可以使读者对数据库技术的相关知识有一个系统的了解和掌握，为后面各章节的学习打下坚实的基础。

习 题

一、选择题

1. 若关系中的某一属性组的值能唯一地标识一个元组，我们称之为(　　)。
   A. 主码　　　　　B. 候选码　　　　C. 外码　　　　D. 联系
2. 以下不属于数据模型的三要素的是(　　)。
   A. 数据结构　　　B. 数据操纵　　　C. 数据控制　　D. 完整性约束
3. 以下对关系性质的描述中，哪个是错误的？(　　)
   A. 关系中每个属性值都是不可分解的
   B. 关系中允许出现相同的元组
   C. 定义关系模式时可随意指定属性的排列次序
   D. 关系中元组的排列次序可任意交换

二、填空题

1. 数据管理发展的三个阶段是_____、_____和_____。
2. 数据库系统的三级模式包括_____、_____、物理模式。

三、思考题

1. 数据库管理系统的主要功能有哪些？
2. 思考关系规范化的过程。
3. 思考数据库设计的步骤。

第 2 章 初识 Oracle 数据库

Oracle 数据库管理系统自发布以来，一直以其良好的体系结构、强大的数据处理能力、丰富实用的功能和许多创新的性能，得到了广大用户的认可。本章将主要从 Oracle 的发展历史、Oracle 数据库产品的版本、Oracle 11g 的体系结构和 Oracle 11g 的新特性等几个方面来对 Oracle 数据库做详细的介绍。

2.1 Oracle 的发展历史

1970 年 6 月，IBM 公司的研究员埃德加·考特(Edgar Frank Codd)在 Communications of ACM 上发表了名为《大型共享数据库数据的关系模型》(A Relational Model of Data for Large Shared Data Banks)的著名论文，拉开了关系型数据库软件革命的序幕。IBM 公司于 1973 年开发了原型系统 System R 来研究关系型数据库的实际可行性，但是在当时层次和网状数据库占据主流的时代，并没有及时推出关系型数据库产品。

1977 年 6 月，Larry Ellison 与 Bob Miner 和 Ed Oates 在硅谷共同创办了一家名为软件开发实验室(Software Development Laboratories，SDL)的计算机公司，这就是 Oracle 公司的前身。公司创立之初，Miner 是总裁，Oates 为副总裁，而 Ellison 因为一个合同的事情，还在另一家公司上班。没多久，第一位员工 Bruce Scott 加盟进来。由于受到埃德加·考特的那篇著名的论文的启发，Ellison 和 Miner 预见到数据库软件的巨大潜力。于是，SDL 开始策划构建商用关系型数据库管理系统(RDBMS)。根据 Ellison 和 Miner 在前一家公司从事的一个由中央情报局投资的项目名称，他们把这个产品命名为 Oracle。因为他们相信，Oracle 是一切智慧的源泉。

1979 年，SDL 更名为关系软件有限公司(Relational Software Inc.，RSI)，并于 1979 年的夏季发布了可用于 DEC 公司的 PDP-11 计算机上的商用 Oracle 产品，这是世界上第一个商用关系数据库管理系统(RDBMS)。

1983 年，为了突出公司的核心产品，RSI 再次更名为 Oracle，Oracle 从此正式走入人们的视野。现在，Oracle 公司是仅次于微软的世界第二大软件公司，是全球最大的信息管理软件及服务供应商。Oracle 公司拥有世界上唯一一个全面集成的电子商务套件 Oracle Applications R 11i，它能够自动化企业经营管理过程中的各个方面，深受用户的青睐。

Oracle 发展大事记如下。

- 1977 年：Oracle 公司创立。
- 1979 年：推出第一个商用关系数据库管理系统(RDBMS)。
- 1983 年：发布了 Oracle 第 3 版，是完全用 C 语言编写的便于移植的数据库产品。
- 1984 年：Oracle 发布了第 4 版，产品的稳定性得到了一定的增强。
- 1985 年：Oracle 发布了第 5 版，这个版本算得上是 Oracle 数据库的稳定版本。

- 1986 年：发布第一个"客户机/服务器"式的数据库。
- 1988 年：发布 Oracle 第 6 版。
- 1992 年：发布 Oracle 第 7 版，是 Oracle 真正出色的产品，取得了巨大的成功。
- 1994 年：推出了第一个支持按需提供视频图像的媒体服务器。
- 1995 年：第一个 64 位关系数据库管理系统(RDBMS)。
- 1996 年：发布了一个开放的、基于标准的、支持 Web 的体系结构。
- 1997 年：Oracle 第 8 版发布，Oracle 8 支持面向对象的开发及新的多媒体应用，这个版本也为支持 Internet、网络计算等奠定了基础。
- 1998 年：Oracle 公司正式发布 Oracle 8i，i 代表 Internet，这一版本中添加了大量为支持 Internet 而设计的特性，将客户机/服务器应用转移到 Web 上。
- 1999 年：第一个在应用开发工具中集成了 Java 和 XML。
- 2001 年：在 Oracle OpenWorld 大会中发布了 Oracle 9i，在 Oracle 9i 的诸多新特性中，最重要的就是 Real Application Clusters(RAC)。
- 2003 年：发布了 Oracle 10g，这一版的最大的特性就是加入了网格计算的功能。
- 2007 年：Oracle 11g 正式发布，功能上大大加强。大幅提高了系统性能安全性，全新的 Data Guard 最大化了可用性，利用全新的高级数据压缩技术降低了数据存储的开销，明显缩短了应用程序测试环境部署及分析测试结果所花费的时间，增加了 RFID Tag、DICOM 医学图像、3D 空间等重要数据类型的支持，加强了对 Binary XML 的支持和性能优化。
- 2008 年：Oracle 宣布收购项目组合以及管理软件的供应商 Primavera 软件公司。
- 2009 年：Oracle 收购 Sun Microsystems，Sun 被甲骨文(Oracle)接管无论对 Java 还是对 IT 业界都是十分有益的。

2.2　Oracle 11g 版本介绍

Oracle 11g 与 Oracle 10g 版本相比，新增了 400 多项功能，其中最为突出的三个新功能是自动的 SQL 调整、分区建议和实时应用测试。

另外，Oracle 11g 提供了高性能、伸展性、可用性和安全性，并能更方便地在低成本服务器和存储设备组成的网格上运行。

Oracle 11g 数据库系统共包括企业版、标准版、标准版 1 和个人版 4 个版本。所有这些版本都使用相同的通用代码库构建，这意味着企业的数据库管理软件可以轻松地从规模较小的单一处理器服务器扩展到多处理器服务器集群，而无需更改一行代码。

- 企业版：适用于对安全性要求较高并且任务至上的联机事务处理(OLTP)和数据仓库环境。
- 标准版：适用于工作组或部门级的应用，也适用于中小企业(SME)。提供核心的关系数据库管理服务和选项。
- 个人版：只提供基本数据库管理服务，适用于单用户开发环境，对系统配置的要求也比较低，主要面向开发技术人员。

2.2.1 企业版

Oracle 数据库 11g 企业版可以运行在 Windows、Linux 和 Unix 的集群服务器或单一服务器上，它提供了全面的功能来管理相关的事务处理、商务智能和内容管理，具有业界领先的性能、可伸缩性、安全性和可靠性。

Oracle 数据库 11g 企业版的主要优点如下：

- 高可靠性。能够尽可能地防止服务器故障、站点故障和人为错误的发生，并减少了计划内的宕机时间。
- 高安全性。可以利用行级安全性、细粒度审计、透明的数据加密和数据的全面回忆，确保数据安全和遵守法规。
- 更好的数据管理。轻松管理最大型数据库信息的整个生命周期。
- 领先一步的商务智能。高性能数据仓库、在线分析处理和数据挖掘。

Oracle 数据库 11g 企业版提供了许多选件以帮助企业发展业务，并达到用户期望的性能。其中，选件包括真正应用集群、活动数据卫士、OLAP、内存数据库缓存、数据挖掘、可管理性、分区、空间管理、Database Vault、高级压缩、内容数据库、真正应用测试、全面恢复、高级安全性和标签安全性。

2.2.2 标准版

Oracle 数据库 11g 标准版功能全面，可适用于多达 4 个插槽的服务器。它通过应用集群服务实现了高可用性，提供了企业级性能和安全性，易于管理并可随需求的增长轻松扩展。标准版可向上兼容企业版，并随企业的发展而扩展，从而保护企业的初期投资。

标准版的主要优点如下：

- 多平台自动管理。可基于 Windows、Linux 和 Unix 操作系统运行，自动化的自管理功能使其易于管理。
- 丰富的开发功能。借助 Oracle Application Express、Oracle SQL 开发工具和 Oracle 面向 Windows 的数据访问组件简化应用开发。
- 灵活的订制服务。用户可以仅购买现在所需要的功能，并在以后通过真正应用集群轻松进行扩展。

2.2.3 标准版 1

Oracle 数据库 11g 标准版 1 功能全面，可适用于两个插槽的服务器，为工作组、部门级和互联网/内联网应用程序提供了前所未有的易用性和性能价格比。它提供了企业级性能和安全性，易于管理，并可随需求的增长轻松进行扩展。与标准版一样，标准版 1 可向上兼容其他数据库版本，并随企业的发展而扩展，从而使得企业能够以最低的成本获得最高的性能，保护企业的初期投资。Standard Edition One 仅许可在最高容量为两个处理器的服务器上使用。

标准版 1 的主要优点如下：

- 应用服务支持。以企业级性能、安全性、可用性和可伸缩性，支持所有的业务管理软件。
- 多平台自动管理。可基于 Windows、Linux 和 Unix 操作系统运行，自动化的自管理功能使其易于管理。
- 全面的开发功能。借助 Oracle Application Express、Oracle SQL 开发工具和 Oracle 面向 Windows 的数据访问组件简化应用开发。
- 灵活的订制服务。用户可以仅购买所需功能，并在需求增长时轻松添加更多功能。

2.2.4 个人版

支持需要与 Oracle 数据库 11g 标准版 1、Oracle 数据库标准版和 Oracle 数据库企业版完全兼容的单用户开发和部署。个人版数据库只提供 Oracle 作为 DBMS 的基本数据库管理服务，它适用于单用户开发环境，其对系统配置的要求也比较低，主要面向开发技术人员使用。

2.3 Oracle 11g 体系结构概述

Oracle 体系结构由内存结构、进程结构、存储结构组成，如图 2.1 所示。其中，内存结构由 SGA、PGA 组成。进程结构由用户进程和 Oracle 进程组成，前台进程是指服务进程和用户进程。前台进程是根据实际需要而运行的，并在需要结束后立刻结束。Oracle 进程也称后台进程，是指在 Oracle 数据库启动后，自动启动的几个操作系统进程。存储结构由逻辑存储、物理存储组成。

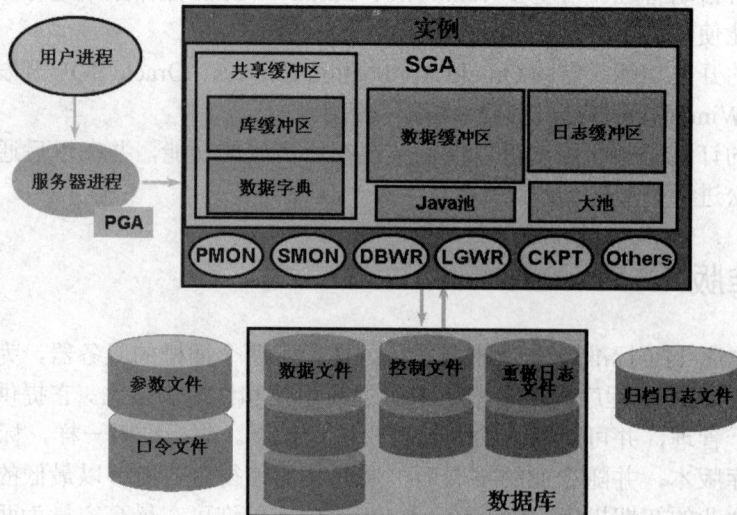

图 2.1 Oracle 的总体结构

2.3.1 存储结构

Oracle 数据库的存储结构分为逻辑存储结构和物理存储结构，这两种存储结构既相互独立又相互联系，如图 2.2 所示。

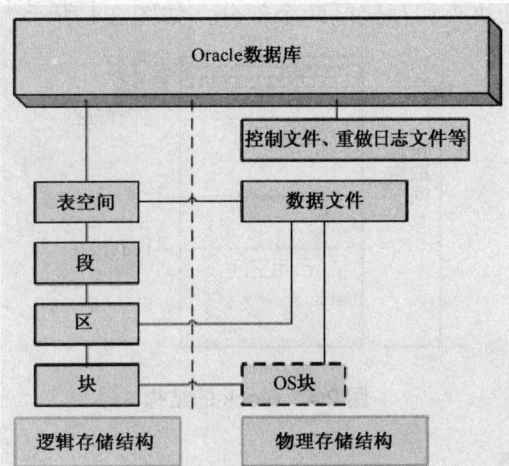

图 2.2 Oracle 的存储结构

逻辑存储结构主要描述 Oracle 数据库的内部存储结构，即从技术概念上描述在 Oracle 数据库中如何组织、管理数据。从逻辑上来看，数据库是由系统表空间、用户表空间等组成。表空间是最大的逻辑单位，块是最小的逻辑单位。逻辑存储结构中的块最后对应到操作系统中的块。因此，逻辑存储结构是与操作系统平台无关的，是由 Oracle 数据库创建和管理的。

物理存储结构主要描述 Oracle 数据库的外部存储结构，即在操作系统中如何组织、管理数据。因此，物理存储结构是与操作系统平台有关的。从物理上看，数据库由控制文件、数据文件、重做日志文件等操作系统文件组成。

1．逻辑存储结构

Oracle 的逻辑存储结构是由一个或多个表空间组成，一个表空间(Tables Pace)由一组段组成，一个段(Segment)由一组区组成，一个区(Extent)由一批数据库块组成，一个数据库块(Block)对应一个或多个物理块。逻辑结构示意如图 2.3 所示。

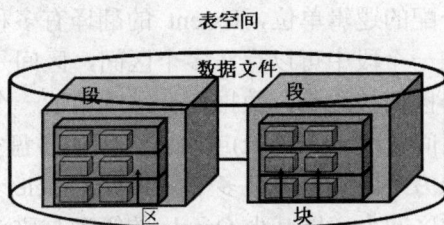

图 2.3 Oracle 的逻辑存储结构

(1) 数据库块(Database Block)

块是数据库使用的 I/O 最小单元，也是最基本的存储单位，又称逻辑块或 Oracle 块。其大小在建立数据库的时候指定，虽然在初始化文件中可见，但是不能修改。为了保证存取的速度，它是 OS 数据块的整数倍。Oracle 的操作都是以块为基本单位，一个区间可以包含多个块，如果区间大小不是块大小的整数倍，Oracle 实际也扩展到块的整数倍。

数据库块的结构包括块头和存储区两个部分，如图 2.4 所示。

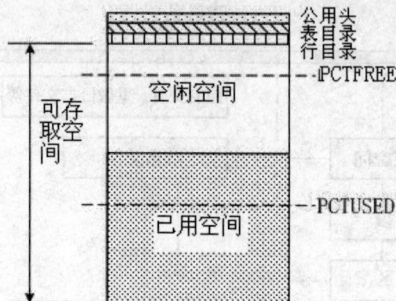

图 2.4 Block 的结构

① 第一部分：块头

标题：包括通用的块信息，如块地址/段类型等，最佳大小为 85~100 字节。

表目录：存储聚集中表的信息，这些信息用于聚集段。

行目录：包括这块中的有效行信息，允许使用每行开头的 2 字节。

② 第二部分：存储区

空闲区：这块中能插入或修改的一组空间。

行数据区：存储表或索引的数据。

PCTFREE 与 PCTUSED 是表的两个存取参数，其实是作用在表中的块上面的，PCTFREE 与 PCTUSED 表示两个百分比，默认分别是 10 与 40。PCTFREE 表示保留该百分比的可用空间用于以后的行更新，避免行迁移。如果行数据达到 PCTFREE 保留的空间，该块从 FREE LIST 上撤消下来，不再接收数据。PCTUSED 表示当行的空闲空间降低(如删除数据)到该参数指定的百分比的时候，该块重新进入 FREE LIST，开始接收新的数据。PCTFREE 与 PCTUSED 的配置与系统的优化有一定的关系，所以要慎重。

PCTFREE+PCTUSED 不要大于等于 100，否则将导致块不断地在 FREE LIST 移上移下，严重影响性能。

(2) 区(Extent)

区是数据库存储空间分配的逻辑单位，Extent 的翻译有多种，有的译作扩展，有的译作盘区，通常译为区间。在一个段中可以存在多个区间，区间是为数据一次性预留的一个较大的存储空间，直到那个区间被用满，数据库会继续申请一个新的预留存储空间，即新的区间，一直到段的最大区间数(Max Extent)或没有可用的磁盘空间可以申请。

理论上一个段可以有无穷个区间，但是多个区间对 Oracle 却是有性能影响的，Oracle 建议把数据分布在尽量少的区间上，以减少 Oracle 的管理与磁头的移动，但是在某些特殊情况下，需要把一个段分布在多个数据文件或多个设备上，适当地加多区间数也是有很大好处的。

通过 DBA/ALL/USER_EXTENTS 可以查询详细的区间信息。

(3) 段(Segment)

段是对象在数据库中占用的空间，虽然段和数据库对象是一一对应的，但段是从数据库存储的角度来看的。一个段只能属于一个表空间，当然一个表空间可以有多个段。

表空间和数据文件是物理存储上的一对多的关系，表空间和段是逻辑存储上的一对多的关系，段不直接与数据文件发生关系。一个段可以属于多个数据文件，段可以指定扩展到哪个数据文件上。

段基本可以分为以下 4 种。

● 数据段(Data Segment)：存储表中的所有数据。

● 索引段(Index Segment)：存储表上最佳查询的所有索引数据。

● 回滚段(Rollback Segment)：存储修改之前的位置和值。

● 临时段(Temporary Segment)：存储表排序操作期间建立的临时表的数据。

通过 DBA/ALL/USER_SEGMENTS 可以查询详细的段信息。

(4) 表空间(Table Space)

表空间是最大的逻辑单位，对应一个或多个数据文件，表空间的大小是它所对应的数据文件大小的总和。表空间是 Oracle 逻辑存储结构中数据的逻辑组织，第一个数据库至少有一个系统表空间(System Tablespace)。

Oracle 11g 自动创建的表空间有：

● Example(实例表空间)。

● Sysaux(辅助系统表空间)。用于减少系统负荷，提高系统的作业效率。

● System(系统表空间)。存放关于表空间的名称、控制文件、数据文件等管理信息，是最重要的表空间。它属于 Sys、System 两个 Schema(方案)，仅被这两个或其他具有足够权限的用户使用。但是均不可删除或者重命名 System 表空间。

● Temp(临时表空间)。存放临时表和临时数据，用于排序。

● Undotbs(重做表空间)。

● Users(用户的表空间)。永久存放用户对象和私有信息，也被称为数据表空间。

一般地，系统用户使用 System 表空间，非系统用户使用 Users 表空间。

2．物理存储结构

Oracle 物理存储结构包含 3 种数据文件：控制文件、数据文件和日志文件，另外还包括一些参数文件。由控制文件来管理数据文件和日志文件，用参数文件来寻找控制文件。其中数据文件的扩展名为.DBF，日志文件的扩展名为.LOG，控制文件的扩展名为.CTL。

(1) 控制文件(Control File)

数据库控制文件是一个很小的二进制文件，它维护着数据库的全局物理结构，用以支持数据库成功地启动和运行。创建数据库时，同时就提供了与之对应的控制文件。在数据库使用过程中，Oracle 不断地更新控制文件，所以只要数据库是打开的，控制文件就必须处于可写状态。若由于某些原因控制文件不能被访问，则数据库也就不能正常工作了。

每一个 Oracle 数据库有一个控制文件，它记录着数据库的物理结构，其中主要包含下列信息类型：

- 数据库名称
- 数据库数据文件和日志文件的名字和位置
- 数据库建立日期
- 日志历史
- 归档日志信息
- 表空间信息
- 数据文件脱机范围
- 数据文件拷贝信息
- 备份组和备份块信息
- 备份数据文件和重做日志信息
- 当前日志序列数
- 检查点信息(CHECKPOINT)

Oracle 数据库的控制文件是在数据库创建的同时创建的。默认情况下，在数据库创建期间至少有一个控制文件副本，如在 Windows 平台下，将创建 3 个控制文件的副本。

每一次 Oracle 数据库的实例启动时，它的控制文件用于标识数据库和日志文件，当着手数据库操作时，它们必须被打开。当数据库的物理组成更改时，Oracle 自动更改该数据库的控制文件。数据恢复时，也要使用控制文件。如果数据库的物理结构发生了变化，用户应该立即备份控制文件。一旦控制文件不幸被毁损，数据库便无法顺利启动。也因为如此，控制文件的管理与维护工作显得格外重要。

(2) 数据文件(Data File)

一个 Oracle 数据库可以拥有一个或多个物理的数据文件。数据文件包含了全部数据库数据。逻辑数据库结构的数据也物理地存储在数据库的数据文件中。

数据文件具有如下特征：

- 一个数据库可拥有多个数据文件，但一个数据文件只对应一个数据库。
- 可以对数据文件进行设置，使其在数据库空间用完的情况下进行自动扩展。
- 一个表空间(数据库存储的逻辑单位)可以由一个或多个数据文件组成。

数据文件中的数据在需要时可以读取并存储在 Oracle 的内存储区中。例如，用户要存取数据库一个表的某些数据，如果请求的数据不在数据库的内存存储区中，则从相应的数据文件中读取并存储在内存存储区。当数据被修改或是插入新数据时，不必立刻写入数据文件，而是把数据暂时存储在内存，由 Oracle 的后台进程 DBWR 来决定何时将其写入数据文件中，这是为了减少磁盘 I/O 的次数，提高系统的效率。

数据文件是用于存储数据库数据的文件，如表、索引数据等都物理地存储在数据文件中。这就把数据文件和表空间联系在一起。表空间是一个或多个数据文件在逻辑上的统一组织，而数据文件是表空间在物理上的存在形式。没有数据文件的存在，表空间就失去了存在的物理基础；而离开了表空间，Oracle 就无法获得数据文件的信息，无法访问到对应的数据文件，这样的数据文件就成了垃圾文件。

数据文件的大小可以有两种方式表示，即字节和数据块。数据块是 Oracle 数据库中最小的数据组织单位，它的大小由参数 DB_BLOCK_SIZE 来确定。

(3)　日志文件(Redo Log File)

日志文件也称为重做日志文件。重做日志文件用于记录对数据库的所有修改信息，修改信息包括用户对数据的修改，以及管理员对数据库结构的修改。重做日志文件是保证数据库安全和数据库备份与恢复的文件。

重做日志文件主要在数据库出现故障时使用。在每一个 Oracle 数据库中，至少有两个重做日志文件组，每组有一个或多个重做日志成员，一个重做日志成员物理地对应一个重做日志文件。在现实作业系统中为确保日志的安全，基本上对日志文件采用镜像的方法。在同一个日志文件组中，其日志成员的镜像个数最多可以达到 5 个。有关日志的模式包括归档模式(ARCHIVELOG)和非归档模式(NOARCHIVELOG)两种。

> **提示：** 日志成员镜像个数受参数 MAXLOGNUMBERS 的限制。若需要确定系统正在使用哪一个日志文件组，可以查询数据字典 V$LOG，还可以查询数据字典 V$LOGFILE，进一步找到正在使用日志组中的哪个日志文件。管理员可以通过语句 ALTER SYSTEM SWITCH LOGFILE 来强行地进行日志切换；若要查询数据库运行在何种模式下，可以查询数据字典 V$DATABASE，在数据字典 V$LOG_HISTORY 中记录着历史日志的信息。

Oracle 在重做日志文件中以重做记录的形式记录用户对数据库进行的操作。当需要进行数据库恢复时，Oracle 将根据重做日志文件中的记录，恢复丢失的数据。重做日志文件是由重做记录组成的，重做记录又称为重做条目，它由一组修改向量组成。每个修改向量都记录了数据库中某个数据块所做的修改。例如，如果用户执行了一条 UPDATE 语句对某个表中的一条记录进行修改，同时将生成一条重做记录。这条重做记录可能由多个变更向量组成，在这些变更向量中记录了所有被这条语句修改过的数据块中的信息。被修改的数据块包括表中存储这条记录的数据块，以及回滚段中存储的相应的回滚条目的数据块。

利用重做记录，不仅能够恢复对数据文件所做的修改操作，还能够恢复对回滚段所做的修改操作。因此，重做日志文件不仅可以保护用户数据库，还能够保护回滚段数据。在进行数据库恢复时，Oracle 会读取每个变更向量，然后将其中记录的修改信息重新应用到相应的数据块上。

> **说明：** 数据文件、控制文件、日志文件，还有一些其他文件(如参数文件、备份文件等)，构成了 Oracle 数据库的物理存储结构，对应于操作系统的具体文件，是 Oracle 数据库的物理载体。

(4)　参数文件(Parameter File)

当 Oracle 实例启动时，它从一个初始化参数文件中读取初始化参数。初始化文件记载了许多数据库的启动参数，如内存、控制文件、进程数等，对数据库的性能影响很大，如果不是很了解，不要轻易乱改写，否则会引起数据库性能下降。这个初始化参数文件可以是一个只读的文本文件，或者是可以读/写的二进制文件。这个二进制文件被称作服务器参数文件(Sever Parameter File)，它总是存储在服务器上。使用服务器参数文件，可以使得管理员能用 alter system 命令把对数据库所作的改变保存起来，即使重新启动数据库，改变也不会丢失。因此 Oracle 建议用户使用服务器参数文件。可以通过编辑过的文本初始化文件，或者使用 DBCA 来创建服务器参数文件。

2.3.2 内存结构

Oracle 内存结构主要可以分为 SGA(System Global Area)与 PGA(Program Global Area)，如图 2.5 所示。

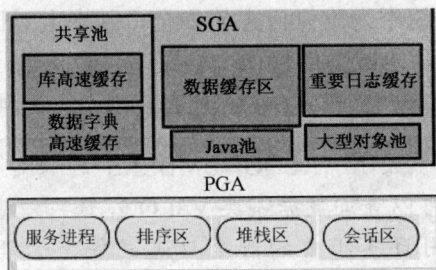

图 2.5 Oracle 的内存结构

1. 全局共享区

全局共享区 SGA(System Global Area)是一块巨大的共享内存区域，被看作是 Oracle 数据库的一个大缓冲池，这里的数据可以被 Oracle 的各个进程共用。SGA 主要包括以下几个部分。

(1) 共享池(Shared Pool)

共享池保存了最近执行的 SQL 语句、PL/SQL 程序和数据字典信息，是对 SQL 语句和 PL/SQL 程序进行语法分析、编译、执行的内存区。共享池主要又可以分为库高速缓存区和数据字典高速缓冲区两个部分。

- 库高速缓存区(Library Cache)：解析用户进程提交的 SQL 语句或 PL/SQL 程序和保存最近解析过的 SQL 语句或 PL/SQL 程序。Oracle DBMS 执行各种 SQL、PL/SQL 之前，要对其进行语法上的解析、对象上的确认、权限上的判断、操作上的优化等一系列操作，并生成执行计划。因为库高速缓存区保存了已经解析的 SQL 和 PL/SQL，所以，请尽量使用预处理查询。

- 数据字典高速缓冲区(Data Dictionary Cache)：在 Oracle 运行过程中，Oracle 会频繁地对数据字典中的表、视图进行访问，以便确定操作的数据对象是否存在、是否具有合适的权限等信息。数据字典缓存了最常用的数据字典信息。数据字典缓存中存放的记录是一条一条的，而其他缓存区中保存的是数据块。

(2) 数据缓存区(Database Buffer Cache)

该缓存区保存最近从数据文件中读取的数据块，其中的数据被所有用户共享。这个缓冲区的块基本上在两个不同的列表中管理：一个是块的"脏"表(Dirty List)，需要用数据库块的书写器(DBWR)来写入；另外一个是不脏的块的列表(Free List)。一般的情况下，会使用最近最少使用(Least Recently Used，LRU)算法来管理。

该缓存又可以细分为以下 3 个部分：Default Pool、Keep Pool、Recycle Pool。如果不是人为设置初始化参数(Init.ora)，Oracle 将默认为 Default Pool。由于操作系统寻址能力的限制，不通过特殊设置，在 32 位的系统上，块缓冲区高速缓存最大可以达到 1.7GB，在 64 位系统上，块缓冲区高速缓存最大可以达到 10GB。

(3)　重做日志缓冲区(Redo Log Buffer)

重做日志文件的缓冲区，对数据库的任何修改都按顺序记录在该缓冲区中，然后由 LGWR 进程将它写入磁盘。这些修改信息可能是 DML 语句，如 Insert、Update、Delete，或 DDL 语句，如 Create、Alter、Drop 等。

为什么需要有重做日志缓冲区的存在？这是由于内存到内存的操作比内存到硬盘操作的速度快很多，所以重作日志缓冲区可以加快数据库的操作速度，但是考虑到数据库的一致性与可恢复性，数据在重做日志缓冲区中的滞留时间不会很长。重作日志缓冲区一般都很小，大于 3MB 之后的重作日志缓冲区已经没有太大的实际意义。

(4)　Java 池(Java Pool)

Oracle 8i 以后的版本提供了对 Java 的支持，用于存放 Java 代码、Java 程序等。一般不小于 20MB，以便虚拟机运行。如果不用 Java 程序，没有必要改变该缓冲区的默认大小。

(5)　大型对象池(Large Pool)

大对象池的得名不是因为大，而是因为它用来分配大块的内存，处理比共享池更大的内存，在 8.0 版开始引入。大型池用于大内存操作，提供相对独立的内存空间，以便提高性能。大型池是可选的内存结构。DBA 可以决定是否需要在 SGA 中创建大池。需要大型池的操作有：数据库备份和恢复、大量排序的 SQL 语句、并行化的数据库操作。

下面的对象使用大对象池：

- MTS——在 SGA 的 Large Pool 中分配 UGA。
- 语句的并行查询(Parallel Execution of Statements)——允许进程间消息缓冲区的分配，用来协调并行查询服务器。
- 备份(Backup)——用于 RMAN 磁盘 I/O 缓存。

2．程序共享区

程序共享区 PGA(Program Global Area)是用户进程连接到数据库并创建一个对应的会话时，由 Oracle 为服务进程分配的，专门用于当前用户会话的内存区。PGA 是非共享的，而 SGA 是共享的。PGA 大小由操作系统决定，并且分配后保持不变；会话终止时，自动释放 PGA 所占的内存。程序共享区由排序区、会话区、游标区和堆栈区组成。

排序区用于保存执行 order by、group by 等包含排序操作的 SQL 语句时所产生的临时数据。Oracle 将准备排序的数据先临时存储到排序区中，并在排序区中排序，然后将排序好的数据返回给用户。

会话区保存会话所具有的权限、角色和性能等统计信息。

游标区当运行带有游标的 PL/SQL 语句时，Oracle 会在共享池中为该语句分配上下文(Context)，游标实际上是指向该上下文的指针。

堆栈区保存会话中的绑定变量、会话变量以及 SQL 语句运行时的内存结构信息。

2.3.3 进程结构

进程是操作系统中的一个概念，是一个可以独立调用的活动，用于完成指定的任务。进程与程序的区别是：

- 进程是动态创建的，完成后销毁；程序是静态的实体，可以复制、编辑。
- 进程强调执行过程，程序仅仅是指令的有序集合。
- 进程在内存中，程序在外存中。

Oracle 包括用户进程和 Oracle 进程两类。Oracle 进程又包括服务器进程和后台进程。

当用户运行一个应用程序时，就建立一个用户进程，其主要作用是在客户端将用户的 SQL 语句传递给服务进程。

服务器进程用于处理用户进程的请求，其处理过程为：首先分析 SQL 命令并生成执行方案，然后从数据缓冲存储区中读取数据，最后将执行结果返回给用户。

后台进程为所有数据库用户异步完成各种任务。主要的后台进程有：数据库写进程(DBWR)、日志写进程(LGWR)、系统监控进程(SMON)、进程监控进程(PMON)、检查点写进程(CKPT)、归档进程(ARCn)、恢复进程(RECO)和封锁进程(LCKn)。详细介绍如下。

(1) 数据写进程(DBWR)

其主要作用是将修改过的数据缓冲区的数据写入对应数据文件，并且维护系统内的空缓冲区。DBWR 是一个很底层的工作进程，它批量地把缓冲区的数据写入磁盘，不受前台进程的控制。至于 DBWR 会不会触发 LGWR 和 CKPT 进程，我们将在下面几节里讨论。

以下条件会触发 DBWR 的工作：

- 系统中没有多的空缓冲区用来存放数据。
- CKPT 进程触发 DBWR 等。

(2) 日志写进程(LGWR)

该进程将重做日志缓冲区的数据写入重做日志文件，LGWR 是一个必须和前台用户进程通信的进程。当数据被修改的时候，系统会产生一个重做日志并记录在重做日志缓冲区内。提交的时候，LGWR 必须将被修改的数据的重做日志缓冲区内的数据写入日志数据文件，然后再通知前台进程提交成功，并由前台进程通知用户。LGWR 承担了维护系统数据完整性的任务。

触发 LGWR 工作的主要条件如下：

- 用户提交。
- 有 1/3 重做日志缓冲区未被写入磁盘。
- 有大于 1MB 的重做日志缓冲区未被写入磁盘。
- DBWR 需要写入的数据的 SCN 号大于 LGWR 记录的 SCN 号，DBWR 触发 LGWR 写入。

(3) 系统监控(SMON)

该进程的工作主要包含：清除临时空间；在系统启动时，完成系统实例恢复；聚结空闲空间；从不可用的文件中恢复事务的活动；OPS 中失败结点的实例恢复；清除 OBJ$表；缩减回滚段；使回滚段脱机。

(4)　进程监控进程(PMON)

主要用于清除失效的用户进程，释放用户进程所用的资源。如 PMON 将回滚未提交的工作，释放锁，释放分配给失败进程的 SGA 资源。

(5)　检查点进程(CKPT)

检查点进程负责执行检查点，并更新控制文件，启用 DBWR 进程将脏缓存块中的数据写入数据文件(该任务一般由 LGWR 执行)。CKPT 对于许多应用情况都不是必须的，只有当数据库数据文件很多，LGWR 在检查点时明显降低性能的情况下才使用 CKPT。

CKPT 的作用主要就是同步数据文件、日志文件和控制文件。由于 DBWR/LGWR 的工作原理，造成了数据文件、日志文件、控制文件的不一致，这就需要 CKPT 进程来同步。CKPT 会更新数据文件/控制文件的头信息。当一个 checkpoint 发生时，Oracle 必须更新所有数据文件的文件头，记录这个 checkpoint 的详细信息。这个动作是由 CKPT 进程完成的，但是 CKPT 进程并不将数据块写入磁盘，写入的动作总是由 DBWn 进程完成的。

以下条件会触发 CKPT 工作：

● 在日志切换的时候。
● 数据库用 immediate、transaction、normal 选项 shutdown 数据库的时候。
● 根据 init<sid>.ora 文件中 LOG_CHECKPOINT_INTERVAL、LOG_CHECKPOINT_TIMEOUT、FAST_START_IO_TARGET 设置的参数值来确定。
● 用户触发 alter system checkpoint。

(6)　归档进程(ARCn)

归档进程(Archiver Process)在发生日志切换(Log Switch)时，将重做日志文件复制到指定的存储设备中。只有当数据库运行在 ARCHIVELOG 模式下，且自动归档功能被开启时，系统才会启动 ARCn 进程。

一个 Oracle 实例中最多可以运行 10 个 ARCn 进程。若当前的 ARCn 进程还不能满足工作负载的需要，则 LGWR 进程将启动新的 ARCn 进程。Alert Log 会记录 LGWR 启动 ARCn 进程。

如果预计系统存在繁重的归档任务，例如将进行大批量数据装载，可以通过设置初始化参数 LOG_ARCHIVE_MAX_PROCESSES 来指定多个归档进程，通过 ALTER SYSTEM 语句可以动态地修改该参数，增加或减少归档进程的数量。

然而，通常不需要去改变该参数，该参数默认值为 1，因为当系统负载增大时，LGWR 进程会自动地启动新的 ARCn 进程。

(7)　恢复进程(RECO)

恢复进程 Recoverer Process(RECO)用于分布式数据库结构，自动解决分布式事务的错误。一个结点的 RECO 进程会自动地连接到一个有疑问的分布式事务的相关其他数据库。当 RECO 重新连接到相关的数据库服务时，它会自动地解决有疑问的事务。并从相关数据库的活动事务表(Pending Transaction Table)中移除与此事务有关的数据。

如果 RECO 进程无法连接到远程服务，RECO 会在一定时间间隔后尝试再次连接。但是每次尝试连接的时间间隔会以指数级的方式增长。只有实例允许分布式事务时才会启动 RECO 进程。实例中不会限制并发的分布式事务的数量。

(8) 封锁进程(LCKn)

在并行服务器中用于多个实例间的封锁。

2.3.4 数据字典

数据字典(Data Dictionary)是 Oracle 数据库的重要组成部分，是 Oracle 存放有关数据库信息的地方。如一个表的创建者信息，创建时间信息，所属表空间信息，用户访问权限信息等。当用户在对数据库中的数据进行操作时，遇到困难就可以访问数据字典来查看详细的信息。

Oracle 中的数据字典有静态和动态之分。静态数据字典主要是在用户访问数据字典时不会发生改变的，但动态数据字典是依赖数据库运行的性能的，反映数据库运行的一些内在信息，所以在访问这类数据字典时往往不是一成不变的。数据字典主要有 3 个用处：

- Oracle 访问数据字典来查找关于用户、模式对象和存储结构的信息。
- Oracle 每次执行一个数据定义语句(DDL)时都会修改数据字典。
- 任何 Oracle 用户都可以将数据字典作为数据库的只读参考信息。

数据字典由一系列拥有数据库元数据(Meta Data)信息的数据字典表和用户可以读取的数据字典视图组成。

(1) 数据字典表：数据字典表属于 SYS 用户；大部分数据字典表的名称中都包含$这样的特殊符号。

(2) 数据字典视图：数据字典表中的信息经过解密和一些加工处理后，以视图的方式呈现给用户。大多数用户都可以通过数据字典视图查询所需要的与数据库相关的系统信息。

数据字典的主要内容如下：

- 系统的空间信息，即分配了多少空间、当前使用了多少空间等。
- 数据库中所有模式对象的信息，如表、视图、簇、同义词及索引等。
- 例程运行的性能和统计信息。
- Oracle 用户的名字。
- 用户访问或使用的审计信息。
- 用户及角色被授予的权限信息。
- 列的约束信息的完整性。
- 列的默认值。

在 Oracle 数据库中，数据字典可以看作是一组表和视图结构。它们存放在 SYSTEM 表空间中。在数据库系统中，数据字典不仅是每个数据库的核心，而且对每个用户也是非常重要的信息。用户可以用 SQL 语句访问数据库数据字典。

通过数据字典可实现如下功能：

- 当执行 DDL 语句修改方案和对象后，Oracle 都会将本次修改的信息记录在数据字典中。
- 用户可以通过数据字典视图获得各种方案对象和对象的相关信息。
- Oracle 通过查询数据字典表或数据字典视图来获取有关用户、方案、对象的定义信息以及其他存储结构的信息。

- DBA 可以通过在数据字典的动态性能视图中监视例程的状态，将其作为性能调整的依据。

2.4　Oracle 11g 的新特性

Oracle 11g 是甲骨文公司在 2007 年 7 月推出的关系数据库管理系统，新增了大型对象存储、透明加密、自动内存管理等 400 多项新功能和特性。Oracle 11g 的新特性有很多，本节从数据库管理、PL/SQL 开发和其他特性 4 个方面对其主要的新特性进行简要介绍。

2.4.1　新特性的作用

11g 的新特性对于实际使用 Oracle 的用户可以帮助增强如下几个方面。

(1) 可管理性方面

Oracle 数据库 11g 中的可管理性特性旨在帮助组织轻松管理基础架构网格，并成功地满足其用户的服务水平期望。Oracle 数据库 11g 新增的可管理性特性和增强功能可以帮助开发者提高 DBA 的效率并降低管理成本，同时还可以增强全天候业务应用程序的性能、可伸缩性和安全性。

(2) 可伸缩性和性能方面

Oracle 数据库 11g 使各用户单位可以使用低成本的模块化存储器轻松伸缩大型事务和数据仓库系统，并提供全天候的快速数据访问。Oracle 数据库 11g 的新增创新的性能特性，可通过按需优化存储资源，帮助管理员有效地管理整个数据库生命周期中的信息负载。

(3) 改善信息访问和管理方面

Oracle 数据库 11g 使用行业标准界面，提供了一个安全、可伸缩的平台，便于对所有类型的数据进行可靠、快速的访问。它支持 XML、空间、多媒体、医学成像和语义技术等高级数据类型(它们是许多企业的快速成长区)。

(4) 企业范围的数据集成

Oracle 数据库 11g 包含的许多新的增强和特性可以更好地集成整个企业中的数据，从而减少内容管理成本和提高员工效率。

(5) 改善的数据仓储和业务智能

Oracle 数据库 11g 增强了 Oracle 的数据仓库(DW)和业务智能(BI)的功能，以提高可管理性和性能，并使在线分析处理(OLAP)和数据挖掘等先进技术更容易被主流用户接受。

(6) 缩短应用程序开发时间

Oracle 数据库 11g 提供了一个单一、集成的平台，该平台可提供高性能和高可伸缩性，并支持当今的应用程序开发人员使用的所有核心技术。Oracle 数据库 11g 向所有大型应用程序开发环境中添加了大量新功能，使开发者可以缩短上市时间并提高应用程序性能。

对于不同的客户来说，所利用的 11g 的新特性是体现在不同的方面上的，至于是否真的实实在在地能帮好客户，那取决于很多因素，包括整体的架构设计是否合理、对于数据库的了解程度、维护人员的水平层次等。一个好的产品是会由市场来检验的，而不是吹嘘出来的。

2.4.2 数据库管理方面的新特性

Oracle 11g 在数据库管理方面的主要新特性如下。

(1) 资源管理器

Oracle 11g 的资源管理器(Resource Manager)不仅可以管理 CPU，还可以管理 I/O。在资源管理器中，用户可以设置特定文件的优先级、文件类型和 ASM 磁盘组。

(2) 计划管理

计划管理(Plan Management)允许用户将某一特定语句的查询计划固定下来，无论统计数据变化还是数据库版本变化都不会改变查询计划。

(3) 数据库重演

数据库重演(Database Replay)这一特性可以捕捉整个数据库的负载，并且传递到一个从备份或者 standby 数据库中创建的测试数据库上，然后可以通过重演测试系统调优后的效果。SQL 重演特性和数据库重演特性相似，但是只捕捉 SQL 负载部分，而不是全部负载。

(4) 访问建议器

访问建议器(Access Advisor)可以给出分区建议，包括对新的间隔分区(Interval Partitioning)的建议。间隔分区相当于范围分区(Range Partitioning)的自动化版本，可以在必要时自动创建一个相同大小的分区。范围分区和间隔分区可以同时存在于一张表中，并且范围分区可以转换为间隔分区。

(5) 事件打包服务

Oracle 11g 提供事件打包服务。当用户需要进一步测试或者保留相关信息时，可用这一服务将与某一事件相关的信息打包，并且用户还可以将打包信息发给 Oracle 支持团队，得到相关的技术支持服务。

(6) 自动诊断知识库

Oracle 11g 增加的自动诊断知识库 ADR(Automatic Diagnostic Repository)新特性，当 Oracle 探测到系统发生重要错误时，会自动创建一个事件(Incident)，并且捕捉到与这一事件相关的信息，同时自动进行数据库健康检查并通知 DBA。用户还可以将相关信息打包发送给 Oracle 支持团队，以获得事故诊断和技术支持。

(7) 自动 SQL 优化

在 Oracle 10g 中，自动优化建议器可以将优化建议写在 SQL Profile 中。而在 Oracle 11g 中，用户可以让 Oracle 自动将 3 倍于原有性能的 Profile 应用到 SQL 语句上。其性能比较可通过在维护窗口中的一个新管理任务来完成。

(8) 数据库的备份与恢复

Oracle 11g 进一步增强了数据库的备份和恢复功能，从而使得数据库具有更高的可靠性，数据库管理员可以更轻松地达到用户的可用性预期。

(9) 自动内存优化

在 Oracle 9i 中，引入了自动 PGA 优化；Oracle 10g 中，又引入了自动 SGA 优化。到了 Oracle 11g，所有内存可以通过只设定一个参数来实现全表自动优化。只要设置 Oracle 有多少内存可用，就可以自动完成对 PGA、SGA 和操作系统进程等进程的内存分配。当然也可以通过设定最大、最小阈值的方法来设置可用内存的大小，AMT 可以同样优秀地完成内存的优化任务。

2.4.3 PL/SQL 方面的新特性

Oracle 11g 在 PL/SQL 编程语言方面也增加了一些新的特性和功能，在 Oracle 11g 中，主要体现在如下几个方面。

(1) 结果集缓存

结果集缓存(Result Set Caching)特性能大大提高很多程序的性能。在 OLTP 系统或 OLAP 系统中，常常需要使用大量的类似于 select count(*)这样的查询。如果要提高这样的查询的性能，可能需要使用物化视图或者查询重写等技术。在 Oracle 11g 中，只需要加一个 result_cache 的提示就可以将结果集缓存，这样就能大大提高查询性能。同时在这种新特性下，数据是从缓存中的结果集中读取的，任何其他 DML 语句都不会影响结果集中的内容，从而保证了性能的提高不会影响到数据的完整性。

(2) 新 SQL 语法

在调用某一函数时，可以通过"=>"符号来为特定的函数参数指定数据。而在 Oracle 11g 中，在 SQL 语句中也可以支持这样的语法。例如：

```
select f(x=>6) from dual;
```

(3) 内部单元内联

在 C 语言中，用户可以通过内联函数(inline)或者宏实现使某些小的、被频繁调用的函数内联，编译后，调用内联函数的部分会编译成内联函数的函数体，因而提高函数效率。在 Oracle 11g 的 PL/SQL 中，也同样可以实现这样的内联函数(Intra-unit Inlining)。

(4) 序列的使用方法

在 Oracle 11g 之前版本，若要将 Sequence 的值赋给变量，则需要通过类似以下语句来实现：

```
select seq_x.next_val into v_x from dual;
```

而在 Oracle 11g 中，就不需要使用 SQL 语句，通过如下赋值语句就可以实现：

```
v_x := seq_x.next_val;
```

(5) 新的 PL/SQL 数据类型

Oracle 11g 引入了新的数据类型 simple_integer，这是一个比 pls_integer 效率更高的整数数据类型。

(6) continue 关键字

Oracle 11g 在 PL/SQL 的循环语句中允许使用 continue 关键字，该关键字能够结束当前的循环过程，使程序跳到循环体的开始语句进行下一轮循环。

(7) super 关键字

在 Oracle 对象类型中，可以通过 super 关键字来实现继承性(这与 Java 语言相类似)。

(8) 正则表达式的改进

在 Oracle 10g 中，引入了正则表达式。这一特性大大方便了开发人员。Oracle 11g 中，Oracle 再次对正则表达式函数进行了改进，使该功能得到了进一步的增强。

(9) 触发器

在 Oracle 11g 中，触发器的能力得到了进一步的增强，这主要表现在两个方面：

● 对触发器的触发顺序可以进行更好的控制。
● 可以定义一种新的类型的触发器——混合触发器(Compound Trigger)。

(10) 对象依赖性改进

在 Oracle 11g 之前，如果有函数或者视图依赖于某张表，一旦这张表发生结构变化，无论是否涉及函数或视图所依赖的属性，都会使函数或视图变为 invalid。在 Oracle 11g 中，对这种情况进行了调整——如果表改变的属性与相关的函数或视图无关，则相关对象状态不会发生变化。

(11) 细粒度权限控制

在先前的版本中，Oracle 通过细粒度权限控制(Fine Grained Access Control)可以实现对数据库对象行级别的权限控制。在 Oracle 11g 中，增加了对 TCP 包的 FGAC 安全控制。

2.4.4 其他主要特性

除了以上的一些主要特性，Oracle 11g 具有一些提高性能、伸展性、可用性、安全性等的新特性，可以方便地在低成本服务器和存储设备组成的网络上运行。

(1) 大型对象存储

Oracle 11g 具有在数据库中存储大型对象的功能，这些对象包括图像、大型文本对象或一些先进的数据类型，如 XML 数据、医疗影像数据和三维对象。Oracle 快速文件组件使得数据库应用的性能完全比得上文件系统的性能。通过存储更广泛的企业信息并迅速轻松地检索这些信息，企业可以对自己的业务了解得更深入，并更快地对业务做出调整以适应市场变化。

(2) 自助式管理和自动化能力

Oracle 11g 的各项管理功能用来帮助企业轻松管理企业网格，并满足用户对服务级别的要求。Oracle 11g 引入了更多的自助式管理和自动化功能，将帮助客户降低系统管理成本，同时提高客户数据库应用的性能、可扩展性、可用性和安全性。新的管理功能包括自动 SQL 和存储器微调、访问建议器、设置表和索引分区从而提高性能、增强的数据库集群性能诊断功能。

(3) 增强的压缩技术

Oracle 11g 数据库具有极新的数据划分和压缩功能，可实现更经济的信息生命周期管理和存储管理。它还扩展了已有的范围、散列和列表划分功能，增加了间隔、索引和虚拟卷划分功能。

Oracle 11g 数据库具有一套完整的复合划分选项，可以实现以业务规则为导向的存储管理。它以成熟的数据压缩功能为基础，可在交易处理、数据仓库和内容管理环境中实现先进的结构化和非结构化数据压缩。采用这种先进的压缩功能，所有数据都可以实现 2x 至

3x 或更高的压缩比。

(4) 增强的应用开发能力

在 Oracle 11g 中，提供多种开发工具供开发人员选择，它提供的简化应用开发流程可以充分利用其关键功能。这些关键功能包括客户端高速缓存、二进制 XML 存储、XML 处理以及文件存储和检索。

另外，Oracle 11g 还具有新的 Java 即时编译器，无需第三方编译器就可以更快地执行数据库 Java 程序；Oracle 11g 还提供了基于 .NET 应用开发的支持，实现了与 Visual Studio 2005 的本机集成；还具有能够与 Oracle 快捷应用配合使用的 Access 迁移工具；SQL Developer 开发组件可以轻松建立查询，以快速编制 SQL 和 PL/SQL 例程代码。

(5) 数据加密

Oracle 11g 在安全性方面也有很大提高，这是由于它具有更好的数据加密能力。同时，Oracle 11g 数据库具有表空间加密功能，可用来加密整个表、索引和所存储的其他数据，存储在数据库中的大型对象也可以加密。

本 章 小 结

本章主要介绍了 Oracle 数据库，从 Oracle 的发展历史、Oracle 11g 数据库的版本、Oracle 11g 的体系结构和 Oracle 11g 的新特性等几个方面向读者做了介绍，并重点阐述了 Oracle 11g 的体系结构。通过本章的学习，可以使读者对 Oracle 数据库的相关知识，特别是 Oracle 体系结构，有一个全面的理解和掌握。

习 题

一、选择题

1. Oracle 11g 不具备的版本是( )。
   A. 个人版　　　　B. 标准版　　　　C. 扩展版　　　　D. 企业版
2. Oracle 数据库的数据字典不能做的工作有( )。
   A. 查找 Oracle 数据库用户的信息
   B. 查找 Oracle 数据库表中数据信息
   C. 查找 Oracle 数据库模式对象的信息
   D. 查找 Oracle 数据库存储结构的信息

二、填空题

1. Oracle 体系结构由_____、_____和_____组成。
2. Oracle 数据库中，段包括_____、_____、_____和_____四种。
3. Oracle 物理存储结构包含三种数据文件：_____、_____和_____。

三、思考题

1. 名词解释：数据块、区、段、表空间。
2. Oracle 的物理结构主要包括哪些类型的文件？

第 3 章　Oracle 11g 的安装、
卸载与配置

在使用 Oracle 11g 数据库之前，首先需要了解软件安装对软硬件环境的要求，然后安装 Oracle 11g 数据库并进行相应的配置。本章对安装前的准备工作、如何使用通用安装器执行 Oracle 11g 的安装、卸载、配置，以及 Oracle 网络与防火墙等内容做详细介绍。

3.1　安装前的准备工作

Oracle 11g 可以在 Windows、Linux 和 Unix 系统下运行。虽然每个操作系统都有各自的优点，但最终一些外部因素(比如 IT 策略)将会决定究竟选择哪个操作系统。我们将以 Oracle 11g 在 Windows 平台上的安装为例进行介绍。安装 Oracle 之前，需先安装 Windows NT 或 Windows 2000 Server 或 Windows Server 2003。如果系统硬件资源比较紧张，可以安装 Windows 2000 Professional，也可以在 Windows XP 上安装。

安装前的主要准备工作介绍如下：

- 启动操作系统，以管理员身份登录。
- 检查服务器系统是否满足软、硬件要求，相关指标如表 3.1 和表 3.2 所示。若要为系统添加一个 CPU，则必须在安装数据库服务器之前进行，否则数据库服务器无法识别新的 CPU。
- 对服务器进行正确的网络配置，并记录 IP 地址、域名等网络配置信息，如果采用动态 IP，必须先将 Microsoft LoopBack Adapter 配置为系统的主网络适配。
- 关闭 Windows 防火墙和某些杀毒软件。
- 如果服务器上运行有其他 Oracle 服务，必须在安装前将它们全部停止。
- 如果服务器上运行有以前版本的 Oracle 数据库，则必须对其数据进行备份。
- 决定数据库服务器的安装类型、安装位置及数据库的创建方式。可以在安装数据库服务器的同时创建数据库，也可以在数据库服务器安装完成后，单独创建数据库。
- 准备好要安装的 Oracle 11g 数据库服务器软件产品。

表 3.1　Oracle 11g 在 32 位 Windows 环境下对硬件配置的需求

硬件需求	说　明
物理内存(RAM)	最小为 1GB，建议 2GB 以上
虚拟内存	物理内存的两倍
硬盘(NTFS 格式)	基本安装时：总计 4.55GB(Oracle 主目录 2.95GB，数据文件 1.60GB)
	高级安装时：总计 4.92GB(Oracle 主目录 2.96GB，数据文件 1.96GB)

续表

硬件需求	说　明
TEMP 临时空间	200MB
视频适配器	65536 色
处理器主频	1GHz 以上

表 3.2　Oracle 11g 在 32 位 Windows 环境下对软件配置的需求

软件需求	说　明
操作系统	Windows 2000 SP4 或更高版本
	Windows Server 2003 的所有版本
	Windows XP Professional SP3 以上
	Windows Vista 的所有版本
	(注：Oracle 11g 不支持 Windows NT)
网络协议	TCP/IP、支持带 SSL 的 TCP/IP 及命名管理 Named Pipes
浏览器	Microsoft IE 6.0 以上版本，建议使用 7.0 The World Browser(世界之窗浏览器)2.4 版本以上

3.2　安装 Oracle 11g 数据库

本节将对 Oracle 11g 数据库的安装工具及安装过程进行详细介绍。

3.2.1　Oracle 通用安装器 OUI

Oracle 通用安装器(Oracle Universal Installer)是基于 Java 技术的图形界面安装工具，利用它可以完成在不同操作系统平台上的、不同类型的、不同版本的 Oracle 数据库软件的安装。无论是 Unix 还是 Windows 2000/XP/2003，都可以通过使用 Oracle Universal Installer，以标准化的方式来完成安装任务。Oracle Installer 的体系结构经过重新设计后，可应对当前对软件包装、安装和分发的挑战。Oracle 通用安装器基于一个功能强大的 Java 引擎，提供了可扩展的环境，能满足更复杂的内部需求以及客户需求。基于组件的安装定义可以创建不同层次的集成程序包，并在单个程序包中支持更复杂的安装逻辑。平台上特定的任务可以方便在整个安装过程中封装，从而在任何平台上提供一致、稳定、同时也是通用的安装过程。Oracle 通用安装器具有以下特性。

(1) 统一的跨平台解决方案

基于 Java 的 Universal Installer 提供了所有支持 Java 的平台的安装解决方案，具有与平台无关的共同安装流程和用户体验。这就使同一个 Oracle 产品在不同的平台上安装时显得一致，并遵从相同的路径。

(2) 复杂组件和相关性定义

能根据用户所选择的产品和安装类型自动检测组件间的相关性并执行相应的安装。由于在整个安装中都会进行一致性检查，因此可以定义更复杂的安装流程逻辑。

检测到的相关性类型可能是必需的，这种情况下会自动安装相关产品；也可能是可选的，在这种情况下将会提交给用户进行选择。

程序包和套件安装、预定义的产品集及其顺序，都可以由最少量的用户对话框来确定，且不会要求提供重复的信息。

(3) 基于 Web 的安装

Universal Installer 可通过 HTTP 指向某个已定义了版本/安装区的 URL 并远程安装软件。发布介质不论是 CD-ROM 还是网络存储，都可以方便地放在 Web 服务器上，该安装程序能识别其产品安装定义，使安装会话与在本地执行的会话一致。该安装程序能够识别本地目标上已存在的相关产品，这对于远程安装变得更加重要。如果在本地目标上检测到的相关性产品版本号正确，Installer 就不会重新安装这些产品，这等于减少了安装期间的网络流量。

(4) 使用应答文件支持无人照管安装

应答文件是变量设置集合，提供了需要用户回答的值。对特定组件的安装，Oracle Universal Installer 可以从预先定义的应答文件中读取这些值。在典型的客户环境中，管理员系统希望定义用户需要提供的安装对话框录入项并保存到文件中以备后用。该文件可以提供全部或部分的安装应答。Universal Installer 将该文件作为附加参数，可以创建更少的对话框安装会话，甚至是完全无交互的安装会话。

(5) 支持多个 Oracle 根目录

Oracle Universal Installer 在目标机上维护了所有 Oracle 根目录的明细，包括名称、产品和所安装的产品版本。Universal Installer 也可以在现有的 Oracle 根目录、新的 Oracle 根目录或没有 Oracle 根目录(与任何 Oracle 根目录无关)的情况下安装新的产品。

(6) 隐式卸载

使用 Universal Installer 安装的卸载产品内置在引擎中。这个卸载操作就是安装操作的"撤消"。在安装时，Installer 程序在特定日志文件中记录了它执行的所有操作。在卸载时 OUI 以相反顺序执行所有这些操作。如果需要，Universal Installer 也检测某个卸载操作是否是为某个特定的产品专门定义的，并做出相应的反应。

(7) 集成和 ISV/VAR 支持

安装流程的无缝集成。通过 Oracle 提供的打包工具 Oracle Software Packager，Universal Installer 安装可以透明地相互集成。Installer 能识别从发布介质导入到另一个安装中的安装逻辑。

(8) 方便的移植支持

当特定平台特定的安装任务(操作、查询等)封装为库时，安装可以最方便地移植。在运行时，安装程序检测其运行的操作系统并载入所定义的相应的库。

3.2.2　Oracle 数据库的安装过程

下面将以 Oracle 11g 数据库软件在 32 位 Windows 操作系统下的安装操作为例，对 Oracle 11g 的高级安装过程进行介绍。需要说明的是，服务器的计算机名称对于安装完

Oracle 11g 后登录到数据库非常重要。如果在安装完成数据库后，再修改计算机名称，可能造成无法启动服务，也就不能在浏览器中使用 OEM。此外，在用 Oracle Net Manager 配置 Oracle 服务器端的监听程序时，也会使用到计算机全名。因此，最好在安装 Oracle 数据库前就配置好计算机。

(1) 以管理员(Administrator)身份登录到要安装 Oracle 11g 的计算机，以便对计算机的文件夹有完全的访问权限并能执行任意所需的修改。

(2) 在数据库安装光盘目录中打开 database 文件夹，双击 setup.exe，启动 Oracle Universal Installer 窗口并检查监视器的配置，此时将出现"选择安装方法"窗口，如图 3.1 所示。

(3) 在此选中"高级安装"单选按钮，单击"下一步"按钮，进入"选择安装类型"界面，如图 3.2 所示。在该界面中可以对所要安装的 Oracle 11g 的版本进行选择。

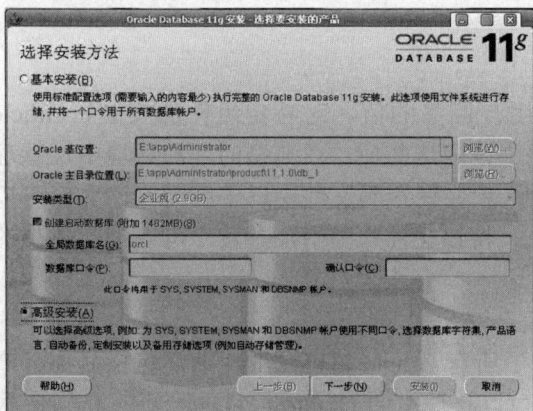

图 3.1　选择安装方法

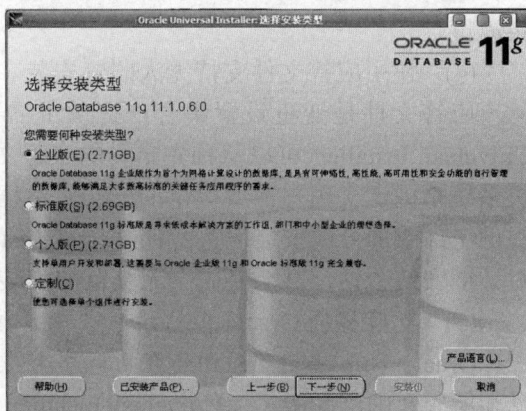

图 3.2　选择安装类型

(4) 选中"企业版"单选按钮，单击"下一步"按钮，进入如图 3.3 所示的"安装位置"界面。Oracle 会自动选择可用空间最多的逻辑盘作为其目录、路径的逻辑盘。

(5) 单击"下一步"按钮，首先在基目录中复制部分文件，然后打开如图 3.4 所示的"产品特定的先决条件检查"界面，从中会检查安装环境是否符合成功安装的要求，及早发现系统设置方面的问题，以便减少用户在安装期间遇到问题的可能性。

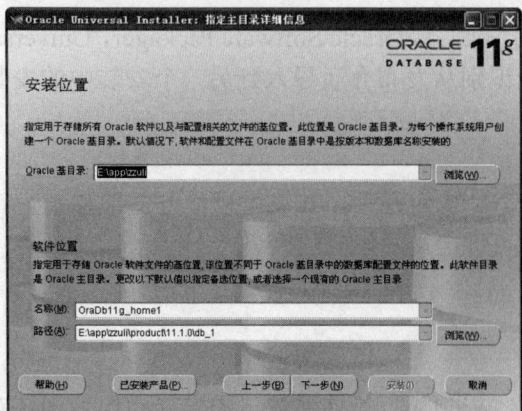

图 3.3　指定安装位置

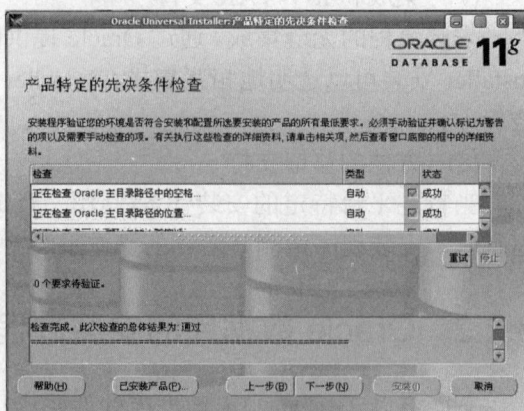

图 3.4　检查产品特定的先决条件

> 提示：Oracle 基目录用于指定安装各种与 Oracle 软件和配置相关的文件顶级目录，其值会被保存在 DB_BASE 初始化参数中。Oracle 主目录通过名称进行标识。在 Windows 中，Oracle 主目录的名称也被作为与整个 Oracle 主目录相关联的程序组成的名称。在路径中输入 Oracle 主目录的完整路径，其值会被保存在 DB_HOME 初始化参数中。

(6) 单击"下一步"按钮，打开"选择配置选项"界面，如图 3.5 所示。在此若选中"仅安装软件"单选按钮，则本次安装只安装 Oracle 数据库软件，就需要在安装之后再用数据库配置助手 Database Configuration Assistant(DBCA)创建、配置数据库。在此选中"创建数据库"单选按钮。

(7) 单击"下一步"按钮，进入"选择数据库配置"界面，如图 3.6 所示。在该界面中可以选择要在安装过程中创建的数据库类型。其中，"一般用途/事务处理"用于创建适合各种用途的预配置数据库。"数据仓库"创建适用于针对特定主题运行的复杂查询环境。选中"高级"单选按钮表示在安装结束后运行 Oracle DBCA，可以对数据库实施手工配置。在此选中"一般用途/事务处理"单选按钮。

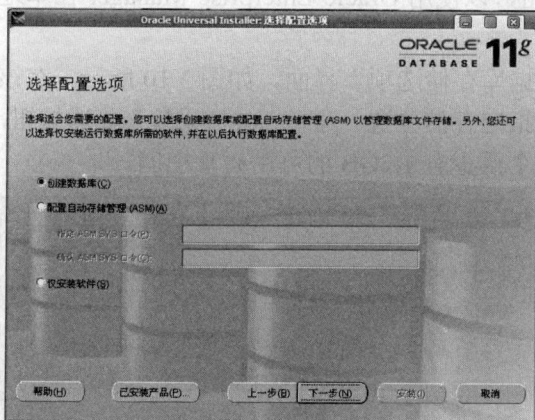

图 3.5　选择配置选项　　　　图 3.6　选择数据库配置

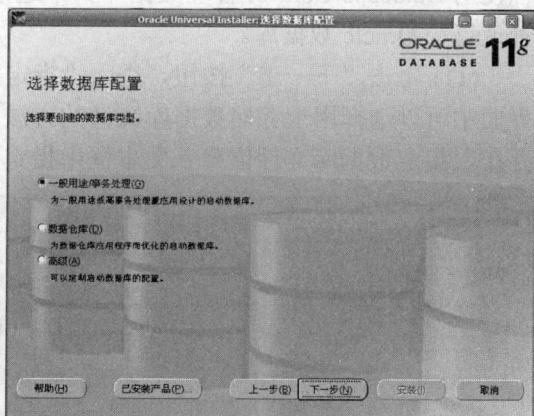

(8) 单击"下一步"按钮，进入"指定数据库配置选项"界面，如图 3.7 所示。在此将"全局数据库名"设置为"oamisgis.zhengzhou"，将 SID 设置为"omg01"。

(9) 单击"下一步"按钮，进入"指定数据库配置详细资料"界面，如图 3.8 所示。在"示例方案"选项卡中选中"创建带样本方案的数据库"复选框，其他保留默认设置，以便于今后用 HR 示例方案来学习数据库。

> 提示：全局数据库名主要用于在分布式数据库系统中，区分不同的数据库，它由数据库名和数据库域组成，格式为：database_name.database_domain。第一个句点前面指定的值将成为 DB_NAME 初始化参数的值，而之后指定的值将成为 DB_DOMAIN 初始化参数的值。SID 是系统标识符(System Identifier)的缩写，主要用于区分同一台计算机上的不同数据库的不同实例。

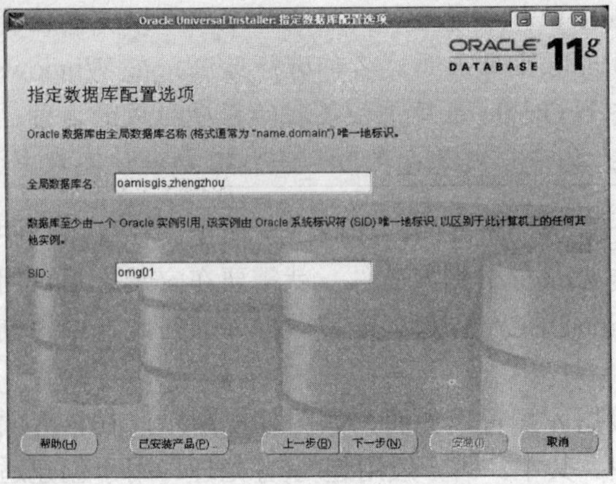

图 3.7　指定数据库配置选项

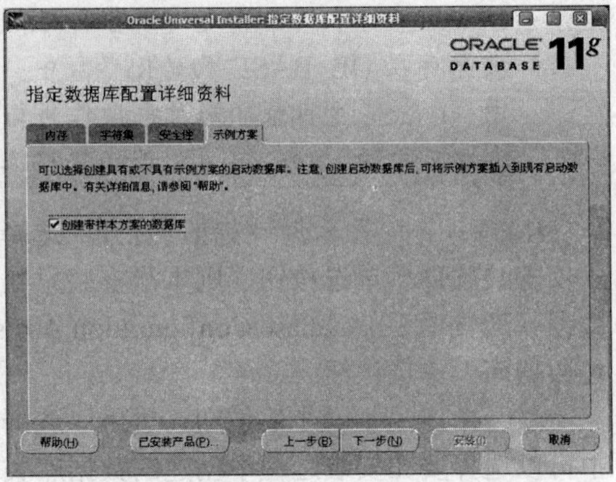

图 3.8　指定数据库配置详细资料

(10) 单击"下一步"按钮，进入"选择数据库管理选项"界面，如图 3.9 所示。选中"使用 Database Control 管理数据库"单选按钮，以便用 Oracle Enterprise Manager 在本地管理每个 Oracle 数据库。

(11) 单击"下一步"按钮，进入"指定数据库存储选项"界面，如图 3.10 所示。在该界面中可以选择用于存储数据库文件的方法和指定存储位置。选中"文件系统"单选按钮，并在"指定数据库文件位置"文本框中指定一个至少有 1.2GB 的可用磁盘空间。

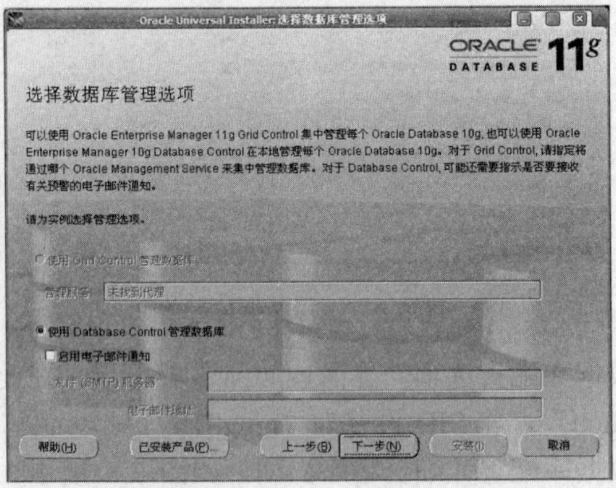

图 3.9　选择数据库管理选项

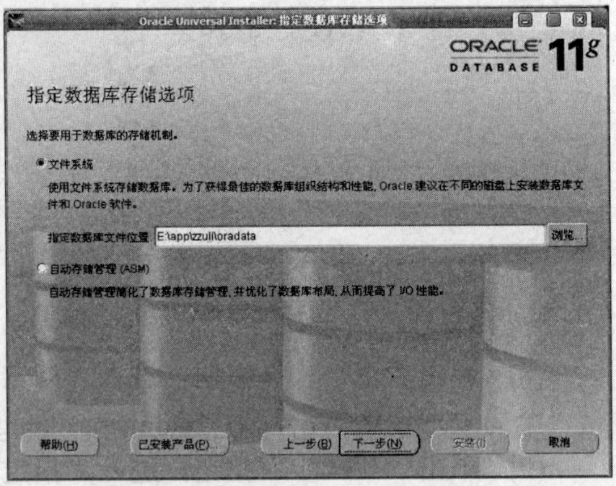

图 3.10　指定数据库存储选项

(12) 单击"下一步"按钮，进入"指定备份和恢复选项"界面，如图 3.11 所示。为方便以后进行备份与恢复，选中"启用自动备份"单选按钮，并指定恢复区域位置，再指定备份作业时操作系统身份证明的用户名和密码，如图 3.12 所示。

(13) 单击"下一步"按钮，进入"指定数据库方案的口令"界面，如图 3.13 所示。为简单好记，选中"所有的账户都使用同一个口令"单选按钮，并在"输入口令"与"确认口令"文本框中输入相同的密码"zzuli"。

(14) 单击"下一步"按钮，此时将出现"Oracle Configuration Manager 注册"界面，在此选中"启用 Oracle Configuration Manager"复选框，如图 3.14 所示。

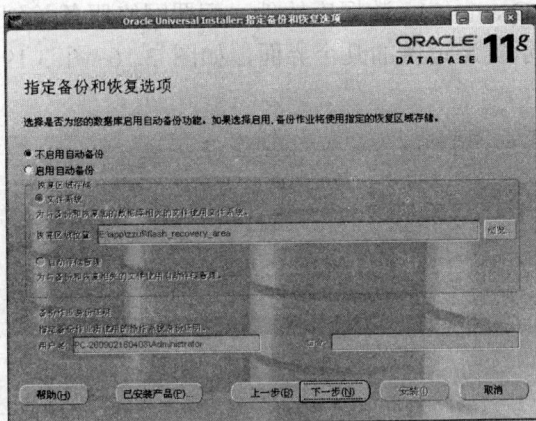

图 3.11　指定备份和恢复选项

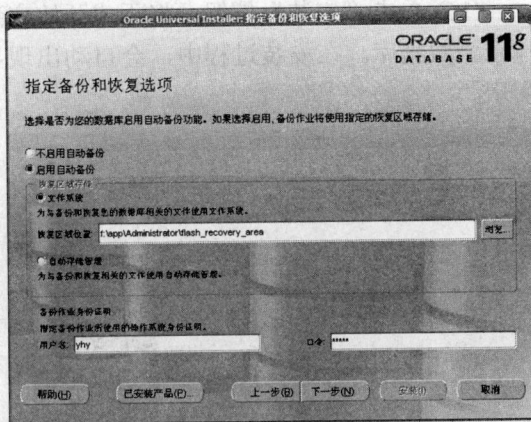

图 3.12　指定备份作业时操作系统身份证明

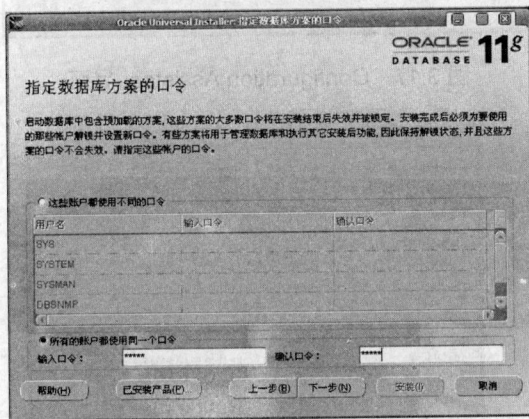

图 3.13　指定数据库方案的口令

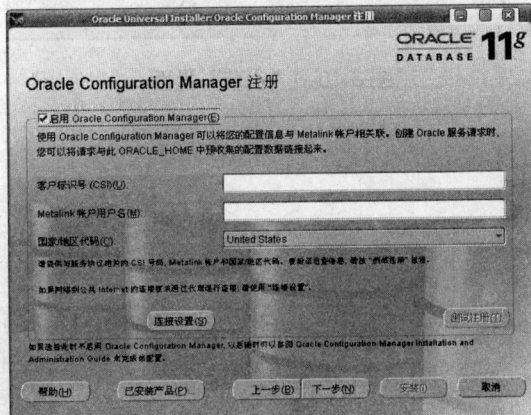

图 3.14　Oracle Configuration Manager 注册

(15) 单击"下一步"按钮，进入如图 3.15 所示的"概要"界面。从中按照全局设置、产品语言、空间要求和新安装组件分类显示前面的安装设置。

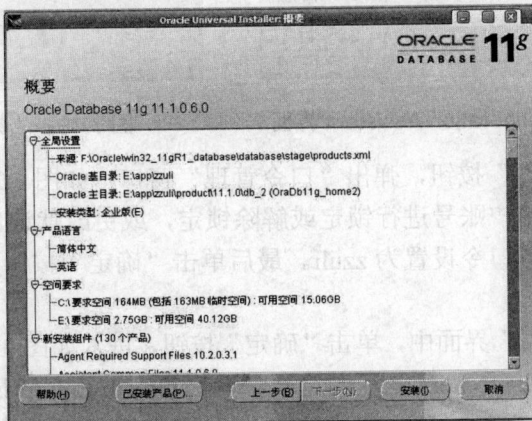

图 3.15　"概要"界面

　　(16) 单击"安装"按钮，将正式开始安装 Oracle 11g 数据库软件、配置网络服务并创建示例数据库。在安装过程中，会自动出现显示安装进度的几个界面，如图 3.16~图 3.19所示。

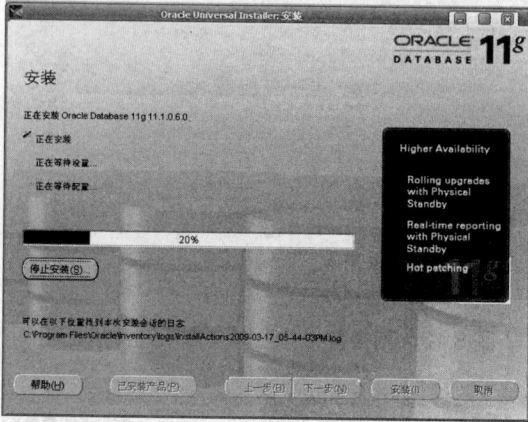

图 3.16　"安装"界面

图 3.17　Configuration Assistant 界面

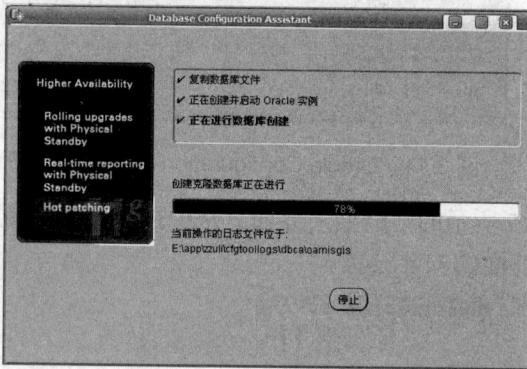

图 3.18　Database Configuration Assistant 界面

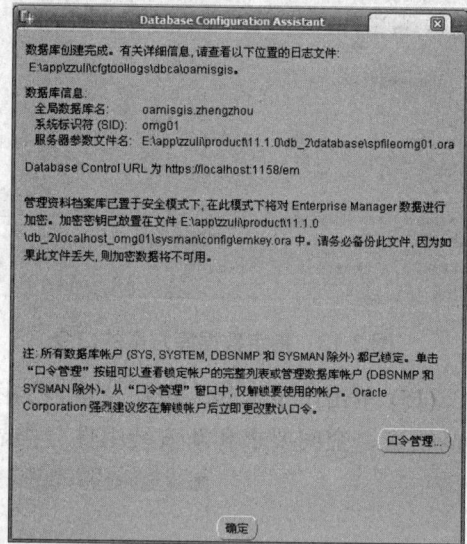

图 3.19　"数据库信息"界面

　　(17) 单击"口令管理"按钮，弹出"口令管理"窗口，如图 3.20 所示。在该窗口中，可以对预定义的数据库用户账号进行锁定或解除锁定，或更改默认口令。在此，解除 scott用户账号的锁定，并将其口令设置为 zzuli。最后单击"确定"按钮，返回"数据库信息"界面。

　　(18) 在"数据库信息"界面中，单击"确定"按钮，进入如图 3.21 所示的"安装结束"界面。其中，https://local:1158/em 是在浏览器中运行 Oracle Enterprise Manager 时所需要的URL 地址。"1158"是 Oracle Enterprise Manager 的 HTTP 端口号，"em"是 Enterprise Manager 的简称。

图 3.20 "口令管理"窗口

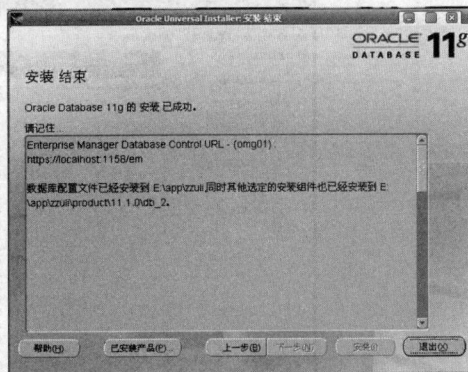

图 3.21 "安装结束"界面

(19) 单击"退出"按钮，并在弹出的"退出"对话框(如图 3.22 所示)中单击"是"按钮，完成本次安装并退出 Oracle Universal Installer。

图 3.22 "退出"对话框

> 提示：在上述安装过程中，OUI 会在安装记录文件中记录下所有的操作。如果在安装过程中遇到问题，可查看该记录文件以便找出问题的原因。记录文件放在 c:\Program Files \Oracle\Inventory\logs\文件夹中，命名方式为 installActions<data_time>.log。

3.3 卸载 Oracle 数据库

一般情况下，卸载所有的 Oracle 11g 数据库软件主要分三步完成，首先停止所有的 Oracle 服务，然后用 OUI 卸载所有的 Oracle 组件，最后手动删除 Oracle 遗留的成分。卸载的内容包括程序文件、数据库文件、服务和进程的内存空间。

3.3.1 停止所有的 Oracle 服务

在卸载 Oracle 组件之前，必须首先停止使用所有的 Oracle 服务。然后按照如下步骤执行卸载操作。

(1) 选择"开始"→"控制面板"→"管理工具"命令，然后在右侧窗格中双击"服务"选项，出现"服务"界面，如图 3.23 所示。

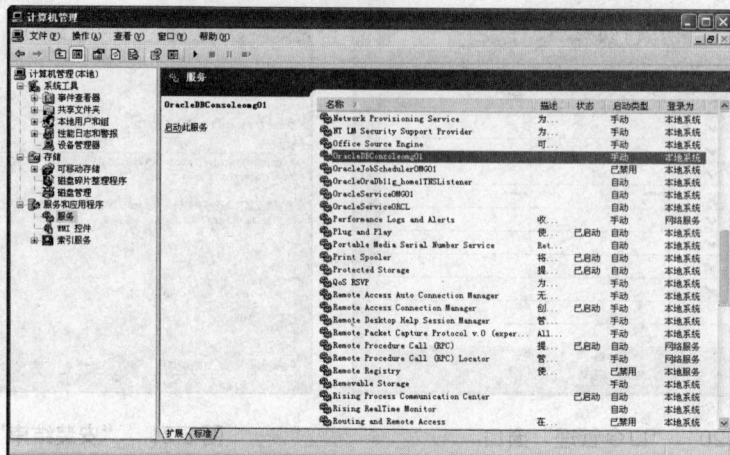

图 3.23 "服务"界面

(2) 从上到下逐个停止所有与 Oracle 有关的(前缀为 Oracle)状态为"已启动"的服务，即右击状态为"已启动"的服务，主要已启动的服务包括 Oracle OMG01 VSS Writer Service、OracleOraDb11g_home1TNSListener、OracleDB- Consoleomg01、OracleJobSchedulerOMG01、OracleServiceOMG01，然后从弹出的菜单中选择"停止"命令，出现"服务控制"对话框，显示停止 Oracle 服务的进程，如图 3.24 所示。

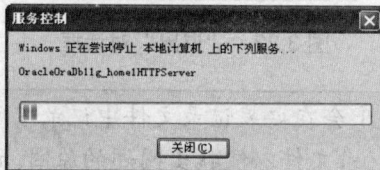

图 3.24 "服务控制"对话框

(3) 退出"服务"界面并逐步退出"控制面板"。

3.3.2 用 OUI 卸载所有的 Oracle 组件

在停止了所有 Oracle 服务后，就可以用 Oracle Universal Installer 卸载所有的 Oracle 组件了。该过程相对简单，其操作步骤如下。

(1) 选择"开始"→"程序"→Oracle-OraDb11g_home1→Oracle Installer Products 命令，然后单击 Universal Installer，启动 Oracle Universal Installer，随后出现黑色背景的 Oracle Universal Installer 窗口并检查监视器的配置，接着将会出现如图 3.25 所示的"欢迎使用"对话框。

(2) 单击"卸载产品"按钮，出现"产品清单"对话框，如图 3.26 所示。

(3) 单击"删除"按钮，出现"确认"对话框，单击"是"按钮，再现"警告"对话框，询问是否卸装后删除 Oracle 主目录中的文件与文件夹，单击"是"按钮，开始卸载所选择的组件，如图 3.27~图 3.29 所示。

(4) 卸载成功后，稍等片刻，会自动返回"产品清单"对话框，如图 3.30 所示。

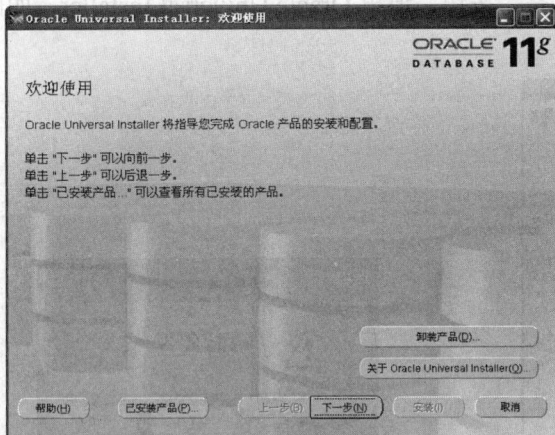

图 3.25　"欢迎使用"对话框

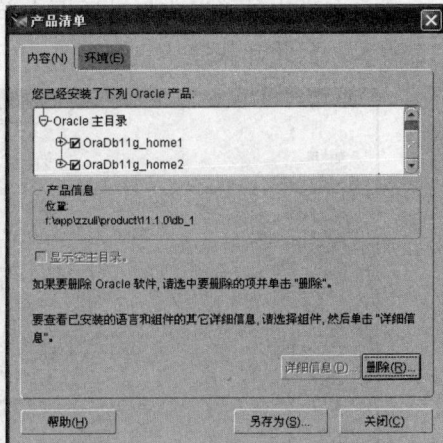

图 3.26　"产品清单"对话框

图 3.27　"确认"对话框

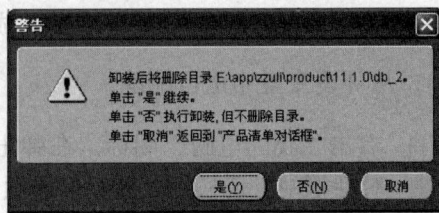

图 3.28　"警告"对话框

图 3.29　"删除"对话框

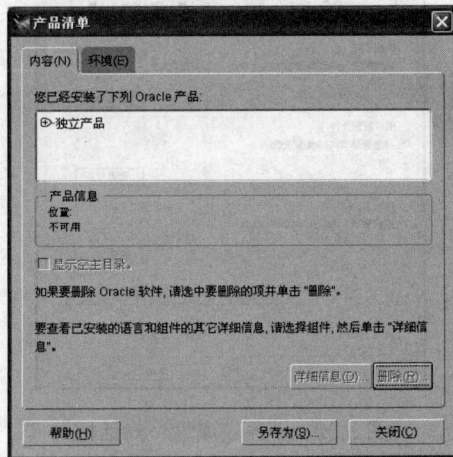

图 3.30　"产品清单"对话框

　　(5) 单击"关闭"按钮,退出"产品清单"对话框,返回如图 3.31 所示的"欢迎使用"对话框,单击"取消"按钮。

(6) 在弹出的"退出"对话框中单击"是"按钮,退出 Oracle Universal Installer,如图 3.32 所示。至此卸载完毕。

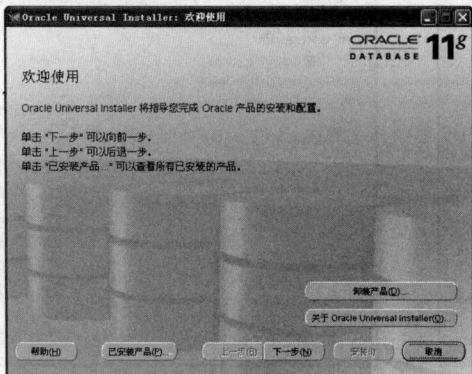

图 3.31　退出"产品清单"后的对话框

图 3.32　"退出"对话框

3.3.3　手动删除 Oracle 遗留的成分

Oracle Universal Installer 不能完全地卸载 Oracle 的所有成分,当卸载完 Oracle 的所有组件后,还需要手动删除 Oracle 遗留的成分,如环境变量、注册表、文件及其文件夹等。

1. 从环境变量中进行删除

(1) 右击"我的电脑"图标,在弹出的快捷菜单中选择"属性"命令,在出现的"系统属性"对话框中,切换到"高级"选项卡,如图 3.33 所示。从中单击"环境变量"按钮,打开如图 3.34 所示的对话框。

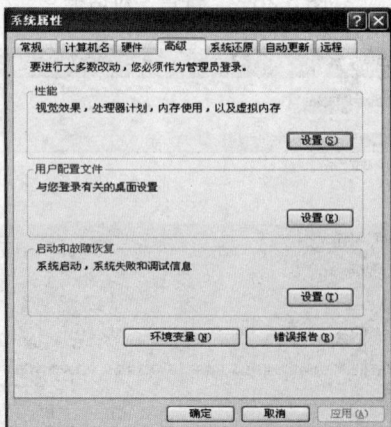

图 3.33　"系统属性"对话框

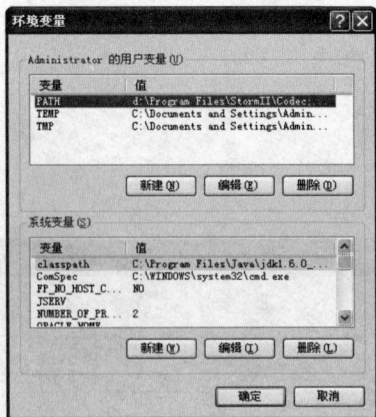

图 3.34　"环境变量"对话框

(2) 在"系统变量"列表框中,选择 ORACLE_HOME,单击"删除"按钮将其删除,如图 3.35 所示。

(3) 单击"确定"按钮,保存修改并退出"环境变量"对话框,最后退出"系统属性"

对话框，如图 3.36 所示。

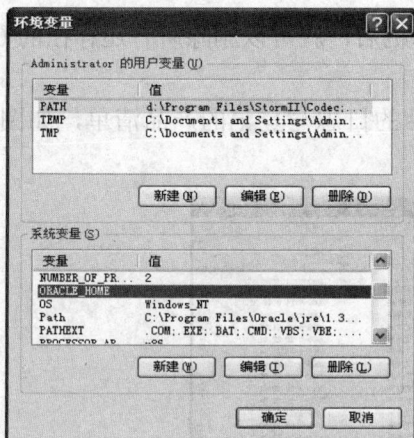

图 3.35　删除 ORACLE_HOME

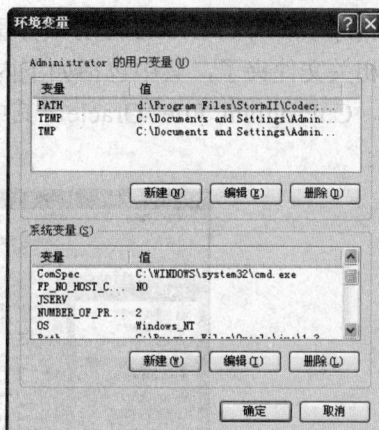

图 3.36　单击"确定"退出

2．从注册表中进行删除

(1)　选择"开始"→"运行"，出现如图 3.37 所示的"运行"对话框。在"打开"文本框中输入"regedit"并单击"确定"按钮，打开"注册表编辑器"窗口，如图 3.38 所示。

图 3.37　"运行"对话框

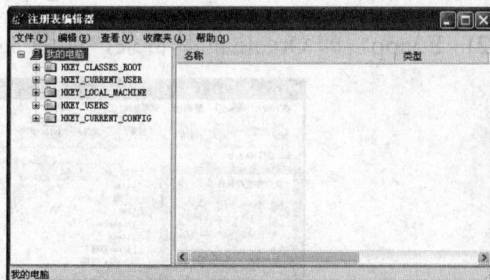

图 3.38　"注册表编辑器"窗口

(2)　在 HKEY_CLASSES_ROOT、HKEY_LOCAL_MACHINE 分支下查找 Oracle 和 Ora 的注册项，按 Delete 键，或者右击鼠标选择"删除"选项，选择确定删除，按 F3 键继续找一项并删除，如图 3.39 和图 3.40 所示。

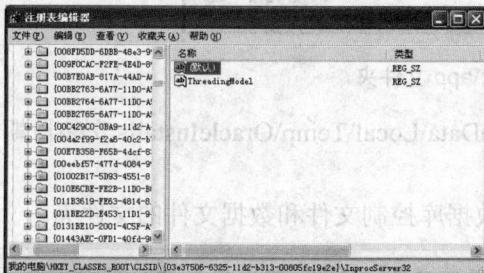

图 3.39　删除 Oracle 注册信息的窗口

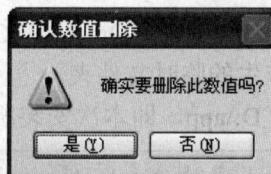

图 3.40　确认数值删除

(3)　退出"注册表编辑器"窗口。

3．从文件夹中进行删除

当删除了所有的 Oracle 注册项并重新启动计算机后，就可以删除所有还存在的 Oracle 文件及相关文件夹了，其中包括如下内容。

(1) C:\Program Files\Oracle，其中有安装会话的日志与登记的产品清单，如图 3.41 所示。

图 3.41　C:\Program Files\Oracle 文件夹

(2) E:\app，即 Oracle 的基目录，如图 3.42 所示。

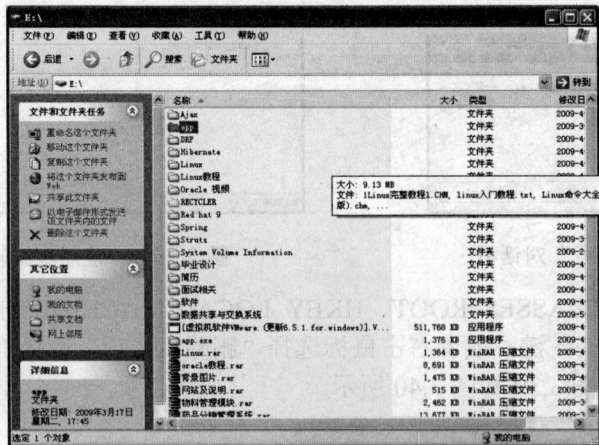

图 3.42　E:\app 文件夹

(3) C:\Users\lc\Oracle 和 C:\Users\lc\AppData\Local\Temp\OracleInstall<安装日期>，即安装时产生的临时文件夹。

(4) D:\app，即本次安装所选中的放置数据库控制文件和数据文件的文件夹。

> **提示**：如果要对 Oracle 11g 数据库进行重新安装，则必须先卸载原先的安装程序才可以实现重新安装。

3.4　Oracle 网络与防火墙

本书涉及的内容是在局域网的服务器上安装的 Oracle 11g 数据库，所以安装前需要检查和手工设置服务器的 IP 地址和计算机全名，以便网络能够正常工作。

3.4.1　Oracle 网络服务

Oracle 网络服务为分布式异构计算环境提供了企业级连接解决方案。此外，它在连接、网络安全性、诊断能力等方面降低了网络配置和管理的复杂性，同时还增强了网络安全性和诊断功能。有关 Oracle 的网络服务通常涉及如下几个方面的问题：

- 网络会话连接。
- 可管理性。
- 提高性能和可伸缩性。
- 用防火墙访问控制和协议访问控制保障网络安全。
- 可配置和管理网络组件，包括位置透明性、集中配置和管理、快速安装和配置。
- 使用日志和跟踪文件提高诊断能力。

3.4.2　配置 Oracle 网络环境

本小节将帮助用户来配置和管理网络环境，以便于用户对数据库的访问。

1. 企业管理器的使用

用企业管理器的网络服务管理页面管理 Oracle 11g 网络服务的具体操作如下。打开 IE 浏览器，在地址栏中输入"https://local:1158/em"，出现 Oracle Enterprise Manager。其中，1158 是 Oracle Enterprise Manager 的 HTTP 端口号，em 是 Enterprise Manager 的简称。在"用户名"文本框中输入"SYS"，在"口令"文本框中输入"zzuli"，在"连接身份"下拉列表框中选择"SYSDBA"，如图 3.43 所示。设置完成后单击"登录"按钮。

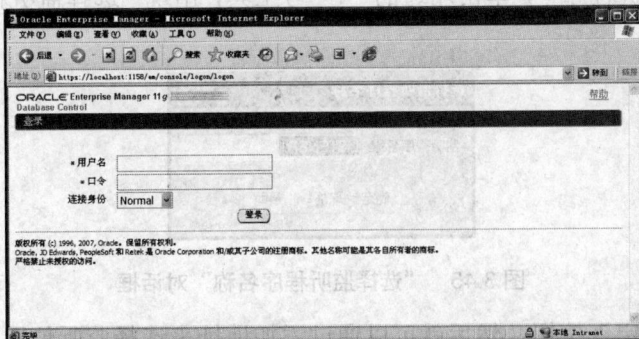

图 3.43　Oracle Enterprise Manager 窗口

> 提示：使用网络服务管理(Net Services Administration)页面，可以管理监听器、目录命名、本地命名和指定文件位置。

2．启动监听器

监听器的启用有如下 3 种方法：

- 利用 Enterprise Manager 启动监听器。
- 用监听器控制实用程序来启动监听器。
- 利用 Net Manager 提供的"监听程序"来启动监听器。

下面以第 3 种方法的操作过程为例进行介绍。

(1) 选择"开始"→"程序"→"Oracle-OraDb11g_home1"→"配置与管理工具"→"Net Manager"，打开 Oracle Net Manager 窗口，如图 3.44 所示。

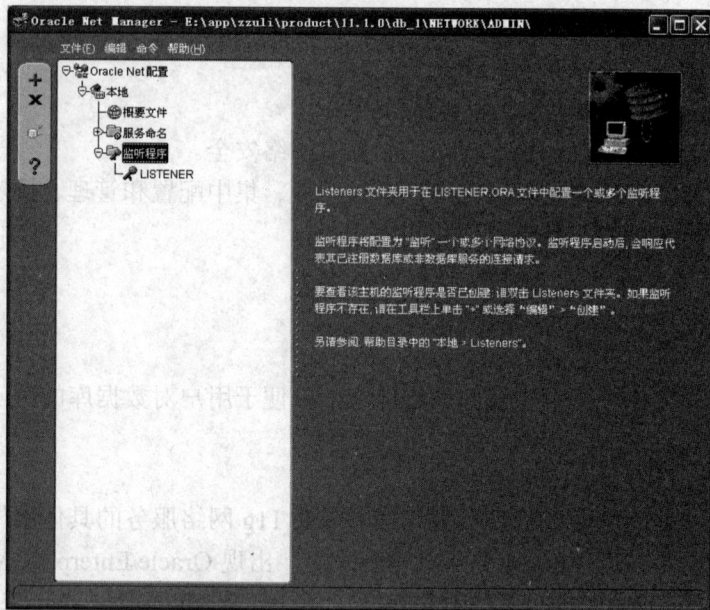

图 3.44　Oracle Net Manager 窗口

(2) 选择"监听程序"，单击左边的"+"号工具，出现"选择监听程序名称"对话框，如图 3.45 所示。

图 3.45　"选择监听程序名称"对话框

(3) 单击"确定"按钮，然后就可以通过添加地址来选择监听位置，以进行监听了，如图 3.46 所示。

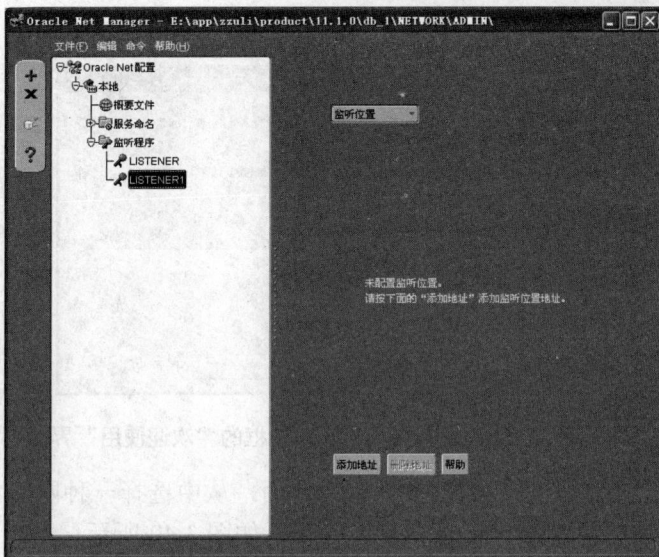

图 3.46　"监听位置"界面

3．利用 Net Manager 配置本地命名

首先必须配置客户端计算机，以便能与 Oracle 数据库连接。所以必须先安装 Oracle Database 客户端软件，其中包括 Oracle Net 软件。一旦安装了 Oracle Net，就可以使用 Oracle Net Manager 通过本地命名方法来配置网络服务名称。具体操作步骤如下。

(1)　选择"开始"→"程序"→"Oracle-OraDb11g_home1"→"配置与管理工具"→"Net Manager"，打开 Oracle Net Manager 窗口，如图 3.47 所示。

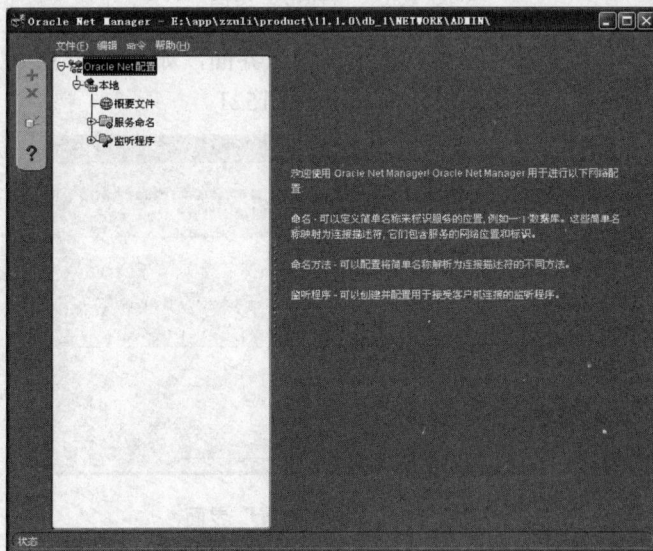

图 3.47　Oracle Net Manager 窗口

(2)　展开"本地"选项，从中选择"服务命名"目录。单击页面左边的"+"号，出现

"Net 服务名向导"对话框，如图 3.48 所示。在此输入一个网络服务名，如 center。

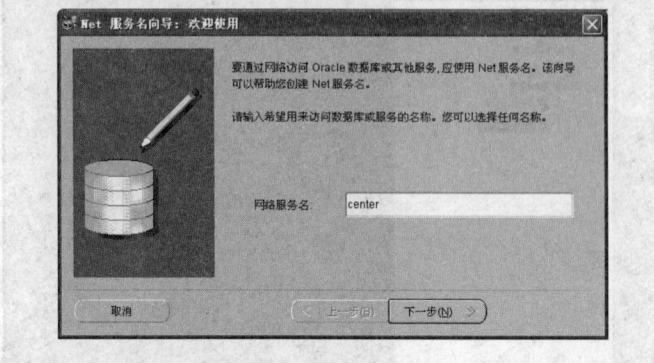

图 3.48 "Net 服务名向导"对话框的"欢迎使用"界面

(3) 单击"下一步"按钮，进入"协议"界面，从中选择一种网络协议，用于连接数据库。在此使用默认的"TCP/IP(Internet 协议)"，如图 3.49 所示。

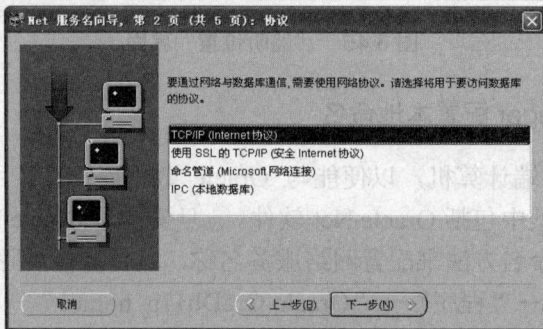

图 3.49 "协议"界面

(4) 单击"下一步"按钮，进入"协议设置"界面，如图 3.50 所示。在此输入数据库计算机的主机名和端口号，如分别输入 teacher 和 1521。

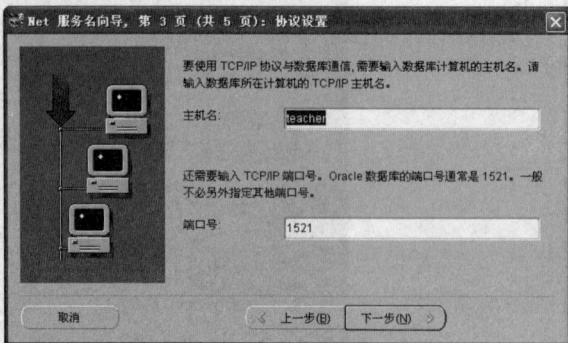

图 3.50 "协议设置"界面

(5) 单击"下一步"按钮，进入"服务"界面，如图 3.51 所示。在此输入数据库服务名 oamisgis.zhengzhou。设置其类型为"共享服务器"。如果不确定或希望使用默认的数据库连接类型，可以选择数据库的默认设置。

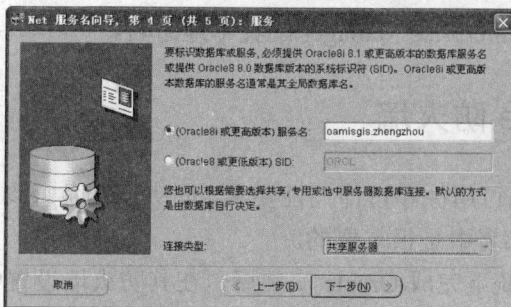

图 3.51　"服务"界面

(6) 单击"下一步"按钮，进入"连接测试"对话框，如图 3.52 所示。从中可以单击"更改登录"按钮，输入用户名和口令来修改默认登录，在此修改用户名为 scott，口令为 zzuli。然后单击"测试"按钮来测试，测试向导将进行连接测试，并显示测试是否成功。

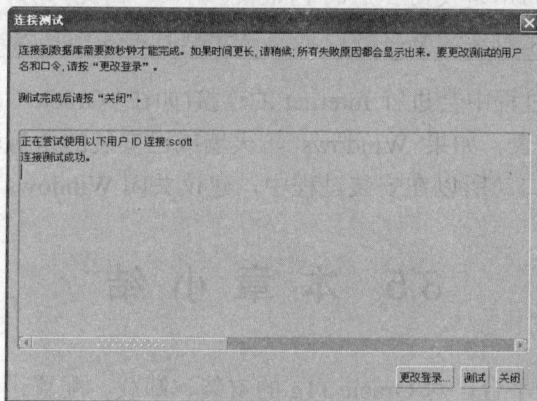

图 3.52　"连接测试"对话框

(7) 单击"关闭"按钮，回到 Oracle Net Manager 窗口，在服务命名目录下就有了刚才创建的"center"服务命名，如图 3.53 所示。在此可以查看或修改服务标识和地址配置。

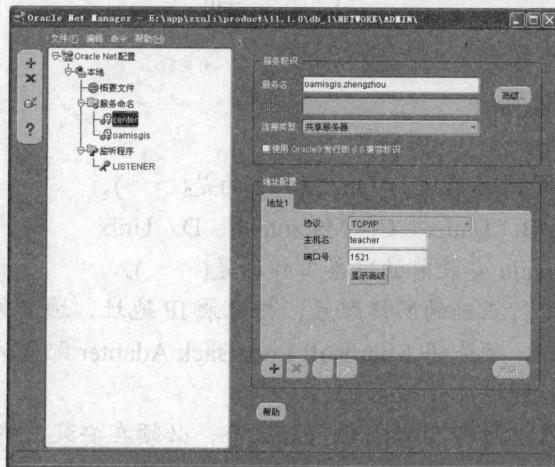

图 3.53　回到 Oracle Net Manager 窗口

此外，也可以利用 Enterprise Manager 配置本地命名。

3.4.3　设置 Oracle 防火墙

为了满足安全性、高可用性和可伸缩性要求，防火墙和负载均衡程序在可通过 Internet 访问的应用程序系统的部署中是很重要的。

在 Windows 操作系统下完成 Oracle 安装后，在其防火墙设置中开放 1521 端口(Oracle 默认的侦听端口)。若客户端仍然无法访问，则需要做进一步的设置，即在注册表 HKEY_LOCAL_MACHINE-Software-ORACLE-HOME 下添加一个注册表项 USE_SHARED_SOCKET，并将其值设为 TRUE，然后重启 Oracle 服务及 Listener 服务。

> 提示：由于在 Windows 平台下，Windows 在接收 SQL*Net 连接请求后，会随机打开一个端口进行通讯，而不是使用公用的 Listener 端口，因此只打开 1521 端口是不行的。此外，若使用的是自定义端口号，则需要开放自定义端口号。

安装 Oracle 11g 的过程中会进行 Internet 的连接(如在"Oracle Configuration Manager 注册"窗口中)和登记注册表。如果 Windows 防火墙或已安装的杀毒软件处于开启状态，则可能会出现某些提示窗口。所以在安装过程中，建议关闭 Windows 防火墙和杀毒软件。

3.5　本章小结

本章以 Windows 为平台，对 Oracle 11g 的安装、卸载、配置进行了详细的介绍。通过本章的学习可以使读者学习到 Oracle 11g 的详细安装、卸载以及配置步骤，让读者从最初安装前的准备、系统的安装配置、到后期的卸载操作均有一个全面的理解和掌握。

习　题

一、选择题

1. 下列操作系统中，不能运行 Oracle 11g 的是(　　)。
   A. Windows　B. Linux　C. Macintosh　D. Unix
2. 以下不属于 Oracle 安装前的准备工作的是(　　)。
   A. 对服务器进行正确的网络配置，并记录 IP 地址、域名等网络配置信息，如果采用动态 IP，须先将 Microsoft LoopBack Adapter 配置为系统的主网络适配
   B. 卸载其他的数据库管理系统
   C. 如果服务器上运行有其他 Oracle 服务，必须在安装前将它们全部停止
   D. 关闭 Windows 防火墙和某些杀毒软件

二、填空题

1. 卸载 Oracle 需要经过_____、_____和_____三个步骤。
2. Oracle 数据库监听器的启用有 3 种方法：_____、_____和_____。

三、实训题

1. 完成 Oracle 11g 的安装过程。
2. 完成 Oracle 11g 的卸载过程。

第 4 章 SQL 语言基础

结构化查询语言 SQL(Structure Query Language)是一种数据库查询和程序设计语言，用于存取数据以及查询、更新和管理关系数据库系统。SQL 语言结构简洁、功能强大、简单易学，因此自 1981 年推出以来，便得到了广泛的应用。如今无论是 Oracle、Sybase、Informix、SQL Server 这些大型的数据库管理系统，还是 Visual FoxPro、PowerBuilder 这些 PC 上常用的数据库开发系统，都支持 SQL 语言作为查询语言，SQL 现已成为数据库操作的国际标准语言。本章将通过一些例子，详细地介绍 SQL 语言的各种知识和语法规范，使读者能够对 SQL 语言进行全面的掌握，这些例子都基于 Oracle 提供的示例数据库。

4.1 Oracle 示例数据库

示例数据库为用户学习 Oracle 技术提供了一个通用平台，它包含了一套完整的数据实例，以便对 Oracle 数据库的各种功能和特征进行演示。通过本节的学习可以使读者对示例数据库有一个全面的了解。

4.1.1 示例数据库概述

用过 Oracle 数据库的人都知道，在安装完 Oracle 之后，就会在数据库中自动创建一个名为 scott 的用户，密码默认为 tiger，该用户得名于甲骨文公司的第一位员工 Bruce Scott，密码 tiger 则来自 Scott 所养的一只猫的名字。如果我们在 SQL*Plus 中以 scott 用户连接到数据库，并且运行位于 $ORACLE_HOME\RDBMS\ADMIN 文件夹下的 scott.sql 脚本文件，就可以创建一个 Scott 示例数据库。该示例数据库包含 4 张表：雇员表 emp、部门表 dept、奖金表 bonus 和工资等级表 salgrade，这 4 张表的详细信息如表 4.1~表 4.4 所示。

表 4.1 雇员表(emp)

编 号	字 段	类 型	描 述
1	EMPNO	NUMBER(4)	雇员编号，主键
2	ENAME	VARCHAR2(10)	雇员姓名
3	JOB	VARCHAR2(9)	工作职位
4	MGR	NUMBER(4)	雇员的领导编号
5	HIREDATE	DATE	雇用日期
6	SAL	NUMBER(4)	月薪
7	COMM	NUMBER(7,2)	奖金
8	DEPTNO	NUMBER(7,2)	部门编号，外键

表 4.2 部门表(dept)

编 号	字 段	类 型	描 述
1	DEPTNO	NUMBER(2)	部门编号，主键
2	DNAME	VARCHAR2(14)	部门名称
3	LOC	VARCHAR2(13)	部门位置

表 4.3 奖金表(bonus)

编 号	字 段	类 型	描 述
1	ENAME	VARCHAR2(10)	雇员姓名
2	JOB	VARCHAR2(9)	工作职位
3	COMM	NUMBER(7,2)	奖金
4	SAL	NUMBER(4)	月薪

表 4.4 工资等级表(salgrade)

编 号	字 段	类 型	描 述
1	GRADE	NUMBER	等级名称
2	LOSAL	NUMBER	该等级最低工资
3	HISAL	NUMBER	该等级最高工资

Scott 示例数据库从很早以前就开始使用，但是随着 Oracle 数据库技术的不断发展，这 4 张表已经变得不能展示 Oracle 数据库的最基本特征了，为了适应产品文档、培训课件、软件开发和应用案例的各种需求，自 Oracle 9i 开始就提供了一个更为丰富的示例数据库。

Oracle 的示例数据库都是基于一个假想的通过各种渠道销售物资的公司，这些示例方案分别对应于该公司的不同部门，它们相互交织在一起，共同完成公司的各种业务，并且提供了不同层次的数据库技术方面的复杂程度。

下面对各个示例模式进行简单介绍。

(1) 人力资源 HR (Human Resources)

这是最简单的关系数据库方案，用于介绍最简单的和最基本的话题，创建其他几个方案之前必须先创建 HR 方案。HR 类似以前的 SCOTT 模式，其中有部门和员工数据表。这 7 个表使用了基本数据类型，且适于用来学习基本特性。在 HR 示例数据库中共有 7 个表：雇员(employees)、部门(departments)、地点(locations)、国家(countries)、地区(regions)、岗位(jobs)和工作履历(job_history)。

(2) 订单目录 OE(Order Entry)

这是一个稍微复杂的模式，OE 方案建立在人力资源 HR 方案上。它在模型中增加了客户、产品和订单数据表。这些复杂的布局可以用来探索使用额外的数据类型，包括嵌套数据表和额外数据表选项如索引组织表(IOTs)。同时，该模式中还保存了一个称为在线目录

(OC)的与对象相关的例子，用来测试 Oracle 的面向对象的特性。OE 方案包含 7 张表：客户(customers)、产品说明(product_description)、产品信息(product_information)、订单项目(order_item)、订单(order)、库存(inventories)和仓库(warehouses)。

(3) 在线目录 OC(Online Catalog)

它是 OE 方案的子方案，是面向对象的数据库对象的集合，用来测试 Oracle 中面向对象的特性。它将产品组织成为一个层次结构，以便用户通过不断挖掘逐渐细化的产品分类而找到特定的产品。

(4) 信息交换 IX(Information Exchange)

该模式设计用于演示 Oracle 的高级排队中进程间通讯的特性。实际上，在 10g 以前的版本中，该模式称为排队组装服务质量。

(5) 产品媒体 PM(Product Media)

该模式集中于多媒体数据类型，包含两张表(online_media 和 print_media)、一种对象类型 adheader_typ 和一张嵌套表 textdoc_typ。

(6) 销售历史记录 SH(Sales History)

该模式不是很复杂。它比其他模式包含更多行的数据，主要用于展示大数据量的例子，它是实验 SQL 分析函数、MODEL 语句等的好地方。它包含 1 张大范围分区的销售表 sales 和 5 张表：TIMES、PROMOTIONS、CHANNELS、PRODUCTSHE 和 CUSTOMERS。

4.1.2 HR 示例方案

本章的相关示例均来源于 Oracle 附带的示例方案 HR 模式。HR 示例方案和其他方案一样，也包含其他数据对象，如表、视图、索引、触发器等，这些对象均可以通过相关命令进行查看。其中，HR 示例数据库中共有 7 个表：雇员(employees)、部门(departments)、地点(locations)、国家(countries)、地区(regions)、岗位(jobs)和工作履历(job_history)，这 7 张表描述了公司人力资源部的相关信息。这 7 个表相互之间都是有联系的，而且都是一对多的联系，如一个地区有多个国家，一个国家有多个地点，一个地点有多个部门，一个部门有多个雇员、一个雇员可以干过多个工作岗位，一个工作在不同时期可以有多个雇员来承担。

在该方案中，每个雇员都有一个雇员编号、E-mail 地址、工种编号、工资、奖金和其所在部门的负责人。同时也描述了各种工种信息，每个工种都有一个工种编号、工种名称、该工种的最低和最高工资。每个雇员在一个公司可能会根据需要调整工种，当工种调整时，需要记录该雇员在该岗位上的工作时间范围、工种编号和工作部门编号等。由于公司在世界上多个国家和地区都拥有分公司，因此也需要记录公司仓库和部门的地点，每个雇员只属于一个部门，每个部门都有部门编号来唯一标示，每个部门只能位于一个地点，而每个地点都包括所在国家、州或省以及城市、街道名称、邮政编码等一系列完整的地址信息。除此之外，公司还记录某些细节信息，例如国家名称、货币符号、货币名称以及国家在地理上所处的地区，而每个地区使用地区编码和地区名称来描述。

4.1.3　HR 示例方案中的表结构

在用户连接到数据库后，就可以通过 DESC 命令查询各个表的结构，同时可以使用 SELECT 查询各个表的详细信息，而这些信息对于用户学习 SQL 语言具有十分重要的参考价值。

JOBS 表的结构和部分数据内容如图 4.1、图 4.2 所示。

```
SQL> DESC JOBS;
名称                                      是否为空? 类型
------------------------------------------------------

JOB_ID                                    NOT NULL VARCHAR2(10)
JOB_TITLE                                 NOT NULL VARCHAR2(35)
MIN_SALARY                                         NUMBER(6)
MAX_SALARY                                         NUMBER(6)
```

图 4.1　JOBS 表的结构

```
SQL> SELECT * FROM JOBS WHERE ROWNUM<=10;

JOB_ID      JOB_TITLE                      MIN_SALARY MAX_SALARY

AD_PRES     President                           20000      40000
AD_VP       Administration Vice President       15000      30000
AD_ASST     Administration Assistant             3000       6000
FI_MGR      Finance Manager                      8200      16000
FI_ACCOUNT  Accountant                           4200       9000
AC_MGR      Accounting Manager                   8200      16000
AC_ACCOUNT  Public Accountant                    4200       9000
SA_MAN      Sales Manager                       10000      20000
SA_REP      Sales Representative                 6000      12000
PU_MAN      Purchasing Manager                   8000      15000
```

图 4.2　JOBS 表的部分数据内容

EMPLOYEES 表的结构和部分数据内容如图 4.3、图 4.4 所示。
DEPARTMENTS 表的结构和部分数据内容如图 4.5、图 4.6 所示。
REGIONS 表的结构和部分数据内容如图 4.7、图 4.8 所示。

```
SQL> DESC EMPLOYEES;
名称                                      是否为空? 类型
------------------------------------------------------

EMPLOYEE_ID                               NOT NULL NUMBER(6)
FIRST_NAME                                         VARCHAR2(20)
LAST_NAME                                 NOT NULL VARCHAR2(25)
EMAIL                                     NOT NULL VARCHAR2(25)
PHONE_NUMBER                                       VARCHAR2(20)
HIRE_DATE                                 NOT NULL DATE
JOB_ID                                    NOT NULL VARCHAR2(10)
SALARY                                             NUMBER(8,2)
COMMISSION_PCT                                     NUMBER(2,2)
MANAGER_ID                                         NUMBER(6)
DEPARTMENT_ID                                      NUMBER(4)
```

图 4.3　EMPLOYEES 表的结构

```
SQL> select * from EMPLOYEES WHERE ROWNUM<=10;

EMPLOYEE_ID FIRST_NAME              LAST_NAME               EMAIL
----------- ----------              ---------               -----
        100 Steven                  King                    SKING
        101 Neena                   Kochhar                 NKOCHHAR
        102 Lex                     De Haan                 LDEHAAN
        103 Alexander               Hunold                  AHUNOLD
        104 Bruce                   Ernst                   BERNST
        105 David                   Austin                  DAUSTIN
        106 Valli                   Pataballa               VPATABAL
        107 Diana                   Lorentz                 DLORENTZ
        108 Nancy                   Greenberg               NGREENBE
        109 Daniel                  Faviet                  DFAVIET


PHONE_NUMBER       HIRE_DATE       JOB_ID      SALARY COMMISSION_PCT MANAGER_ID DEPARTMENT_ID
------------       ---------       ------      ------ -------------- ---------- -------------
515.123.4567       17-6月 -87      AD_PRES      24000                                      90
515.123.4568       21-9月 -89      AD_VP        17000                              100      90
515.123.4569       13-1月 -93      AD_VP        17000                              100      90
590.423.4567       03-1月 -90      IT_PROG       9000                              102      60
590.423.4568       21-5月 -91      IT_PROG       6000                              103      60
590.423.4567       25-6月 -97      IT_PROG       4800                              103      60
590.423.4560       05-2月 -98      IT_PROG       4800                              103      60
590.423.5567       07-2月 -99      IT_PROG       4200                              103      60
515.124.4569       17-8月 -94      FI_MGR       12000                              101     100
515.124.4169       16-8月 -94      FI_ACCOUNT    9000                              108     100
```

图 4.4   EMPLOYEES 表的部分数据内容

```
SQL> DESC DEPARTMENTS;
名称                                              是否为空? 类型
---------------------                             --------- --------------
DEPARTMENT_ID                                     NOT NULL  NUMBER(4)
DEPARTMENT_NAME                                   NOT NULL  VARCHAR2(30)
MANAGER_ID                                                  NUMBER(6)
LOCATION_ID                                                 NUMBER(4)
```

图 4.5   DEPARTMENTS 表的结构

```
SQL> SELECT * FROM DEPARTMENTS WHERE ROWNUM<=10;

DEPARTMENT_ID DEPARTMENT_NAME              MANAGER_ID LOCATION_ID
------------- ---------------              ---------- -----------
           10 Administration                     200        1700
           20 Marketing                          201        1800
           30 Purchasing                         114        1700
           40 Human Resources                    203        2400
           50 Shipping                           121        1500
           60 IT                                 103        1400
           70 Public Relations                   204        2700
           80 Sales                              145        2500
           90 Executive                          100        1700
          100 Finance                            108        1700
```

图 4.6   DEPARTMENTS 表的部分数据内容

```
SQL> DESC REGIONS;
名称                                              是否为空? 类型
---------------------                             --------- --------------
REGION_ID                                         NOT NULL  NUMBER
REGION_NAME                                                 VARCHAR2(25)
```

图 4.7   REGIONS 表的结构

```
SQL> SELECT * FROM REGIONS;

REGION_ID REGION_NAME
--------- -------------------------
        1 Europe
        2 Americas
        3 Asia
        4 Middle East and Africa
```

图 4.8　REGIONS 表的部分数据内容

LOCATIONS 表的结构和部分数据内容如图 4.9、图 4.10 所示。

```
SQL> DESC LOCATIONS;
名称                                是否为空? 类型
----------------------------------- -------- ------------
LOCATION_ID                         NOT NULL NUMBER(4)
STREET_ADDRESS                               VARCHAR2(40)
POSTAL_CODE                                  VARCHAR2(12)
CITY                                NOT NULL VARCHAR2(30)
STATE_PROVINCE                               VARCHAR2(25)
COUNTRY_ID                                   CHAR(2)
```

图 4.9　LOCATIONS 表的结构

```
SQL> SELECT * FROM LOCATIONS WHERE ROWNUM<=10;

LOCATION_ID STREET_ADDRESS                     POSTAL_CODE CITY
----------- ---------------------------------- ----------- --------------------
       1000 1297 Via Cola di Rie               00989       Roma
       1100 93091 Calle della Testa            10934       Venice
       1200 2017 Shinjuku-ku                   1689        Tokyo
       1300 9450 Kamiya-cho                    6823        Hiroshima
       1400 2014 Jabberwocky Rd                26192       Southlake
       1500 2011 Interiors Blvd                99236       South San Francisco
       1600 2007 Zagora St                     50090       South Brunswick
       1700 2004 Charade Rd                    98199       Seattle
       1800 147 Spadina Ave                    M5V 2L7     Toronto
       1900 6092 Boxwood St                    YSW 9T2     Whitehorse
```

图 4.10　LOCATIONS 表的部分数据内容

COUNTRIES 表的结构和部分数据内容如图 4.11、图 4.12 所示。

```
SQL> DESC COUNTRIES;
名称                                是否为空? 类型
----------------------------------- -------- ------------
COUNTRY_ID                          NOT NULL CHAR(2)
COUNTRY_NAME                                 VARCHAR2(40)
REGION_ID                                    NUMBER
```

图 4.11　COUNTRIES 表的结构

```
SQL> SELECT * FROM COUNTRIES WHERE ROWNUM<=10;

CO COUNTRY_NAME                                    REGION_ID

AR Argentina                                              2
AU Australia                                              3
BE Belgium                                                1
BR Brazil                                                 2
CA Canada                                                 2
CH Switzerland                                            1
CN China                                                  3
DE Germany                                                1
DK Denmark                                                1
EG Egypt                                                  4
```

图 4.12   COUNTRIES 表的部分数据内容

JOB_HISTORY 表的结构和部分数据内容如图 4.13、图 4.14 所示。

```
SQL> DESC JOB_HISTORY;
名称                                       是否为空? 类型
----------------------------------------------------------

EMPLOYEE_ID                                NOT NULL NUMBER(6)
START_DATE                                 NOT NULL DATE
END_DATE                                   NOT NULL DATE
JOB_ID                                     NOT NULL VARCHAR2(10)
DEPARTMENT_ID                                       NUMBER(4)
```

图 4.13   JOB_HISTORY 表的结构

```
SQL> SELECT * FROM JOB_HISTORY;

EMPLOYEE_ID START_DATE     END_DATE       JOB_ID       DEPARTMENT_ID

        102 13-1月 -93     24-7月 -98     IT_PROG               60
        101 21-9月 -89     27-10月-93     AC_ACCOUNT            110
        101 28-10月-93     15-3月 -97     AC_MGR                110
        201 17-2月 -96     19-12月-99     MK_REP                 20
        114 24-3月 -98     31-12月-99     ST_CLERK               50
        122 01-1月 -99     31-12月-99     ST_CLERK               50
        200 17-9月 -87     17-6月 -93     AD_ASST                90
        176 24-3月 -98     31-12月-98     SA_REP                 80
        176 01-1月 -99     31-12月-99     SA_MAN                 80
        200 01-7月 -94     31-12月-98     AC_ACCOUNT             90
```

图 4.14   JOB_HISTORY 表的部分数据内容

4.2   SQL 语言简介

SQL(Structured Query Language)结构化查询语言是一种数据库查询和程序设计语言，用于存取数据以及查询、更新和管理关系数据库系统，同时也是数据库脚本文件的扩展名。

4.2.1   发展历史

结构化查询语言(Structured Query Language，SQL)是在 1974 年由美国 IBM 公司的 San

Jose 研究所的科研人员 Boyce 和 Chamberlin 提出的，然后于 1975~1979 年在关系数据库的管理系统原型 System R 上实现了这种语言，它的前身是 SQUARE 语言。SQL 语言结构简洁，功能强大，简单易学，所以自从 IBM 公司 1981 年推出以来，SQL 语言得到了广泛的应用。如今无论是像Oracle、Sybase、DB2、Informix、SQL Server 这些大型的数据库管理系统，还是像 Visual FoxPro、PowerBuilder 这些 PC 上常用的数据库开发系统，都支持 SQL 语言作为查询语言。

1986 年 10 月，美国国家标准局(American National Standards Institute，ANSI)的数据库委员会批准了 SQL 作为关系数据库语言的美国标准，同年公布了 SQL 标准文本 SQL_86。1987 年国际标准化组织(International Standards Organization，ISO)将其采纳为国际标准。1989 年公布了 SQL_89，1992 年又公布了 SQL_92(也称为 SQL2)。1999 年颁布了反映最新数据库理论和技术的标准 SQL_99(也称为 SQL3)。

由于 SQL 语言具有功能丰富、简洁易学、使用方式灵活等突出优点，因此备受计算机工业界和计算机用户的欢迎。尤其自 SQL 成为国际标准后，各数据库管理系统厂商纷纷推出各自的支持 SQL 的软件或与 SQL 接口的软件。这就使得大多数数据库均采用了 SQL 作为共同的数据存取语言和标准接口。但是，不同的数据库管理系统厂商开发的 SQL 并不完全相同。这些不同类型的 SQL 一方面遵循了标准 SQL 语言规定的基本操作，另一方面又在标准 SQL 语言的基础上进行了扩展，增强了一些功能。不同的 SQL 类型有不同的名称。例如，Oracle 产品中的 SQL 称为 PL/SQL，Microsoft SQL Server 产品中的 SQL 称为 Transact-SQL。

4.2.2 语言特点

SQL 语言的主要特点如下。

1．综合统一

SQL 语言集数据查询、数据操纵、数据定义和数据控制功能于一体，且具有统一的语言风格，使用 SQL 语句就可以独立完成数据管理的核心操作。

2．语言简洁

虽然 SQL 的语言功能极强，但其语言十分简洁、通俗易懂，如表 4.5 所示，仅用 9 个动词就完成了其核心功能。

表 4.5 SQL 的命令动词

SQL 的功能	命令动词
数据定义	CREATE、DROP、ALTER
数据操纵	SELECT、INSERT、UPDATE、DELETE
数据控制	GRANT、REVOKE

3．集合操作

SQL 采用集合操作方式，对数据的处理是成组进行的，而不是一条一条处理的。通过使用集合操作方式，可以加快数据的处理速度。执行 SQL 语句时，每次只能发送并处理一条语句。

4．非过程化

SQL 还具有高度的非过程化特点，执行 SQL 语句时，只需告诉计算机去做什么，而无需告诉计算机怎么做。这种在对数据库进行存取操作时无需了解存取路径的方式，大大减轻了用户的负担，并且有利于提高数据的独立性。

5．多样的操作形式

SQL 的操作形式分为交互式和嵌入式。交互式 SQL 能够独立地用于联机交互的使用方式，直接键入 SQL 命令就可以对数据库进行操作。而嵌入式 SQL 能够嵌入到高级语言(如 C、Fortran、Pascal)程序中，以实现对数据库的存取操作。

无论是哪种使用方式，SQL 语言的语法结构基本一致。这种统一的语法结构的特点，为使用 SQL 提供了极大的灵活性和方便性。

6．支持三级模式结构

SQL 支持关系数据库的三级模式结构，如图 4.15 所示。

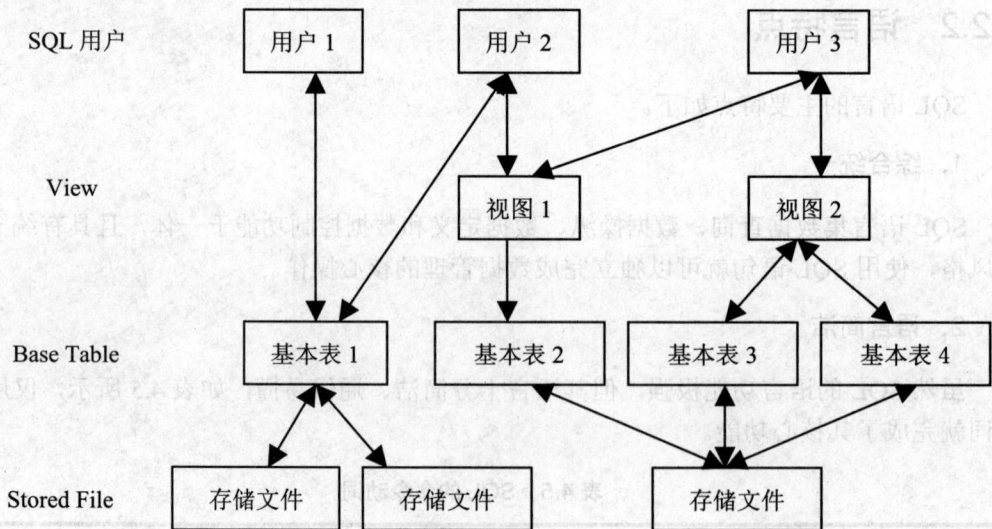

图 4.15　SQL 对关系数据库模式的支持

模式：全体基本表构成了数据库的模式。
外模式：视图和部分基本表构成了数据库的外模式。
内模式：数据库的存储文件及其索引文件构成了关系数据库的内模式。

4.2.3 功能

SQL 的主要功能列举如下：①面向数据库执行查询；②从数据库取回数据；③在数据库中插入新的记录；④可更新数据库中的数据；⑤可从数据库删除记录；⑥可创建新数据库；⑦可在数据库中创建新表；⑧可在数据库中创建存储过程；⑨可在数据库中创建视图；⑩可设置表、存储过程和视图的权限。

SQL 的主要功能可以分为如下 3 类。

1．数据定义功能

SQL 的数据定义功能通过数据定义语言 DDL(Data Definition Language)实现，它用来定义数据库的逻辑结构，包括定义基本表、视图和索引。基本的 DDL 包括 3 类，即定义、修改和删除，分别对应 CREATE、ALTER 和 DROP 这 3 条语句。

2．数据操纵功能

SQL 的数据操纵功能通过 DML(Data Manipulation Language，数据操纵语言)实现，它包括数据查询和数据更新两大类操作，其中数据查询指对数据库中的数据进行查询、统计、分组、排序等操作；数据更新包括插入、删除和修改 3 种操作。

3．数据控制功能

数据库的控制指数据库的安全性和完整性控制。数据控制功能对应的语句有 GRANT、REVOKE、COMMIT 和 ROLLBACK 等，分别代表了赋权、回收、提交和回滚等操作。

4.3 数 据 定 义

SQL 的数据定义功能是针对数据库三级模式结构所对应的各种数据对象进行定义的，在标准 SQL 语言中，这些数据对象主要包括表、视图和索引。当然，在 Oracle 数据库中，还有各种其他的数据对象，如触发器、游标、过程、程序包等。本节仅以表、视图和索引为例对数据定义语言进行说明。

SQL 的数据定义语句如表 4.6 所示。

表 4.6　SQL 的数据定义语句

操作对象	创建操作	删除操作	修改操作
表	CREATE TABLE	DROP TABLE	ALTER TABLE
视图	CREATE VIEW	DROP VIEW	
索引	CREATE INDEX	DROP INDEX	

> **注意：** 在标准的 SQL 语言中，由于视图是基于表的虚表，索引是依附在基本表上的，因此视图和索引均不提供修改视图和索引定义的操作。用户若想修改，只能通过删除再创建的方法。但在 Oracle 中可以通过 ALTER VIEW 对视图进行修改。

4.3.1 创建操作

在数据库中，对所有数据对象的创建均由 CREATE 语句来完成，本节仅对使用 CREATE 语句创建表、视图和索引进行描述。

1. 创建表

建立数据库最重要的一项内容就是定义基本表。SQL 语言使用 CREATE TABLE 语句定义基本表，其一般格式如下：

```
CREATE TABLE(表名)(<列名><数据类型>[列级完整性约束条件]
[,<列名><数据类型>[列级完整性约束条件]]...
[,<表级完整性约束条件>]);
```

其中，<表名>是所要定义的基本表的名字，它可以由一个或多个属性(列)组成。

在创建表的同时通常还可以定义与该表有关的完整性约束条件，这些完整性约束条件将被存入系统的数据字典中，当用户操作表中的数据时，将由 DBMS 自动检查该操作是否违背这些完整性约束条件。

如果完整性约束条件仅涉及一个属性列，则约束条件既可以定义在列级也可以定义在表级，如果该约束涉及该表的多个属性列，则必须定义在表级上。

【**例 4.1**】在 HR 示例数据库中创建一个经理表 MANAGER，它由编号 MANAGER_ID、名 FIRST_NAME、姓 LAST_NAME、邮箱 EMAIL、电话号码 PHONE_NUMBER、科室编号 DEPT_ID、薪资 SALARY 和工作日期 WORKDATE 这 8 个属性组成。其中 MANAGER_ID 不能为空，值是唯一的，其创建语句和运行结果如图 4.16 所示。

```
SQL> CREATE TABLE MANAGER(
  2   MANAGER_ID NUMBER(6) NOT NULL UNIQUE,
  3   FIRST_NAME VARCHAR2(20),
  4   LAST_NAME VARCHAR2(25),
  5   EMAIL VARCHAR2(25),
  6   PHONE_NUMBER VARCHAR2(20),
  7   DEPT_ID VARCHAR2(10),
  8   SALARY NUMBER(8),
  9   WORKDATE DATE)
 10   ;

表已创建。
```

图 4.16　创建表

系统执行 CREATE TABLE 语句后，就在数据库中建立了一个新的空的"经理"表 MANAGER，并将有关"经理"表的定义及有关约束条件存放在数据字典中。

> **提示：** 定义表的各个属性时，需要指明其数据类型及长度。不同的数据库系统支持的数据类型不完全相同，对于 Oracle 支持的数据类型，我们将在下一章进行详细说明。

2．创建视图

视图是从一个或几个基本表(或视图)导出的表，它与基本表不同，是一个虚表。数据库中只存放视图的定义，而不存放视图对应的数据，这些数据仍存放在原来的基本表中。所以基本表中的数据发生变化，从视图中查询出的数据也将发生变化。从这个意义上讲，视图就像一个窗口，透过它可以看到数据库中自己感兴趣的数据。

SQL 语言用 CREATE VIEW 命令建立视图，其一般格式为：

```
CREATE VIEW <视图名>[(<列名>[,<列名>]...)]
    AS<子查询>
    [WITH CHECK OPTION]
```

其中，子查询可以是不包含 ORDER BY 子句和 DISTINCT 短语的任意复杂的 SELECT 语句。WITH CHECK OPTION 表示对视图进行 UPDATE，INSERT 和 DELETE 操作时，所要保证更新、插入或删除的行满足视图定义中的谓词条件(即子查询中的条件表达式)。

在输入组成视图的属性列名时，要么全部省略，要么全部指定，没有第三种选择。当省略了视图的各个属性列名时，各个属性列名称隐含在该视图子查询中的 SELECT 子句目标列中，但在下列 3 种情况下，必须明确指定组成视图的所有列名：

- 目标列存在集函数或列表达式时，需要指定列名。
- 多表连接时存在几个同名列作为视图的字段，需要指定不同的列名。
- 某个列需要重命名。

【例 4.2】建立所有薪资大于 6000 的经理视图 HIGHSALARY_MANAGER，如图 4.17(a)所示。

DBMS 执行 CREATE VIEW 语句的结果只是将视图的定义存入数据字典，而并不执行其中的 SELECT 语句。只有在对视图查询时，才会按照视图的定义从基本表中将数据查出。

加上了 WITH CHECK OPTION 子句的情况如图 4.17(b)所示。

```
SQL> CREATE VIEW HIGHSALARY_MANAGER
  2  AS
  3  SELECT MANAGER_ID,FIRST_NAME,LAST_NAME,EMAIL,PHONE_NUMBER,
  4  DEPT_ID,SALARY,WORKDATE
  5  FROM MANAGER
  6  WHERE SALARY>6000;
视图已创建。
```

(a) 创建视图

```
SQL> CREATE VIEW HIGHSALARY_MANAGER1
  2  AS
  3  SELECT MANAGER_ID,FIRST_NAME,LAST_NAME,EMAIL,
  4  PHONE_NUMBER,DEPT_ID,SALARY,WORKDATE
  5  FROM MANAGER
  6  WHERE SALARY>6000
  7  WITH CHECK OPTION;
视图已创建。
```

(b) 加上 WITH CHECK OPTION 子句

图 4.17　运行情况

由于在定义 HIGHSALARY_MANAGER 视图时加上了 WITH CHECK OPTION 子句，

以后对该视图进行插入、修改和删除操作时，DBMS 会自动加上条件'SALARY>6000'。

3. 创建索引

在 SQL 语言中，建立索引使用 CREATE INDEX 语句，其一般格式为：

```
CREATE[UNIQUE][CLUSTER]INDEX<索引名>
ON<表名>(<列名>[<次序>][,<列名>[<次序>]]...);
```

其中，UNIQUE 选项表示此索引的每一个索引值不能重复，必须对应唯一的数据记录。CLUSTER 选项表示要建立的索引是聚簇索引。<表名>是所要创建索引的基本表的名称。索引可以建立在对应表的一列或多列上，如果是多个列，各列名间需用逗号分隔。<次序>选项用于指定索引值的排列次序，ASC 表示升序，DESC 表示降序，默认值为 ASC。

提示：聚簇索引即指索引项的顺序与表中记录的物理顺序相一致的索引组织。

【例 4.3】执行下面的 CREATE INDEX 语句，创建索引(如图 4.18 所示)：

```
CREATE INDEX IND_MANAGER ON MANAGER(SALARY DESC);
```

图 4.18　创建索引

上述语句执行后，会在 MANAGER 表的 SALARY 列上建立一个索引，且 MANAGER 表中的记录将按照 SALARY 值的降序存放。

用户可以在查询频率最高的列上建立聚簇索引，从而提高查询效率。由于聚簇索引是将索引和表记录放在一起存储的，所以在一个基本表上最多只能建立一个聚簇索引。在建立聚簇索引后，由于更新索引列数据时会导致表中记录的物理顺序的变更，系统代价较高，因此对于经常更新的列不宜建立聚簇索引。

4.3.2　删除操作

当某个数据对象不再被需要时，可以将它删除，SQL 语言用来删除数据对象的语句是 DROP。

1. 删除表

当某个基本表不再需要时，可以使用 DROP TABLE 语句删除它。其一般格式为：

```
DROP TABLE <表名>;
```

例如，删除 MANAGER 表的语句为：

```
DROP TABLE MANAGER;
```

删除基本表定义后，表中的数据、在该表上建立的索引都将自动被删除掉。因此执行删除基本表的操作时一定要谨慎。

> **注意：** 在有的系统中，删除基本表会导致在此表上建立的视图也一起被删掉，但在 Oracle 中，删除基本表后建立在此表上的视图定义仍然保留在数据字典中，而当用户引用该视图时会报错。

2. 删除视图

删除视图语句的格式为：

```
DROP VIEW<视图名>;
```

视图被删除后，视图的定义将从数据字典中删除。但是要注意，由该视图导出的其他视图定义仍在数据字典中，不会被删除，这将导致用户在使用相关视图时会发生错误，所以删除视图时要注意视图之间的关系，需要使用 DROP VIEW 语句将这些视图全部删除。同样删除基本表后，由该基本表导出的所有视图并没有被删除，需要继续使用 DROP VIEW 语句一一进行删除。

【例 4.4】将前面创建的视图 HIGHSALARY_MANAGER 删除，如图 4.19 所示。

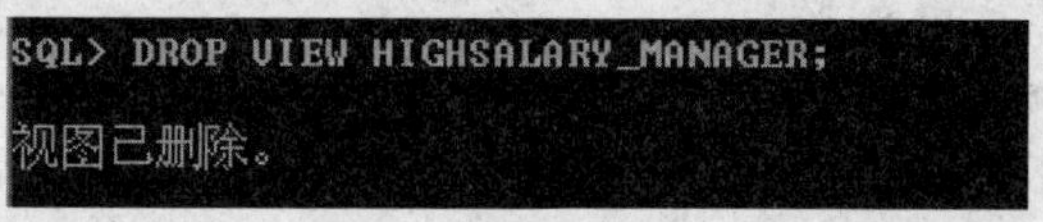

```
SQL> DROP VIEW HIGHSALARY_MANAGER;
视图已删除。
```

图 4.19 删除视图

执行此语句后，HIGHSALARY_MANAGER 视图的定义将从数据字典中删除。如果系统中还存在由 HIGHSALARY_MANAGER 视图导出的视图，该视图的定义在数据字典中仍然存在，但是该视图已无法使用。

3. 删除索引

建立索引后，将由系统对其进行维护，而不需用户干预。如果数据被频繁地增加删改，系统就会花许多时间来维护该索引。在这种情况下，可以将一些不必要的索引删除掉。

在 SQL 语言中，删除索引使用 DROP INDEX 语句，其一般格式为：

```
DROP INDEX<索引名>;
```

例如，删除 MANAGER 表的 IND_MANAGER 索引：

```
DROP INDEX IND_MANAGER;
```

删除索引后，系统也会从数据字典中将有关该索引的描述进行清除。

4.3.3 修改操作

随着应用环境和应用需求的变化，有时需要修改已建立好的基本表，SQL 语言用 ALTER TABLE 语句修改基本表，其一般格式为：

```
ALTER TABLE<表名>
[ADD<新列名><数据类型>[完整性约束]][DROP<完整性约束名>]
[MODIFY<列名><数据类型>];
```

其中，<表名>表示所要修改的基本表，ADD 子句用于增加新列和新的完整性约束条件，DROP 子句用于删除指定的完整性约束条件，MODIFY 子句用于修改原有的列定义，如修改列名和数据类型。

【例 4.5】向 MANAGER 表中增加"性别"列：

```
ALTER TABLE MANAGER ADD SEX VARCHAR2(2);
```

无论基本表中原来是否有数据，增加的列一律为空值。

【例 4.6】将 MANAGER 表的 MANAGER_ID 字段改为 8 位，其语句为：

```
ALTER TABLE MANAGER MODIFY MANAGER_ID NUMBER(8);
```

【例 4.7】删除 MANAGER 表 MANAGER_ID 字段的 UNIQUE 约束，其语句为：

```
ALTER TABLE MANAGER DROP UNIQUE(MANAGER_ID);
```

例 4.5~4.7 的运行结果如图 4.20 所示。

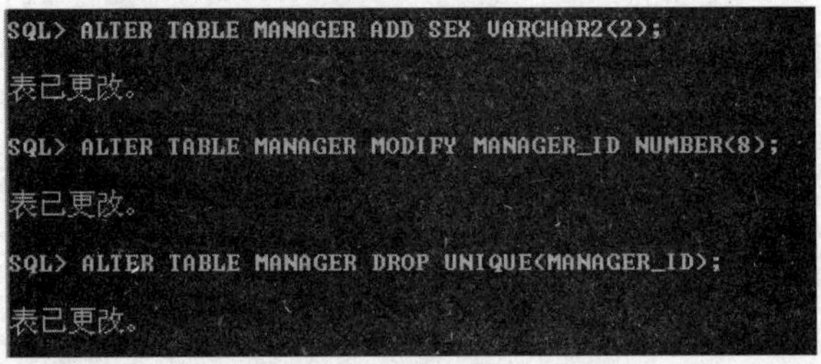

图 4.20　表结构修改操作

> **注意：** 在 SQL 语言中，并没有提供删除属性列的语句，用户只能通过间接的方法来实现这一功能。首先将被删除表中所要保留的列及其内容复制到一个新表中，然后删除原表，最后再将新表重命名为原表名即可。

4.4　数　据　查　询

在 SQL 语句中，数据查询语句 SELECT 是使用频率最高、用途最广的语句。它由许多子句组成，通过这些子句可以完成选择、投影和连接等各种运算功能，得到用户所需的最终数据结果。其中，选择运算是使用 SELECT 语句的 WHERE 子句来完成的。投影运算是通过在 SELECT 子句中指定列名称来完成的。

连接运算则表示把两个或两个以上的表中的数据连接起来，形成一个结果集合。由于设计数据库时的关系规范化和数据存储的需要，许多信息被分散存储在数据库不同的表中，但是当显示一个完整的信息时，就需要将这些数据同时显示出来，这时就需要执行连接运算。其完整语法描述如下：

```
SELECT [ALL | DISTINCT] TOP n[PERCENT] WITH TIES select_list
[INTO[new table name]]
[FROM{table_name | view_name}[(optimizer_hints)]
[[, {table_name2 | view_name2}[(optimizer_hints)]
```

```
[...,table_namel6 | view_namel6][(optimizer hints)]]]
[WHERE clause]
[GROUP BY clause]
[HAVING clause]
[ORDER BY clause]
[COMPUTE clause]
[FOR BROWSE]
```

以下将对各种查询方式和查询子句一一进行介绍。

4.4.1　简单查询

仅含有 SELECT 子句和 FROM 子句的查询是简单查询,SELECT 子句和 FROM 子句是 SELECT 语句的必选项,也就是说每个 SELECT 语句都必须包含有这两个子句。其中,SELECT 子句用于标识用户想要显示的是哪些列,通过指定列名或是用'*'号代表对应表的所有列;FROM 子句则告诉数据库管理系统从哪里寻找这些列,通过指定表名或是视图名称来描述。

下面的 SELECT 语句将显示表中所有的列和行:

```
SELECT * FROM EMPLOYEES;
```

其中,SELECT 语句中的星(*)号表示表中所有的列,该语句可以将指定表中的所有数据检索出来;FROM 子句中的 EMPLOYEES 表示 EMPLOYEES 表,即整条 SQL 语句的含义是把 EMPLOYEES 表中的所有数据按行显示出来。

在大多数情况下,SQL 查询检索的行和列都比整个表的范围窄,用户将需要检索比单个行和列多、但又比数据库所有行和列少的数据。这就是更加复杂的 SELECT 语句的由来。

1. 使用 FROM 子句指定表

SELECT 语句的不同部分常用来指定要从数据库返回的数据。SELECT 语句使用 FROM 子句指定查询中包含的行和列所在的表。FROM 子句的语法格式如下:

```
[FROM{table_name | view_name}[(optimizer_hints)]
[[, {table_name2 | view_name2}[(optimizer_hints)]
[...,table_namel6 | view_namel6][(optimizer_hints)]]]
```

与创建表一样,登录 SQL*PLUS 用到一个用户名。在查询其他角色对应的方案中的表时,需要指定该方案的名称。例如,查询方案 HR 的 COUNTRIES 表中的所有行数据的 SQL 语句如下(该方案和表在安装 Oracle 时就自动创建了):

```
SELECT * FROM HR.COUNTRIES;
```

可以在 FROM 子句中指定多个表,每个表名使用逗号(,)与其他表名隔开,其格式如下所示:

```
SELECT * FROM HR.COUNTRIES, HR.DEPARTMENTS;
```

2. 使用 SELECT 指定列

用户可以指定查询表中的某些列而不是全部,这其实就是投影操作。这些列名紧跟在

SELECT 关键词后面，与 FROM 子句一样，每个列名用逗号隔开，其语法格式如下：

```
SELECT column name_1, ... , column_name_n
    FROM table_name_1, ... , table_name_n
```

利用 SELECT 指定列的方法，可以改变列的顺序来显示查询的结果，甚至是可以通过在多个地方指定同一个列来多次显示同一个列。

【例 4.8】在 HR 示例方案中创建表 COUNTRIES 时的列顺序为：COUNTRY_ID、COUNTRY_NAME、REGION_ID。通过 SELECT 指定列，可以改变列的顺序：

```
select region_id, country_name from countries;
```

查询显示结果如图 4.21 所示。

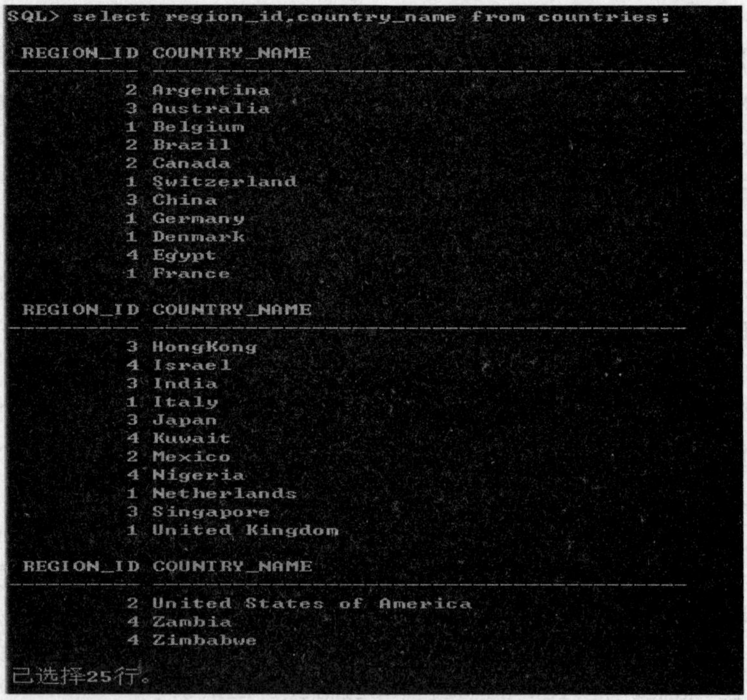

图 4.21　通过指定列查询并改变顺序

3. 算术表达式

在使用 SELECT 语句时，对于数字数据和日期数据都可以使用算术表达式。在 SELECT 语句中可以使用的算术运算符包括加(+)、减(-)、乘(*)、除(/)和括号。使用算术表达式的示例如下。

【例 4.9】如果想查看 jobs 表中每个工种最高工资和最低工资之间的差距，并且把单位换算为万元，对应的 SQL 语句如下：

```
select job_name, (max_salary-min_salary)/10000 from jobs;
```

上述查询语句的运行结果如图 4.22 所示。

```
SQL> SELECT JOB_TITLE ,(MAX_SALARY-MIN_SALARY)/10000 FROM JOBS;

JOB_TITLE                               (MAX_SALARY-MIN_SALARY)/10000
---------------------------------       -----------------------------
President                                                          2
Administration Vice President                                    1.5
Administration Assistant                                          .3
Finance Manager                                                  .78
Accountant                                                       .48
Accounting Manager                                               .78
Public Accountant                                                .48
Sales Manager                                                      1
Sales Representative                                              .6
Purchasing Manager                                                .7
Purchasing Clerk                                                  .3
```

图 4.22　运行结果

在例 4.9 中，显示出了每个工种最高工资和最低工资之间的差距。当使用 SELECT 语句查询数据库时，其查询结果集中的数据列名默认为表中的列名。为了提高查询结果集的可读性，可以在查询结果集中为列指定标题。例如，在上面的示例中，最高工资和最低工资之间的差距命名为"工资差额"。为了提高结果集的可读性，现在要为它指定一个新的列标题 NEW_SALARY：

```
select job_name, (max_salary-min_salary)/10000 工资差额 from jobs;
```

提示：若标题中包含一些特殊的字符，例如空格等，则必须使用双引号将列标题括起来。

4．DISTINCT 关键字

在默认情况下，结果集中包含检索到的所有数据行，而不管这些数据行是否重复出现。有的时候，当结果集中出现大量重复的行时，结果集会显得比较庞大，而不会带来有价值的信息，如在考勤记录表中仅显示考勤的人员而不显示考勤的时间时，人员的名字会大量重复出现。

若希望删除结果集中重复的行，则需在 SELECT 子句中使用 DISTINCT 关键字。

【例 4.10】在 EMPLOYEES 表中包含一个 DEPARTMENT_ID 列。由于同一部门有多名雇员，相应地在 EMPLOYEES 表的 DEPARTMENT_ID 列中就会出现重复的值。

假设现在要检索该表中出现的所有部门，这时我们不希望有重复的部门出现，就需要在 DEPARTMENT_ID 列前面加上关键字 DISTINCT，以确保不出现重复的部门。

其查询语句如下：

```
SELECT DISTINCT MANAGER_ID FROM EMPLOYEES;
```

运行上述语句后的结果如图 4.23 所示。

若不使用关键字 DISTINCT，则将在查询结果集中显示表中每一行的部门号，包括重复的部门编号。

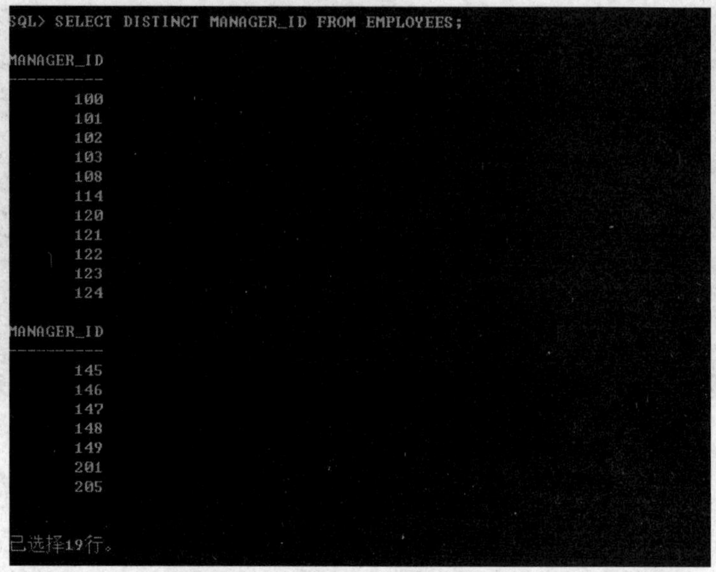

图 4.23　使用 DISTINCT 关键字

4.4.2　WHERE 子句

　　WHERE 子句用于筛选从 FROM 子句中返回的值，完成的是选择操作。在 SELECT 语句中使用 WHERE 子句后，将对 FROM 子句指定的数据表中的行进行判断，只有满足 WHERE 子句中判断条件的行才会显示，而那些不满足 WHERE 子句判断条件的行则不包括在结果集中。

　　在 SELECT 语句中，WHERE 子句位于 FROM 子句之后，其语法格式如下所示：

```
SELECT column_list
FROM table_name
WHERE conditional_expression
```

　　其中，conditional_expression 为查询时返回记录应满足的判断条件。

1．条件表达式

　　在 conditional_expression 中可以用运算符来对值进行比较，可用的运算符介绍如下。

- A=B：表示若 A 与 B 的值相等，则为 TRUE。
- A>B：表示若 A 的值大于 B 的值，则为 TRUE。
- A<B：表示若 A 的值小于 B 的值，则为 TRUE。
- A!=B 或 A<>B：表示若 A 的值不等于 B 的值，则为 TRUE。
- A LIKE B：其中，LIKE 是匹配运算符。在这种判断条件中，若 A 的值匹配 B 的值，则该判断条件为 TRUE。在 LIKE 表达式中可以使用通配符。Oracle SQL 的通配符为：%代表 0 个、1 个或多个任意字符，_代表一个任意字符。
- NOT <条件表达式>：NOT 运算符用于对结果取反。

【**例 4.11**】编写一个查询，查询所有第二个字母为'r'的国家名称：

```
SELECT COUNTRY_NAME FROM COUNTRIES WHERE COUNTRY_NAME LIKE'_r%';
```

这里的%字符是一个通配符。上述查询语句的运行结果如图 4.24 所示。

```
SQL> SELECT COUNTRY_NAME FROM COUNTRIES WHERE COUNTRY_NAME LIKE'_r%';

COUNTRY_NAME
--------------------------------------------
Argentina
Brazil
France
```

图 4.24　使用条件表达式和通配符%查询

2．连接运算符

在 WHERE 子句中可以使用连接运算符将各个表达式关联起来，组成复合判断条件。常用的连接运算符包括 AND 和 OR。使用 AND 连接的运算符只有在 AND 左边和右边的表达式相同时，AND 运算符才返回 TRUE。

【**例 4.12**】查询在 IT 部门(DEPARTMENT_ID=60)从事过程序员(JOB_ID='IT_PROG')工作的雇员编号。查询语句如下：

```
SELECT EMPLOYEE_ID FROM JOB_HISTORY
 WHERE DEPARTMENT_ID=60 AND JOB_ID='IT_PROG';
```

上述查询语句的运行结果如图 4.25 所示。

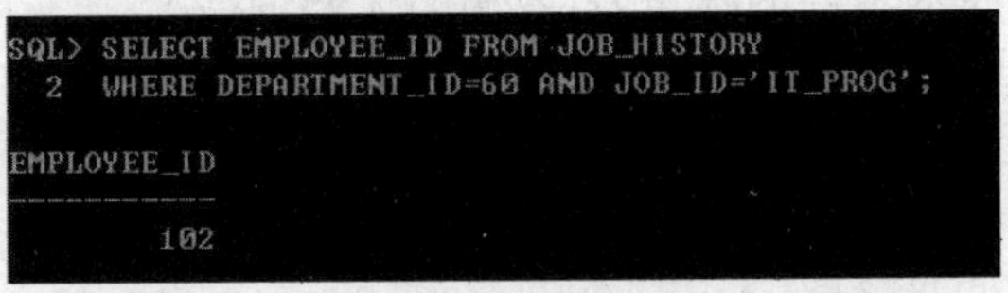

```
SQL> SELECT EMPLOYEE_ID FROM JOB_HISTORY
  2  WHERE DEPARTMENT_ID=60 AND JOB_ID='IT_PROG';

EMPLOYEE_ID
-----------
        102
```

图 4.25　使用连接运算符 AND 查询

如果使用 OR 运算符，则只要 OR 运算符左边的表达式或是 OR 运算符右边表达式中有任一个为 TRUE，那么 OR 运算符就要返回 TRUE。

【**例 4.13**】查询工资不在 4000~6000 之间的雇员的编号：

```
SELECT EMPLOYEE_ID FROM EMPLOYEES
    WHERE SALARY<4000 OR SALARY>6000;
```

上述查询语句的运行结果如图 4.26 所示。

3．NULL 值

在数据库中，NULL 值是一个特定的术语，用来描述记录中没有定义内容的字段值，通常我们称之为"空"。在 Oracle 中，如果判断某个条件的值时，可能的返回值是 TRUE、FALSE 或 UNKNOWN。例如，如果查询一个列的值是否等于 20，而该列的值为 NULL，那么就是说无法判断该列是否为 20。如果列值为 NULL，则对该列进行判断时的值就会为 UNKNOWN，它可能是 20，也可能不等于 20。

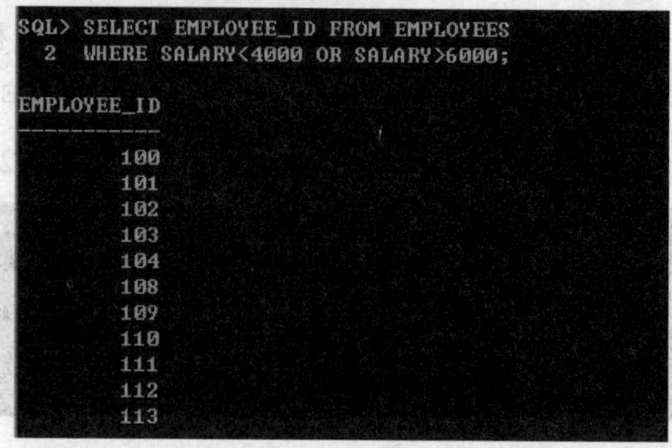

```
SQL> SELECT EMPLOYEE_ID FROM EMPLOYEES
  2  WHERE SALARY<4000 OR SALARY>6000;

EMPLOYEE_ID
-----------
        100
        101
        102
        103
        104
        108
        109
        110
        111
        112
        113
```

图 4.26　使用连接运算符 OR 查询

【例 4.14】如果新进了一个员工，但是该员工还没有分配部门，我们可以先将该员工的已知个人信息录入，代码如下：

```
INSERT INTO EMPLOYEES(EMPLOYEE_ID, FIRST_NAME, FIRST_NAME,
EMAIL, PHONE_NUMBER, HIRE_DATE, JOB_ID)
VALUES(300, 'JIM', 'GREEN', 'JIMGREEN@hotmail.com', '685748', '2010-12-10',
'ST_MAN');
```

那么该员工的其余属性均为空值 NULL。

Oracle 提供了两个 SQL 运算符，IS NULL 和 IS NOT NULL。使用这两个运算符，可以判断某列的值是否为 NULL。NULL 值是一个特殊的取值，不能使用‘=’对 NULL 值进行查询。

我们可以观察以下两个查询的结果对比(如图 4.27 所示)：

```
SELECT * FROM DEPARTMENTS
 WHERE MANAGER_ID = NULL;
SELECT * FROM DEPARTMENTS
 WHERE MANAGER_ID IS NULL;
```

从上述查询语句的运行结果可以看出，不能使用= NULL。

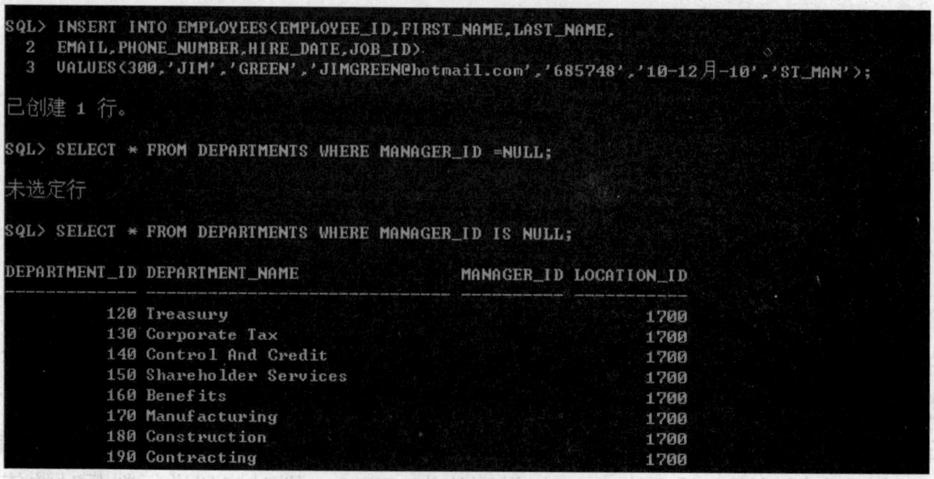

```
SQL> INSERT INTO EMPLOYEES(EMPLOYEE_ID,FIRST_NAME,LAST_NAME,
  2  EMAIL,PHONE_NUMBER,HIRE_DATE,JOB_ID)
  3  VALUES(300,'JIM','GREEN','JIMGREEN@hotmail.com','685748','10-12月-10','ST_MAN');

已创建 1 行。

SQL> SELECT * FROM DEPARTMENTS WHERE MANAGER_ID =NULL;

未选定行

SQL> SELECT * FROM DEPARTMENTS WHERE MANAGER_ID IS NULL;

DEPARTMENT_ID DEPARTMENT_NAME                MANAGER_ID LOCATION_ID
------------- ------------------------------ ---------- -----------
          120 Treasury                                         1700
          130 Corporate Tax                                    1700
          140 Control And Credit                               1700
          150 Shareholder Services                             1700
          160 Benefits                                         1700
          170 Manufacturing                                    1700
          180 Construction                                     1700
          190 Contracting                                      1700
```

图 4.27　例 4.14 的运行结果

4.4.3 ORDER BY 子句

在前面介绍的数据检索技术中，只是把数据库中的数据从表中直接取出来。这时，结果集中数据的排列顺序是由数据的存储顺序决定的。但是，这种存储顺序经常不符合我们的各种查询需求。当查询一个比较大的表时，数据的显示会比较混乱。因此需要对检索到的结果集进行排序。在 SELECT 语句中，可以使用 ORDER BY 子句实现对查询的结果集进行排序。

使用 ORDER BY 子句的语法形式如下：

```
SELECT column_list
FROM table_name
ORDER BY[{order_by_expression[ASC|DESC]}...]
```

其中，order_by_expression 表示将要排序的列名或由列组成的表达式，关键字 ASC 指定按照升序排列，这也是默认的排列顺序，而关键字 DESC 指定按照降序排列。

【例 4.15】下面的查询语句中，将使用 ORDER BY 子句对检索到的数据进行排序，该排列顺序是按照姓在字母表中的升序进行的：

```
select first_name, last_name, salary from employees
    where salary>=2500
    order by LAST_NAME;
```

上述查询语句的运行结果如图 4.28 所示。

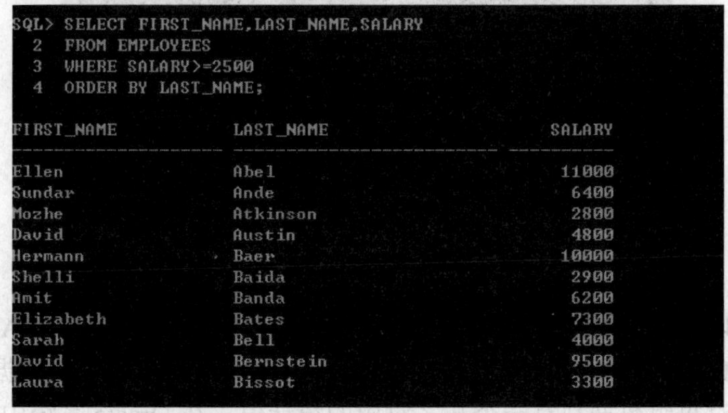

图 4.28　使用 ORDER BY 子句

从查询结果中可以看出，ORDER BY 子句使用默认的排列顺序，即升序排列，可以使用关键字 ASC 显式指定。为了降序排序，可以执行如下语句：

```
select first_name, last_name, salary from employees
where salary>=2500
order by LAST_NAME DESC;
```

如果需要对多个列进行排序，只需要在 ORDER BY 子句后指定多个列名。这样当输出排序结果时，首先根据第一列进行排序，当第一列的值相同时，再对第二列进行比较排序。其他列以此类推。例如在上例中，是按照员工的姓在字母表中的升序排列的，如果有多个姓相同的员工，那么这些员工的排列顺序则是按照其物理顺序排列，这种情况下我们可以指定多个关键字进行排序，将姓作为第一关键字，工资 salary 作为第二关键字，如果姓相同的话，按照工资的降序排列，这样便可以看到同姓的员工的薪金情况，详细命令如下：

```
select first_name, last_name, salary from employees
    where salary>=2500
order by LAST_NAME, salary DESC;
```

4.4.4 GROUP BY 子句

GROUP BY 子句用于在查询结果集中对记录进行分组，以汇总数据或者为整个分组显示单行的汇总信息。

【例 4.16】在以下的查询中，从 EMPLOYEES 表中选择相应的列，分析相同部门(department_id 相同)员工的 SALARY 信息：

```
select job_id, salary from employees order by department_id;
```

上述查询语句的运行结果如图 4.29 所示。

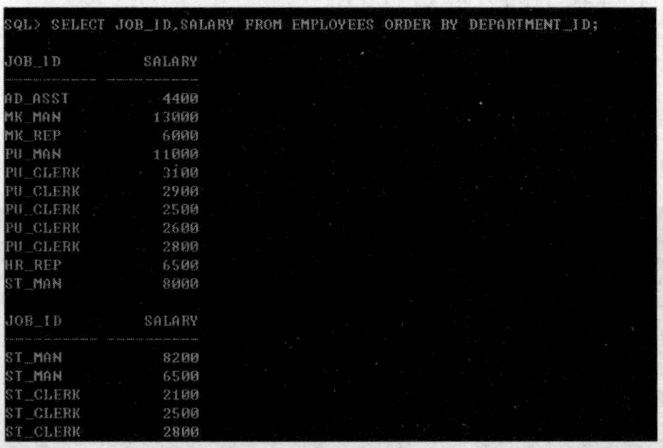

图 4.29 使用 ORDER BY 的运行结果

从结果中可以看出，对于每个 department_id 可以有多个对应的 SALARY 值。

使用 GROUP BY 子句和统计函数，可以实现对查询结果中每一组数据进行分类统计。所以，在结果中对每组数据都有一个与之对应的统计值。在 Oracle 系统中，经常使用的统计函数如表 4.7 所示。

表 4.7 常用的统计函数

函　　数	描　　述
COUNT	返回找到的记录数
MIN	返回一个数字列或是计算列的最小值
MAX	返回一个数字列或是计算列的最大值
SUM	返回一个数字列或是计算列的总和
AVG	返回一个数字列或是计算列的平均值

【例 4.17】以 SQL 函数计算每个部门的平均薪金(AVG)、所有薪金的总和(SUM)，以及最高薪金(MAX)和各组的行数，使用 GROUP BY 子句对薪金记录进行分组：

```
select job_id, avg(salary), sum(salary), max(salary), count(job_id)
    from employees
    group by job_id;
```

上述查询语句的运行结果如图 4.30 所示。

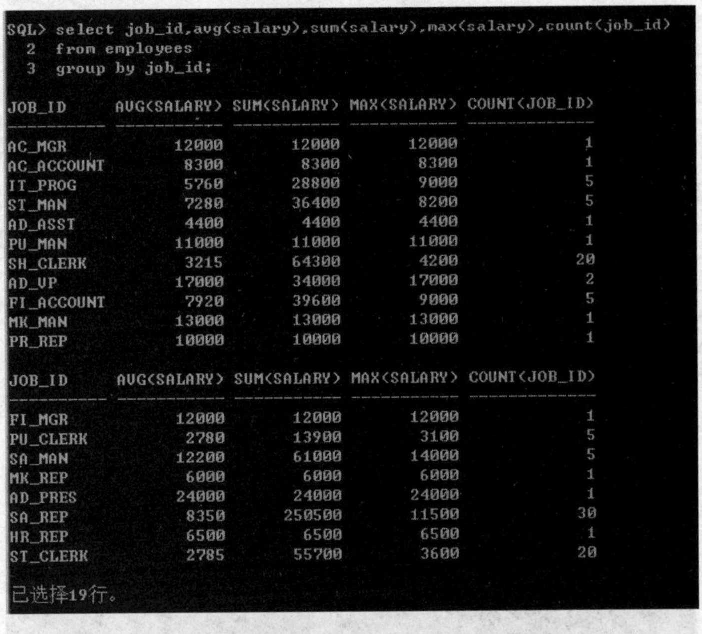

```
SQL> select job_id,avg(salary),sum(salary),max(salary),count(job_id)
  2  from employees
  3  group by job_id;

JOB_ID     AVG(SALARY) SUM(SALARY) MAX(SALARY) COUNT(JOB_ID)
---------- ----------- ----------- ----------- -------------
AC_MGR           12000       12000       12000             1
AC_ACCOUNT        8300        8300        8300             1
IT_PROG           5760       28800        9000             5
ST_MAN            7280       36400        8200             5
AD_ASST           4400        4400        4400             1
PU_MAN           11000       11000       11000             1
SH_CLERK          3215       64300        4200            20
AD_VP            17000       34000       17000             2
FI_ACCOUNT        7920       39600        9000             5
MK_MAN           13000       13000       13000             1
PR_REP           10000       10000       10000             1

JOB_ID     AVG(SALARY) SUM(SALARY) MAX(SALARY) COUNT(JOB_ID)
---------- ----------- ----------- ----------- -------------
FI_MGR           12000       12000       12000             1
PU_CLERK          2780       13900        3100             5
SA_MAN           12200       61000       14000             5
MK_REP            6000        6000        6000             1
AD_PRES          24000       24000       24000             1
SA_REP            8350      250500       11500            30
HR_REP            6500        6500        6500             1
ST_CLERK          2785       55700        3600            20

已选择19行。
```

图 4.30　使用 GROUP BY 子句和统计函数

在使用 GROUP BY 子句时，必须满足下面的条件：

- 在 SELECT 子句的后面只可以有两类表达式——统计函数和进行分组的列名。
- 在 SELECT 子句中的列名必须是进行分组的列，除此之外添加其他的列名都是错误的，但是，GROUP BY 子句后面的列名可以不出现在 SELECT 子句中。
- 如果使用了 WHERE 子句，那么所有参加分组计算的数据必须首先满足 WHERE 子句指定的条件。
- 在默认情况下，将按照 GROUP BY 子句指定的分组列升序排列，如果需要重新排序，可以使用 ORDER BY 子句指定新的排列顺序。

【例 4.18】下面是一个错误的查询：

```
SELECT DEPARTMENT_ID, JOB_ID, SUM(SALARY) FROM EMPLOYEES
    GROUP BY DEPARTMENT_ID;
```

由于在 SELECT 子句后面出现了 JOB_ID 列，而该列并没有出现在 GROUP BY 子句中，也就是说非分组字段出现在了 SELECT 子句后面，所以该语句是一个错误的查询。

上述查询语句的运行结果如图 4.31 所示。

与 ORDER BY 子句相似，GROUP BY 子句也可以对多个列进行分组。在这种情况下，GROUP BY 子句将在主分组范围内进行二次分组。

```
SQL> SELECT DEPARTMENT_ID,JOB_ID,SUM(SALARY)
  2  FROM EMPLOYEES
  3  GROUP BY DEPARTMENT_ID;
SELECT DEPARTMENT_ID,JOB_ID,SUM(SALARY)
                     *
第 1 行出现错误:
ORA-00979: 不是 GROUP BY 表达式
```

图 4.31　错误运行结果

【例 4.19】下面的查询实现对各个部门人数和平均工资的统计：

```
select department_id,count(*),avg(salary)
from employees group by department_id;
```

在 GROUP BY 子句中还可以使用运算符 ROLLUP 和 CUBE，这两个运算符在功能上非常类似。在 GROUP BY 子句中使用它们后，都将会在查询结果中附加一行汇总信息。

【例 4.20】在下面的示例中，GROUP BY 子句将会使用 ROLLUP 运算符来汇总 DEPARTMENT_ID 列：

```
SELECT DEPARTMENT_ID, COUNT(*), AVG(SALARY)
FROM EMPLOYEES
GROUP BY ROLLUP(DEPARTMENT_ID);
```

上述查询语句的运行结果如图 4.32 所示。

```
SQL> SELECT DEPARTMENT_ID,COUNT(*),AVG(SALARY)
  2  FROM EMPLOYEES
  3  GROUP BY ROLLUP(DEPARTMENT_ID);

DEPARTMENT_ID   COUNT(*) AVG(SALARY)
------------- ---------- -----------
           10          1        4400
           20          2        9500
           30          6        4150
           40          1        6500
           50         45  3475.55556
           60          5        6560
           70          1       10000
           80         34  8955.88235
           90          3  19333.3333
          100          6        8600
          110          2       10150

DEPARTMENT_ID   COUNT(*) AVG(SALARY)
------------- ---------- -----------
                       2        7000
                     108  6499.06542
```

图 4.32　GROUP BY 子句将会使用 ROLLUP 运算符

从查询结果中可以看出，使用 ROLLUP 运算符后，在查询结果的最后一行列出了本次统计的汇总。

4.4.5　HAVING 子句

HAVING 子句通常与 GROUP BY 子句一起使用，在完成对分组结果统计后，可以使用 HAVING 子句对分组的结果做进一步的筛选。如果不使用 GROUP BY 子句，HAVING 子句的功能与 WHERE 子句一样。HAVING 子句和 WHERE 子句的相似之处就是都定义了搜索条件，但是与 WHERE 子句不同，HAVING 子句与组有关，而 WHERE 是与单个的行有关。

如果在 SELECT 语句中使用了 GROUP BY 子句，那么 HAVING 子句将应用于 GROUP BY 子句创建的那些组。如果指定了 WHERE 子句，而没有指定 GROUP BY 子句，那么 HAVING 子句将应用 WHERE 子句的输出，并且整个输出被看作是一个组，如果在 SELECT 语句中既没有指定 WHERE 子句，也没有指定 GROUP BY 子句，那么 HAVING 子句将应用于 FROM 子句的输出，并且将其看作是一个组。

> **提示：** 对 HAVING 子句作用的理解有一个方法，即记住 SELECT 语句中子句的处理顺序。在 SELECT 语句中，首先由 FROM 子句找到数据表，WHERE 子句则接收 FROM 子句输出的数据，而 HAVING 子句则接收来自 GROUP BY、WHERE 或 FROM 子句的输入。

【例 4.21】列出部门人数大于 10 的部门编号：

```
SELECT DEPARTMENT_ID FROM EMPLOYEES GROUP BY DEPARTMENT_ID
    HAVING COUNT(*)>10;
```

上述查询语句的执行结果如图 4.33 所示。

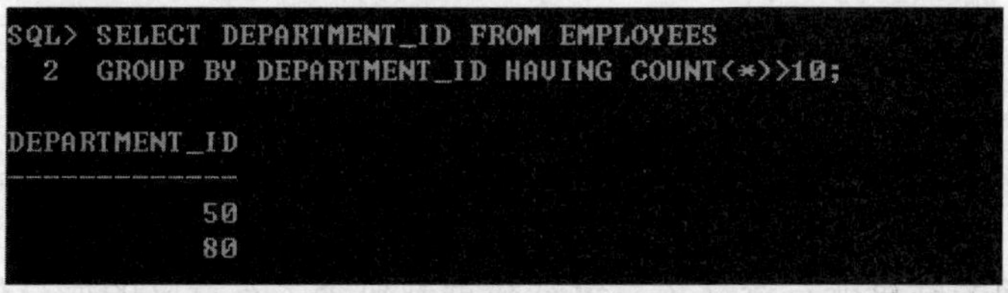

图 4.33 运行结果

从查询结果可以看出，SELECT 语句使用 GROUP BY 子句对 EMPLOYEES 表进行分组统计，然后再由 HAVING 子句根据统计值做进一步筛选。

通常情况下，HAVING 子句与 GROUP BY 子句一起使用，这样可以在汇总相关数据后再进一步筛选汇总的数据。

4.4.6 多表连接查询

通过连接运算符可以实现多表连接查询。连接是关系数据库模型的主要特点，也是它区别于其他类型数据库管理系统的一个标志。在关系数据库管理系统中，表建立时各数据之间的关系不必确定，常把一个实体的所有信息存放在一个表中。当检索数据时，通过连接操作查询出存放在多个表中的不同实体的信息。连接操作给用户带来很大的灵活性，可以在任何时候增加新的数据类型。为不同实体创建新的表，之后再通过连接进行查询。

1. 简单连接

连接查询实际上是通过表与表之间相互关联的列进行数据的查询，对于关系数据库来说，连接是查询最主要的特征。简单连接使用逗号将两个或多个表进行连接，这是最简单、也是最常用的多表查询形式。

(1) 基本形式

简单连接仅是通过 SELECT 语句和 FROM 子句来连接多个表，其查询的结果是一个通过笛卡儿积所生成的表，就是将基本表中每一行与另一个基本表的每一行排列组合进行连接在一起所生成的表。

【例 4.22】以下的查询操作将 EMPLOYEES 表和 DEPARTMENTS 表相连接，从而生成一个笛卡儿积：

```
SELECT EMPLOYEES.*, JOBS.*  FROM EMPLOYEES, DEPARTMENTS;
```

(2) 条件限定

在实际需求中，由于笛卡儿积中包含了大量的冗余信息，这在一般情况下毫无意义。为了避免这种情况的出现，通常是在 SELECT 语句中提供了一个连接条件，过滤掉其中无意义的数据，从而使得结果满足用户的需求。

SELECT 语句的 WHERE 子句提供了这个连接条件，可以有效避免笛卡儿积冗余信息的出现。使用 WHERE 子句限定时，只有第一个表中的列与第二个表中相应列相互匹配后才会在结果集中显示，这是连接查询中最常用的形式。而一般情况下这种联系经常以外键的形式出现，但并不是必须以外键的形式存在。

【例 4.23】下面的语句通过在 WHERE 子句中使用连接条件，实现了查询雇员信息以及雇员所对应的工种信息：

```
SELECT EMPLOYEES.LAST_NAME, JOBS.JOB_TITLE  FROM EMPLOYEES, JOBS;
WHERC EMPLOYEES.JOB_ID=JOBS.JOB_ID;
```

这次查询返回的结果就有意义了，每行数据都包含了有意义的雇员信息，以及各雇员所在的工种名称信息。上述查询语句的运行结果如图 4.34 所示。

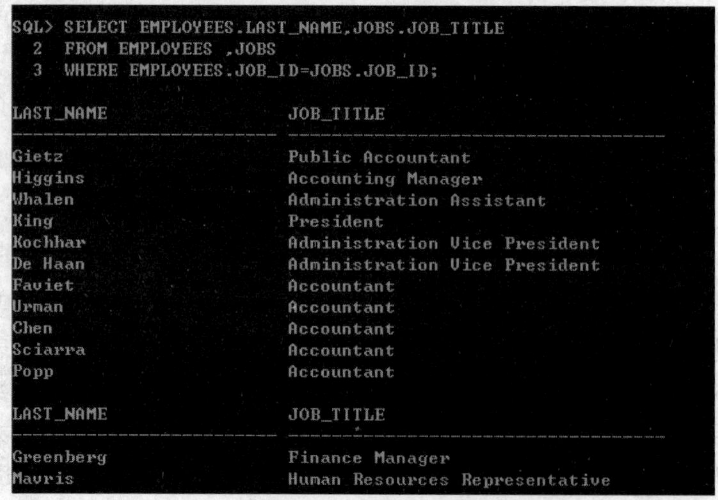

图 4.34　在 WHERE 子句中使用连接条件

我们也可以通过在 WHERE 子句中增加新的限定条件，进一步在连接基础上对数据进行再次筛选。

【例 4.24】 增加新的限定条件，只显示 IT 部门的雇员信息：

```
SELECT EMPLOYEES.LAST_NAME, JOBS.JOB_TITLE  FROM EMPLOYEES, JOBS;
    WHERE EMPLOYEES.JOB_ID=JOBS.JOB_ID AND DEPARTMENT_ID=60;
```

> **注意：** 在以上示例中，连接的两个表具有同名的列时，则必须使用表名对列进行限定，以确认该列属于哪一个表。

(3) 表别名

在以上示例演示中，我们发现，在多表查询时，如果多个表之间存在同名的列，则必须使用表名来限定列。但是，随着查询变得越来越复杂，语句会因为每次限定列时输入表名而变得冗长乏味。因此，SQL 语言提供了另一种机制——表别名。表别名是在 FROM 子句中用于各个表的"简短名称"，它们可以唯一地标识数据源。上面的查询可以采用如下方式重新编写：

```
SELECT EM.LAST_NAME, J.JOB_TITLE FROM EMPLOYEES EM, JOBS J;
    WHERE EM.JOB_ID=J.JOB_ID AND DEPARTMENT_ID=60;
```

这个具有更少 SQL 代码的查询会得到相同的结果。其中，EM 代表 EMPLOYEES，J 代表 JOBS。

如果为表指定了别名，那么语句中的所有子句都必须使用别名，而不允许再使用实际的表名。因为在 SELECT 语句的执行顺序中，FROM 子句最先被执行，然后就是 WHERE 子句，最后才是 SELECT 子句。当在 FROM 子句中指定表别名后，表的真实名称将被替换。例如执行以下语句(结果如图 4.35 所示)：

```
SELECT EM.LAST_NAME, JOBS.JOB_TITLE FROM EMPLOYEES EM, JOBS J;
    WHERE EM.JOB_ID=J.JOB_ID AND SALARY>2500;
```

图 4.35　表别名使用错误

2. JOIN 连接

除了使用逗号连接外，Oracle 还支持另一种使用关键字 JOIN 的连接。使用 JOIN 连接的语法格式如下：

```
FROM JOIN_TABLE1 JOIN_TYPE JOIN_TABLE2
  [ON(JOIN_CONDITION)]
```

其中，JOIN_TABLE1 指出参与连接操作的表名；JOIN_TYPE 指出连接类型，常用的连接包括内连接、自然连接、外连接和自身连接。连接查询中的 ON(JOIN_CONDITION) 指出连接条件，它由被连接表中的列和比较运算符、逻辑运算符等构成。

(1) 内连接

内连接是一种常用的多表查询，一般用关键字 INNER JOIN 来做内连接。其中，可以省略 INNER 关键字，而只使用 JOIN 关键字表示内连接。内连接使用比较运算时，在连接表的某些列之间进行比较操作，并列出表中与连接条件相匹配的数据行。

使用内连接查询多个表时，在 FROM 子句中除了 JOIN 关键字外，还必须定义一个 ON 子句，ON 子句指定内连接操作列出与连接条件匹配的数据行，它使用比较运算符比较被连接列值。简单地说，内连接就是使用 JOIN 指定用于连接的两个表，ON 子句则指定连接表的连接条件。若进一步限制查询范围，则可以直接在后面添加 WHERE 子句。

【例 4.25】以下的查询使用内连接实现了查询雇员信息以及雇员所对应的工种信息：

```
SELECT EMPLOYEES.LAST_NAME, JOBS.JOB_TITLE
    FROM EMPLOYEES INNER JOIN JOBS ON EMPLOYEES.JOB_ID=JOBS.JOB_ID
```

上述查询语句的运行结果如图 4.36 所示。

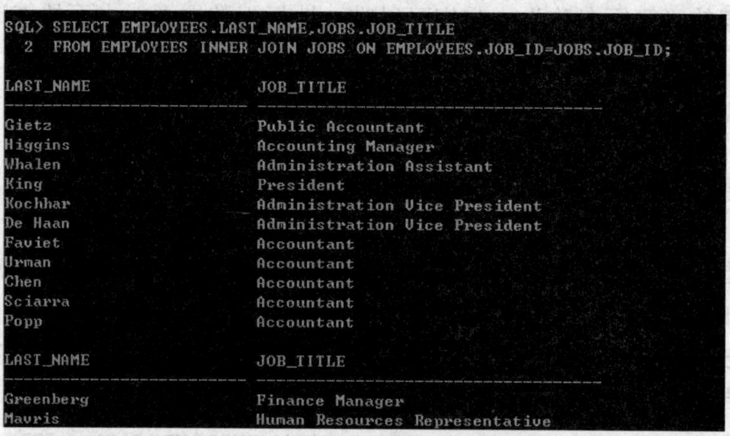

图 4.36 使用内连接实现的查询

【例 4.26】例 4.24 也可以使用内连接查询实现，代码如下：

```
SELECT EMPLOYEES.LAST_NAME, JOBS.JOB_TITLE
FROM EMPLOYEES INNER JOIN JOBS ON EMPLOYEES.JOB_ID=JOBS.JOB_ID
WHERE DEPARTMENT_ID=60;
```

(2) 自然连接

自然连接(NATURAL JOIN)是一种特殊的等价连接，它将表中具有相同名称的列自动进行记录匹配，自然连接不必指定任何同等连接条件。

下面的查询语句使用自然连接 EMPLOYEES 和 DEPARTMENT 表：

```
SELECT EM.EMPLOYEE_ID, EM.FIRST_NAME, EM.LAST_NAME, DEP.DEPARTMENTNAME
    FROM EMPLOYEES EM NATURAL JOIN DEPARTMENTS DEP
    WHERE DEP.DEPARTMENTNAME='SALES';
```

自然连接在实际的应用中很少，因为它有一个限制条件，即连接的各个表之间必须具有相同名称的列，而这在实际应用中可能和应用的实际含义发生矛盾。

在 EMPLOYEES 表和 DEPARTMENTS 表中都有一个 ADDRESS 列，在进行自然连接时，DBMS 会使用 EMPLOYEES 和 DEPARTMENTS 两个列来连接表，这要求对应的 ADDRESS 列相同。但是在应用语义上，这两个 ADDRESS 列代表了完全不同的含义，EMPLOYEES 的字段指的是一个是雇员的居住地址，而 DEPARTMENTS 的字段是指部门的所在地址，所以这样的连接毫无价值。

(3) 外连接

在内连接进行多表查询时，仅返回包含符合查询条件(WHERE 搜索条件或 HAVING 条件)和连接条件的行。内连接会消除与另一个表中的任何行不匹配的行，而外连接的效果则会扩展了内连接的结果集，除能够返回所有匹配的行外，还会根据外连接的种类返回一部分或全部不匹配的行。

外连接分为左外连接(LEFT OUTER JOIN 或 LEFT JOIN)、右外连接(RIGHT OUTER JOIN 或 RIGHT JOIN)和全外连接(FULL OUTER JOIN 或 FULL JOIN)三种。与内连接不同的是，外连接不只列出与连接条件相匹配的行，还会列出左表(左外连接时)、右表(右外连接时)或两个表(全外连接时)中所有符合搜索条件的数据行。

【例 4.27】演示内连接和外连接的区别。内连接语句如下(运行结果见图 4.37)：

```
insert into
employees(employee_id,last_name,email,hire_date,job_id,department_id)
    values(1000,'blaine','blaine@hotmail.com',to_date('2010-11-20',
    yyyy-mm-dd'),'IT_PROG',null);
select em.employee_id,em.last_name,dep.department_name
    from employees em inner join departments dep
    on em.department_id=dep.department_id
    where em.job_id='IT_PROG';
```

图 4.37　内连接语句的运行结果

在该例中，我们先向 employees 表添加了一行 job_id 等于 it_prog 的雇员 blaine 的信息，然后通过雇员表和部门表在内连接中查询 job_id 等于 IT_PROG 的信息，在结果中并没有显示新增的行。因为在 departments 表中不存在该条记录的信息。

外连接语句如下(运行结果见图 4.38)：

```
select em.employee_id,em.last_name,dep.department_name
    from employees em left outer join departments dep
    on em.department_id=dep.department_id
    where em.job_id='IT_PROG';
```

在上面的查询语句中，FROM 子句使用 LEFT OUTER JOIN 进行左外连接。从显示结果中看出，左外连接的查询结果集中不仅包含相匹配的行，还包含左表(employees)中所有

Oracle 11g 数据库基础与应用教程

满足 where 的限制行，而不论是否与右表相匹配。同样，当执行右外连接时，则表示将要返回连接条件右边表中的所有行，而不管左边表中的各行。

```
SQL> select em.employee_id,em.last_name,dep.department_name
  2  from employees em left outer join departments dep
  3  on em.department_id = dep.department_id
  4  where em.job_id = 'IT_PROG';

EMPLOYEE_ID LAST_NAME                    DEPARTMENT_NAME
----------- ------------------------     ---------------
        107 Lorentz                      IT
        106 Pataballa                    IT
        105 Austin                       IT
        104 Ernst                        IT
        103 Hunold                       IT
       1000 blaine

已选择6行。
```

图 4.38　外连接语句的运行结果

除了左外连接和右外连接外，还有一种外连接类型，即完全外连接。完全外连接相当于同时执行一个左外连接和一个右外连接。完全外连接查询会返回所有满足连接条件的行。在执行完全外连接时，完全外连接的系统开销很大，因为这需要 DBMS 执行一个完整的左连接查询和右连接查询，然后再将结果集合并，并消除重复的记录行。

(4)　自身连接

自身连接(Self Join)是SQL语句中经常要用的连接方式，使用自身连接可以将连接表的本身创建一个镜像，并通过别名把它当作另一个表来对待，从而能够得到用户所需的数据。

例如，在表 EMPLOYEES 中 MANAGER_ID 列的意义与 EMPLOYEE_ID 一致，都是雇员标号，因为部门经理也是雇员。如图 4.39 所示，我们可以通过下面的语句看一下 MANAGER_ID 列和 EMPLOYEES_ID 列的关联：

```
select employee_id, last_name, job_id, manager_id
    from employees
    order by employee_id;
```

```
SQL> select employee_id,last_name,job_id,manager_id
  2  from employees
  3  order by employee_id;

EMPLOYEE_ID LAST_NAME              JOB_ID       MANAGER_ID
----------- ---------------        --------     ----------
        100 King                   AD_PRES
        101 Kochhar                AD_VP              100
        102 De Haan                AD_VP              100
        103 Hunold                 IT_PROG            102
        104 Ernst                  IT_PROG            103
        105 Austin                 IT_PROG            103
```

图 4.39　雇员和经理之间的关系

从中可看出雇员之间的关系，如 King(100)负责管理 Kochhar(101)和 DeHaan(102)；而 De_Haan(102)负责管理 Hunold(103)等。

【例 4.28】用户通过自连接，可以看到雇员和部门经理的信息：

```
select em1.last_name "manager", em2.last_name "employee"
    from employees em1 left join employees em2
    on em1.employee_id=em2.manager_id
    order by em1.employee_id;
```

上述查询语句的运行结果如图 4.40 所示。

```
SQL> select em1.last_name "manager" , em2.last_name "employee"
  2  from employees em1 left join employees em2
  3  on em1.employee_id = em2.manager_id
  4  order by em1.employee_id;

manager                         employee
------------------------------- -------------------------------
King                            Hartstein
King                            Kochhar
King                            De Haan
King                            Raphaely
King                            Weiss
King                            Fripp
King                            Kaufling
King                            Vollman
King                            Mourgos
King                            Russell
King                            Partners
```

图 4.40　雇员和部门经理的信息

在上面的例子中，自身连接是在 from 子句中指定了两次同一个表 employees，为了在其他子句中能够区分，分别为表指定了表别名 em1 和 em2。这样 DBMS 就可以将这两个表看作是分离的两个数据源，并且从中获取相应的数据。

4.4.7　集合操作

集合操作就是将两个或多个 SQL 查询结果合并构成复合查询，以完成一些特殊的任务需求。集合操作主要由集合操作符实现，常用的集合操作符包括 UNION(并运算)、UNION ALL、INTERSECT(交运算)和 MINUS(差运算)。

1. UNION

UNION 运算符可以将多个查询结果集相加，形成一个结果集，其结果等同于集合运算中的并运算。即 UNION 运算符可以将第一个查询中的所有行与第二个查询中的所有行相加，并消除其中重复的行，形成一个合集。

【例 4.29】这里第一个查询将选择所有工资大于 2500 的雇员信息，第二个查询将会选择所有工资大于 1000 小于 2600 的雇员信息。其结果是所有工资不在 1000 到 2500 之间的雇员信息均会被列出。具体如下：

```
SELECT EMPLOYEE_ID,LAST_NAME FROM EMPLOYEES
    WHERE SALARY>2500
    UNION
    SELECT EMPLOYEE_ID,LAST_NAME FROM EMPLOYEES
    WHERE SALARY>1000 AND SALARY<2600;
```

该语句等价于：

```
SELECT EMPLOYEE_ID,LAST_NAME
    FROM EMPLOYEES
    WHERE SALARY>1000;
```

上述查询语句的运行结果如图 4.41 所示。

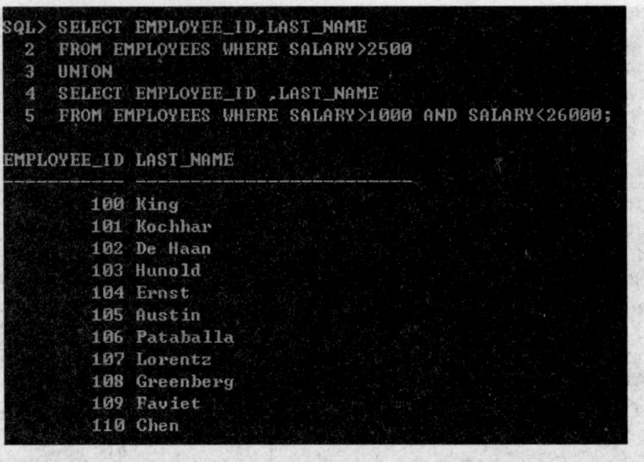

图 4.41 使用 UNION 运算符

注意：UNION 运算会将集合中的重复记录滤除，这是 UNION 运算和 UNION ALL 运算唯一不同的地方。

2. UNION ALL

UNION ALL 与 UNION 语句的工作方式基本相同，不同之处是 UNION ALL 操作符形成的结果集中包含有两个子结果集中重复的行。例如：

```
select employee_id,last_name
    from employees
    where salary>2500
    union all
    select employee_id,last_name
    from employees
    where salary>1000 and salary<2600;
```

本例结果集中会包含重复的工资大于 2500 小于 2600 的雇员信息。

3. INTERSECT

INTERSECT 操作符也用于对两个 SQL 语句所产生的结果集进行处理。不同之处是 UNION 基本上是一个 OR 运算，而 INTERSECT 则比较像 AND。即 UNION 是并集运算，而 INTERSECT 是交集运算。

【例 4.30】使用 INTERSECT 集合操作，查询 LAST_NAME 以 S 开头的雇员：

```
select employee_id,last_name
    from employees
    where last_name like 'C%'or last_name like 'S%'
    intersect
    select employee_id,last_name
    from employees
    where last_name like 'S%' or last_name like 'T%';
```

上述查询语句的运行结果如图 4.42 所示。

```
SQL> select employee_id,last_name
  2  from employees
  3  where last_name like 'C%' or last_name like 'S%'
  4  intersect
  5  select employee_id, last_name
  6  from employees
  7  where last_name like 'S%' or last_name like 'T%';

EMPLOYEE_ID LAST_NAME
----------- -------------------------
        111 Sciarra
        138 Stiles
        139 Seo
        157 Sully
        159 Smith
        161 Sewall
        171 Smith
        182 Sullivan
        184 Sarchand

已选择9行。
```

图 4.42　使用 INTERSECT 集合操作

4. MINUS

MINUS 集合运算符可以找到两个给定的集合之间的差集，也就是说该集合操作符会返回所有从第一个查询中返回的，但是没有在第二个查询中返回的记录。

【例 4.31】以下面的查询语句为例，使用运算符 MINUS 求两个要查询的差集：

```
select employee_id,last_name
    from employees
    where salary>2500
    minus
select employee_id,last_name
    from employees
    where salary>1000 and salary<2600;
```

第一个查询将选择所有工资大于 2500 的雇员信息，第二个查询将会选择所有工资大于 1000 小于 2600 的雇员信息。其结果是所有工资大于等于 2600 之间的雇员信息均会被列出。

该语句等价于：

```
select employee_id,last_name
    from employees
    where salary>=2600
```

上述查询语句的运行结果如图 4.43 所示。

```
SQL> SELECT EMPLOYEE_ID ,LAST_NAME
  2  FROM EMPLOYEES WHERE SALARY>2500
  3  MINUS
  4  SELECT EMPLOYEE_ID ,LAST_NAME
  5  FROM EMPLOYEES WHERE SALARY>1000 AND SALARY<2600;

EMPLOYEE_ID LAST_NAME
----------- -------------------------
        100 King
        101 Kochhar
        102 De Haan
        103 Hunold
        104 Ernst
        105 Austin
        106 Pataballa
        107 Lorentz
        108 Greenberg
        109 Faviet
        110 Chen
```

图 4.43　使用运算符 MINUS

说明：在使用集合操作符编写复合查询时，其规则包括：第一，在构成复合查询的各个查询中，各 SELECT 语句指定的列必须在数量上和数据类型上相匹配。第二，不允许在构成复合查询的各个查询中规定 ORDER BY 子句。第三，不允许在 BLOB、LONG 这样的大数据类型对象上使用集合操作符。

4.4.8 子查询

子查询和连接查询一样，都提供了使用单个查询访问多个表中数据的方法。子查询在其他查询的基础上，提供一种进一步有效的方式来表示 WHERE 子句中的条件。子查询是一个 SELECT 语句，它可以在 SELECT、INSERT、UPDATE 或 DELETE 语句中使用。虽然大部分子查询是在 SELECT 语句的 WHERE 子句中实现，但实际上它的应用不仅仅局限于此。例如，也可以在 SELECT 和 HAVING 子句中使用子查询。

1. IN 关键字

使用 IN 关键字可以将原表中特定列的值，与子查询返回的结果集中的值进行比较，如果某行的特定列的值存在，则在 SELECT 语句的查询结果中就包含这一行。

【例 4.32】查询与部门编号为 20 的岗位相同的雇员信息：

```
SELECT FIRST_NAME, DEPARTMENT_ID,SALARY,JOB_ID FROM EMPLOYEES
   WHERE JOB_ID IN (SELECT DISTINCT JOB_ID FROM EMPLOYEES WHERE DEPARTMENT_ID=20);
```

上述查询语句的运行结果如图 4.44 所示。

```
SQL> SELECT FIRST_NAME,DEPARTMENT_ID,SALARY,JOB_ID
  2  FROM EMPLOYEES WHERE JOB_ID IN
  3  (SELECT DISTINCT JOB_ID FROM EMPLOYEES WHERE DEPARTMENT_ID=20);

FIRST_NAME           DEPARTMENT_ID     SALARY JOB_ID
-------------------- ------------- ---------- ----------
Michael                         20      13000 MK_MAN
Pat                             20       6000 MK_REP
```

图 4.44 使用 IN 关键字

该查询语句执行顺序为：首先执行括号内的子查询，然后再执行外层查询。仔细观察括号内的子查询，可以看到该子查询的作用仅提供了外层查询 WHERE 子句所使用的限定条件。

单独执行该子查询则会将 EMPLOYEES 表中所有 DEPARTMEN_ID 等于 20 的工种编号全部返回：

```
select distinct job_id from employees where department_id=20;
```

这些返回值将由 IN 关键字用来与 EMPLOYEES 表中每一行的 job_id 列进行比较，若列值存在于这些返回值中，则外层查询会在结果集中显示该行。

注意：在使用子查询时，子查询返回的结果必须和外层引用列的值在逻辑上具有可比较性。

2. EXISTS 关键字

在一些情况下，只需要考虑是否满足判断条件，而数据本身并不重要，这时就可以使用 EXISTS 关键字来定义子查询。EXISTS 关键字只注重子查询是否返回行，如果子查询返回一个或多个行，那么 EXISTS 便返回为 TRUE，否则为 FALSE。

要使 EXISTS 关键字有意义，则应在子查询中建立搜索条件。

以下查询语句返回的结果与例 4.32 相同：

```
select first_name,last_name,department_id,salary,job_id
 from employees x
 Where exists
(select * from employees y where x.job_id=y.job_id and department_id=20);
```

在该语句中，外层的 SELECT 语句返回的每一行数据都要由子查询来评估。如果 EXISTS 关键字中指定的条件为真，查询结果就包含这一行；否则该行被丢弃。因此，整个查询的结果取决于内层的子查询。

提示： 由于 EXISTS 关键字的返回值取决于查询是否会返回行，而不取决于这些行的内容，因此对子查询来说，输出列表无关紧要，可以使用“*”代替。

3. 比较运算符

比较运算符包括等于(=)、不等于(< >)、小于(<)、大于(>)、小于等于(<=)和大于等于(>=)，使用比较运算符连接子查询时，要求设定的子查询返回结果只能包含一个单值。

【例 4.33】 查询 EMPLOYEES 表，将薪金大于本职位平均薪金的雇员信息显示出来：

```
select employee_id,last_name,job_id,salary
    from employees
    where job_id='PU_MAN'and
        salary>=(select avg(salary) from employees
        where job_id=' PU_MAN ');
```

上述查询语句的运行结果如图 4.45 所示。

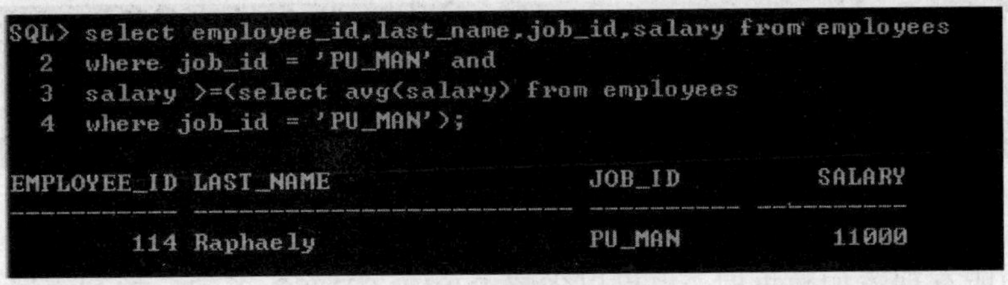

```
SQL> select employee_id,last_name,job_id,salary from employees
  2  where job_id = 'PU_MAN' and
  3  salary >=(select avg(salary) from employees
  4  where job_id = 'PU_MAN');

EMPLOYEE_ID LAST_NAME                 JOB_ID          SALARY
----------- ------------------------- ---------- ----------
        114 Raphaely                  PU_MAN          11000
```

图 4.45　使用比较运算符

注意： 在使用比较运算符连接子查询时，必须保证子查询的返回结果只包含一个值，否则整个查询语句将失败。

4.5 数 据 操 纵

SQL 的数据操纵功能通过数据操纵语言 DML(Data Manipulation Language)来实现,用于改变数据库中的数据。数据更新包括插入、删除和修改 3 种操作,对应 INSERT、DELETE 和 UPDATE 这 3 条语句。

在 Oracle 11g 中,DML 除了包括 INSERT、UPDATE 和 DELETE 语句之外,还包括 TRUNCATE、CALL、EXPLAIN PLAN、LOCK TABLE 和 MERGE 等语句。在本节中将对 INSERT、UPDATE、DELETE、TRUNCATE 常用语句进行介绍。

4.5.1 数据插入

INSERT 语句用于完成各种向数据表中插入数据的功能,可对列赋值一次插入一条记录,也可以根据 SELECT 查询子句获得的结果集批量插入指定的数据表。

1. INSERT 语句

INSERT 语句主要用于向表中插入数据。INSERT 语句的语法如下:

```
INSERT INTO [user.]table [@db_link] [(column1[,column2]...)]
VALUES (express1[,express2]...)
```

其中,table 表示要插入的表名;db_link 表示数据库链接名;column1,column2 表示表的列名;VALUES 表示给出要插入的值列表。

在 INSERT 语句的使用方式中,最为常用的形式是在 INSERT INTO 子句中指定添加数据的列,并在 VALUES 子句中为各个列提供一个值。

【例 4.34】用 INSERT 语句向 COUNTRIES 表添加一条记录(其结果如图 4.46 所示):

```
INSERT INTO COUNTRIES(COUNTRY_ID,COUNTRY_NAME,REGION_ID)
VALUES('CL','chile',4)
```

图 4.46 使用 INSERT 语句

在向表的所有列添加数据时,也可以省略 INSERT INTO 子句后的列表清单,使用这种方法时,必须根据表中定义的列的顺序,为所有的列提供数据。可以使用 DESC 命令查看表中定义列的顺序。

【例 4.35】如图 4.47 所示,JOBS 表中各列的定义次序依次为 job_id、job_title、min_salary、max_salary,录入的数据('IT_DBA', '数据库管理员', 5000.00, 15000.00)与定义的次序一致,因此可以正确录入。

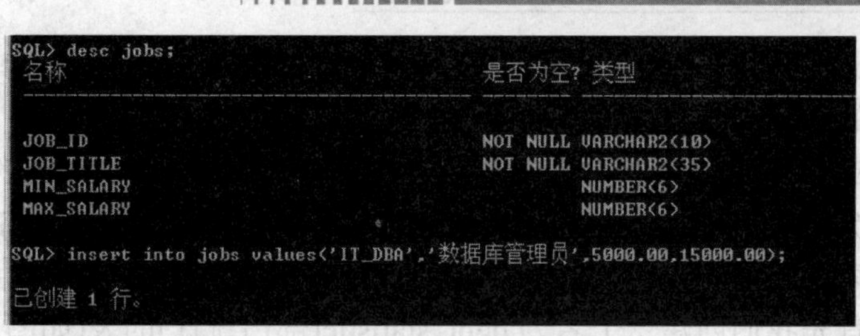

```
SQL> desc jobs;
 名称                                      是否为空? 类型
 ----------------------------------------- -------- ----------------------------
 JOB_ID                                    NOT NULL VARCHAR2(10)
 JOB_TITLE                                 NOT NULL VARCHAR2(35)
 MIN_SALARY                                         NUMBER(6)
 MAX_SALARY                                         NUMBER(6)

SQL> insert into jobs values('IT_DBA','数据库管理员',5000.00,15000.00);

已创建 1 行。
```

图 4.47　正确录入

但是如果我们插入数据时省略列名清单而又没有按照各列定义的次序进行录入，则会提示错误。如果上面示例的 VALUES 子句少指定了一个列的值：

```
insert into jobs values('IT_DBA', '数据库管理员', 5000.00);
```

则在执行时就会收到如下的错误信息：

```
ORA-00947: 没有足够的值
```

如果某个列不允许 NULL 值存在，而用户没有为该列提供数据，则会因为违反相应的约束而插入失败。事实上，在定义表的时候，为了数据的完整性，常常会为表添加许多完整性约束。

【**例 4.36**】将各个工种的最低工资信息写入一个名为 jobs 的表中(如图 4.48 所示)：

```
insert into jobs(job_id,job_title,min_salary)
values('PP_MAN','产品经理',5000.00);
```

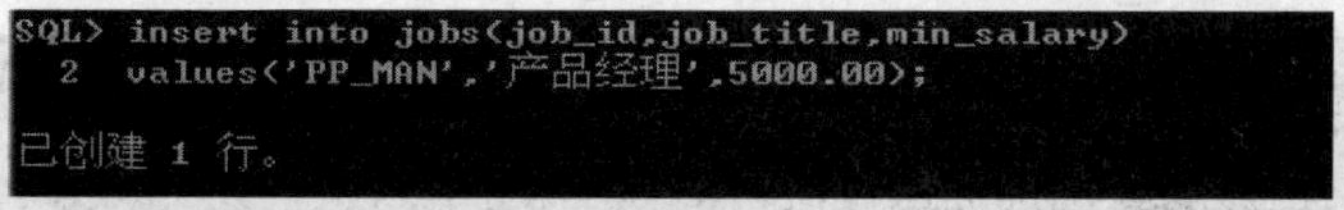

```
SQL> insert into jobs(job_id,job_title,min_salary)
  2  values('PP_MAN','产品经理',5000.00);

已创建 1 行。
```

图 4.48　运行结果

如果再次录入同样一条记录，则因为违反主键约束而失败，运行结果如图 4.49 所示。

```
insert into jobs values('PP_MAN','产品经理',5000.00);
```

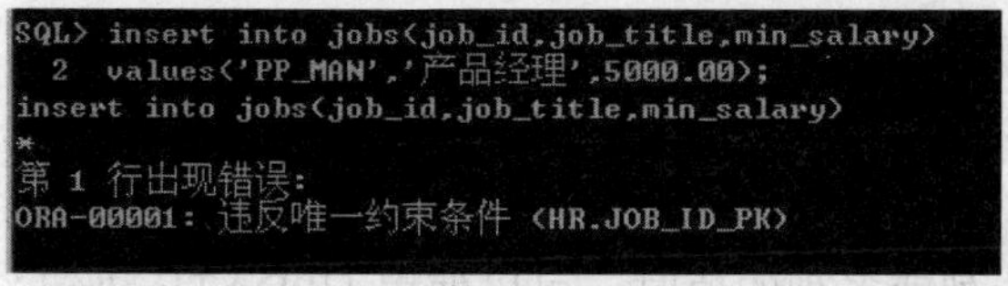

```
SQL> insert into jobs(job_id,job_title,min_salary)
  2  values('PP_MAN','产品经理',5000.00);
insert into jobs(job_id,job_title,min_salary)
*
第 1 行出现错误:
ORA-00001: 违反唯一约束条件 (HR.JOB_ID_PK)
```

图 4.49　由于表的完整性约束而插入失败

关于为表定义的完整性约束，将在后面的章节中介绍，这里需要记住的是，在向表添加记录时，添加的数据必须符合为表定义的所有完整性约束。

2. 批量 INSERT

SQL 提供了一种成批添加数据的方法，即使用 INSERT 语句替换 VALUES 语句，由 INSERT 语句提供添加的数据，语法如下：

```
INSERT INTO [user.]table [@db_link] [(column1[,column2]...)] Subquery
```

其中，Subquery 是子查询语句，可以是任何合法的 SELECT 语句，其所选列的个数和类型应该与前边的 column 相对应。

在使用 INSERT 和 SELECT 的组合语句成批添加数据时，INSERT INTO 指定的列名可以与 SELECT 指定的列名不同，但是其数据类型必须相匹配，即 SELECT 返回的数据必须满足表中列的约束。

【例 4.37】首先我们创建一个名为 dept_statistic(部门统计)的表(如图 4.50(a)所示)：

```
CREATE TABLE DEPT_STATISTIC
(DEPARTMENT_ID NUMBER(6),
AVGSALARY  NUMBER(8,2),
MAXSALARY NUMBER(8,2),
MINSALARY NUMBER(8,2))
```

然后将统计的结果插入该表，结果如图 4.50(b)所示，代码如下：

```
INSERT INTO DEPT_STATISTIC
SELECT  DEPARTMENT_ID,AVG(SALARY), MAX(SALARY), MIN(SALARY)
 FROM EMPLOYEES
GROUP BY DEPARTMENT_ID
```

```
SQL> CREATE TABLE DEPT_STATISTIC
  2  (DEPARTMENT_ID NUMBER(6),
  3  AVGSALARY NUMBER(8,2),
  4  MAXSALARY NUMBER(8,2),
  5  MINSALARY NUMBER(8,2));

表已创建。
```

(a) 创建一个名为 DEPT_STATISTIC 的表

```
SQL> INSERT INTO DEPT_STATISTIC
  2  SELECT DEPARTMENT_ID,AVG(SALARY),MAX(SALARY),MIN(SALARY)
  3  FROM EMPLOYEES
  4  GROUP BY DEPARTMENT_ID;

已创建12行。
```

(b) 将统计的结果插入该表

图 4.50　本例的运行结果

4.5.2　数据修改

当需要修改表中一列或多列的值时，可以使用 UPDATE 语句。使用 UPDATE 语句可以指定要修改的列和修改后的新值，通过使用 WHERE 子句可以限定被修改的行。使用 UPDATE 语句修改数据的语法形式如下：

```
UPDATE table_name
SET {column1=express1[,column2=express2]
(column1[,column2])=(select query)}
[WHERE condition]
```

其中，各选项含义如下：

- update 子句用于指定要修改的表名称。需要后跟一个或多个要修改的表名称，这部分是必不可少的。

- set 子句用于设置要更新的列以及各列的新值。需要后跟一个或多个要修改的表列，这也是必不可少的。
- where 后跟更新限定条件，为可选项。

【例 4.38】使用 UPDATE 语句为所有程序员增加 200 元薪金(运行结果见图 4.51)：

```
UPDATE EMPLOYEES
    SET SALARY = SALARY + 200
    WHERE JOB_ID='IT_PROG';
```

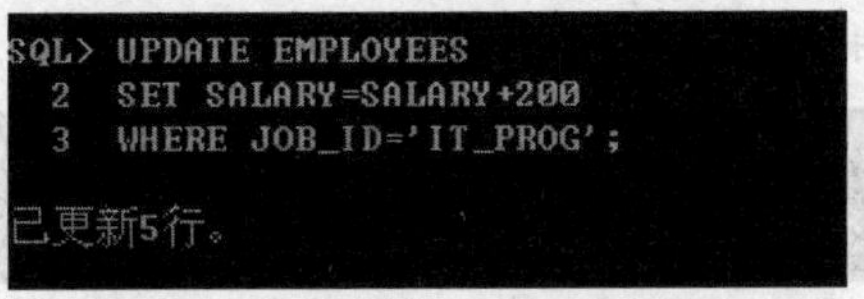

图 4.51　使用 UPDATE 语句

以上使用了 WHERE 子句限定更新薪金的人员为程序员(job_id='IT_PROG')，如果在使用 UPDATE 语句修改表时，未使用 WHERE 子句限定修改的行，则会更新整个表。

同 INSERT 语句一样，可以使用 SELECT 语句的查询结果来实现更新数据。

【例 4.39】使用 UPDATE 语句将更新编号为 104 的雇员薪金，调整后的薪金为 IT 程序员的现有最高薪金：

```
UPDATE EMPLOYEES
    SET SALARY=
    (SELECT MAX(SALARY)
        FROM EMPLOYEES
        WHERE JOB_ID='IT_PROG')
    WHERE EMPLOYEE_ID=104;
```

运行上述语句后的结果如图 4.52 所示。

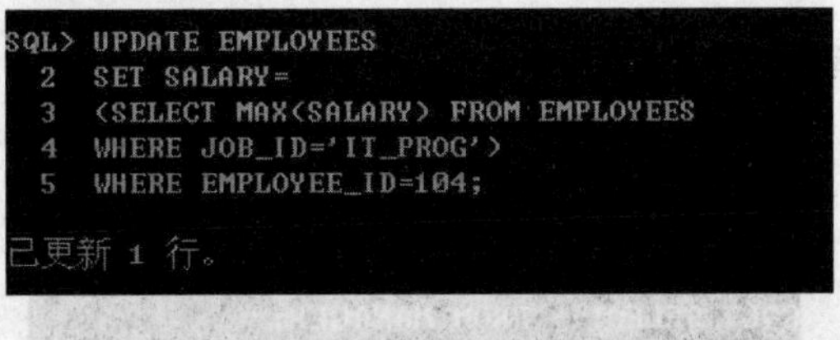

图 4.52　使用 SELECT 语句的查询结果来实现更新数据

注意：在使用 SELECT 语句提供新值时，必须保证 SELECT 语句返回单一的值，否则将会出现错误。

4.5.3　数据删除

1. DELETE 语句

数据库向用户提供了添加数据的功能，那么一定也会向用户提供删除数据的功能。从数据库中删除记录可以使用 DELETE 语句来完成。就如同 UPDATE 语句一样，用户也需要规定从中删除记录的表，以及限定表中哪些行将被删除。语法如下：

```
DELETE FROM table_name
[WHERE condition]
```

其中，关键字 DELETE FROM 后必须要跟准备从中删除数据的表名。

【例4.40】一个简单的示例，从 COUNTRIES 表中将 France 的信息删除一条记录：

```
DELETE FROM COUNRIES WHERE COUNTRY_NAME='France';
```

上述删除语句的运行结果如图 4.53 所示。

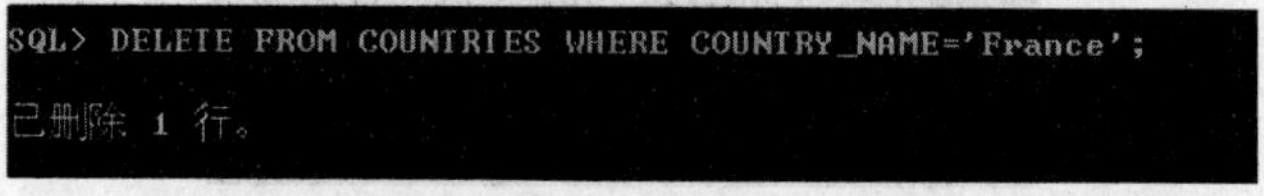

```
SQL> DELETE FROM COUNTRIES WHERE COUNTRY_NAME='France';
已删除 1 行。
```

图 4.53　使用 DELETE 语句

提示：建议使用 DELETE 语句时一定要带上 WHERE 子句，否则将会把表中所有数据全部删除。

2. TRUNCATE 语句

如果用户确定要删除表中所有的记录，则建议使用 TRUNCATE 语句。使用 TRUNCATE 语句删除数据时，通常要比 DELETE 语句快许多。因为使用 TRUNCATE 语句删除数据时，它不会产生回滚信息，因此执行 TRUNCATE 操作也不能被撤消。

【例4.41】使用 TRUNCATE 语句删除 MANAGER 表中所有的记录：

```
TRUNCATE TABLE MANAGER;
    SELECT * FROM MANAGER;
```

运行上述语句后的结果如图 4.54 所示。

```
SQL> TRUNCATE TABLE MANAGER;
表已截断。
SQL> SELECT * FROM MANAGER;
未选定行
```

图 4.54　使用 TRUNCATE 语句

在 TRUNCATE 语句中还可以使用关键字 REUSE STORAGE，表示删除记录后仍然保存记录占用的空间；与此相反，也可以使用 DROP STORAGE 关键字，表示删除记录后立即回收记录占用的空间。

TRUNCATE 语句默认为使用 DROP STORAGE 关键字。

使用关键字 REUSE STORAGE 保留删除记录后的空间的 TRUNCATE 语句如下：

```
TRUNCATE TABLE IT_EMPLOYEES REUSE STORAGE;
```

说明： 若使用 DELETE FROM TABLE_NAME 语句，则整个表中的所有记录都将被删除，只剩下一个表格的定义，在这一点上，语句作用的效果和 TRUNCATE TABLE TABLE_NAME 的效果相同。但是 DELETE 语句可以用 ROLLBACK 来恢复数据，而 TRUNCATE 语句则不能。

4.6　数 据 控 制

SQL 语言定义完整性约束条件的功能主要体现在 CREATE TABLE 语句和 ALTER TABLE 中，可以在这些语句中定义主键、取值唯一的列、不允许空值的列、外键(参照完整性)及其他一些约束条件。在 SQL 中，数据控制功能包括事务管理功能和数据保护功能，即数据库的恢复、并发控制、数据库的安全性和完整性控制等。本节将主要介绍 SQL 语言的安全性控制功能，因为某个用户对某类数据具有何种操作权力是个需求问题而不是技术问题。数据库管理系统的功能是保证这些决定的执行。因此，DBMS 必须具备以下功能：

- 将授权的决定告知系统，这是由 SQL 的 GRANT 和 REVOKE 语句来完成的。
- 将授权的结果存入数据字典。
- 当用户提出操作请求时，根据授权情况进行检查，以决定是否执行操作请求。

4.6.1　授权语句

SQL 语言用 GRANT 语句向用户授予操作权限，GRANT 语句的一般格式为：

```
GRANT <权限>[, <权限>]...
  [ON<对象类型><对象名>]
TO<用户>[, <用户>]...
  [WITH GRANT OPTION]
```

提示： 上述语句的语义即对指定操作对象的指定操作权限授予指定的用户。

不同类型的操作对象有不同的操作权限，例如对属性列和视图的操作权限包括查询(SELECT)、插入(INSERT)、修改(UPDATE)、删除(DELETE)以及这 4 种权限的总和(ALLPRIVILEGES)。对基本表的操作权限包括查询、插入、修改、删除、修改表(ALTER)和建立索引(INDEX)以及这 6 种权限的总和。对数据库可以有建立表(CREATETAB)的权限，该权限属于 DBA，可由 DBA 授予普通用户，普通用户拥有此权限后可以建立基本表，基本表的所有者(Owner)拥有对该表的一切操作权限。

常见的操作权限如表 4.8 所示。

表 4.8　不同对象类型允许的操作权限

对　象	对象类型	操作权限
属性列	TABLE	SELECT、INSERT、UPDATE、DELETE、ALL PRIVILEGES
视图	TABLE	SELECT、INSERT、UPDATE、DELETE、ALL PRIVILEGES

对　象	对象类型	操作权限
基本表	TABLE	SELECT、INSERT、UPDATE、DELETE、ALTER、INDEX、ALL PRIVILEGES
数据库	DATABASE	CREATETAB

　　接受权限的用户可以是一个或多个具体用户，也可以是 PUBLIC，即全体用户。如果指定了 WITH GRANT OPTION 子句，则获得某种权限的用户还可以把这种权限再授予其他的用户。如果没有指定 WITH GRANT OPTION 子句，则获得某种权限的用户只能使用该权限，但不能传播该权限。

　　以下将通过几个例子来说明 GRANT 语句的使用，由于以下例子中的用户 User1 至 User8 均为用户示意，故不再给出结果示意图，读者可自行创建用户演练。

　　【例 4.42】把 MANAGER 表的查询权限授给用户 User1：

```
GRANT SELECT
    ON MANAGER
    TO User1;
```

　　【例 4.43】把对 MANAGER 表的全部操作权限授予用户 User2 和 User3：

```
GRANT ALL PRIVILEGES
    ON TABLE MANAGER
    TO User2, User3;
```

　　【例 4.44】把对表 MANAGER 的查询权限授予所有用户：

```
GRANT SELECT
    ON TABLE MANAGER
    TO PUBLIC;
```

　　【例 4.45】把删除 MANAGER 表和修改经理编号的权限授给用户 User4：

```
GRANT UPDATE MANAGER_ID, DELETE
    ON TABLE MANAGER TO User4;
```

　　这里实际上要授予 User4 用户的是对基本表 MANAGER 的 DELETE 权限和对属性列 MANAGER_ID 的 UPDATE 权限。授予关于属性列的权限时必须明确指出相应属性列名。

　　【例 4.46】把对表 MANAGER 的 INSERT 权限授予 User5 用户，并允许将此权限再授予其他用户：

```
GRANT INSERT
    ON TABLE MANAGER
    TO User5 WITH GRANT OPTION;
```

　　执行此 SQL 语句后，User5 不仅拥有了对表 MANAGER 的 INSERT 权限，还可以传播此权限，即由 User5 用户使用上述 GRANT 命令给其他用户授权。

　　【例 4.47】User5 将此权限授予 User6：

```
GRANT INSERT
    ON TABLE MANAGER
    TO User6 WITH GRANT OPTION;
```

【例 4.48】User6 将此权限授予 User7：

```
GRANT INSERT
    ON TABLE MANAGER
    TO User7;
```

因为 User6 未给 User7 传播的权限，因此 User7 不能再传播此权限。

【例 4.49】DBA 把在数据库 TEST 中建立表的权限授予用户 User8：

```
GRANT CREATETAB
    ON DATABASE TEST
    TO User8;
```

由上面的例子可以看到，GRANT 语句可以一次向一个用户授权，如例 4.42 所示，这是最简单的一种授权操作；也可以一次向多个用户授权，如例 4.43、例 4.44 等所示；还可以一次传播多个同类对象的权限，如例 4.43 所示；甚至一次可以完成对基本表、视图和属性列这些不同对象的授权，如例 4.45 所示。

注意：授予关于 DATABASE 的权限必须与授予关于 TABLE 的权限分开，这是因为对象类型不同。

4.6.2　授权收回语句

授予的权限可以由 DBA 或其他授权者用 REVOKE 语句收回，REVOKE 语句的一般格式为：

```
REVOKE<权限>[, <权限>]...
    [ON   <对象类型><对象名>]
FROM<用户> [, <用户>]...;
```

【例 4.50】把用户 User4 修改经理编号的权限收回：

```
REVOKE UPDATE(MANAGER_ID)
    ON TABLE MANAGER
    FROM User4;
```

【例 4.51】收回所有用户对表 MANAGER 的查询权限：

```
REVOKE SELECT
    ON TABLE MANAGER
    FROM PUBLIC;
```

【例 4.52】把用户 User5 对 MANAGER 表的 INSERT 权限收回：

```
REVOKE INSERT
    ON TABLE MANAGER
    FROM User5;
```

在例 4.47 中，User5 将对 MANAGER 表的 INSERT 权限授予了 User6，而 User6 又将其授予了 User7。执行例 4.52 的 REVOKE 语句后，DBMS 在收回 User5 对 MANAGER 表的 INSERT 权限的同时，还会自动收回 User6 和 User7 对 MANAGER 表的 INSERT 权限。

也就是说，收回权限的操作会级联下去的。但如果 User6 或 User7 还从其他用户处获得对 MANAGER 表的 INSERT 权限，则他们仍具有此权限，系统只收回直接或间接从 User5 处获得的权限。

可见，SQL 提供了非常灵活的授权机制，DBA 拥有对数据库中所有对象的所有权限，并可以根据应用的需要将不同的权限授予不同的用户。用户对自己建立的基本表和视图拥有全部的操作权限，并且可以用 GRANT 语句把其中某些权限授予其他用户。被授权的用户如果有"继续授权"的许可，还可以把获得的权限再授予其他用户。所有授予出去的权力在必要时又都可以用 REVOKE 语句收回。

本 章 小 结

本章主要介绍了 SQL 语言中的数据定义(DDL)、数据操纵(DML)和数据控制(DCL)语句，其中重点介绍了数据查询，通过本章的学习可以使读者对全面理解和掌握 SQL 语言的各种功能。读者可以通过具体的 DDMS(如 sqlplus)对 SQL 数据定义、数据更新和数据查询语句进行上机练习，以便深刻理解和掌握基本的 SQL 语句。

习　　题

一、选择题

1. SQL 语言中不属于数据定义的命令动词是(　　)。
   A. CREATE　　　　　　　　　　B. DROP
   C. GRANT　　　　　　　　　　D. ALTER
2. 在同样的条件下，下面的哪个操作得到的结果集有可能最多？(　　)
   A. 内连接　　　　　　　　　　B. 左外连接
   C. 右外连接　　　　　　　　　D. 完全外连接
3. 下列操作权限中，在视图上不具备的是(　　)。
   A. SELECT　　　　　　　　　　B. ALTER
   C. DELETE　　　　　　　　　　D. INSERT

二、填空题

1. SQL 语言的功能主要包括_____、_____和_____三类。
2. 希望删除查询结果集中重复的行，需要使用_____关键字。
3. 常用的统计函数有_____、MIN、MAX、_____和 AVG。

三、实训题

1. 登录 Oracle，进入 HR 方案，使用 DESC 和 SELECT 命令查看各个表的结构以及现有的数据。

2.　在 HR 方案中进行表的创建、修改和删除(CREATE、DROP、ALTER 命令)。

3.　在 HR 方案中完成对 EMPLOYEES 表以及相关各表的各种查询操作(WHERE 子句、GROUP BY 子句以及各种连接等)。

4.　在 HR 方案中，针对 EMPLOYEES 表进行数据的创建、修改和删除操作(INSERT、UPDATE、DELETE 命令)。

第 5 章 Oracle PL/SQL 语言及编程

PL/SQL(Procedural Language/SQL)是一种 Oracle 数据库特有的、支持应用开发的语言，是 Oracle 在标准 SQL 语言上进行过程性扩展后形成的程序设计语言。本章将对其相关内容进行详细介绍。

5.1 简　　介

PL/SQL 是掌握和应用 Oracle 数据库的基础，它在 Oracle 数据库应用系统开发中有着十分重要的作用。在允许运行 Oracle 的任何操作系统平台上均可运行 PL/SQL 程序。

5.1.1 程序结构

和所有过程化语言一样，PL/SQL 也是一种模块式结构的语言，包含 3 个基本部分：声明部分(Declarative Section)、执行部分(Executable Section)和异常处理部分(Exception Section)。PL/SQL 程序结构如下：

```
DECLARE
--声明一些变量、常量、用户定义的数据类型以及游标等
--这一部分可选，如不需要可以不写
BEGIN
--主程序体，在这可以加入各种合法语句
EXCEPTION
--异常处理程序，当程序中出现错误时执行这一部分
END;        --主程序体结束
```

在 PL/SQL 程序中，只有执行部分是必需的，其他两个部分都是可选的。需要注意的是，最后的分号是必须要有的。没有声明部分时，结构就以 BEGIN 关键字开头，没有异常处理部分，EXCEPTION 关键字将被省略，END 关键字后面紧跟着一个分号结束该块的定义，以下的结构定义仅包含执行部分：

```
BEGIN
    /*执行部分*/
END;
```

如果仅带有声明和执行部分，而没有异常处理部分，其定义如下：

```
DECLARE
    /*声明部分*/
BEGIN
    /*执行部分*/
END;
```

5.1.2　注释

注释(Comment)增强了程序的阅读性，使得程序更易于理解。这些注释在进行编译时被相应的编译器忽略。与许多高级语言的注释风格相同，PL/SQL 提供的注释有单行注释和多行注释两种。

1．单行注释

单行注释由两个连字符"--"开始，一直到行尾(回车符标志着注释的结束)。假设有如下 PL/SQL 块：

```
DECLARE
V_SNAME CHAR(20);
V_AGE NUMBER;
BEGIN
INSERT INTO student (sname, sage)
    VALUES(V_SNAME, V_AGE);
END;
```

用户可以加上单行注释，使得此块更加容易理解。

【例 5.1】单行注释说明，见如下的程序清单：

```
DECLARE
V_SNAME CHAR(20);              --保存 20 个字符的变量
                              --学生姓名
V_AGE NUMBER;                 --保存学生年龄的变量
BEGIN
                              --插入一条记录
INSERT INTO student (sname, sage)
    VALUES (V_SNAME, V_AGE e);
END;
```

提示：如果注释超过一行，就必须在每一行的开头上使用双连字符"--"。

2．多行注释

与 C 语言的注释方法相同，PL/SQL 中多行注释由"/*"开头，由"*/"结尾。

【例 5.2】多行注释说明，见如下的程序清单：

```
DECLARE
V_SNAME CHAR(20);      /*保存 20 个字符的变量，学生姓名*/
V_AGE NUMBER;          /*保存学生年龄的变量*/
BEGIN
/*插入一条
记录*/
INSERT INTO student (sname, sage)
    VALUES (V_SNAME, V_AGE e);
END;
```

5.1.3 字符集与分隔符

任何一门语言都有其完整的字符集和关键词集合，以下对 Oracle 的所有合法字符集合进行介绍，并详细阐述了 Oracle 中的各种分隔符。

1．字符集

任何 PL/SQL 程序都是由一些字符序列编写而成的，这些字符序列中的字符取自 PL/SQL 语言所允许使用的字符集。该字符集包括：

- 大写和小写字母，A~Z 和 a~z。
- 数字 0~9。
- 非显示的字符、制表键、空格和回车。
- 数学符号 + − * / < > = 。
- 间隔符，包括() {} [] ? ! ; : ' " @ # % $ ^ & 等。

只有这些字符集里的符号可以在 PL/SQL 程序中使用。同标准的 SQL 语言一致，除了由引号引起来的字符串以外，PL/SQL 不区分字母的大小写。标准 PL/SQL 字符集是 ASCII 字符集的一部分。ASCII 是一个单字节字符集，也就是说每个字符可以表示为一个字节的数据，该性质将字符总数限制在最多为 256 个。

> 提示：Oracle 不支持其他的多字节字符集，这些多字节字符集的字符数目会超过 256 个。对于不使用英语字母表的语言，多字节字符集是必需的。读者可以参考 Oracle 文档以得到更为详细的相关信息。

2．分隔符

分隔符(Delimiter)是对 PL/SQL 有特殊意义的符号(单字符或者字符序列)。它们用来将标识符相互分割开。表 5.1 列出了在 PL/SQL 中可以使用的分隔符。

表 5.1 PL/SQL 分隔符

符　号	意　　义	符　号	意　　义
+	加法操作符	◇	不等于操作符
-	减法操作符	!=	不等于操作符
*	乘法操作符	~=	不等于操作符
/	除法操作符	^=	不等于操作符
=	等于操作符	<=	小于等于操作符
>	大于操作符	>=	大于等于操作符
<	小于操作符	:=	赋值操作符
(	起始表达式分界符	=>	链接操作符
)	终结表达式操作符	..	范围操作符
;	语句终结符	||	串连接操作符

续表

符　号	意　义	符　号	意　义
%	属性指示符	<<	起始标签分界符
,	项目分隔符	>>	终结标签分界符
@	数据库链接指示符	--	单行注释指示符
/	字符串分界符	/*和*/	多行注释起始符； 多行注释终止符
:	绑定变量指示符	<space>	空格
**	指数操作符	<tab>	制表符

5.1.4　数据类型

PL/SQL 定义的数据类型很多，在这里只讨论最经常使用的数据类型，掌握这些简单的数据类型有助于编写一些复杂的程序。下面将对常用数据类型进行介绍。

1．字符类型

字符类型变量用来存储字符串或者字符数据。其类型包括 VARCHAR2、CHAR、LONG、NCHAR 和 NVARCHAR2(后两种类型在 PL/SQL 8.0 以后才可以使用)。

VARCHAR2 类型与数据库类型中的 VARCHAR2 类似，可以存储变长字符串，声明语法为：

```
VARCHAR2(MaxLength);
```

其中，MaxLength 是字符串的最大长度，必须在定义中给出，因为系统没有默认的最大长度。MaxLength 最大可以是 32767 字节，这一点与数据库类型的 VARCHAR2 有所不同，数据库类型的 VARCHAR2 的最大长度是 4000 字节，所以一个长度大于 4000 字节的 PL/SQL 类型 VARCHAR2 变量不可以赋值给数据库中的一个 VARCHAR2 变量，而只能赋给 LONG 类型的数据库变量。

CHAR 类型表示定长字符串。声明语法为：

```
CHAR(MaxLength);
```

MaxLength 也是最大长度，以字节为单位，最大为 32767 个字节。与 VARCHAR2 不同，MaxLength 可以不指定，默认为 1。如果赋给 CHAR 类型的值不足 MaxLength，则在其后面用空格补全，这也是不同于 VARCHAR2 的地方。注意，数据库类型中的 CHAR 只有 2000 字节，所以如果 PL/SQL 中 CHAR 类型的变量长度大于 2000 字节，则不能赋给数据库中的 CHAR。

LONG 类型变量是一个可变的字符串，最大长度是 32760 字节。LONG 变量与 VARCHAR2 变量类似。数据库类型的 LONG 长度最大可达 2GB，所以几乎任何字符串变量都可以赋值给它。

2. 数值类型

数值类型变量可以存储整数或者实数。它包含 NUMBER、PLS_INTEGER 和 BINARY_INTEGER 这 3 种基本类型。其中 NUMBER 类型的变量可以存储整数或浮点数，而 BINARY_INTEGER 或 PLS_INTEGER 类型的变量只存储整数。

NUMBER(P, S)是一种格式化的数字，其中 P 是精度，S 是刻度范围。精度是数值中所有有效数字的个数，而刻度范围是小数点右边数字位的个数。精度和刻度范围都是可选的，但是如果指定了刻度范围，那么也必须指定精度。如果刻度范围是个负数，那么就由小数点开始向左边计算数字位的个数。

"子类型"(Subtype)是类型的一个候选名，它是可选的，可以使用它来限制子类型变量的合法取值。有多种与 NUMBER 等价的子类型，实际上，它们是重命名的 NUMBER 数据类型。有时候可能出于可阅读性的考虑或者为了与来自其他数据库的数据类型相兼容会使用候选名。这些等价的类型包括 DEC、DECIMAL、DOUBLE PRECISION、INTEGER、INT、NUMERIC、REAL、SMALLINT、BINARY_INTEGER、PLS_INTEGER。

3. 布尔类型

布尔类型只有一种，就是 BOOLEAN，主要用于控制程序的流程。一个布尔类型变量的取值可以是 TRUE、FALSE 或 NULL 三者之一。

4. 日期类型

Oracle 的日期类型也只有一种，就是 DATE，这与很多其他的 DBMS 中的日期类型不同。DATE 类型用来存储日期和时间信息，包括世纪、年、月、天、小时、分钟和秒。DATE 变量的存储空间是 7 个字节，每个部分占用 1 个字节。

提示：有的 DBMS 的日期类型可以有日期(DATE)、时间(TIME)、日期时间(DATETIME)等。

5. 自定义数据类型

以上介绍了 PL/SQL 中的几种常用的数据类型，我们再来介绍一下如何自定义数据类型。就像 C 语言中的 struct 一样，我们可以通过 TYPE 关键字来定义所需的数据类型。

定义数据类型的语句格式如下：

```
type <数据类型名> is <数据类型>;
```

在 Oracle 中，允许用户定义两种数据类型，它们是 RECORD(记录类型)和 TABLE(表类型)。

【例 5.3】使用 type 定义 student_record 记录变量：

```
type student_record is RECORD
(
    SNO NUMBER(5)NOT NULL:=0,
    SNAME VARCHAR2(50),
    SAGE NUMBER,
    SSEX CHAR(1)
```

);

该 RECORD 定义后，在以后的语句中就可以定义 student_record 类型的记录变量。

【例 5.4】定义一个 student_record 类型的记录变量 astudent(接例 5.3)：

```
astudent student_record;
```

引用这个记录变量时要指明内部变量，如 astudent.sno 或 astudent.sname。

此外，PL/SQL 还提供了%TYPE 和%ROWTYPE 两种特殊的变量，用于声明与表的列相匹配的变量和用户定义数据类型，前者表示单属性的数据类型，后者表示整行属性列表的结构，即元组的类型。

【例 5.5】将上述例 5.3 中的 student_record 定义成：

```
type student_record is RECORD
(
    SNO STUDENTS. SNO%TYPE NOT NULL:=0,
    SNAME STUDENTS. SNAME%TYPE,
    SAGE STUDENTS. SAGE%TYPE,
    SSEX STUDENTS. SSEX%TYPE
);
```

也可以定义一个与表 TSTUDENTS 的结构类型一致的记录变量，如下所示：

```
student_record STUDENTS%ROWTYPE;
```

5.1.5　变量和常量

PL/SQL 程序运行时，需要定义一些变量来存放一些数据，常量和变量定义如下。

1. 常量的定义

定义常量的语句格式如下：

```
<常量名> constant <数据类型> := <值>;
```

其中，关键字 constant 表示是在定义常量。常量一旦定义，在以后的使用中其值将不再改变。一些固定大小的数据为了防止有人改变，最好定义成常量。

例如，定义一个及格线的常量 Pass_Score，它的类型为整型，值为 90：

```
Pass_Score constant INTEGER:=90;
```

2. 变量的定义

定义变量的语句格式如下：

```
<变量名> <数据类型> [(宽度):=<初始值>];
```

可见，变量定义时没有关键字，但要指定数据类型。宽度和初始值可以定义也可以不定义，根据需要灵活使用。

例如，定义了一个有关住址的变量，它是变长字符型，最大长度为 50 个字符：

```
address VARCHAR2(50);
```

3. 变量的初始化

许多语言没有规定未经过初始化的变量中应该存放什么内容。因此在运行时刻，未初始化的变量就可能包含随机的或者未知的取值。在一种语言中，允许使用未初始化变量并不是一种很好的编程风格。一般而言，如果变量的取值可以被确定，那么最好为其初始化一个数值。

但是，PL/SQL 定义了一个未初始化变量应该存放的内容，被赋值为 Null。Null 意味着"空值，即未知或是不详的取值"。换句话讲，Null 可以被默认地赋值给任何未经过初始化的变量。这是 PL/SQL 的一个独到之处。许多其他程序设计语言没有定义未初始化变量的取值。

5.1.6 结构控制语句

结构控制语句是所有过程性程序语言的关键，因为只有能够进行结构控制才能灵活地实现各种操作和功能，PL/SQL 也不例外，其主要控制语句如表 5.2 所示。

表 5.2 PL/SQL 控制语句列表

序 号	控制语句	功能介绍
1	if...then	判断 if 正确则执行 then
2	if...then...else	判断 if 正确则执行 then，否则执行 else
3	if...then...elsif	嵌套式判断
4	case	有逻辑地从数值中做出选择
5	loop...exit...end	循环控制，用判断语句执行 exit
6	loop...exit when...end	同上，当 when 为真时执行 exit
7	while...loop...end	当 while 为真时循环
8	for...in...loop...end	已知循环次数的循环
9	goto	无条件转向控制

1. 选择结构

所谓选择结构，即条件判断，就是指程序根据具体条件表达式来执行一组命令的结构。

(1) IF 语句

选择结构的语法和 C 语言的 if...then...else 很类似，命令格式如下：

```
IF(条件表达式1) THEN
    {语句序列1;}
[ELSIF(条件表达式2) THEN
    {语句序列2;)]
[ELSE
    {语句序列3;)]
END IF;
```

提示：上述命令格式中 ELSIF 的拼写里只有一个 E，不是 ELSEIF，并且没有空格。

针对选择语句，可以有 3 种形式。

① 第一种形式：IF…THEN 语句

当 IF 后面的判断为真时执行 THEN 后面的语句，否则跳过这一控制语句。

【例 5.6】IF…THEN 语句示例：

```
IF GRADE>=60 THEN        --此处 GRADE 值通过游标得到，有关游标后面将讲到
    DBMS_OUTPUT.put_line('及格，成绩为： '|| GRADE);
END IF;
```

② 第二种形式：IF…THEN…ELSE 语句

前一部分和上面一样，只是当 IF 判断不为真时执行 ELSE 后面的语句。

【例 5.7】IF…THEN…ELSE 语句示例：

```
IF GRADE>=60 THEN
    DBMS_OUTPUT.put_line('及格，成绩为： '|| GRADE);
ELSE                     --否则执行下面的语句
    DBMS_OUTPUT.put_line('不及格，成绩为： '|| GRADE);
END IF;
```

③ 第三种形式：IF…THEN…ELSIF 语句

这是一个嵌套判断控制语句，基本原理和前面一样，只不过它更加复杂。

【例 5.8】IF…THEN…ELSEIF 语句示例：

```
IF GRADE >=60 THEN       --如果 GRADE 大于等于 60 则执行下面的语句
    DBMS_OUTPUT.put_line('及格，成绩为： '|| GRADE);
ELSIF GRADE <60 THEN     --否则，如果 GRADE 小于 60 则执行下面的语句
    DBMS_OUTPUT.put_line('不及格，成绩为： '|| GRADE);
END IF;
```

(2) CASE 语句

CASE 结构是 Oracle 9i 后新增加的结构，它描述了多分支结构的语句如何表达，从而使得逻辑控制结构变得更加简单，这类似 C 语言中的 switch 语句。CASE 语句的命令格式如下：

```
CASE 检测表达式
WHEN 表达式1 THEN 语句序列1
WHEN 表达式2 THEN 语句序列2
…
WHEN 表达式n THEN 语句序列n
[ELSE 其他语句序列]
END;
```

其中，CASE 语句中的 ELSE 子句是可选的。如果检测表达式的值与下面任何一个表达式的值都不匹配时，PL/SQL 会产生预定义错误 CASE_NOT_FOUND。

注意：CASE 语句中表达式 1 到表达式 n 的类型必须同检测表达式的类型相符。一旦选定的语句序列被执行，控制就会立即转到 CASE 语句之后的语句。

【例 5.9】根据学生的考试等级，获得对应分数范围。命令语句如下：

```
DECLARE
```

```
    v_grade varchar2(20):='及格';
    v_score VARCHAR2(50);
BEGIN
    v_score := CASE   v_grade
    WHEN    '不及格'   THEN   '成绩 < 60'
    WHEN    '及格'     THEN   '60 <= 成绩 < 70'
    WHEN    '中等'     THEN   '70 <= 成绩 < 80'
    WHEN    '良好'     THEN   '80 <= 成绩 < 90'
    WHEN    '优秀'     THEN   '90 <= 成绩 <= 100'
    ELSE    '输入有误'
    END;
    dbms_output.put_line(v_score);
END;
```

以 SYSTEM 身份在 SQL*Plus 中的执行结果如图 5.1 所示。

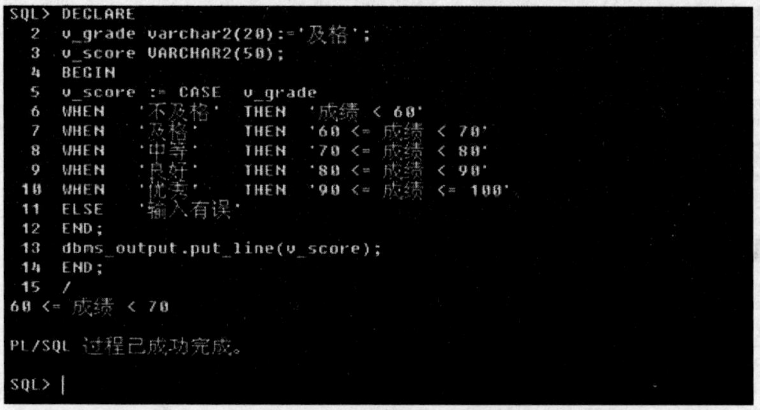

图 5.1   根据学生的考试等级获得对应分数范围

提示：IF...THEN...ELSE 语句也可以完成类似的功能，但是使用 CASE 语句可以使程序阅读起来更容易、更清晰。

2. NULL

在 IF 结构中，只有相关的条件为真时，相应的语句才执行，如果条件为 FALSE 或者 NULL 时，语句都不会执行。特别是当条件为 NULL 时，常常会对程序的流程和输出造成很大的影响。请对比以下两个例子。

【例 5.10】NULL 值示例 1：

```
DECLARE
    V_N1  NUMBER;
    V_N2  NUMBER;
    V_Result  VARCHAR2(7);
BEGIN
    IF v_N1 < v_N2 THEN
        V_Result :='Yes';
    ELSE
        V_Result:='No';
    END IF;
END;
```

【例 5.11】NULL 值示例 2：

```
DECLARE
    V_N1 NUMBER;
    V_N2 NUMBER;
    V_Result VARCHAR2(7);
BEGIN
    IF v_N1 > v_N2 THEN
        V_Result := 'NO';
    ELSE
        V_Result := 'YES';
    END IF;
END;
```

从直观上看，这两段代码的功能完全一样，只不过把判断的顺序颠倒了一下而已。但是如果仔细分析，这两段代码在一定的条件下还是有区别的。如 V_N1 的值是 1，V_N2 的值是 NULL，情况如何呢？对例 5.10 来说，(1<NULL)返回 NULL，所以 IF 条件不满足，进入 ELSE 条件，V_Result 的值变成 NO。在例 5.11 中，同样也执行 ELSE 的语句，V_Result 被赋值 YES。同样的输入，得到了不同的输出，所以这两段代码的行为是不同的。要想解决这个问题，需要在程序块中添加 NULL 检查。

3．LOOP 循环结构

所谓循环结构，即指程序按照指定的逻辑条件循环执行一组命令的结构。LOOP 循环即我们比较熟悉的 do…while 循环，常用的语句格式如下：

(1) LOOP…EXIT…END 语句

这是一个循环控制语句，关键字 LOOP 和 END 表示循环执行的语句范围，EXIT 关键字表示退出循环，它常常在一个 if 判断语句中。

【例 5.12】LOOP…EXIT…END 语句示例：

```
control_var:=0;                   --初始化 control_var 为 0
LOOP                              --开始循环
    IF control_var > 50 THEN       --如果 control_var 的值大于 50 则退出循环
        EXIT;
    END if;
    control_var:=control_var+1;    --control_var 每循环一次加 1
END LOOP;
```

(2) LOOP…EXIT WHEN…END 语句

该语句表示当 WHEN 后面判断为真时退出循环。

【例 5.13】LOOP…EXIT WHEN…END 语句示例：

```
control_var := 0;                 --初始化 control_var 变量为 0
LOOP                              --开始循环
    EXIT WHEN control_var>50        --如果 control_var 值大于 50 则退出循环
    control_var:=control_var+1;    --改变 control_var 值
END LOOP;                          --循环尾
```

(3) WHILE…LOOP…END 语句

该语句也是控制循环，与前者的区别是先判断，判断条件成功则进入循环，为假则退出循环。而例 5.12、例 5.13 的语句中，是先进入循环，执行一次后再判断条件是否为真。

【例 5.14】WHILE...LOOP...END 语句示例:

```
control_var := 0;
WHILE control_var <=50  LOOP              --如果变量小于或等于 50 则循环
    control_var := control_var+1;
END LOOP;
```

(4) FOR...IN...LOOP...END 语句

FOR 语句是一个预知循环次数的循环控制语句。还是以上面的例子为例,其实它循环了 51 次(从 0 到 50),故可改用 FOR...IN...LOOP...END 语句来实现。

【例 5.15】FOR...IN...LOOP...END 语句示例:

```
FOR control in 0. . 50  LOOP              --control_var 从 0 到 50 进行循环
    Null;              --因为 for 语句自动给 control_var 加 1,故这里是一个空操作
END LOOP;
```

在上述程序段中,null 为空操作语句,它表示什么也不做,在程序中用来标识此处可以加执行语句,起到一种记号的作用。

4.GOTO 语句

GOTO 语句称为无条件跳转语句,其语法如下:

```
GOTO label;
```

当执行 GOTO 语句时,控制程序会立即转到由标签标识的语句。其中 label 是在 PL/SQL 中定义的标号。标签是用双箭头括号(<< >>)括起来的。

【例 5.16】GOTO 语句示例:

```
...                                --程序其他部分
<<goto_label>>                     --定义了一个转向标签 goto_label
...                                --程序其他部分
IF  grade>=60  THEN
    GOTO goto_label;               --如果条件成立,则转向 goto_label 继续执行
...                                --程序的其他部分
```

众所周知,不必要的 GOTO 语句会使程序代码复杂化,容易出错,而且难以理解和维护,所以在使用 GOTO 语句时需要务必小心。而实际上,几乎所有使用 GOTO 的语句都可以使用其他的 PL/SQL 控制结构(如循环或条件结构)来重新进行编写,所以在一般情况下,我们应该尽可能不使用 GOTO 语句。

5.1.7 表达式

表达式不能独立构成语句,表达式的结果是一个值,如果不给这个值安排一个存放的位置,则表达式本身毫无意义。通常,表达式作为赋值语句的一部分,出现在赋值运算符的右边,或者作为函数的参数等。

表达式是由运算符串连起来的一组数,如 36*69-55 按照运算符的意义运算会得到一个运算结果,这就是表达式的值。

"操作数"是运算符的参数。根据所拥有的参数个数,PL/SQL 运算符可分为一元运算

符(一个参数)和二元运算符(两个参数)。表达式根据操作对象的不同，也可以分为字符表达式和布尔表达式两种。

1．字符表达式

唯一的字符运算符就是并置运算符 "||"，它的作用是把几个字符串连在一起，如表达式："Hello"||"World"||"!"的值等于"Hello World!"。

2．布尔表达式

PL/SQL 控制结构都涉及布尔表达式。布尔表达式是一个判断为真还是为假的条件，它的值只有 TRUE、FALSE 或 NULL，如以下表达式：

```
(x>y);
NULL;
(4>5) OR (-1<0);
```

布尔表达式有 3 个布尔运算符：AND、OR 和 NOT，与高级语言中的逻辑运算符一样，它们的操作对象是布尔变量或者表达式。

布尔表达式中的算术运算符如表 5.3 所示。

表 5.3　布尔表达式中的算术运算符

运 算 符	意 　义	运 算 符	意 　义
=	等于	!=	不等于
<	小于	>	大于
<=	小于等于	>=	大于等于

此外，BETWEEN 操作符划定一个范围，在范围内则为真，否则为假。例如：

```
1 between 0 and 100
```

该表达式的值为真。

IN 操作符判断某一元素是否属于某个集合，例如下面的判断为假：

```
'Scott' IN ('Mike', 'John', 'Mary')
```

5.2　游　　标

SQL 采用集合的操作方式，操作的对象和查找的结果都是集合(多条记录构成的集合)。而 PL/SQL 语言的变量一般是标量，其一组变量一次只能存放一条记录。所以仅仅使用变量并不能完全满足 SQL 语句向应用程序输出数据的要求。查询结果中记录数的不确定导致了预先声明的变量的个数的不确定性。为此，在 PL/SQL 中引入了游标(Cursor)的概念，用游标来协调这两种不同的处理方式。

5.2.1 游标的概念

在 PL/SQL 块中执行 SELECT、INSERT、UPDATE 和 DELETE 语句时，Oracle 会在内存中为其分配上下文区(Context Area)，它是一个缓冲区，用以存放 SQL 语句的执行结果。游标是指向该区的一个指针，或是命名一个工作区(Work Area)，或是一种结构化数据类型。它为应用程序提供了一种对具有多行数据查询结果集中的每一行数据分别进行单独处理的方法，用户可以通过游标逐一获取记录，并赋给变量，交由主语言进一步处理，这是设计嵌入式 SQL 语句的应用程序时的常用编程方式。

游标并不是一个数据库对象，只是存留在内存中。游标分为显式游标和隐式游标两种。显式游标由用户声明和操作，而隐式游标是 Oracle 为所有数据操纵语句(包括只返回单行数据的查询语句)自动声明和操作的一种游标。在每个用户会话中，可以同时打开多个游标，其数量由数据库初始化参数文件中的 OPEN CURSORS 参数定义。

5.2.2 显式游标

显式游标的处理包括声明游标、打开游标、提取游标、关闭游标 4 个步骤，其操作过程如图 5.2 所示。游标的声明需要在块的声明部分进行，其他的 3 个步骤都在执行部分或异常处理部分中。

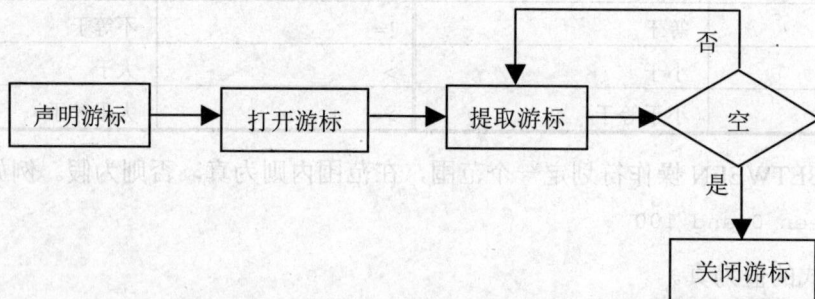

图 5.2 显示游标的操作过程

1．声明游标

游标的声明定义了游标的名字，并将该游标与一个 SELECT 语句相关联，该语句将对应记录结果集返回游标。显式游标声明部分在 DECLARE 中，语法为：

```
CURSOR<游标名> IS SELECT<语句>;
```

其中，<游标名>是游标的名字，SELECT<语句>是将要处理的查询语句。

游标的名字遵循通常的用于 PL/SQL 标识符的作用域和可见性法则。因为游标名是一个 PL/SQL 标识符，所以它必须在被引用以前声明。任何 SELECT 语句都是合法的，包括连接或是带有 UNION 或 MINUS 子句的语句。

游标声明可以在 WHERE 子句中引用 PL/SQL 变量。这些变量被认为是联编变量 bind VARIABLE，即已经被分配空间并映射到绝对地址的变量。由于可以使用通常的作用域法则，因此这些变量必须在声明游标的位置处是可见的。

【例 5.17】声明游标举例：

```
DECLARE
student_no NUMBER(5);    --定义 4 个变量来存放 STUDENTS 表中的内容
student_name  VARCHAR2(50);
student_age NUMBER;
student_sex char(1);
CURSOR student_cur IS    --定义游标 student_cur
SELECT  SNO,SNAME,SAGE,SSEX
FROM  STUDENTS
WHERE  SNO<10522;          --选出学号小于 10522 的学生
```

需要注意的是，在游标定义中的 SELECT<语句>不包含 INTO 子句。INTO 子句是 FETCH 语句(提取游标)的一部分。

2．打开游标

打开游标的语法是：

```
OPEN <游标名>;
```

其中，<游标名>标识了一个已经被声明的游标。

打开游标就是执行定义的 SELECT 语句。执行完毕，查询结果装入内存，游标停在查询结果的首部，注意并不是第一行。当打开一个游标时，会完成以下几件事情。

(1)　检查联编变量的取值。

(2)　根据联编变量的取值，确定活动集。

(3)　活动集的指针指向第一行。

【例 5.18】打开游标举例：

```
DECLARE
    student_no NUMBER(5);              --定义 4 个变量来存放 STUDENTS 表中的内容
    student_name  VARCHAR2(50);
    student_age  NUMBER;
    student_sex  char(1);
CURSOR student_cur IS                 --定义游标 student cur
    SELECT SNO,SNAME,SAGE,SSEX
    FROM  STUDENTS
    WHERE  SNO<10522;                 --选出号码小于 10522 的学生
BEGIN
    OPEN student_cur;                 --打开游标
```

注意：打开一个已经被打开的游标是合法的。在第二次执行 OPEN 语句以前，PL/SQL 将在重新打开该游标之前隐式地执行一条 CLOSE 语句。一次也可以同时打开多个游标。

3. 提取游标

打开游标后，可以通过程序来获得游标当前记录的信息，对应的取值语句是 FETCH，它的用法有两种形式，如下所示：

```
FETCH <游标名> INTO <变量列表>;
```

或者：

```
FETCH <游标名> INTO PL/SQL 记录;
```

其中，<游标名>标识了已经被声明的并且被打开的游标，<变量列表>是已经被声明的 PL/SQL 变量的列表(变量之间用逗号隔开)，而 PL/SQL 记录是已经被声明的 PL/SQL 记录。在这两种情形中，INTO 子句中的变量的类型都必须是与查询的选择列表的类型相兼容，否则将拒绝执行。

【例 5.19】提取游标示例：

```
DECLARE
    student_no NUMBER(5);          --定义4个变量来存放STUDENTS表中的内容
    student_name  VARCHAR2(50);
    student_age NUMBER;
    student_sex char(1);
CURSOR student_cur IS              --定义游标student cur
    SELECT SNO,SNAME,SAGE,SSEX
    FROM STUDENTS
    WHERE SNO<10522;               --选出号码小于10522的学生
BEGIN
    OPEN student_cur;              --打开游标
FETCH student_cur INTO student_no, student_name, student_age, student_sex;
                                  --将第一行数据放入变量中，游标后移
```

FETCH 语句每执行一次，游标向后移动一行，直到结束(游标只能逐个向后移动，而不能跳跃移动或是向前移动)。

4. 关闭游标

当所有的活动集都被检索以后，游标就应该被关闭。PL/SQL 程序将被告知对于游标的处理已经结束，与游标相关联的资源可以被释放了。这些资源包括用来存储活动集的存储空间，以及用来存储活动集的临时空间。

关闭游标的语法为：

```
CLOSE <游标名>;
```

其中，<游标名>给出了原来被打开的游标。一旦关闭了游标，也就关闭了 SELECT 操作，释放了所占用的内存区。如果再从游标提取数据，就是非法的，这样做会产生下面的 Oracle 错误：

```
ORA-1001: Invalid  CURSOR          --非法游标
```

或者：

```
ORA-1002: FETCH out Of sequence    --超出界限
```

类似地，关闭一个已经被关闭的游标也是非法的，这也会触发 ORA-1001 错误。

【例 5.20】对游标的各种操作的完整示例：

```
DECLARE
    student_no NUMBER(5);              --定义 4 个变量来存放 STUDENTS 表中的内容
    student_name  VARCHAR2(50);
    student_age  NUMBER;
    student_sex  char(1);
CURSOR student_cur IS                 --定义游标 student cur
    SELECT SNO,SNAME,SAGE,SSEX
    FROM  STUDENTS
    WHERE SNO<10522;                  --选出号码小于 10522 的学生
BEGIN
    OPEN student_cur;                 --打开游标
    FETCH student_cur INTO student_no, student_name,
    student_age, student_sex;         --将第一行数据放入变量中，游标后移
    LOOP
        EXIT WHEN NOT student_cur%FOUND;     --如果游标到尾则结束
        IF student_sex='M' THEN
            --将性别为男的行放入男生表 MALE_STUDENTS 中
            INSERT INTO  MALE_STUDENTS(SNO,SNAME,SAGE)
            VALUES(student_no, student_name, student_age);
        ELSE          --将性别为女的行放入女生表 FEMALE_STUDENTS 中
            INSERT INTO  MALE_STUDENTS(SNO,SNAME,SAGE)
            VALUES(student_no, student_name, student_age);
        END IF;
        FETCH student_cur INTO student_no, student_name,
        student_age, student_sex;
    END LOOP;
    CLOSE student_cur;                --关闭游标
END;
```

上述执行的 PL/SQL 过程已经把数据分别插入到了男生表和女生表中。

然后查询男生表 MALE_STUDENTS 和女生表 FEMALE_STUDENTS 的内容：

```
SELECT * FROM MALE_STUDENTS;
SELECT * FROM FEMALE_STUDENTS;
```

使用显式游标时，需注意以下事项：

- 使用前须用%ISOPEN 检查其打开状态，只有此值为 TRUE 的游标才可使用，否则要先将游标打开。
- 在使用游标过程中，每次都要用%FOUND 或%NOTFOUND 属性检查是否返回成功，即是否还有要操作的行。
- 将游标中的行取至变量组中时，对应变量个数和数据类型必须完全一致。
- 使用完游标必须将其关闭，以释放相应内存资源。

用游标也能实现修改和删除操作，但必须在游标定义时指定 FOR 子句后面的编辑类，如 DELETE 或 UPDATE。

【例 5.21】下面的过程把编号为 10512 的学生的年龄修改为 22：

```
DECLARE
    type student_record is RECORD
    (
    SNO NUMBER(5)NOT NULL:=0,
```

```
SNAME VARCHAR2(50),
SAGE NUMBER,
SSEX CHAR(1)
);
CURSOR student_cur IS              --定义游标 student cur
SELECT SNO,SNAME,SAGE,SSEX
FROM STUDENTS
WHERE TID<10522;    --选出号码小于 10522 的老师
BEGIN
    FOR student_record in student_cur LOOP
    IF student_record.sno=10512 THEN
        UPDATE TEACHERS SET SAGE=22;
    END IF;
END LOOP;
END;
```

5.2.3 隐式游标

如果在 PL/SQL 程序中用 SELECT 语句进行操作，则隐式地使用了游标，也就是隐式游标，这种游标无需定义，也不需要打开和关闭。

【例 5.22】隐式游标使用举例：

```
BEGIN
    SELECT SNO,SNAME,SAGE,SSEX INTO student_no, student_name,
    student_age, student_sex; FROM STUDENTS
    WHERE SNO=10512;
END;
```

对每个隐式游标来说，必须要看一个 INTO 子句，因此使用隐式游标的 SELECT 语句必须只选中一行数据或只产生一行数据。

5.2.4 游标的属性

无论是显式游标还是隐式游标，均有%ISOPEN、%FOUND、%NOTFOLJND 和%ROWCOUNT 这 4 种属性来描述与游标操作相关的 DML 语句的执行情况。游标属性只能用在 PL/SQL 的流程控制语句内，而不能用在 SQL 语句内。下面将对游标的属性进行介绍。

1. %FOUND

该属性表示当前游标是否指向有效一行，若是则为 TRUE，否则为 FALSE。检查此属性可以判断是否结束游标使用。

【例 5.23】%FOUND 示例：

```
OPEN student_cur;   --打开游标;
FETCH student_cur INTO student_no, student_name, student_age, student_sex;
            --将第一行数据放入变量中，游标后移
LOOP
    EXIT WHEN NOT student_cur%FOUND;  --使用了%FOUND 属性
END LOOP;
```

在隐式游标中此属性的引用方法是 SQL%FOUND。

【例 5.24】SQL%FOUND 示例：

```
DELETE FROM STUDENTS
    WHERE SNO=student_no;              -- student_no 为一个有值变量
IF SQL%FOUND THEN        --如果删除成功则写入 SUCCESS 表中该行号码
    INSERT INTO SUCCESS VALUES(SNO);
ELSE                     --不成功则写入 FAIL 表中该行号码
    INSERT INTO FAIL VALUES(SNO);
END IF;
```

2. %NOTFOUND

该属性与%FOUND 属性相类似，但其值正好相反。

【例 5.25】%NOTFOUND 示例：

```
OPEN student_cur;          --打开游标
FETCH student_cur INTO student_no, student_name, student_age, student_sex;
                    --将第一行数据放入变量中，游标后移
LOOP
    EXIT WHEN student_cur%NOTFOUND;  --使用了%NOTFOUND 属性
END LOOP;
```

在隐式游标中此属性的引用方法是 SQL%NOTFOUND。

【例 5.26】SQL%NOTFOUND 示例：

```
DELETE FROM STUDENTS
    WHERE SNO=student_no;              -- student_no 为一个有值变量
IF SQL%NOTFOUND THEN          --删除不成功则写入 FAIL 表中该行号码
    INSERT INTO FAIL VALUES(SNO);
ELSE                        --删除成功则写入 SUCCESS 表中该行号码
    INSERT INTO SUCCESS VALUES(SNO);
END IF;
```

3. %ROWCOUNT

该属性记录了游标抽取过的记录行数，也可以理解为当前游标所在的行号。这个属性在循环判断中也很有效，使得不必抽取所有记录行就可以中断游标操作。

【例 5.27】%ROWCOUNT 示例：

```
LOOP
    FETCH student_cur INTO student_no, student_name,
    student_age, student_sex;
    EXIT WHEN student_cur%ROWCOUNT=10;  --只抽取 10 条记录
    ...
END LOOP;
```

还可以用 FOR 语句控制游标的循环，系统隐含地定义了一个数据类型为%ROWCOUNT 的记录，作为循环计数器，并将隐式地打开和关闭游标。

【例 5.28】FOR 语句中%ROWCOUNT 示例：

```
FOR student_record in student_cur LOOP
            --student_ record 为记录名，它隐含地打开游标 student_ cur
```

```
        INSERT INTO TEMP STUDENTS(SNO,SNAME,SAGEE,SSEX)
        VALUES(student_record.SNO, student_record.SNAME,
          student_record.SAGE, student_record.SSEX);
END LOOP;
```

在隐式游标中此属性的引用方法是 SQL%ROWCOUNT，表示最新处理过的 SQL 语句影响的记录数。

4．%ISOPEN

该属性表示游标是否处于打开状态。在实际应用中，使用一个游标前，第一步往往是先检查它的%ISOPEN 属性，看其是否已打开，若没有，要打开游标再向下操作。这也是防止运行过程中出错的必备一步。

【例 5.29】%ISOPEN 示例：

```
IF student_cur%ISOPEN THEN
    FETCH student_cur INTO student_no, student_name,
    student_age, student_sex;
ELSE
    OPEN student_cur;
END IF;
```

在隐式游标中此属性的引用方式是 SQL%ISOPEN。隐式游标中 SQL%ISOPEN 属性总为 FALSE，因此在隐式游标使用中不用打开和关闭游标，也不用检查其打开状态。

5．游标的参数

在定义游标时，可以带上参数，使得在使用游标时，根据参数不同所选中的数据行也不同，达到动态使用的目的。下面给出了一个带参数的游标使用的例子。

【例 5.30】带参数的游标示例：

```
ACCEPT my_no prompt 'Please input the SNO:'
DECLARE
--定义游标时带上参数 CURSOR_id
    CURSOR student_cur(CURSOR id NUMBER) IS
        SELECT SNAME,SAGE,SSEX
        FROM  STUDENTS
        WHERE SNO=CURSOR_id;        --使用参数
BEGIN
    OPEN student_cur(my_no);        --带上实参量
    LOOP
        FETCH student_cur INTO student_name, student_age, student_sex;
        EXIT WHEN student_cur%NOTFOUND;
        ...
    END LOOP;
    CLOSE student_cur;
END;
```

5.2.5 游标变量

如同常量和变量的区别一样，前面所讲的游标都是与一个 SQL 语句相关联，并且在编译该块的时候此语句已经是可知的、是静态的，而游标变量可以在运行时与不同的语句关联，是动态的。游标变量被用于处理多行的查询结果集。在同一个 PL/SQL 块中，游标变量不同于特定的查询绑定，而是在打开游标时才确定所对应的查询。因此，游标变量可以依次对应多个查询。

使用游标变量之前，必须先声明，然后在运行时必须为其分配存储空间，因为游标变量是 REF 类型的变量，类似于高级语言中的指针。

1. 游标变量的声明

游标变量是一种引用类型。当程序运行时，它们可以指向不同的存储单元。如果要使用引用类型，首先要声明该变量，然后相应的存储单元必须要被分配。PL/SQL 中的引用类型通过下述的语法进行声明：

```
REF type
```

其中，type 是已经被定义的类型。REF 关键字指明新的类型必须是一个指向经过定义的类型的指针。因此，游标可以使用的类型就是 REF CURSOR。

定义一个游标变量类型的完整语法如下：

```
TYPE <类型名> IS REF CURSOR
RETURN <返回类型>;
```

其中，<类型名>是新的引用类型的名字，而<返回类型>是一个记录类型，它指明了最终由游标变量返回的选择列表的类型。

游标变量的返回类型必须是一个记录类型。它可以被显式声明为一个用户定义的记录，或者隐式使用%ROWTYPE 进行声明。在定义了引用类型以后，就可以声明该变量了。

下面的声明部分给出了用于游标变量的不同声明：

```
DECLARE
    TYPE t_StudentsRef IS REF CURSOR        --定义使用%ROWTYPE
    RETURN STUDENTS%ROWTYPE;
    TYPE t_AbstractStudentsRecord IS RECORD(    --定义新的记录类型，
        sname STUDENTS.sname%TYPE,
        sex STUDENTS.sex%TYPE);
    v_AbstractStudentsRecord t_AbstractStudentsRecord;
    TYPE t_AbstractStudentsRef IS REF CURSOR --使用记录类型的游标变量
    RETURN t_AbstractStudentsRecord;
    TYPE t_NamesRef2 IS REF CURSOR        --另一类型定义
    RETURN v_AbstractStudentsRecord%TYPE;
    v_StudentCV t_StudentsRef;             --声明上述类型的游标变量
    v_AbstractStudentCV t_AbstractStudentsRef;
```

上例中介绍的游标变量是受限的，它的返回类型只能是特定类型。而在 PL/SQL 语言中，还有一种非受限游标变量，它在声明的时候没有 RETURN 子句。一个非受限游标变量可以为任何查询打开。

2. 游标变量的打开

如果要将一个游标变量与一个特定的SELECT 语句相关联，需要使用OPEN FOR 语句，其语法是：

```
OPEN <游标变量> FOR <SELECT 语句>;
```

如果游标变量是受限的，则 SELECT 语句的返回类型必须与游标所限的记录类型匹配，如果不匹配，Oracle 会返回错误 ORA_6504。

3. 游标变量的关闭

游标变量的关闭和静态游标的关闭类似，都是使用 CLOSE 语句，这会释放查询所使用的空间。关闭已经关闭的游标变量是非法的。

5.3 过　程

迄今为止，所创建的 PL/SQL 程序都是匿名的，其缺点是在每次执行的时候都要被重新编译，并且没有存储在数据库中，因此不能被其他 PL/SQL 块使用。Oracle 允许在数据库的内部创建并存储编译过的 PL/SQL 程序，以便随时调出使用。该类程序包括过程、函数、包和触发器。

我们可以将商业逻辑、企业规则等写成过程或函数保存到数据库中，通过名称进行调用，以便更好地共享和使用。

本章将在以下节次对过程、函数、包和触发器等内容进行逐一介绍。

5.3.1　过程的创建

过程用来完成一系列的操作，它的创建语法如下：

```
CREATE[OR REPLACE]PROCEDURE<过程名>
    (<参数1>，[方式1]<数据类型1>，
     <参数2>，[方式2]<数据类型2>
     ...)
IS|AS
PL/SQL 过程体;
```

【例 5.31】过程创建示例。如果要动态观察 STUDENTS 表中不同性别的人数，可以建立一个过程 count_num 来统计同一性别的人的数目：

```
SET SERVEROUTPUT ON FORMAT WRAPPED
CREATE OR REPLACE PROCEDURE count_num
    (in_sex in STUDENTS.SSEX%TYPE  --输入参数
    )
AS
    out_num NUMBER;
BEGIN
    IF in_sex='M' THEN
        SELECT count(SSEX) INTO out_num
        FROM STUDENTS
        WHERE SSEX='M';
        dbms_output.put_line('NUMBER of Male Students:'|| out_num);
    ELSE
        SELECT count(SSEX) INTO out_num
        FROM STUDENTS
```

```
         WHERE SSEX='F';
         dbms_output.put_line('NUMBER of Female Students:' || out_num);
    END IF;
END count_num;
```

以 COURSEADMIN 身份在 SQL*Plus 的执行结果如图 5.3 所示。

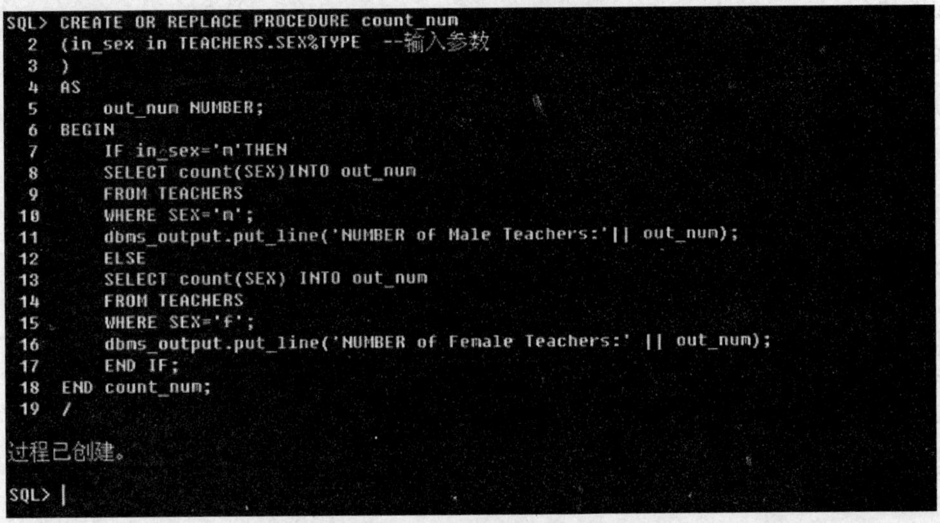

```
SQL> CREATE OR REPLACE PROCEDURE count_num
  2  (in_sex in TEACHERS.SEX%TYPE   --输入参数
  3  )
  4  AS
  5     out_num NUMBER;
  6  BEGIN
  7     IF in_sex='n'THEN
  8     SELECT count(SEX)INTO out_num
  9     FROM TEACHERS
 10     WHERE SEX='n';
 11     dbms_output.put_line('NUMBER of Male Teachers:'|| out_num);
 12     ELSE
 13     SELECT count(SEX) INTO out_num
 14     FROM TEACHERS
 15     WHERE SEX='f';
 16     dbms_output.put_line('NUMBER of Female Teachers:' || out_num);
 17     END IF;
 18  END count_num;
 19  /

过程已创建。

SQL> |
```

图 5.3　创建过程 count_num

此过程带有一个参数 in_sex，它将要查询的性别传给过程。

5.3.2　过程的调用

调用过程的命令是 EXECUTE。如执行上述的创建过程 count_num 来查看男女教师的数量：

```
EXECUTE count_num('M');
EXECUTE count_num('F');
```

以 COURSEADMIN 身份在 SQL*Plus 的执行结果如图 5.4 所示。

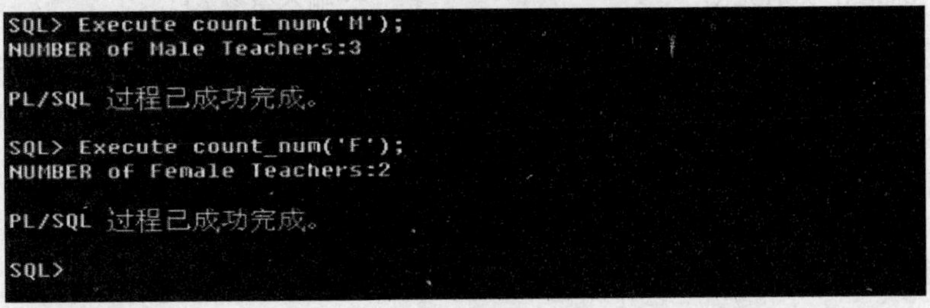

```
SQL> Execute count_num('M');
NUMBER of Male Teachers:3

PL/SQL 过程已成功完成。

SQL> Execute count_num('F');
NUMBER of Female Teachers:2

PL/SQL 过程已成功完成。

SQL>
```

图 5.4　执行过程 count_num

从运行结果可以看出，男性教师的数量为 3，女性教师的数量为 2。

5.3.3　过程的删除

当一个过程不再需要时，要将此过程从内存中删除，以释放相应的内存空间，可以使用下面的语句：

```
DROP PROCEDURE count_num;
```

以 CourseAdmin 身份在 SQL*Plus 的执行结果如图 5.5 所示。

```
SQL> DROP PROCEDURE count_num;

过程已删除。

SQL>
```

图 5.5　删除过程 count_num

当一个过程已经过时，想重新定义时，不必先删除再创建，而只需在 CREATE 语句后面加上 OR REPLACE 关键字即可。例如：

```
CREATE OR REPLACE PROCEDURE count_num
```

5.3.4　参数类型及传递

过程的参数有 3 种类型，分别如下：

1. in 参数类型

这是个输入类型的参数，表示这个参数值输入给过程，供过程使用。

【例 5.32】in_num 参数示例。下面一个过程将 in_num 参数作为输入返回 out_num 来输出：

```
CREATE OR REPLACE PROCEDURE triple        --完成将一个数乘 3 倍
(
    in_num in NUMBER,                     --输入型参数
    out_num out NUMBER
)
AS
BEGIN
    out_num := in_num*3;
END double;
```

2. out 参数类型

这是个输出类型的参数，表示这个参数在过程中被赋值，可以传给过程体以外的部分或环境。

【例 5.33】out_num 参数示例。下面这一过程是将 out_num 参数作为输出：

```
CREATE OR REPLACE PROCEDURE square  --完成将一个数平方
(
```

```
    in_num  in NUMBER,
    out_num out NUMBER                      --输出型参数
)
AS
BEGIN
    out_num := in_num * in_num;
END square;
```

3. in out 参数类型

这种类型的参数其实是综合了上述两种参数类型,既向过程体传值,在过程体中也被赋值而传向过程体外。

【例 5.34】in_out_num 参数示例。下面的过程中 in_out_num 参数既是输入又是输出:

```
CREATE OR REPLACE PROCEDURE square        --完成将一个数平方
(
    in_out_num in out NUMBER               --in out 类型参数
)
AS
BEGIN
    in_out_num = in_out_num * in_out_num
END square;
```

5.4 函 数

函数就是一个有返回值的过程,一般用于计算和返回一个值,可以将经常需要进行的计算写成函数。函数的调用是表达式的一部分,而过程的调用是一条 PL/SQL 语句。

函数与过程在创建的形式上有些相似,也是编译后放在内存中供用户使用,只不过调用时函数要用表达式,而不像过程只需调用过程名。另外,函数必须有一个返回值,而过程则没有。

5.4.1 函数的创建

创建函数的语法格式如下:

```
CREATE [OR REPLACE] FUNCTION<>
    (<参数 1>,[方式 1]<数据类型 1>,<参数 2>,[方式 2]<数据类型 2>...)
RETURN<表达式>
IS | AS
PL/SQL 程序体           -- 其中必须要有一个 RETURN 子句
```

其中,RETURN 在声明部分需要定义一个返回参数的类型,而在函数体中必须有一个 RETURN 语句。而其中<表达式>就是要函数返回的值。当该语句执行时,如果表达式的类型与定义不符,该表达式将被转换为函数定义子句 RETURN 中指定的类型。同时,控制将立即返回到调用环境。但是,函数中可以有一个以上的返回语句。如果函数结束时还没有遇到返回语句,就会发生错误。通常,函数只有 in 类型的参数。

【例 5.35】使用函数完成返回给定性别的学生数量：

```
CREATE OR REPLACE FUNCTION count_num
(in_sex in STUDENTS.SSEX%TYPE)
return NUMBER
AS
    out_num NUMBER;
BEGIN
    IF in_sex = 'M' THEN
        SELECT count(SSEX) INTO out_num
        FROM STUDENTS
        WHERE SSEX = 'M';
    ELSE
        SELECT count(SSEX) INTO out_num
        FROM STUDENTS
        WHERE SSEX = 'F';
    END IF;
    RETURN(out_num);
END count_num;
```

> 提示：此过程带有一个参数 in_sex，它将要查询的性别传给函数，其返回值把统计结果
> out_num 返回给调用者。

5.4.2 函数的调用

调用函数时可以用全局变量接收其返回值。例如：

```
SQL>VARIABLE man_num NUMBER
SQL>VARIABLE woman_num NUMBER
SQL>EXECUTE man_num:=count_num('m')
SQL>EXECUTE woman_num:=count_num('f')
```

同样，我们可以在程序块中调用它。

【例 5.36】程序中调用函数示例：

```
DECLARE
    m_num NUMBER;
    f_num NUMBER;
BEGIN
    m_num := count_num('M');
    f_num := count_num('F');
END;
```

以 CourseAdmin 身份在 SQL*Plus 的执行结果如图 5.6 所示。

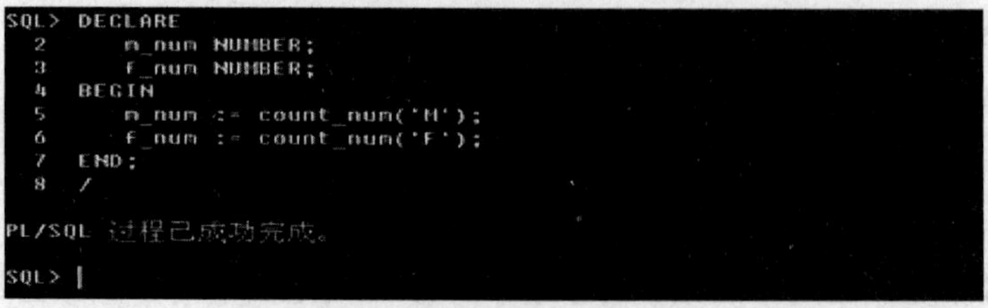

图 5.6 调用函数的执行结果

5.4.3 函数的删除

当一个函数不再使用时，要从系统中删除它。例如：

```
DROP FUNCTION count_num;
```

当一个函数已经过时，想重新定义时，也不必先删除再创建，同样只需在 CREATE 语句后面加上 OR REPLACE 关键字即可，如下所示：

```
CREATE OR REPLACE FUNCTION count_num;
```

5.5 包

包(Package)用于将逻辑相关的 PL/SQL 块或元素(变量、常量、自定义数据类型、异常、过程、函数、游标)等组织在一起，作为一个完整的单元存储在数据库中，用名称来标识程序包。它具有面向对象的程序设计语言的特点，是对 PL/SQL 块或元素的封装。程序包类似于面向对象中的类，其中变量相当于类的成员变量，而过程和函数就相当于类中的方法。

5.5.1 基本原理

包有两个独立的部分——说明部分和包体部分。这两部分独立地存储在数据字典中。说明部分是包与应用程序之间的接口，只是过程、函数、游标等的名称或首部。包体部分才是这些过程、函数、游标等的具体实现。包体部分在开始构建应用程序框架时可暂不需要。一般而言，可以先独立地进行过程和函数的编写，当其较为完善后，再逐步地将其按照逻辑相关性进行打包。

在编写包时，应该将公用的、通用的过程和函数编写进去，以便再次共享使用，Oracle 也提供了许多程序包可供使用。为了减少重新编译调用包的应用程序的可能性，应该尽可能地减少包说明部分的内容，因为对包体的更新不会导致重新编译包的应用程序，而对说明部分的更新则需要重新编译每一个调用包的应用程序。

5.5.2 包的创建

包由说明部分和包体两部分组成，说明部分相当于一个包的头，它对包的所有部件进行一个简单声明，这些部件可以被外界应用程序访问，其中的过程、函数、变量、常量和游标都是公共的，可在应用程序执行过程中调用。

1. 说明部分

包的说明部分创建格式如下：

```
CREATE PACKAGE <包名>
IS
```

变量、常量及数据类型定义；
游标定义头部；
函数、过程的定义和参数列表以及返回类型；
END <包名>；

【例 5.37】创建一个包的说明部分：

```
CREATE PACKAGE my_package
IS
    man_num NUMBER;                --定义了两个全局变量
    woman_num NUMBER;
    CURSOR student_cur;            --定义了一个游标
    CREATE FUNCTION F_count_num(in_sex in STUDENTS.SSEX%TYPE)
    RETURN  NUMBER;                --定义了一个函数
    CREATE PROCEDURE P_count_num
    (in_sex in STUDENTS.SEX%TYPE, out_num out NUMBER); --定义了一个过程
END my package;
```

2. 包体部分

包体部分是包的说明部分中的游标、函数及过程的具体定义。其创建格式如下：

```
CREATE PACKAGE BODY <包名>
AS
游标、函数、过程的具体定义；
END <包名>；
```

【例 5.38】对于例 5.37 中的包说明部分，对应包体的定义如下：

```
CREATE PACKAGE BODY my_package
    AS
    CURSOR student_cur IS          --游标具体定义
        SELECT SNO, SNAME, SAGE, SSEX
        FROM  STUDENTS
        WHERE SNO<10522;
    FUNCTION F_count_num           --函数具体定义
      (in_Sex in STUDENTS.SSEX%TYPE)
    RETURN NUMBER
    AS
        out_num NUMBER;
    BEGIN
        IF in_sex='m' THEN
            SELECT count(SSEX)INTO out_num
            FROM STUDENTS
            WHERE SSEX='m';
        ELSE
            SELECT count(SSEX)INTO out_num
            FROM STUDENTS
            WHERE SSEX='f';
        END IF;
        RETURN(out_num);
    END F_count_num;
    PROCEDURE P_count_num          --过程具体定义
    (in_sex in STUDENTS.SSEX%TYPE, out_num out NUMBER)
    AS
    BEGIN
        IF in_sex='m' THEN
```

```
        SELECT count(SSEX) INTO out_num
        FROM STUDENTS
        WHERE SSEX='m';
    ELSE
        SELECT count(SSEX) INTO out_num
        FROM STUDENTS
        WHERE SSEX='f';
    END IF;
  END P_count_num;
END my_package;                      --包体定义结束
```

注意：如果在包体的过程或函数定义中有变量声明，则包外不能使用这些私有变量。

5.5.3 包的调用

包的调用方式为：

包名.变量名(常量名)
包名.游标名
包名.函数名(过程名)

一旦包创建之后，便可以随时调用其中的内容。

【例 5.39】对已定义好的包的调用示例：

```
SQL>VARIABLE man_num NUMBER
SQL>EXECUTE man_num:=my_package.F_count_num('M')
```

5.5.4 删除包

与函数和过程一样，当一个包不再使用时，要从内存中删除它。例如：

```
DROP PACKAGE my_package
```

当一个包已经过时，想重新定义时，也不必先删除再创建，同样只需在 CREATE 语句后面加上 **OR REPLACE** 关键字即可，例如：

```
CREATE OR REPLACE PACKAGE my_package
```

5.6 触 发 器

触发器是存放在数据库中并被隐含执行的存储过程，是大型关系数据库都会提供的一项技术，触发器通常用来完成由数据库的完整性约束难以完成的复杂业务规则的约束，或用来监视对数据库的各种操作，实现审计的功能。

5.6.1 基本原理

触发器类似于过程、函数，它包括声明部分、异常处理部分，并且都有名称、都被存储在数据库中。但与普通的过程、函数不同的是：函数需要用户显式地调用才执行，而触发器则是当某些事件发生时，由 Oracle 自动执行，触发器的执行对用户来说是透明的。

1．触发器类型

在 Oracle8i 之前，只允许给予表或者视图的 DML 操作，而从 Oracle 8i 开始，不仅可以支持 DML 触发器，也允许给予系统事件和 DDL 的操作。

触发器的类型包括如下三种。

- DML 触发器：对表或视图执行 DML 操作时触发。
- INSTEAD OF 触发器：只定义在视图上的用来替换实际的操作语句。
- 系统触发器：在对数据库系统进行操作(如 DDL 语句、启动或关闭数据库等系统事件)时触发。

2．相关概念

(1) 触发事件

引起触发器被触发的事件。如 DML 语句(如 INSERT、UPDATE、DELETE 语句对表或视图执行数据处理操作)、DDL 语句(如 CREATE、ALTER、DROP 语句在数据库中创建/修改/删除模式对象)、数据库系统事件(如系统启动或退出、异常错误)、用户事件(如登录或退出数据库)。

(2) 触发条件

触发条件是由 WHEN 子句指定的一个逻辑表达式。只有当该表达式的值为 TRUE 时，遇到触发事件才会自动执行触发器，使其执行触发操作，否则即便遇到触发事件也不会执行触发器。

(3) 触发对象

触发对象包括表、视图、模式、数据库。只有在这些对象上发生了符合触发条件的触发事件时，才会执行触发操作。

(4) 触发操作

触发器所要执行的 PL/SQL 程序，即执行部分。

(5) 触发时机

触发时机指定触发器的触发时间。如果指定为 BEFORE，则表示在执行 DML 操作时触发，以便防止某些错误操作发生或实现某些业务规则；如果指定为 AFTER，则表示执行 DML 操作之后触发，以便记录该操作或做某些事后处理。

(6) 条件谓词

当在触发器中包含了多个触发事件(INSERT、UPDATE、DELETE)的组合时，为了分别针对不同的事件进行不同的处理，需要使用 Oracle 提供的如下条件谓词。

- INSERTING：当触发事件是 INSERT 时，取值为 TRU E，否则为 FALSE。
- UPDATING[(column_1, column_2, …, column_n)]：当触发事件是 UPDATE 时，如果修改了 column_x 列，则取值为 TRUE，否则取值为 FALSE，其中 column_x 是可选的。
- DELETING：当触发事件是 DELETE 时，取值为 TRUE，否则取值为 FALSE。

(7)　触发子类型

触发子类型分别为行(Row)触发和语句(Statement)触发，行触发即对每一行操作时都要触发，而语句触发只对这种操作触发一次。一般进行 SQL 语句操作时都应是行触发，只有对整个表做安全检查(即防止非法操作)时才用语句触发。如果省略此项，默认为语句触发。

此外，触发器中还有两个相关值，分别对应被触发的行中的旧表值和新表值，用 old 和 new 来表示。

5.6.2　触发器的创建

创建触发器的语句是 CREATE TRIGGER，其语法格式如下：

```
CREATE OR REPLACE TRIGGER <触发器名>
触发条件
触发体
```

【例 5.40】创建触发器 my_trigger 示例：

```
CREATE TRIGGER my_trigger        --定义一个触发器 my_trigger
    BEFORE INSERT or UPDATE of SNO,SNAME on STUDENTS
    FOR each row
    WHEN(new.SNAME='David')      --这一部分是触发条件
DECLARE                          --下面这一部分是触发体
    student_no STUDENTS.SNO%TYPE;
    INSERT_EXIST_STUDENT EXCEPTION;
BEGIN
    SELECT SNO INTO student_sno
    FROM STUDENTS
    WHERE SNAME=new.SNAME;
    RAISE INSERT_EXIST_STUDENT;
    EXCEPTION                    --异常处理也可用在这里
    WHEN INSERT_EXIST_STUDENT THEN
    INSERT INTO ERROR(SNO,ERR)
    VALUES(student_no,'the student already exists!');
END my trigger;
```

5.6.3　触发器的执行

当某些事件发生时，由 Oracle 自动执行触发器。对一张表上的触发器最好加以限制，否则会因为触发器过多而加重负载，影响性能。另外，最好将一张表的触发事件编写在一个触发体中，这也可以大大地改善性能。

【例 5.41】把与表 TEACHERS 有关的所有触发事件都放在触发器 my_trigger1 中：

```
CREATE TRIGGER my_trigger1
    AFTER INSERT or UPDATE or DELETE on STUDENTS
    FOR each row;
    DECLARE
    info CHAR(10);
    BEGIN
    IF inserting THEN    --如果进行插入操作
        info:='INSERT';
```

```
        ELSIF updating THEN  --如果进行修改操作
            info:='Update';
        ELSE    --如果进行删除操作
            info:='Delete';
        END IF;
        INSERT INTO SQL_INFO VALUES(info); --记录这次操作信息
END my_trigger1;
```

5.6.4 触发器的删除

当一个触发器不再使用时，要从内存中删除它。例如：

```
DROP TRIGGER my_trigger;
```

当一个触发器已经过时，想重新定义时，不必先删除再创建，同样只需在 CREATE 语句后面加上 OR REPLACE 关键字即可。例如：

```
CREATE OR REPLACE TRIGGER my_trigger;
```

5.7 同 义 词

同义词是数据库中表、索引、视图或其他模式对象的一个别名。利用同义词，一方面为数据库对象提供一定的安全性保证；另一方面是简化对象访问。此外，当数据库对象改变时，只需要修改同义词而不需要修改应用程序。

在开发数据库应用程序时，应尽量避免直接引用表、视图或对象的名称，DBA 应当为开发人员建立对象的同义词，使他们在应用程序中使用同义词。

5.7.1 同义词的创建

同义词分为私有同义词和公有同义词，其中私有同义词也称为方案同义词，只能被创建它的用户所拥有，该用户可以控制其他用户是否有权使用该同义词。公有同义词被用户组 PUBLIC 拥有，数据库所有用户都可以使用公有同义词。

具有 CREATE SYNONYM 的系统权限的用户可以创建私有同义词，其语法格式为：

```
CREATE [OR REPLACE] SYNONYM synonym_name
FOR object_name;
```

默认情况下，SCOTT 用户没有 CREATE SYNONYM 的权限，而 HR 用户有。

具有 CREATE PUBLIC SYNONYM 的系统权限的用户可以创建公有同义词，其语法格式为：

```
CREATE [OR REPLACE] PUBLIC SYNONYM synonym_name
FOR object_name;
```

默认情况下，SCOTT 用户和 HR 用户都没有 CREATE PUBLIC SYNONYM 的权限。

可以创建同义词的对象包括表、视图、同义词、序列、存储过程、函数、包、对象等。

【例 5.42】创建私有和共有同义词：

```
CONN sys/zzuli as sysdba
GRANT create synonym, create public synonym to scott;
CONN scott/zzuli
CREATE OR REPLACE SYNONYM scott_syn_1 FOR SCOTT.EMP;
CREATE OR REPLACE PUBLIC SYNONYM scott_syn_2 FOR SCOTT.EMP;
```

5.7.2 同义词的使用

方案用户可以使用自己的私有同义词，而其他用户不能使用私有同义词，除非在方案同义词前面加上方案对象名来访问其他方案中的对象。

通过在自己的方案中创建指向其他方案中对象的私有同义词，在被授予了访问该对象的对象权限后，就可以按对象权限访问该对象。

如果使用公有同义词访问其他方案中的对象，就不需要在该公有同义词前面添加方案名。但是，如果用户没有被授予相应的对象权限，仍然不能使用该公用同义词。

【例 5.43】利用同义词可以实现对数据库对象的操作：

```
UPDATE scott_syn_1 SET ename='yhy'
WHERE empno=7884;
```

5.7.3 同义词的删除

当基础对象的名称或位置被修改以后，之前的同义词就可以删除。删除同义词后，同义词的基础对象不会受到任何影响，但是所有引用该同义词的对象将失效。

使用 DROP SYNONYM 语句来删除同义词，其语法格式为：

```
DROP [PUBLIC] SYNONYM synonym_name;
```

5.7.4 同义词的查看

可以使用数据字典视图查看同义词信息：

- DBA_SYNONYMS、ALL_SYNONYMS、USER_SYNONYMS：包含同义词信息。
- DBA_DB_LINK、ALL_DB_LINK、USER_DB_LINK：包含数据库连接信息。

5.8 序 列

序列(SEQUENCE)是一个命名的顺序编号生成器，是用于产生唯一序号的数据库对象，用于为多个数据库用户依次生成不重复的连续整数。

通常使用序列自动生成表中的主键值。

序列产生的数字最大长度可达到 38 位十进制数。

序列不占用实际的存储空间，在数据字典中只存储序列的定义描述。

5.8.1　序列的创建

具有 CREATE SEQUENCE 系统权限的用户可以创建序列，其语法格式为：

```
CREATE SEQUENCE sequence
[INCREMENT BY n]
[START WITH n]
[MAXVALUE n | NOMAXVALUE]
[MINVALUE n | NOMINVALUE]
[CYCLE | NOCYCLE]
[CACHE n | NOCACHE];
```

参数说明如下。

- INCREMENT BY：序列的步长，默认 1，如果为负值，则递减。
- START WITH：序列的初始值，默认为 1。
- MAXVALUE：序列的最大值。默认是 NOMAXVALUE，这时对于递增序列，系统能够产生的最大值是 10 的 27 次方；对于递减序列，最大值是-1。
- MINVALUE：序列的最小值。默认没有最小值，递增序列的最小值为 1，递减序列的最小值为-10 的 26 次方。
- CYCLE 和 NOCYCLE：指定当序列达到其最大值或最小值后，是否循环生成值，NOCYCLE 是默认选项。
- CACHE(缓冲)：设置是否在缓存中预先分配一定数量的数据值，以提高获取序列值的速度，默认为缓存 20 个值。

【例 5.44】创建 BBS 论坛中用户产生用户编号的一个序列：

```
CREATE SEQUENCE BBS_USERS_SEQ
MINVALUE 1
MAXVALUE 999999999999
START WITH 1
INCREMENT BY 1
CACHE 20;
```

5.8.2　序列的使用

在引用序列时，可以使用序列的 NEXTVAL 与 CURRVAL 两个伪列。其中，NEXTVAL 伪列返回序列生成器的下一个值，CURRVAL 返回序列的当前值。

序列值可以应用于查询的选择列表、INSERT 语句的 VALUES 子句、UPDATE 语句的 SET 子句、触发器中等，但不能应用在 WHERE 子句或 PL/SQL 过程性语句中。

【例 5.45】创建触发器 BBS_USER_TRIGGER.sql：

```
CREATE OR REPLACE TRIGGER BBS_USERS_TRIGGER
BEFORE INSERT ON BBS_USERS
FOR EACH ROW
BEGIN
SELECT BBS_USERS_SEQ.NEXTVAL INTO:NEW.ID FROM DUAL;
END;
```

5.8.3　序列的修改

具有 ALTER SEQUENCE 系统权限的用户可以使用 ALTER SEQUENCE 语句修改的序列。除了不能修改序列的起始值外，可以对序列的其他任何子句和参数进行修改。

如果要修改 MAXVALUE 参数值，需要保证修改后的最大值大于序列的当前值。序列的修改只影响以后生成的序列号。

【例 5.46】修改序列 BBS_USERS_SEQ 的设置：

```
ALTER SEQUENCE BBS_USERS_SEQ
INCREMENT BY 10
MAXVALUE 10000  CYCLE  CACHE 20;
```

5.8.4　序列的删除

当一个序列不再需要时，具有 DROP SEQUENCE 系统权限的用户可以使用 DROP SEQUENCE 语句删除用户自己方案中的序列。如果要删除其他方案中的序列，用户需要具有 DROP ANY SEQUENCE 的系统权限。

【例 5.47】删除序列 BBS_USERS_SEQ：

```
DROP SEQUENCE BBS_USERS_SEQ;
```

5.8.5　序列的查看

可以使用数据字典视图来查看序列的信息。

DBA_SEQUENCES：DBA 视图描述数据库中的所有序列。

ALL_SEQUENCES：ALL 视图描述数据库中的所有序列。

USER_SEQUENCES：USER 视图描述用户拥有的序列信息。

【例 5.48】查看序列：

```
SELECT
SEQUENCE_NAME,MIN_VALUE,MAX_VALUE,INCREMENT_BY,LAST_NUMBER
FROM USER_SEQUENCES;
```

本 章 小 结

本章主要讲述了 PL/SQL 的基础语法、结构和组件，包括游标、过程、函数、包、触发器、同义词和序列，并通过示例逐一介绍了相关的编程和应用。通过本章的学习，可是使读者了解 PL/SQL 的基础知识，掌握使用 PL/SQL 进行编程的技巧。

习　题

一、选择题

1. 下面属于 Oracle PL/SQL 的数据类型是(　　)。
   A. DATE
   B. TIME
   C. DATETIME
   D. SMALLDATETIME
2. 下面不属于 Oracle PL/SQL 的参数类型是(　　)。
   A. in
   B. out
   C. inout
   D. null

二、填空题

1. 显式游标的处理包括_____、_____、_____和_____4个步骤。
2. 包有两个独立的部分:_____和_____。
3. 触发器的类型包括_____、_____和_____。

三、实训题

1. 实现一个游标，完成对 EMPLOYEES 表的遍历。
2. 实现一个过程，完成对 EMPLOYEES 表中 JOB_ID 为 'IT_PROG' 的员工 SALARY 的增加，增加额度为 800。
3. 实现一个函数，完成对 EMPLOYEES 表中 JOB_ID 为 'IT_PROG' 的员工 SALARY 的增加，增加额度作为参数传入。

第 6 章　Oracle 操作基础

本章将主要介绍 Oracle 的相关操作，其中包括启动和关闭、表的创建、索引的创建、视图的有关操作，以及基本的数据操纵和数据查询操作。本章将分别从 SQL*Plus 和 OEM 两个方面来进行阐述，所列举的数据操纵和查询示例仍以 hr 方案为基础。

6.1　启动和关闭 Oracle

在用户试图连接到数据库之前，必须先启动数据库，而当需要执行数据库的定期冷备份、执行数据库软件的升级时，时常要关闭数据库。下面我们就来介绍 Oracle 数据库的启动与关闭。

6.1.1　Oracle 数据库的启动

每个启动的数据库都至少对应一个例程。例程是为了运行数据库，Oracle 运行所有进程和分配内存结构的组合体，在服务器中，例程是由一组逻辑内存结构和一系列后台服务进程组成的。当启动数据库时，这些内存结构和服务进程得到分配、初始化和启动，这样一来 Oracle 才能够管理数据库，用户才能够与数据库进行通信。例程也可以简单地理解为 Oracle 数据库在运行时位于系统内存中的部分，而将数据库理解为运行时位于硬盘中的部分。一个例程只能访问一个数据库，而一个数据库可以由多个例程同时访问。

一般而言，启动 Oracle 数据库需执行三个操作步骤——启动例程、装载数据库和打开数据库。每完成一个步骤，就进入一个模式或状态，以便保证数据库处于某种一致性的操作状态。可以通过在启动过程中设置选项来控制，使数据库进入某个模式。

通过切换启动模式和更改数据库的状态，就可以控制数据库的可用性。这样就可以给 DBA 提供一个能够完成一些特殊管理和维护操作的机会，否则会对数据库的安全构成极大的威胁。

本节将依次介绍 Oracle 的各种启动方法。

1．一般启动

(1) 启动例程

在 Oracle 服务器中，例程是由一组逻辑内存结构和一系列后台服务进程组成的。当启动例程时，这些内存结构和服务进程得到分配、初始化和启动。但是，此时的例程还没有与一个确定的数据库相联系，或者说数据库是否存在对例程的启动并没有影响，即还没有装载数据库。在启动例程的过程中只会使用 STARTUP 语句中指定的(或使用默认的)初始化参数文件。如果初始化参数文件或参数设置有误，则无法启动例程。

启动例程包括执行如下几个任务：

- 读取初始化参数文件，默认时读取 SPFILE 服务器参数文件，或读取由 PFILE 选项指定的文本参数文件。
- 根据该初始化参数文件中有关 SGA 区、PGA 区的参数及其设置值，在内存中分配相应的空间。
- 根据该初始化参数文件中有关后台进程的参数及其设置值，启动相应的后台进程。
- 打开跟踪文件、预警文件。

如果使用 STARTUP NOMOUNT 命令启动例程(但不打开控制文件，也不装载数据库)，通常，使用数据库的这种状态来创建一个新的数据库，或创建一个新的控制文件。

(2) 装载数据库

装载数据库时，例程将打开数据库的控制文件，根据初始化参数 control_files 的设置，找到控制文件，并从中获取数据库物理文件(即数据文件、重做日志文件)的位置和名称等关于数据库物理结构的信息，为下一步打开数据库做好准备。

在装载阶段，例程并不会打开数据库的物理文件，所以数据库仍然处于关闭状态，仅数据库管理员可以通过部分命令修改数据库，用户无法与数据库建立连接或会话，因此无法使用数据库。如果控制文件损坏或是不存在，例程将无法装载数据库。由此可见初始化参数文件中参数 control_files 和控制文件的重要性。

在执行下列任务时，需要数据库处于装载状态，但无需打开数据库：

- 重新命名、增加、删除数据文件和重做日志文件。
- 执行数据库的完全恢复。
- 改变数据库的归档模式。

使用 STARTUP MOUNT 命令启动例程并装载数据库。

(3) 打开数据库

只有将数据库启动到打开状态后，数据库才处于正常运行状态，这时用户才能够与数据库建立连接或会话，才能存取数据库中的信息。

打开数据库时，例程将打开所有处于联机状态的数据文件和重做日志文件。如果在控制文件中列出的任何一个数据文件或重做日志文件无法正常打开(如因位置或文件名出错或不存在等)，数据库都将返回错误信息，这时需要进行数据库恢复。可以使用 STARTUP OPEN(或 STARTUP)命令依次、透明地启动例程、装载数据库并打开数据库。

综上所述，在启动数据库的过程中，文件的使用顺序是参数文件、控制文件、数据文件和重做日志文件，只有这些文件都被正常读取和使用后，数据库才完全启动，用户才能使用数据库，如图 6.1 所示。

图 6.1 打开数据库时各类文件的使用顺序

出于管理方面的要求，数据库的启动过程经常需要分步进行。在很多管理情况下，启动数据库时并不是直接完成上述 3 个步骤，而是先完成第 1 步或第 2 步，然后执行必要的管理操作，最后再打开数据库，使其进入正常运行状态。

假设需要重新命名数据库中的某个数据文件，如果数据库当前正处于打开状态，就可能会有用户正在访问该数据文件中的数据，因此无法对数据文件进行更改。这时就必须先将数据库关闭，然后只进入装载状态，但不打开数据库，这样将断开所有用户的连接，其他用户无法进行数据操作，但 DBA 却可以对数据文件进行重命名。当完成了重命名工作后，再打开数据库供用户使用。

> **提示**：DBA 需要根据不同的情况决定以何种不同的方式启动数据库，并且还需要在各种启动状态之间进行切换。

2．Windows 服务窗口启动

在 Windows 操作系统中，因为 Oracle 将数据库的启动过程写到了服务表中，并将其设置成"自动"启动方式，所以当启动 Windows 操作系统时，就会随之启动。当关闭 Windows 操作系统时，就会随之关闭，因此一般不需要单独启动数据库。

若没有将其设置成"自动"启动方式，则在启动 Windows 操作系统后，也可以用数据库启动命令重新启动数据库。由于 Oracle 数据库服务占用的内存比较大，如果服务器的内存配置并不充足，就可能会明显地降低服务器运行其他应用程序的速度，这时可能需要人为地关闭数据库，以便有更多的内存可被其他应用程序使用。关闭数据库也可以防止数据库在磁盘中记录跟踪文件、预警文件而迅速地消耗大量的磁盘空间。

(1) Oracle 服务

以系统管理员的身份登录到 Windows 操作系统，选择"开始"→"控制面板"→"系统和维护"→"管理工具"→"服务"命令，打开如图 6.2 所示的"服务"窗口。

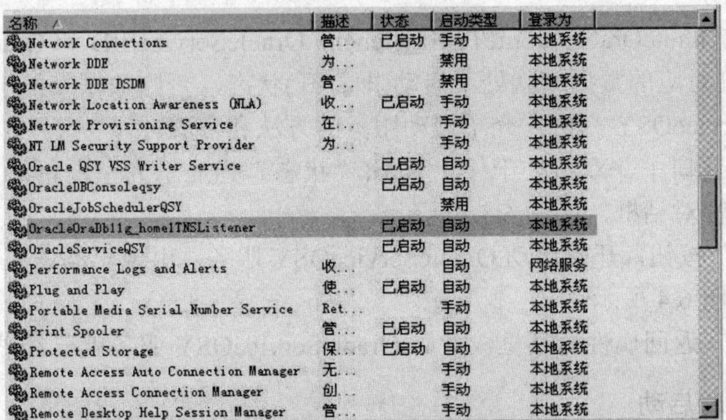

图 6.2　与 Oracle 11g 有关的服务

在"服务"窗口中，将出现计算机上所有服务的列表，与 Oracle 11g 有关的服务均以 Oracle 为前缀。其中，"名称"列显示的是服务名称，"状态"列显示的是服务的当前状态，"启动类型"列显示的是服务的启动方式，若为"自动"方式，则该服务将在操作系

统启动时自动启动、在操作系统关闭时自动关闭；若为"手动"方式，则需要在操作系统启动后人为地启动和关闭服务。

与每个数据库的启动和关闭有关的服务实质上如表 6.1 所示。

表 6.1 启动和关闭数据库所使用的服务名称及说明

服务名称	服务说明
OracleOracle_homeTNSListener	Oracle 数据库数据监听服务
OracleServiceSID	Oracle 数据库例程
OracleDBConsoleSID	对应于 OEM

其中，Oracle_home 表示 Oracle 主目录，如 OraDB11g_home1；SID 表示 Oracle 系统标识符，如 Orc1。尽管这 3 个服务都可以单独地启动和关闭，但它们之间具有一定的关系，其具体介绍如下。

- 比较传统的启动次序是：OracleOracle_homeTNSListener、OracleServiceSID、OracleDBConsoleSID。关闭次序反之。
- 为了实现例程向监听程序的动态注册服务，应首先启动 OracleOracle_home TNSListener 服务，然后再启动其他服务。否则，如果先启动例程再启动监听程序，动态注册服务就会有时间延迟。
- 如果不启动 OracleOracle_homeTNSListener，但启动了 OracleServiceSID，则可以在服务器中使用 SQL*Plus。此时，即便已经启动了 OracleDBConsoleSID，在服务器中也无法使用 OEM，登录时会出现"登录操作失败"的错误提示信息。
- 关闭并重新启动 OracleOracle_homeTNSListener 后，最好关闭并重新启动 OracleDBConsoleSlD，否则将不能使用 OEM，登录时仍会出现"登录操作失败"的错误提示信息。

(2) 启动服务

如果启动了 OracleOracle_homeTNSListener、OracleServiceSID 和 OracleDBConsoleSID 这 3 个服务，则对应的数据库就处于启动(即打开)状态，否则数据库处于关闭状态。下面以启动 OracleServiceQSY 为例，介绍启动服务的方法和步骤。

在"服务"窗口中，双击处于停止状态("状态"列显示为空白)的 OracleServiceQSY 服务，出现其属性对话框，如图 6.3 所示。

单击"启动"按钮，开始启动 OracleServiceQSY 服务，出现启动该服务的"服务控制"进度对话框，如图 6.4 所示。

执行完成后，返回属性对话框。此时 OracleServiceQSY 服务就已经被启动了。

3．SQL*Plus 启动

为了做启动数据库的例子，先要完成如下工作。

确认数据库已关闭，并且在 Windows 服务中 OracleServiceSID 服务和 OracleOracle_homeTNSListener 服务是启动的(OracleDBConsoleSID 服务是对应 OEM 的，与数据库是否启动无关)，否则会有如图 6.5 所示的提示，此时就无法以 SQL*Plus 启动数据库了。

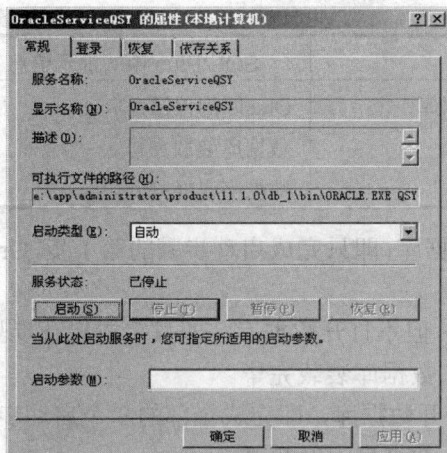

图 6.3　OracleServiceQSY 服务的属性对话框　　图 6.4　"服务控制"进度对话框

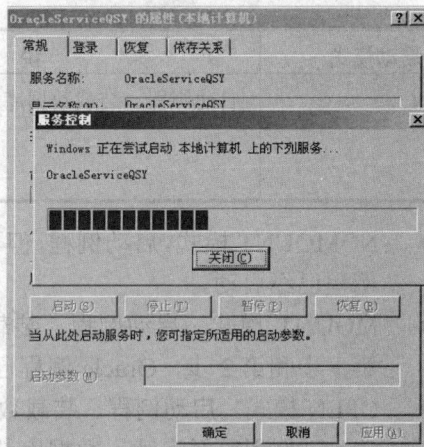

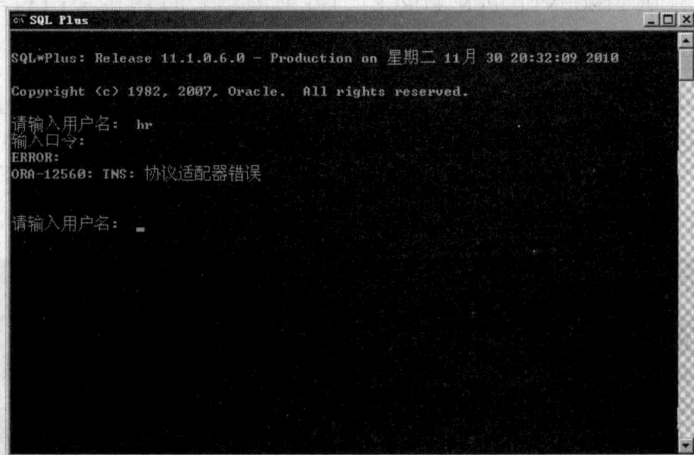

图 6.5　在 Windows 服务中关闭 OracleServiceSID 服务后无法启动数据库

以具有 SYSDBA 或 SYSOPER 权限的数据库用户账户,如 SYS 或 SYSTEM,用 SYSDBA 的连接身份,启动 SQL*Plus 并同时登录、连接到数据库。至此,就做好启动数据库例程的准备了。

数据库有 3 种启动模式,分别代表启动数据库的 3 个步骤,如表 6.2 所示。当数据库管理员使用 STARTUP 命令时,可以指定不同的选项来决定将数据库的启动推进到哪个启动模式。在进入某个模式后,可以使用 ALTER DATABASE 命令来将数据库提升到更高的启动模式,但不能使数据库降低到前面的启动模式。

表 6.2　启动模式及说明

启动模式	说　明	SQL*Plus 中的提示信息
NOMOUNT	启动例程,不装载数据库	Oracle 例程已经启动
MOUNT	启动例程,装载数据库,不打开数据库	Oracle 例程已经启动 数据库装载完毕

续表

启动模式	说　明	SQL*Plus 中的提示信息
OPEN	启动例程，装载数据库并打开数据库	Oracle 例程已经启动 数据库装载完毕 数据库已经打开

- NOMOUNT 模式。启动例程，但不装载数据库，即只完成启动步骤的第 1 步，Oracle 例程已经启动。
- MOUNT 模式。启动例程、装载数据库，但不打开数据库，即只完成启动步骤的第 1 步和第 2 步，Oracle 例程已经启动。数据库装载完毕。
- OPEN 模式。启动例程、装载数据库、打开数据库，即完成全部的 3 个启动步骤，Oracle 例程已经启动，数据库装载完毕，数据库已经打开。

启动数据库的语法如下：

```
STARTUP [NOMOUNT|MOUNT|OPEN|FORCE] [RESTRICT] [PFILE='pfile_name'];
```

其中，各个选项的作用与意义介绍如下。

(1) NOMOUNT 选项

NOMOUNT 选项只创建例程，但不装载数据库。Oracle 读取参数文件，仅为例程创建各种内存结构和后台服务进程，用户能够与数据库进行通信，但不能使用数据库中的任何文件，如图 6.6 所示。

```
SQL> startup nomount
ORACLE 例程已经启动。

Total System Global Area  535662592 bytes
Fixed Size                  1334380 bytes
Variable Size             335545236 bytes
Database Buffers          192937984 bytes
Redo Buffers                5844992 bytes
SQL>
```

图 6.6　在 SQL*Plus 中执行 STARTUP NOMOUNT 的结果

如果要执行下列维护工作，就必须用 NOMOUNT 选项启动数据库：

- 运行一个创建新数据库的脚本。
- 重建控制文件。

(2) MOUNT 选项

MOUNT 选项不仅创建例程，还装载数据库，但却不打开数据库。Oracle 读取控制文件，并从中获取数据库名称、数据文件的位置和名称等关于数据库物理结构的信息，为下一步打开数据库做好准备，如图 6.7 所示。

在这种模式下，仅数据库管理员可以通过部分命令修改数据库，用户还无法与数据库建立连接或会话。这在进行一些特定的数据库维护工作时是十分必要的。

如果要执行下列维护工作，就必须用 MOUNT 选项启动数据库：

- 重新命名、增加、删除数据文件和重做日志文件。
- 执行数据库的完全恢复。

- 改变数据库的归档模式。

```
SQL> startup mount
ORACLE 例程已经启动。

Total System Global Area  535662592 bytes
Fixed Size                  1334380 bytes
Variable Size             335545236 bytes
Database Buffers          192937984 bytes
Redo Buffers                5844992 bytes
数据库装载完毕。
SQL>
```

图 6.7　用 MOUNT 选项启动数据库

(3)　OPEN 选项

OPEN 选项不仅创建例程，还装载数据库，并且打开数据库。这是正常的启动模式。如果 STARTUP 语句没有指定任何选项，那就使用 OPEN 选项启动数据库，如图 6.8 所示。

```
SQL> startup open
ORACLE 例程已经启动。

Total System Global Area  535662592 bytes
Fixed Size                  1334380 bytes
Variable Size             335545236 bytes
Database Buffers          192937984 bytes
Redo Buffers                5844992 bytes
数据库装载完毕。
数据库已经打开。
SQL>
```

图 6.8　用 OPEN 选项启动数据库

将数据库设置为打开状态后，任何具有 CREATE SESSION 权限的用户都能够连接到数据库，并进行常规的数据访问操作。

(4)　FORCE 选项

若在正常启动数据库时遇到了困难，则可以使用 FORCE 启动选项。如果一个数据库服务器突然断电，使数据库异常中断，那么这可能会使数据库遗留在一个必须使用 FORCE 启动选项的状态。通常情况下，不需要用该选项启动数据库。FORCE 选项与正常启动选项之间的差别还在于无论数据库处于什么模式，都可以使用该选项，即 FORCE 选项首先异常关闭数据库，然后重新启动它，而不需要事先用 SHUTDOWN 语句关闭数据库，如图 6.9 所示。

```
SQL> startup force
ORACLE 例程已经启动。

Total System Global Area  535662592 bytes
Fixed Size                  1334380 bytes
Variable Size             335545236 bytes
Database Buffers          192937984 bytes
Redo Buffers                5844992 bytes
数据库装载完毕。
数据库已经打开。
SQL>
```

图 6.9　强制用 FORCE 选项启动数据库

(5) RESTRICT 选项

用 RESTRICT 选项启动数据库时，会将数据库启动到 OPEN 模式，但此时只有拥有 RESTRICTED SESSION 权限的用户才能访问数据库，如图 6.10 所示。

```
SQL> startup restrict
ORACLE 例程已经启动。

Total System Global Area  535662592 bytes
Fixed Size                  1334380 bytes
Variable Size             335545236 bytes
Database Buffers          192937984 bytes
Redo Buffers                5844992 bytes
数据库装载完毕。
数据库已经打开。
SQL>
```

图 6.10　使用 RESTRICT 选项启动数据库

此时，如果没有 RESTRICTED SESSION 权限的用户企图连接到数据库，就会有错误提示，如图 6.11 所示。

```
SQL> connect hr/hr
ERROR:
ORA-01035: ORACLE only available to users with RESTRICTED SESSION privilege


警告: 您不再连接到 ORACLE。
SQL>
```

图 6.11　没有 RESTRICTED SESSION 权限的用户无法连接数据库

如果需要在数据库处于 OPEN 模式下执行维护任务，又要保证此时其他用户不能在数据库上建立连接和执行任务，则需要使用 RESTRICT 选项来打开数据库，以便完成如下的任务：

- 执行数据库数据的导出或导入操作。
- 执行数据装载操作(用 SQL*Loader)。
- 暂时阻止一般的用户使用数据。
- 进行数据库移植或升级。

当工作完毕时，可以用 ALTER SYSTEM 语句禁用 RESTRICTED SESSION 权限，以便一般用户能连接并使用数据库，如图 6.12 所示。

```
SQL> alter system disable restricted session
  2  ;

系统已更改。

SQL> connect hr/hr
已连接。
SQL>
```

图 6.12　禁用 RESTRICTED SESSION 权限后连接并使用数据库

(6) PFILE 选项

数据库例程在启动时必须读取初始化参数文件。Oracle 需要从初始化参数文件中获得有关例程的参数配置信息。如果在执行 STARTUP 语句时没有指定 PFILE 选项，Oracle 首先读取默认位置的服务器初始化参数文件(SPFILE)，如果没有找到默认的服务器初始化参数文件，Oracle 将继续读取默认位置的文本初始化参数文件(PFILE)，如果也没有找到文本初始化参数文件，启动就会失败。

4．OEM 控制台启动

在 OEM 中启动数据库的具体操作如下。

(1) 选择"开始"→"所有程序"→"Oracle-OraDb11g_home1"→"Database Control-orc"命令，就会启动 IE 浏览器，并试图连接到相应的网站，如本书数据库的 https://localhost: 1158/em 网站，如图 6.13 所示。

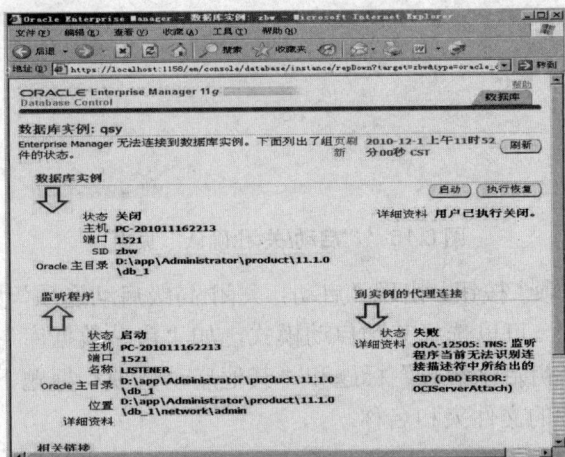

图 6.13　试图连接到 https://localhost:1158/em 网站

(2) 单击"启动"按钮，出现"启动/关闭"页面，如图 6.14 所示。在"主机身份证明"标题下输入具有管理员权限的操作系统用户的"用户名"、"口令"，在"数据库身份证明"标题下输入具有 SYSDBA 权限的数据库用户的"用户名"、"口令"，并选中"另存为首选身份证明"复选框。

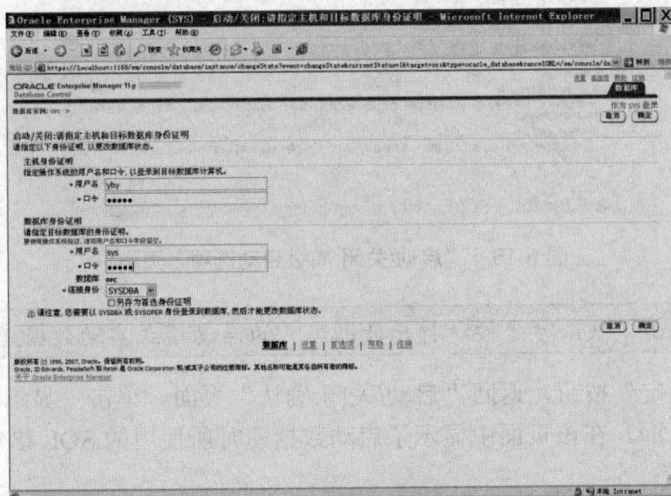

图 6.14　"启动/关闭"页面

(3) 单击"确定"按钮，出现"启动/关闭:确认"页面，如图 6.15 所示。

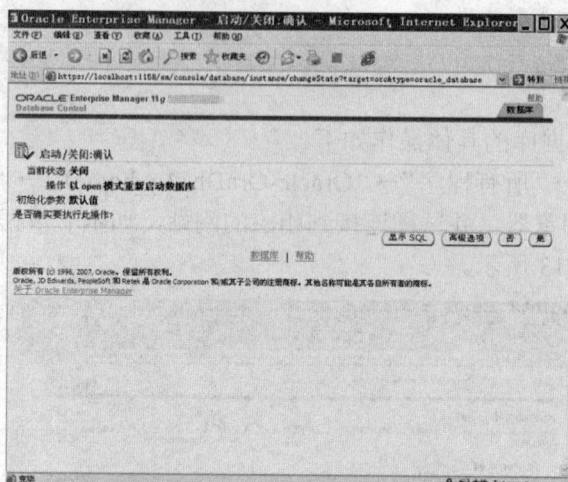

图 6.15　"启动/关闭:确认"页面

(4) 单击"高级选项"按钮，出现"启动,关闭:高级启动选项"页面，如图 6.16 所示。在"启动模式"标题下，可以选择某种启动模式，如"启动数据库"、"装载数据库"、"打开数据库"。在"初始化参数"标题和"其他启动选项"标题下，可以选择相应的选项，或指定 PFILE 文件的文件夹和名称。

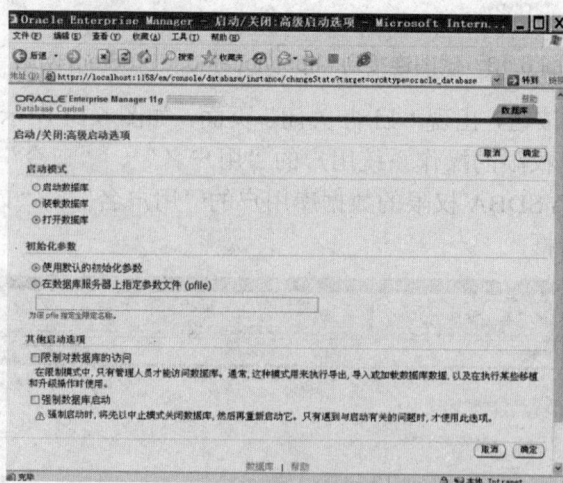

图 6.16　"启动/关闭:高级启动选项"页面

提示：从中可以看出，默认时是按"打开数据库"的启动模式启动数据库的。

(5) 单击"确定"按钮，返回"启动/关闭:确认"页面。单击"显示 SQL"按钮，出现"显示 SQL"页面。在该页面中显示了启动数据库时所使用的 SQL 语句，可作为参考，如图 6.17 所示。

(6) 单击"返回"按钮，返回"启动/关闭:确认"页面。单击"是"按钮，出现"启动/关闭:活动信息"页面，如图 6.18 所示。

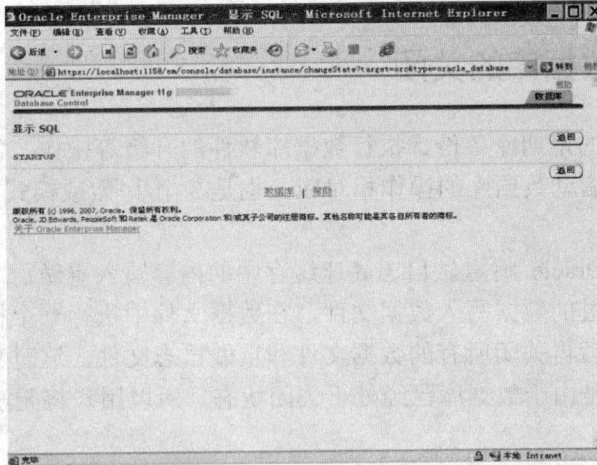

图 6.17　"显示 SQL"页面

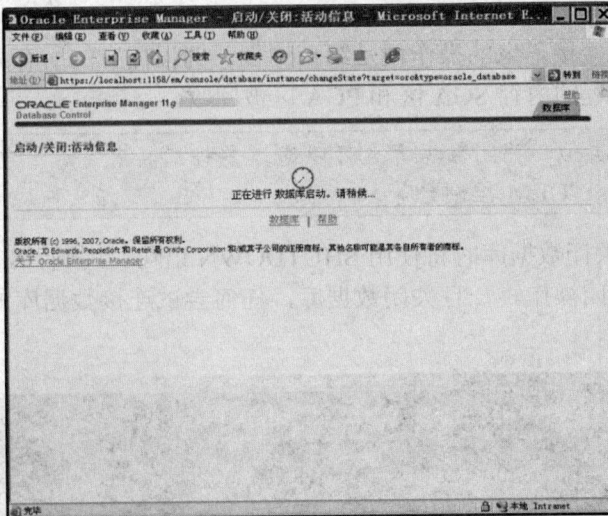

图 6.18　"启动/关闭:活动信息"页面

(7)　经过一段时间和多次闪烁后，将出现"登录"页面，它表示此时该数据库已经启动，用户可以登录了，如图 6.19 所示。

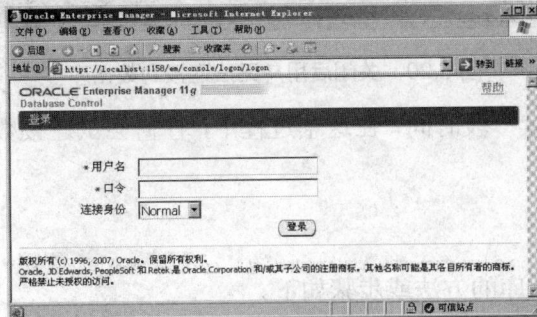

图 6.19　登录页面

6.1.2　Oracle 数据库的关闭

为了执行数据库的定期冷备份、执行数据库软件的升级等操作，常需要关闭数据库。关闭数据库的操作与启动数据库的操作相对应，也是 3 个步骤(或模式)，现介绍如下。

(1)　关闭数据库

关闭数据库时，Oracle 将重做日志高速缓存中的内容写入重做日志文件，并且将数据库高速缓存中被改动过的数据写入数据文件，在数据文件中执行一个检查点，即记录下数据库关闭的时间，然后再关闭所有的数据文件和重做日志文件。这时数据库的控制文件仍然处于打开状态，但是由于数据库已经处于关闭状态，所以用户将无法访问数据库。

(2)　卸载数据库

关闭数据库后，例程才能够卸载数据库，并在控制文件中更改相关的项目，然后关闭控制文件，但是例程仍然存在。

(3)　终止例程

上述两步完成后，接下来的操作便是终止例程，例程拥有的所有后台进程和服务进程将被终止，分配给例程的内存 SGA 区和 PGA 区被回收。

> **提示**：与启动数据库类似，关闭数据库也可以通过多种工具来完成，包括 Windows 服务窗口、SQL*PLus、OEM 控制台等。

在 SQL*Plus 中关闭数据库时将使用 SHUTDOWN 语句。在执行 SHUTDOWN 语句后，数据库将开始执行关闭操作。一旦关闭数据库，任何尝试连接数据库的操作都会失败，如图 6.20 所示。

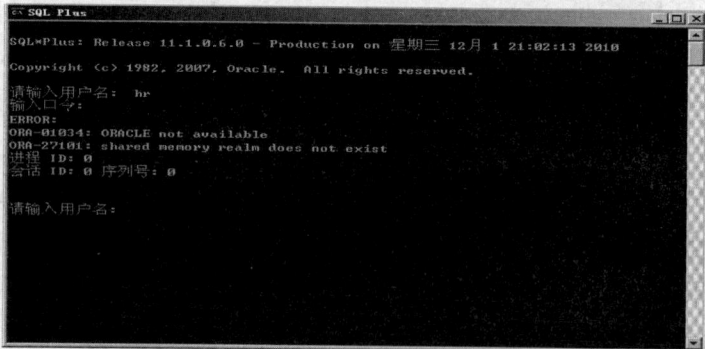

图 6.20　关闭后用户无法连接到数据库

关闭操作可能会持续一段时间，在这个过程中，任何尝试连接数据库的操作都会失败，如图 6.21 所示。

1．在 OEM 中关闭

在 OEM 中关闭数据库的方法或步骤如下。

(1)　以 SYS 用户、SYSDBA 连接身份登录 OEM，登录页面如前(见图 6.19)。打开"数据库实例"页面的"主目录"子页面，如图 6.22 所示。

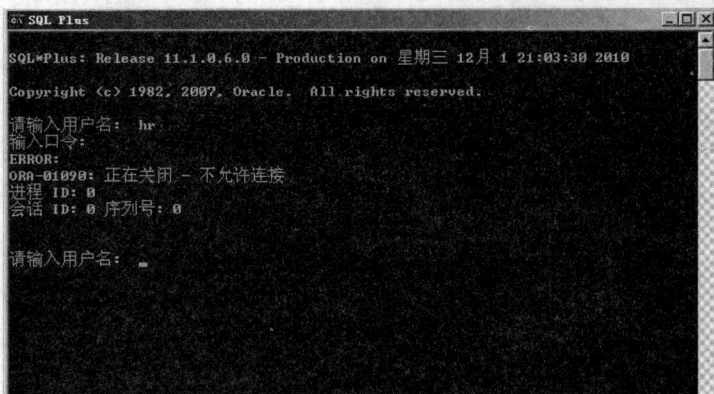

图 6.21　关闭时不允许用户连接数据库

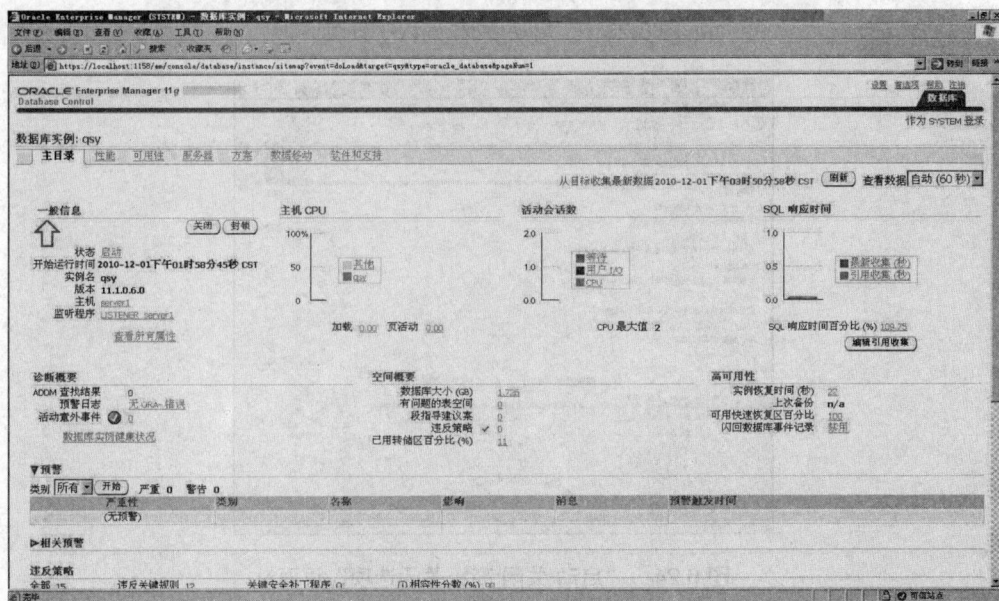

图 6.22　数据库实例页面主目录子页面

(2)　在"一般信息"标题下，单击"关闭"按钮，出现"启动/关闭:请指定主机和目标数据库身份证明"页面，参见图 6.14。在"主机身份证明"标题下输入具有管理员权限的操作系统用户的"用户名"、"口令"，在"数据库身份证明"标题下输入具有 SYSDBA 权限的数据库用户的"用户名"、"口令"，选中"另存为首选身份证明"复选框。

(3)　设置完成后单击"确定"按钮，打开如图 6.23 所示的"启动/关闭:确认"页面。

(4)　单击"高级选项"按钮，打开"启动/关闭:高级关闭选项"页面，如图 6.24 所示。

(5)　从中可以看出，默认是按"立即"选项关闭数据库的。在此直接单击"确定"按钮，返回"启动/关闭:确认"页面。

(6)　单击"是"按钮，打开"启动/关闭:活动信息"页面，如图 6.25 所示。

此时已经开始关闭数据库，经过一段时间后单击"刷新"按钮，便出现"数据库实例"页面，至此数据库将成功关闭。

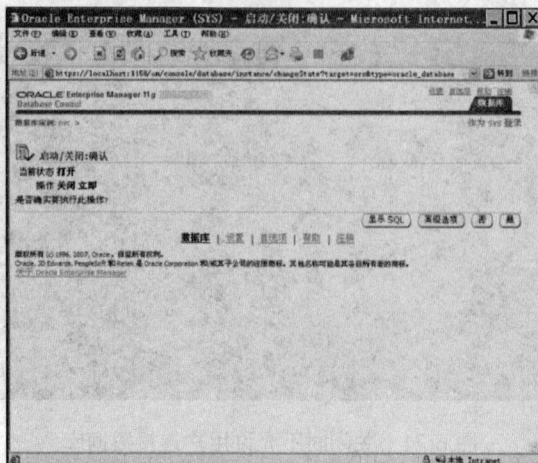

图 6.23 "启动/关闭:确认"页面

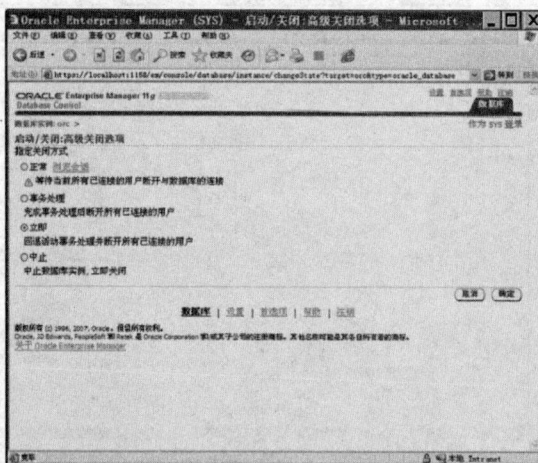

图 6.24 "启动/关闭:高级关闭选项"页面

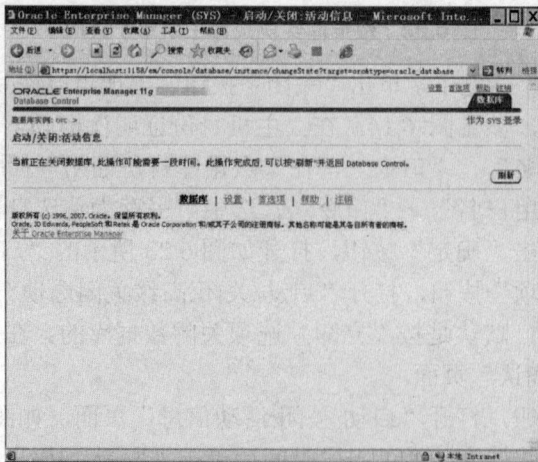

图 6.25 "启动/关闭:活动信息"页面

2．关闭服务

下面以关闭 OracleServiceQSY 为例，介绍关闭服务的方法。

(1) 在"服务"窗口中，双击处于"已启动"状态的 OracleServiceQSY 服务，出现其属性对话框，服务窗口参见图 6.2。

(2) 单击"停止"按钮，开始停止 OracleServiceQSY 服务。此时，将出现停止该服务的"服务控制"进度窗口，执行完成后，返回属性对话框。

(3) 至此 OracleServiceQSY 服务就已经被停止了。属性对话框中显示"服务状态"为"已停止"。

3．SQL*Plus 关闭

在 SQL*Plus 中，关闭数据库的方式是以命令行方式关闭数据库。为了完成关闭数据库的例子，先要完成如下工作。

确保在 Windows 服务中启动了 OracleServiceSID 服务(Oracle_homeTNSListener 和 OracleDBConsoleSID 可以是启动的或停止的)，以具有 SYSDBA 或 SYSOPER 权限的数据库用户账户，如 SYS 或 SYSTEM，用 SYSDBA 的连接身份，启动 SQL*Plus 并同时登录、连接到数据库。至此，就做好关闭数据库例程的准备了。与数据库启动一样，有几个可供选择的选项用于关闭数据库。无论在什么情况下，读者都需要弄清楚这些关闭选项。

SQL*Plus 关闭数据库的语法如下：

```
SHUTDOWN [NORMAL | TRANSACTIONAL| IMMEDIATE | ABORT];
```

> 提示：如果不在 Windows 服务中事先关闭 OracleDBConsoleSID 服务，则使用 SHUTDOWN 或 SHUTDOWN NORMAL 来关闭数据库时没有响应结果，但其他几个选项有响应结果。

其中，各个选项的作用与意义介绍如下。

(1) NORMAL(正常)选项

如果对关闭数据库的时间没有限制，通常会使用 NORMAL 选项来关闭数据库。SHUTDOWN 与 SHUTDOWN NORMAL 作用相同。使用带有 NORMAL 选项的 SHUTDOWN 语句将以正常方式关闭数据库。

按 NORMAL 选项关闭数据库时所耗费的时间完全取决于用户主动断开连接的时间。因为用户可能连接到数据库但并不做任何工作或离开相当长的一段时间，所以通常 DBA 在发布 SHUTDOWN NORMAL 语句之前，需要做一些额外的工作，以便找出哪些连接仍然是活动的，并通知所有在线的用户尽快断开连接，或强行删除他们的会话，然后再使用 NORMAL 选项关闭数据库。

(2) TRANSACTIONAL(事务处理)选项

TRANSACTIONAL 选项比 NORMAL 选项稍微主动些，它能在尽可能短的时间内关闭数据库。按 TRANSACTIONAL 选项关闭数据库时，Oracle 将等待所有当前未提交的事务完成后再关闭数据库。

(3) IMMEDIATE(立即)选项

按 IMMEDIATE 选项关闭数据库，就能够在尽可能短的时间内关闭数据库。

通常在如下几种情况下需要使用 IMMEDIATE 选项来关闭数据库：

- 即将发生电力供应中断。
- 即将启动自动数据备份操作。
- 数据库本身或某个数据库应用程序发生异常，并且这时无法通知用户主动断开连接，或用户根本无法执行断开操作。

如果按上述 3 种选项都无法成功关闭数据库，就说明数据库存在严重的错误。这时只能使用 ABORT 选项来关闭数据库。若出现如下几种情况，则可以使用 ABORT 选项来关闭 Oracle 数据库：

- 数据库本身或某个数据库应用程序发生异常，并且使用其他选项均无效时。
- 出现紧急情况，需要立刻关闭数据库(比如得到通知将在一分钟内发生停电)。
- 在启动数据库例程的过程中产生错误。

6.2 表

启动 Oracle 后，可以登录到目标数据库，紧接着的工作便是创建与使用表，这样才能将数据保存到数据库中，才能进行后续的各项管理与开发工作。同时，表的结构设计是否合理、是否能保存所需的数据也对数据库的功能、性能、完整性有关键的影响。因此，在实际创建表之前，务必做好完善的用户需求分析和表的规范化设计，毕竟创建表之后就不能轻易进行修改(尽管可以修改)，否则就会增加很多维护系统的工作量。

6.2.1 设计表

表是 Oracle 数据库最基本的对象，其他许多数据库对象(如索引、视图)都是以表为基础的。在 Oracle 中，有多种类型的表。不同类型的表各有一些特殊的属性，适应于保存某种特殊的数据、进行某些特殊的操作，即在某些方面可能比其他类型的表的性能更好，如处理速度更快、占用磁盘空间更少。

从用户角度来看，表中存储的数据的逻辑结构是一张二维表，即表由行、列两部分组成。表是通过行和列来组织数据的。通常称表中的一行为一条记录，称表中的一列为属性列。一条记录描述一个实体，一个属性列描述实体的一个属性，如部门有部门编码、部门名称、部门位置等属性，雇员有雇员编码、雇员名、工资等属性。每个列都具有列名、列数据类型、列长度，可能还有约束条件、默认值等，这些内容在创建表时即被确定。因此，设计表结构的时候一般包含 3 个方面的内容：列名、列所对应的数据类型和列上的约束。

1. 表与列的命名

当创建一个表时，必须给它赋予一个名称，还必须给各个列赋予一个名称。表和列的名称有下列要求，如果违反了就会创建失败，并产生错误提示：

- 长度必须在 1~30 个字节之间。
- 必须以一个字母开头。
- 能够包含字母、数值、下划线符号_、英镑符号#和美元符号$。
- 不能使用保留字，如 CHAR 或是 NUMBER。
- 若名称被围在双引号""中，唯一的要求是名称的长度在 1~30 个字符之间，并且不含有嵌入的双引号。
- 每个列名称在个表内必须是唯一的。

表名称在用于表、视图、序列、专用同义词、过程、函数、包、物化视图和用户定义类型的名称空间内必须是唯一的。

> **说明**：在 Oracle 数据库中，表、视图、序列、专用同义词、过程、函数、包、物化视图和用户定义类型等均属于方案中的数据对象，数据对象不能够重名，但是不同方案中的相同对象可以采用相同的名称，这时需要在数据对象前面加上方案名来区别。

2．列的数据类型

在创建表的时候，不仅需要指定表名、列名，而且还要根据实际情况，为每个列选择合适的数据类型(Data Type)，用于指定该列可以存储哪种类型的数据。通过选择适当的数据类型，就能够保证存储和检索数据的正确性。Oracle 数据表中列的数据类型与第 4 章介绍的 PL/SQL 中的数据类型基本相同，在一些细节上小有差异。Oracle 数据表中列的数据类型列举如下。

(1) 字符数据类型：

- CHAR[(<size>)[BYTE|CHAR])]
- NCHAR[(<size>)]
- VARCHAR2(<size>[BYTE|CHAR])
- NVARCHAR2(<size>)

(2) 大对象数据类型：

- CLOB
- NCLOB
- BLOB
- BFILE

(3) 数字数据类型：

NUMBER[(<precision>[．<scale>])]

(4) 日期和时间数据类型：

- DATE
- TIMESTAMP[(<precision>)]
- TIMESTAMP[(<precision>)] WITH TIME ZONE
- TIMESTAMP[(<precision>)] WITH LOCAL TIME ZONE
- INTERVAL DAY[(<precision>)] TO SECOND

(5) 二进制数据类型：
- ROW(<size>)
- LONG ROW

(6) 行数据类型：
- ROWID
- UROWID

3．列的约束

Oracle 通过为表中的列定义各种约束条件来保证表中数据的完整性。如果任何 DML 语句的操作结果与已经定义的完整性约束发生冲突，Oracle 会自动回退这个操作，并返回错误信息。

在 Oracle 中可以建立的约束条件包括 NOT NULL、UNIQUE、CHECK、PRIMARY KEY、FOREIGN KEY。下面将进行详细介绍。

(1) NOT NULL 约束

NOT NULL 即非空约束，主要用于防止 NULL 值进入到指定的列。这些类型的约束是在单列基础上定义的。在默认情况下，Oracle 允许在任何列中有 NULL 值。NOT NULL 约束具有如下特点：

- 定义了 NOT NULL 约束的列中不能包含 NULL 值或无值。在默认情况下，Oracle 允许在任何列中有 NULL 值或无值。如果某个列上定义了 NOT NULL 约束，则插入数据时就必须为该列提供数据。
- 只能在单个列上定义 NOT NULL 约束。
- 在同一个表中可以在多个列上分别定义 NOT NULL 约束。

(2) UNIQUE 约束

UNIQUE 即唯一约束，该约束用于保证在该表中指定的各列的组合中没有重复的值。其主要特点如下：

- 定义了 UNIQUE 约束的列中不能包含重复值，但如果在一个列上仅定义了 UNIQUE 约束，而没有定义 NOT NULL 约束，则该列可以包含多个 NULL 值或无值。
- 可以为一个列定义 UNIQUE 约束，也可以为多个列的组合定义 UNIQUE 约束。因此，UNIQUE 约束既可以在列级定义，也可以在表级定义。
- Oracle 会自动为具有 UNIQUE 约束的列建立一个唯一索引(Unique Index)。如果这个列已经具有唯一或非唯一索引，Oracle 将使用已有的。
- 对同一个列，可以同时定义 UNIQUE 约束和 NOT NULL 约束。
- 在定义 UNIQUE 约束时可以为它的索引指定存储位置和存储参数。

(3) CHECK 约束

CHECK 即检查约束，用于检查在约束中指定的条件是否得到了满足。CHECK 约束具有如下特点：

- 定义了 CHECK 约束的列必须满足约束表达式中指定的条件，但允许为 NULL。
- 在约束表达式中必须引用表中的某个列或多个列，并且约束表达式的计算结果必须是一个布尔值。

- 在约束表达式中不能包含子查询。
- 在约束表达式中不能包含 SYSDATE、UID、USER、USERENV 等内置的 SQL 函数，也不能包含 ROWID、ROWNUM 等伪列。
- CHECK 约束既可以在列级定义，也可以在表级定义。
- 对同一个列，可以定义多个 CHECK 约束，也可以同时定义 CHECK 和 NOT NULL 约束。

(4)　PRIMARY KEY 约束

PRIMARY KEY 即主键约束，用来唯一地标识出表的每一行，并且防止出现 NULL 值。一个表只能有一个主键约束。PRIMARY KEY 约束具有如下特点：

- 定义了 PRIMARY KEY 约束的列(或列组合)不能包含重复值，并且不能包含 NULL 值。
- Oracle 会自动为具有 PRIMARY KEY 约束的列(或列组合)建立一个唯一索引 (Unique Index)和一个 NOT NULL 约束。
- 同一个表中只能够定义一个 PRIMARY KEY 约束的列(或列组合)。
- 可以在一个列上定义 PRIMARY KEY 约束，也可以在多个列的组合上定义 PRIMARY KEY 约束。因此，PRIMARY KEY 约束既可以在列级定义，也可以在表级定义。

(5)　FOREIGN KEY 约束

FOREIGN KEY 即外键约束，通过使用外键，保证表与表之间的参照完整性。在参照表上定义的外键需要参照主表的主键。该约束具有如下特点：

- 定义了 FOREIGN KEY 约束的列中只能包含相应的在其他表中引用的列的值，或为 NULL。
- 定义了 FOREIGN KEY 约束的外键列和相应的引用列可以存在于同一个表中，这种情况称为"自引用"。
- 对同一个列，可以同时定义 FOREIGN KEY 约束和 NOT NULL 约束。
- FOREIGN KEY 约束必须参照一个 PRIMARY KEY 约束或 UNIQUE 约束。
- 可以在个列上定义 FOREIGN KEY 约束，也可以在多个列的组合上定义 FOREIGN KEY 约束。因此，FOREIGN KEY 约束既可以在列级定义，也可以在表级定义。

6.2.2　创建表

所谓创建表，实际上就是在数据库中定义表的结构。表的结构主要包括表与列的名称、列的数据类型，以及建立在表或列上的约束。

创建表时可以在 SQL*Plus 中使用 CREATE TABLE 命令完成，也可以在 OEM 中完成创建工作。

1．用 CREATE TABLE 命令创建表

在 Oracle 数据库中，CREATE TABLE 语句的基本语法格式是：

```
CREATE[[GLOBAL]TEMPORORY|TABLE |schema.]table_name
    (column1 datatype1 [DEFAULT exp1] [column1 constraint],
     column2 datatype2 [DEFAULT exp2] [column2 constraint]
[table constraint])
[ON COMMIT (DELETE| PRESERVE}ROWS]
[ORGANIZITION {HEAP | INDEX |EXTERNAL...}]
[PARTITION BY...(...)]
[TABLESPACE tablespace_name]
[LOGGING | NOLOGGING]
[COMPRESS|NOCOMPRESS];
```

其中：

- column1 datatype1 为列指定数据类型。
- DEFAULT exp1 为列指定默认值。
- column1 constraint 为列定义完整性约束(constraint)。
- [table constraint]为表定义完整性约束(constraint)。
- [ORGANIZITION {HEAP | INDEX |EXTERNAL...}]为表的类型，如关系型(标准/按堆组织)、临时型、索引型、外部型或者对象型。
- [PARTITION BY...(...)]为分区及子分区信息。
- [TABLESPACE tablespace_name]指示用于存储表或索引的表空间。
- [LOGGING | NOLOGGING]指示是否保留重做日志。
- [COMPRESS | NOCOMPRESS]指示是否压缩。

如果要在自己的方案中创建表，要求用户必须具有 CREATE TABLE 系统权限。如果要在其他方案中创建表，则要求用户必须具有 CREATE ANY TABLE 系统权限。

创建表时，Oracle 会为该表分配相应的表段。表段的名称与表名完全相同，并且所有数据都会被存放到该表段中。

例如，在 EMPLOYEE 表空间上建立 department 表时，Oracle 会在 EMPLOYEE 表空间中创建 department 表段。所以要求表的创建者必须在指定的表空间上具有空间配额或具有 UNLIMITED TABLESPACE 系统权限。

2. 用 OEM 创建表

在 OEM 中，可以通过界面交互的方式创建表。

【例 6.1】在 OEM 中创建表 EDUCATION。

(1) 在数据库实例页面选择"方案"子页面，如图 6.26 所示。

(2) 在数据库对象栏目中选择表，进入"表"页面，如图 6.27 所示。

(3) 在"方案"文本框中直接输入表所在的方案，也可以单击其右边的手电筒图标✐，进入"搜索和选择:方案"页面，如图 6.28 所示，在下面的方案列表中选择 HR 方案，单击"选择"按钮，回到"表"页，可以看到方案文本框中出现的是 HR 方案。

(4) 单击"开始"按钮，下面的列表中列出了 HR 方案当前的表，如图 6.29 所示。

(5) 单击列表右上方的"创建"按钮，进入"创建表"页面，选择本次创建的表的类型(标准表)，单击"继续"按钮，进入"表一般信息"页面，如图 6.30 所示。

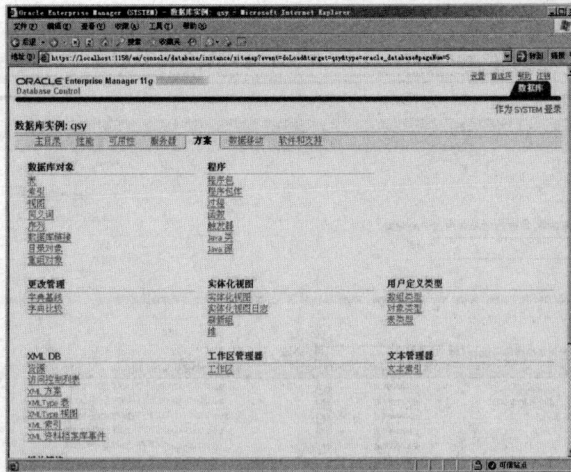

图 6.26　数据库实例页面"方案"子页面

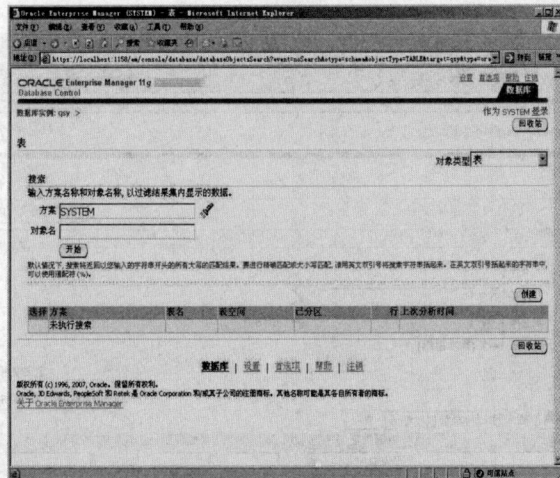

图 6.27　"表"页面

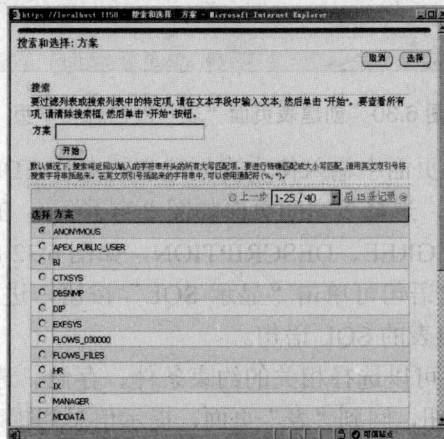

图 6.28　"搜索和选择:方案"页面

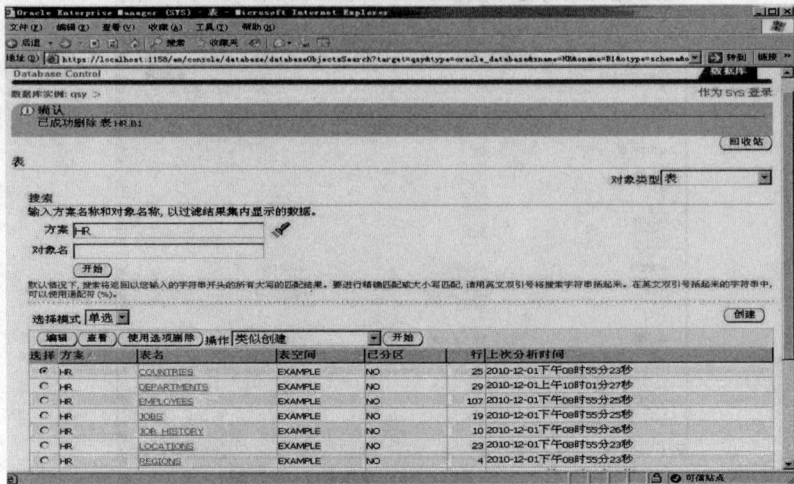

图 6.29　选择方案后列出 HR 方案中的表

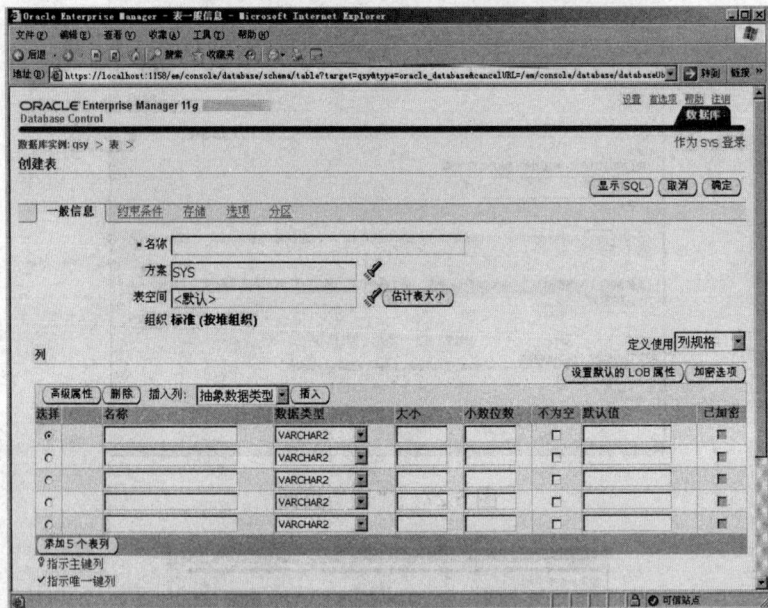

图 6.30　创建表页面"表一般信息"子页

(6)　在"表一般信息"页面中输入待本次创建表的名称 EDUCATION，选择对应的方案 HR 和表空间 EXAMPLE，选择表空间页面如图 6.31 所示。在下边的列表中输入该表的字段，EMPLOYEE_ID、DEGREE、DESCRIPTION，如图 6.32 所示。

(7)　查看当前表的创建语句可单击"显示 SQL"按钮，进入"显示 SQL"页面，如图 6.33 所示，显示当前创建表的 SQL 语句。

(8)　在创建表页面下还可以选择相关的约束条件、存储、选项和分区等选项页来指定相关内容。单击"确认"按钮，回到"表"页面，提示信息栏提示表 HR.EDUCATON 创建成功，在下方的列表中增加了 EDUCATION 表，如图 6.34 所示。

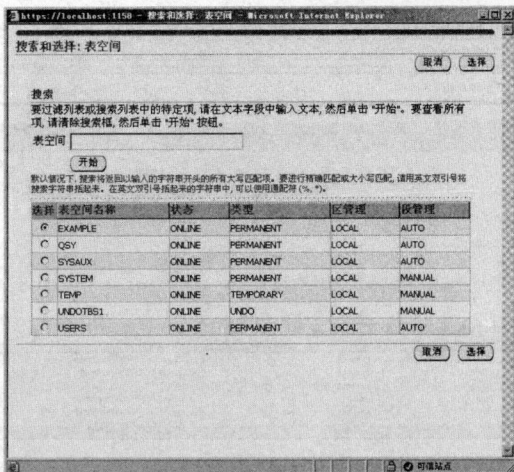

图 6.31　创建表页面"搜索和选择:表空间"页面

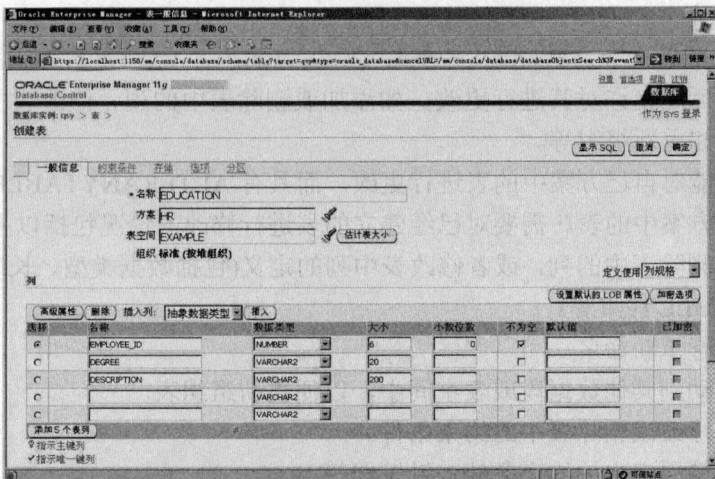

图 6.32　输入表字段信息

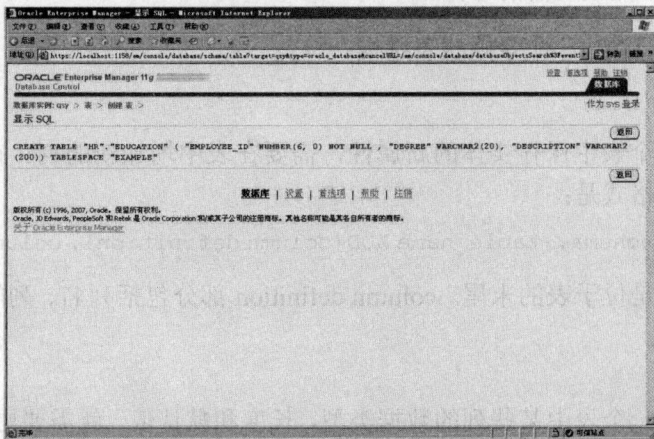

图 6.33　"显示 SQL"页面

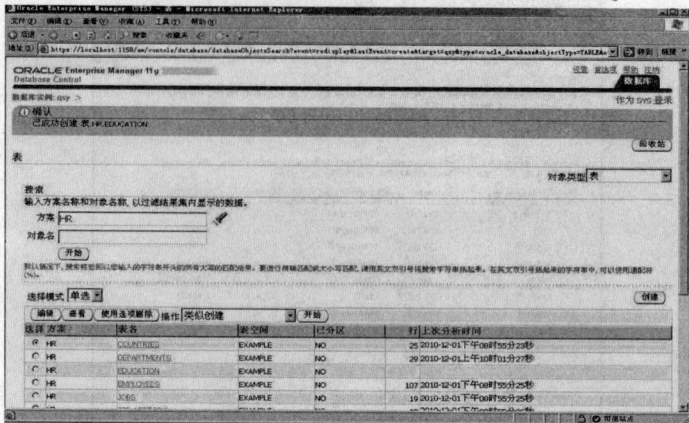

图 6.34　"表"页面表创建成功

6.2.3　修改表

表在创建之后还允许对其进行更改，如添加或删除表中的列、修改表中的列，以及对表进行重新命名和重新组织等。

普通用户只能对自己方案中的表进行更改，而具有 ALTERANYTABLE 系统权限的用户可以修改任何方案中的表。需要对已经建立的表进行修改的情况包括以下几种：

- 添加或删除表中的列，或者修改表中列的定义(包括数据类型、长度、默认值以及 NOT NULL 约束等)。
- 对表进行重新命名。
- 将表移动到其他数据段或表空间中，以便重新组织表。
- 添加、修改或删除表中的约束条件。
- 启用或禁用表中的约束条件、触发器等。

同样，修改表结构一方面可以在 SQL*Plus 中使用 ALTER TABLE 命令完成，另一方面也可以在 OEM 中完成所需的工作。

1. 用 ALTER TABLE 命令修改表结构

(1)　增加列

如果需要在一个表中保存实体的新属性，需要在表中增加新的列。在一个现有表中添加一个新列的语法格式是：

ALTER TABLE [schema.]table_name ADD(column definition1, column definition2);

新添加的列总是位于表的末尾。column definition 部分包括列名、列的数据类型以及将具有的任何默认值。

(2)　修改列

如果需要调整一个表中某些列的数据类型、长度和默认值，就需要更改这些列的属性。没有更改的列不受任何影响。

更改表中现有列的语法格式为：

```
ALTER TABLE[schema.]table_name MODIFY(column_name1  new_attributes1,
column_name2  new_attributes2...)
```

(3)　删除列

当不再需要某些列时，可以将其删除。直接删除列的语法是：

```
ALTER TABLE[schema.]table_name DROP(column_name1, column_name2...)
[CASCADE CONSTRAINTS];
```

可以在括号中使用多个列名，每个列名用逗号分隔开。相关列的索引和约束也会被删除。如果删除的列是一个多列约束的组成部分，那么就必须指定 CASCADE CONSTRAINTS 选项，这样才会删除相关的约束。

(4)　将列标记为 UNUSED 状态

删除列时，将删除表中每条记录的相应列的值，同时释放所占用的存储空间。因此，如果要删除一个大表中的列，由于必须对每条记录进行处理，删除操作可能会执行很长的时间。为了避免在数据库使用高峰期间由于执行删除列的操作而占用过多系统资源，可以暂时通过 ALTERTABLE SET UNUSED 语句将要删除的列设置为 UNUSED 状态。

该语句的语法格式为：

```
ALTERTABLE[schema.]table_name SET UNUSED(column_name1,column_name2...)
[CASCADE CONSTRAINTS];
```

被标记为 UNUSED 状态的列与被删除的列之间是没有区别的，都无法通过数据字典或在查询中看到。另外，甚至可以为表添加与 UNUSED 状态的列具有相同名称的新列。

在数据字典视图 USER_UNUSED_COL_TABS、ALL_UNUSED_COLTABS 和 DBA_UNUSED_COL_TABS 中可以查看到数据库中有哪些表哪几列被标记为 UNUSED 状态。

2. 用 OEM 修改表结构

在 OEM 中，可以很方便地对表结构进行修改。

【例 6.2】修改表 EDUCATION，增加 master 字段，并修改字段 description 的宽度。

(1)　进入"表"页面，指定本次修改表所在的方案，单击"开始"按钮，得到该方案表格的列表，参见图 6.29。在列表中选择本次要修改的表，单击表名称进入"表视图"页面，"表视图"页面显示了该表的各项信息供用户查看，如果要对其信息进行修改，单击右上方的"编辑"按钮，就可以进入"编辑表"页面。

提示： "编辑表"和创建表时的"表一般信息"页面相类似，用户可以在这个页面上完成所需的相关操作。

(2)　增加字段 master，并修改 description 字段，如图 6.35 所示。

(3)　单击"显示 SQL"按钮，可以看到本次修改的 SQL 语句，如图 6.36 所示。

(4)　返回"编辑表"页面，单击右上方的"应用"按钮，可以看到更新消息：已成功修改表 HR.EDUCATION。

同样，可以在表约束条件子页设定表的 PRIMARYKEY、FOREIGNKEY、UNIQUE、CHECK 等约束，这里将不再一一赘述。

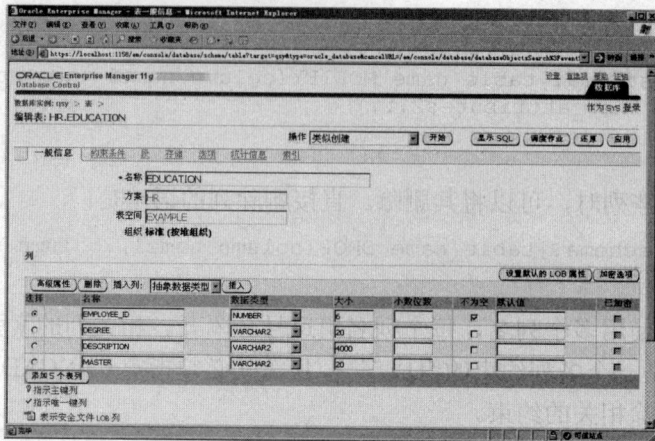

图 6.35　在编辑表页面对表进行修改

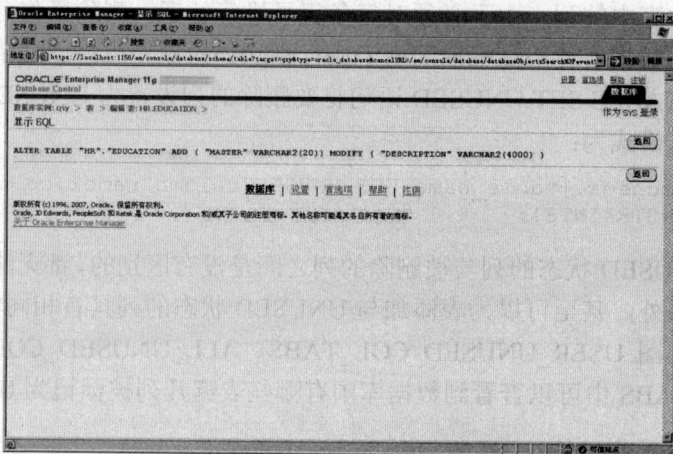

图 6.36　修改表操作对应的 SQL 语句显示

6.3　视　　图

视图是由 SELECT 子查询语句定义的一个逻辑表，在创建视图时，只是将视图的定义信息保存到数据字典中，并不是将实际的数据重新复制到任何地方，即在视图中并不保存任何数据，通过视图而操作的数据仍然保存在表中，所以不需要在表空间中为视图分配存储空间，因此它是个"虚表"。视图的使用和管理在许多方面都与表相似，如都可以被创建、更改和删除，都可以通过它们操作数据库中的数据。但除了 SELECT 之外，视图在 INSERT、UPDATE 和 DELETE 方面受到某些限制。

6.3.1　创建视图

如果要在当前方案中创建视图，要求用户必须具有 CREATE VIEW 系统权限。如果要在其他方案中创建视图，要求用户必须具有 CREATEANYVIEW 系统权限。可以直接或者通过一个角色获得这些权限。

创建视图与创建表一样，可以在 SQL*Plus 中使用 CREATE VIEW 命令完成，也可以在 OEM 中完成创建工作。

1. 用 SQL*Plus 创建视图

(1) 语法

可用 CREATEVIEW 语句创建视图。创建视图时，视图的名称和列名必须符合表的命名规则，但又建议使用另一种命名习惯，以便区分表和视图。

创建视图的基本语法格式如下：

```
CREATE[OR REPLACE][FORCE]VIEW[schema.]view_name
[(column1, column2,)]
AS SELECT ... FROM ... WHERE ...
[WITH CHECK OPTION][CONSTRAINT constraint_name]
[WITH READ ONLY];
```

- OR REPLACE：如果存在同名的视图，则使用新视图替代已有的视图。
- FORCE：强制创建视图，不考虑基础表是否存在，也不考虑是否具有使用基础表的权限。
- schema：指出在哪个方案中创建视图。
- view_name：视图的名称。
- column1、column2 等：视图的列名。列名的个数必须与 SELECT 子查询中的列个数相同。如果不提供视图的列名，Oracle 会自动使用子查询的列名或列别名，如果子查询包含函数或表达式，则必须为其定义列名。如果 column1、column2 等指定的列名个数与 SELECT 子查询中的列名个数不相同，则会有错误提示。
- AS SELECT：用于创建视图的 SELECT 子查询。子查询的类型，决定了视图的类型。创建视图的子查询不能包含 FOR UPDATE 子句，并且相关的列不能引用序列的 CURRVAL 或 NEXTVAL 为列值。
- WITH CHECK OPTION：使用视图时，检查涉及的数据是否能通过 SELECT 子查询的 WHERE 条件，否则不允许操作并返回错误提示。
- CONSTRAINT constraint_name：当使用 WITH CHECK OPTION 选项时，用于指定该视图的该约束的名称。如果没有提供一个约束名字，Oracle 就会生成一个以 SYS C 开头的约束名字，后面是一个唯一的字符串。
- WITH READ ONLY：创建的视图只能用于查询数据，而不能用于更改数据。该子句不能与 ORDER BY 子句同时存在。

注意：同所有的子查询一样，定义视图的查询不能包含 FOR UPDATE 子句。

正常情况下，如果基本表不存在，创建视图时就会失败。但是，如果创建视图的语句没有语法错误，只要使用 FORCE 选项(默认值为 NO FORCE)就可以创建该视图。这种强制创建的视图被称为带有编译错误的视图(View With Errors)。此时这种视图处于失效(Invalid)状态，不能执行该视图定义的查询。但以后可以修复出现的错误，如创建其基础表。Oracle

会在相关的视图受到访问时自动重新编译失效的视图。

在 Oracle 中提供强制创建视图的功能是为了使基础表的创建和修改与视图的创建和修改之间没有必然的依赖性，便于同步工作，提高工作效率，并且可以继续进行目前的工作。

(2) 在 SQL*Plus 中创建视图

创建简单视图。简单视图即指基于单个表建立的不包含任何函数、表达式和分组数据的视图。在创建视图之前，为了确保视图的正确性，应先测试 SELECT 子查询的语句。所以，创建视图的正确步骤如下。

① 编写 SELECT 子查询语句。

② 测试 SELECT 子查询语句。

③ 检查查询结果的正确性。

④ 使用该 SELECT 子查询语句创建视图，并注意命名方面与选项方面的规定。

【例 6.3】以下创建视图 Managers，该视图用于显示出所有部门经理的信息：

```
SQL>create view managers as
    Select employee_id,first_name,last_name,email,phone_number,
     job_id, salary, department_id from employees
    where employee_id in (select distinct manager_id from departments);
```

上述语句的运行结果如图 6.37 所示。

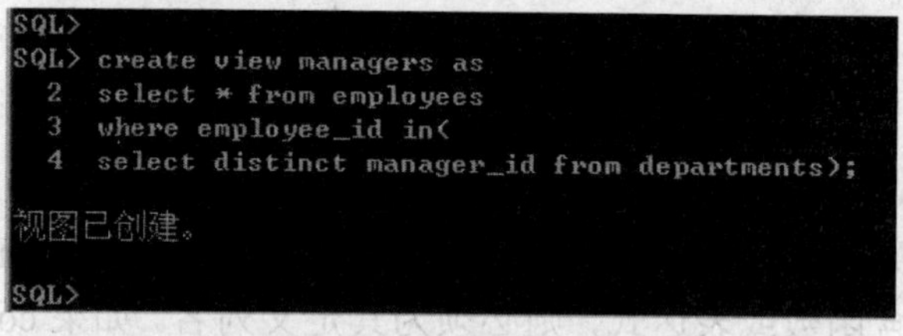

图 6.37 创建视图 Managers

【例 6.4】创建视图 Managers_1，该视图显示出所有部门经理的信息，其中部门显示的不是部门编码，而是部门名称。这需要从 employees 表和 departments 表中联合查询，连接条件是两个表中的 department_id 字段相同，其代码如下：

```
SQL>create view managers_1 as
    Select emp.employee_id, emp.first_name, emp.last_name, emp.email,
     emp.phone_number, emp.job_id, emp.salary, dep.department_name
    from employees emp, departments dep
    where emp.employee_id in (select distinct manager_id from departments)
     and emp.department_id = dep.department_id;
```

上述语句的运行结果如图 6.38 所示。

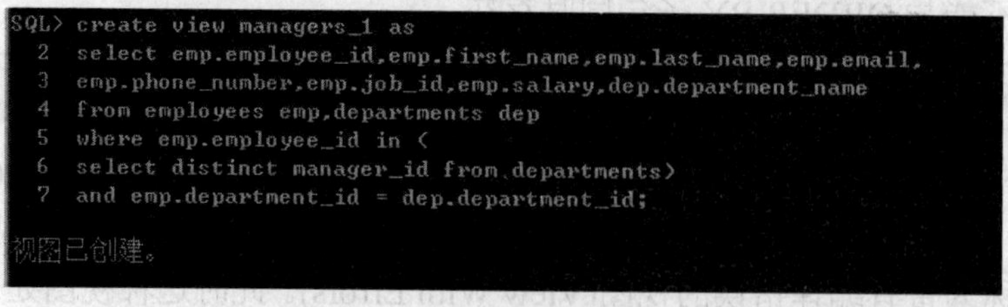

图 6.38 创建视图 Managers_1

复杂视图是指视图的 SELECT 子查询中包含函数、表达式或分组数据的视图。使用复杂视图的主要目的是为了简化查询操作。复杂视图主要用于执行某些需要借助视图才能完成的复杂查询操作，并不是为了要执行 DML 操作。

【例 6.5】创建视图 DEP_EMPCOUNT，该视图显示出部门员工数量和平均工资信息：

```
SQL>create view dep_empcount as
    Select department_id,count(employee_id) emp_count, avg(salary) avg_sal
    from employees
    group by department_id;
```

上述语句的运行结果如图 6.39 所示。

```
SQL> create view dep_empcount as
  2  select department_id,count(employee_id) emp_count,avg(salary) avg_sal
  3  from employees
  4  group by department_id;

视图已创建。

SQL>
```

图 6.39　创建视图 DEP_EMPCOUNT

从该例子也可以看出，创建该视图可以进一步满足用户的查询需求：如部门员工数量超过 20 人的部门经理有哪些，部门员工的平均工资超过 5000 元的部门经理有哪些等。

在满足进一步查询需求时，可能需要表与视图连接在一起进行查询，也可以是视图与视图进行连接。另外，在视图上还可以创建新的视图。

2．在 OEM 中创建视图

以 SYS 用户、SYSDBA 连接身份登录 OEM，出现"数据库实例"页的"主目录"子页。在该页面上，选择"方案"子页。在"数据库对象"标题下，单击"视图"超链接，出现"视图"页面，该页面是一个综合性的页面，可以对各个方案的各种视图进行维护管理，如图 6.40 所示。

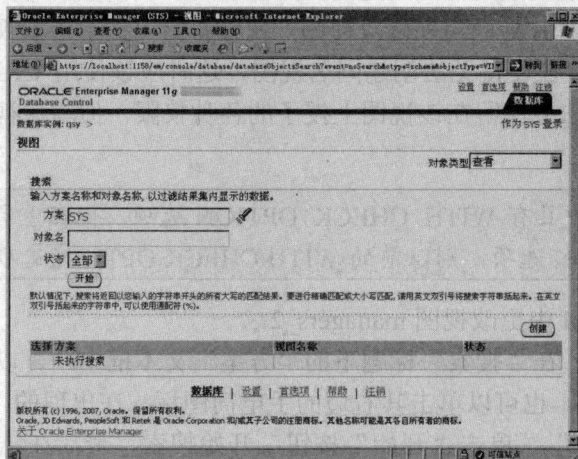

图 6.40　OEM 中的"视图"页面

【例 6.6】 在 OEM 中创建视图 managers_2。

在如图 6.40 所示的视图页面中单击"创建"按钮，出现"创建视图"页面，输入视图名称，并在下面输入相应的 Select 语句，如图 6.41 所示。

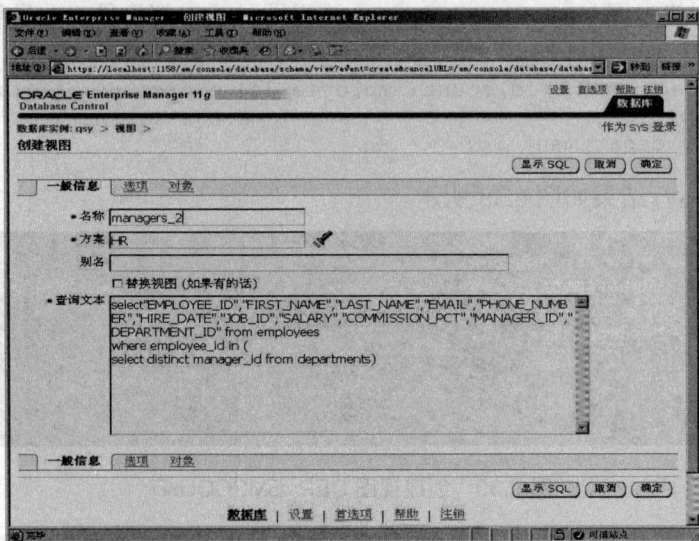

图 6.41　"创建视图"页面的"一般信息"子页

单击"确定"按钮，返回视图页面，将有提示显示视图创建成功。

6.3.2　修改视图

由于视图只是一个虚表，其中没有数据，所以更改视图只是改变数据字典中对该视图的定义信息，而视图中的所有基础对象的定义和数据都不会受到任何影响。

更改视图之后，依赖于该视图的所有视图和 PL/SQL 程序都将变为 INVALID(失效状态)。创建视图后，可能要改变视图的定义，如修改列名或修改所对应的子查询语句，但如果仍然使用 CREATE VIEW 语句来修改视图，就会有错误提示告知视图创建的失败，这是由于原有视图名称的存在使得无法创建同名视图，这时应该使用 CREATE OR REPLACE VIEW 方法。这种方法会保留在该视图上授予的各种权限，但与该视图相关的存储过程和视图会失效。

提示：若以前的视图中具有 WITH CHECK OPTION 选项，但在重定义时没有使用 WITH CHECK OPTION 选项，则以前的 WITH CHECK OPTION 选项将被自动删除。

【例 6.7】 在 OEM 中更改视图 managers_2。

(1) 在视图页面，在"搜索"标题下的"方案"文本框中，可以直接输入要查看的视图所在的方案"HR"，也可以单击其右边的手电筒图标，在出现的"搜索和选择：方案"页面中选择方案"HR"。单击"开始"按钮，开始搜索，最后在结果列表中显示在方案 HR 中的所有视图，如图 6.42 所示。

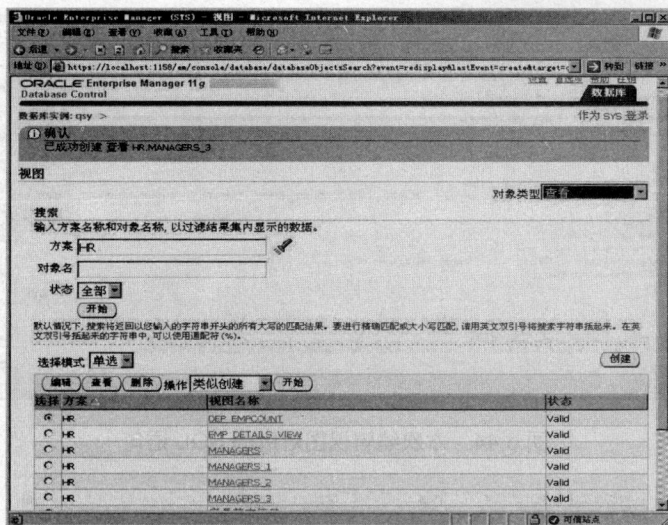

图 6.42　视图列表

(2) 若要查看、编辑某个视图，则应在视图页的"选择"列中选择该视图，本次选择 managers_2 视图，单击"编辑"按钮打开如图 6.43 所示的"编辑视图"页面。在该页面中不但可以查看该视图的各种定义，而且还可以对这些定义进行编辑。

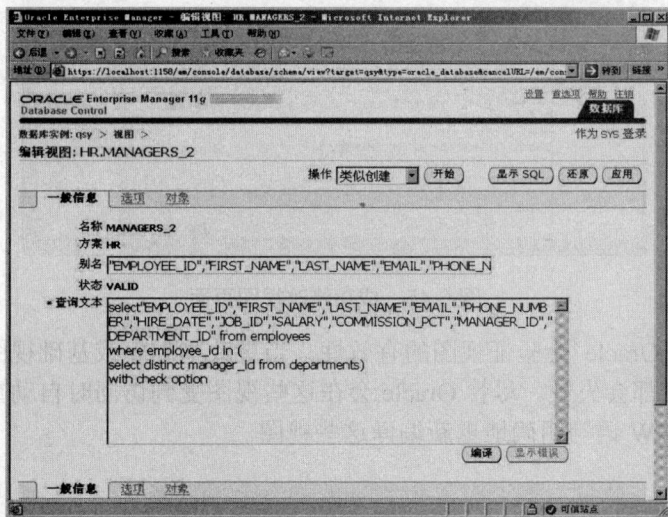

图 6.43　"编辑视图"页面

(3) 在"一般信息"子页中，加入 with check option 子句。在"选项"子页中，选择"强制创建或替换视图"复选框和"带有复选选项"单选项。

(4) 单击"显示 SQL"按钮，出现"显示 SQL"页面。在该页面中显示了在数据库中更改该视图所使用的 SQL 语句，可作为参考，如图 6.44 所示。

(5) 单击"返回"按钮，返回"编辑视图"页面。单击"应用"按钮，开始更改视图，最后返回"编辑视图"页面，并显示"已成功修改查看"的提示消息，如图 6.45 所示(这里在提示中的"查看"指的就是视图，似乎是 Oracle 汉化的一个错误)。

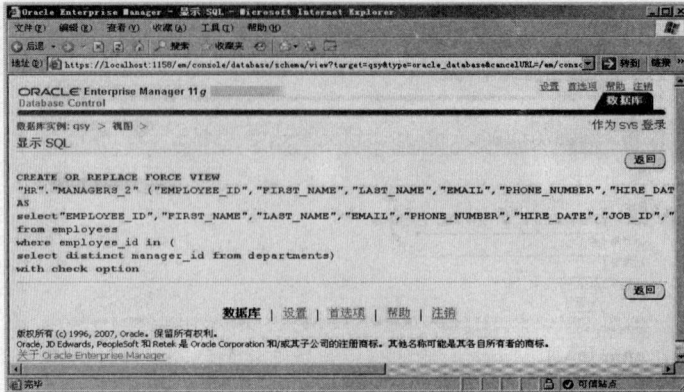

图 6.44　本次编辑视图对应的 SQL 语句

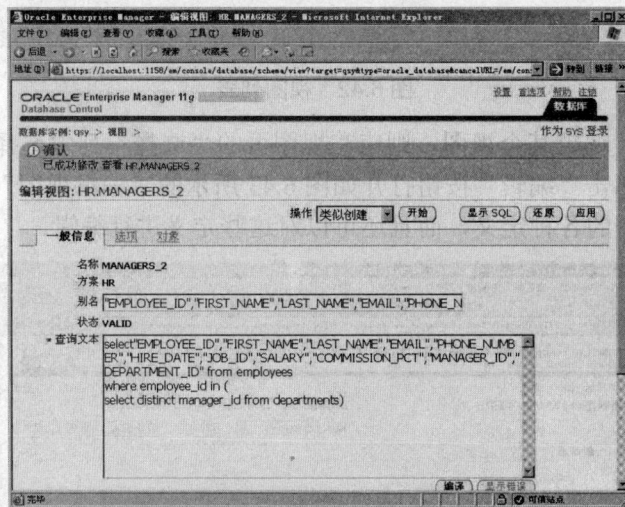

图 6.45　成功修改视图页面

使用视图时，Oracle 会验证视图的有效性。当更改基础表或基础视图的定义后，在其上创建的所有视图都会失效。尽管 Oracle 会在这些视图受到访问时自动重新编译，但也可以使用 ALTERVIEW 语句明确地重新编译这些视图。

6.3.3　删除视图

可以删除当前模式中的各种视图，无论是简单视图、连接视图，还是复杂视图。如果要删除其他模式中的视图，必须拥有 DROP ANY VIEW 系统权限。删除视图对创建该视图的基础表或基础视图没有任何影响。

视图的删除语句的格式为：

```
DROP VIEW Viewname
```

【例 6.8】删除视图 managers_2：

```
DROP VIEW managers_2
```

视图删除后，视图的定义将从数据字典中删除，但由该视图导出的其他视图定义却仍保留在数据字典中，但这些视图已失效，无法再使用了。因此，在删除该视图的同时，应使用 DROP VIEW 语句将那些视图一一删去。对于基本表也一样，当某个基本表被删除时，由该基本表导出的视图将失效，也应将它们一一删去。

6.4　索　引

在数据库中，索引是除表之外最重要的数据对象，其功能是提高对数据表的检索效率。索引是将创建列的键值和对应记录的物理记录号(ROWID)排序后存储起来，需要占用额外的存储空间来存放。由于索引占用的空间远小于表所占用的实际空间，在系统通过索引进行数据检索时，可先将索引调入内存，通过索引对记录进行定位，大大减少了磁盘 I/O 操作次数，提高了检索效率。在一个表上是否创建索引、创建多少个索引、创建什么类型的索引，都不会对表的使用方式产生任何影响。

6.4.1　创建索引

在 Oracle 数据库中，创建索引的方法有两种，一是在 SQL*Plus 中使用 CREATE INDEX 语句来创建，二是在 OEM 中使用页面交互方法来创建。

使用 CREATE INDEX 语句创建索引。若要在自己的方案中创建索引，需要具有 CREATE INDEX 系统权限；若要在其他用户的方案中创建索引，则需要具有 CREATE ANY INDEX 系统权限。

除此之外，由于索引要占用存储空间，所以还要在保存索引的表空间中有配额，或者具有 UNLIMTED TABLESPACE 系统权限。

1. 用 SQL*Plus 创建索引

创建索引的语法格式为：

```
CREATE[UNIQUE]|[BITMAP]INDEX[schema.]index_name
ON[schema.]table_name([column1[ASC|DESC],column2[ASC|DESC],...]|[express])
[TABLESPACE tablespace_name]
[PCTFREE n1]
[STORAGE(INITIAL n2)]
[COMPRESS n3]|[NOCOMPRESS]
[LOGGING]|[NOLOGGING]
[ONLINE]
[COMPUTE STATISTICS]
[REVERSE]|[NOSORT];
```

其中：

● PCTFREE 选项用于指定为将来的 INSERT 操作所预留的空间百分比。假定表已经包含了大量数据，那么在建立索引时应该仔细规划 PCTFREE 的值，以便为以后的 INSERT 操作预留空间。

- TABLESPACE 选项用于指定索引段所在的表空间。
- 如果不指定 BITMAP 选项，则默认创建的是 B 树索引。

2. 用 OEM 创建索引

在 OEM 中，可以通过界面交互的方式创建索引。

【例 6.9】在 EDUCATION 表的 EMPLOYEE_ID 列上建立索引 EDU_EMP_IX。

(1) 在数据库实例页面选择"方案"选项页，参见图 6.26。

(2) 在数据库对象栏目中选择索引，打开"索引"页面，如图 6.46 所示。

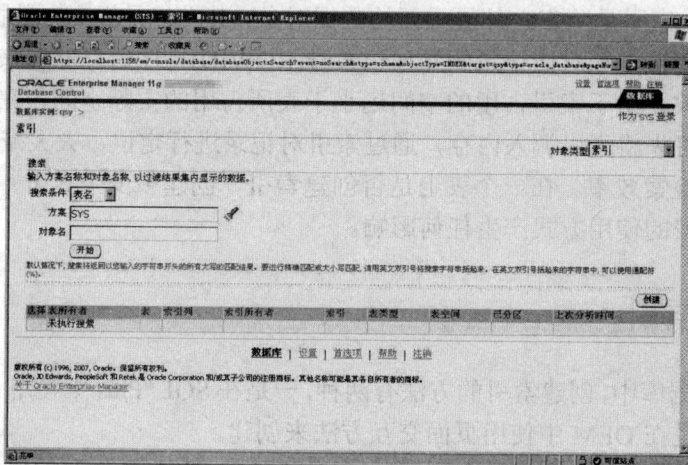

图 6.46 "索引"页面

(3) 在方案栏中选择 HR 方案，单击"开始"按钮，下方列表中显示出 HR 方案中所有的索引，单击列表右上方的"创建"按钮，进入"创建索引"页面。在该页面上键入要创建的索引名称 EDU_EMP_IX，选择方案、方案中的表，单击表名栏右侧的"置入列"按钮，其下方将出现该表对应的表列，在要索引的字段后的顺序栏中键入索引的顺序，不需索引的字段顺序栏中应为空白，如图 6.47 所示。

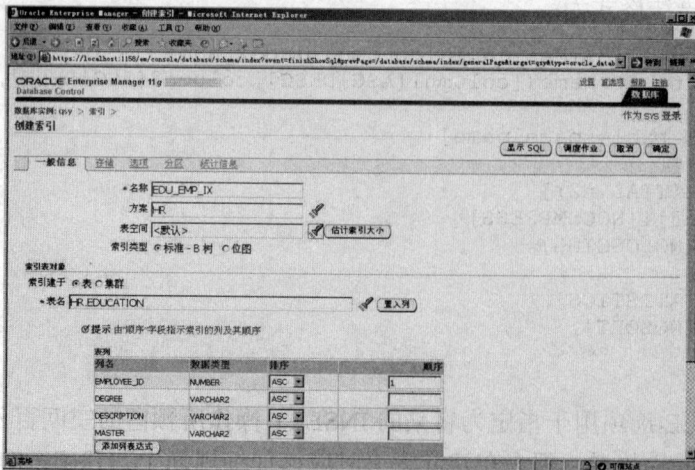

图 6.47 填入索引的创建信息页面

（4）单击"显示 SQL"按钮可以得到创建该索引的 SQL 语句，如图 6.48 所示。

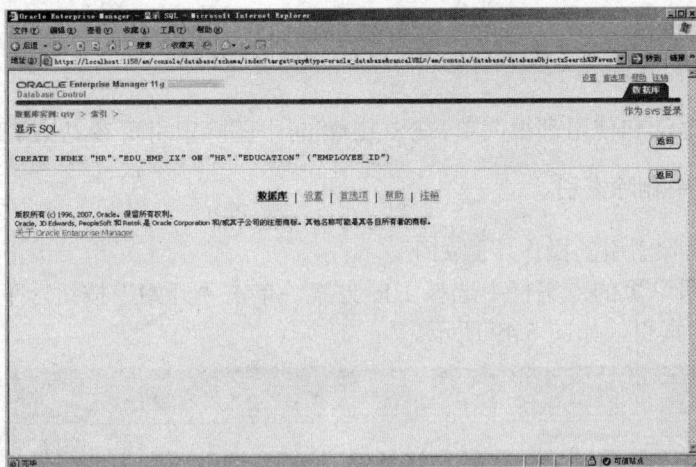

图 6.48　创建索引对应的 SQL 语句显示

（5）单击"返回"按钮回到"创建索引"页面，单击"确定"按钮返回到"索引"页面，将发现已成功创建索引 HR.EDU_EMP_IX，下方列表中可以找到新创建的索引 EDU_EMP_IX。

6.4.2　删除索引

一般来讲，若出现如下几种情况之一，将有必要删除相应的索引：

- 索引的创建不合理或不必要，应删除该索引，以释放其所占用的空间。
- 通过一段时间的监视，发现几乎没有查询，或者只有极少数查询会使用到该索引。
- 由于该索引中包含损坏的数据块，或者包含过多的存储碎片，需要首先删除该索引，然后再重建该索引。
- 如果移动了表的数据，导致索引无效，此时需要删除并重建该索引。
- 当使用 SQL*Loader 给一个表装载数据时，系统也会同时给该表的索引增加数据，为了加快数据装载速度，应在装载之前删除所有索引，然后在数据装载完毕之后重新创建各个索引。

删除索引时，如果要在自己的方案中删除索引，需要具有 DROP INDEX 系统权限。如果要在其他用户的方案中删除索引，需要具有 DROP ANY INDEX 系统权限。

如果索引是使用 CREATE INDEX 语句创建的，可以使用 DROP INDEX 语句删除索引；如果索引是在定义约束时由 Oracle 自动建立的，则可以通过禁用约束(DISABLE)或删除约束的方式来删除对应的索引。

注意： 在删除一个表时，所有基于该表的索引也会被自动删除。

1．在 SQL*Plus 中删除索引

删除索引的 SQL 语法格式为：

```
DROP INDEX index_name;
```

【例 6.10】删除在 EDUCATION 表上的索引 EDU_EMP_IX：

```
DROP INDEX EDU_EMP_IX;
```

删除索引的语法和使用都很简单，在 SQL*Plus 中删除索引可参见第 4 章中的相关示例。

2. 在 OEM 中删除索引

在 OEM 中删除索引的操作步骤如下。

(1) 在"索引"页的方案栏中选择 HR 方案，单击"开始"按钮，下方列表中显示出 HR 方案中所有的索引，如图 6.49 所示。

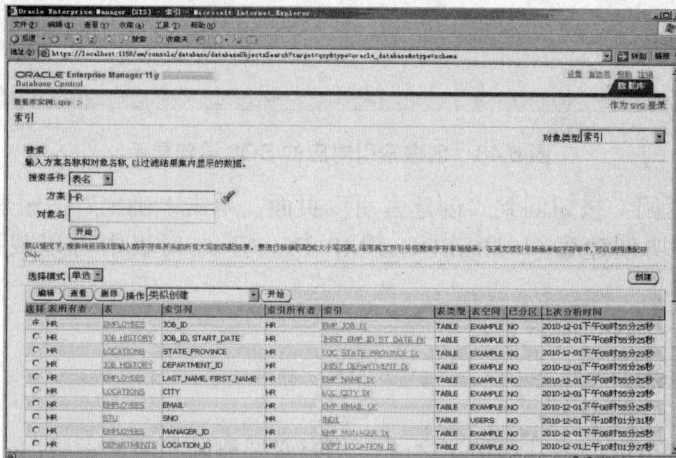

图 6.49　选择方案后的索引列表

(2) 在列表中选择要删除的索引，单击列表左上方的"删除"按钮进入"确认"页面，如图 6.50 所示，单击其"是"按钮即可完成该索引的删除，返回到"索引"页面，并提示该索引已经成功删除。

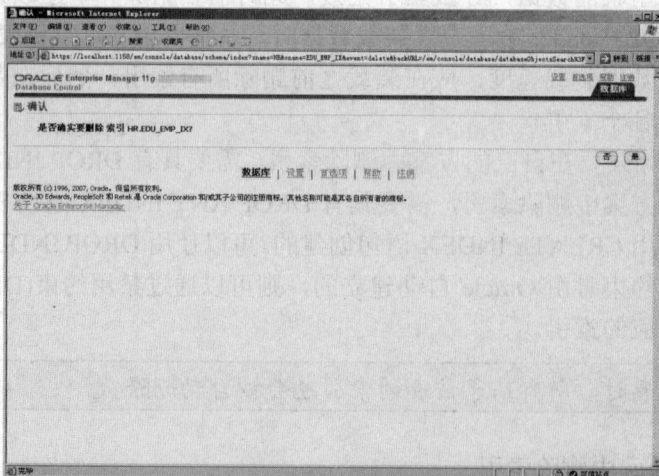

图 6.50　确认删除页面

6.5　数据查询及操纵

数据查询(Query)是指对存储在数据库中的信息进行检索，找出满足用户需求的数据。而数据操纵(Manipulation)主要是指向数据库中插入新的信息、从数据库中删除信息以及修改存储在数据库中的信息。本节将对数据的查询以及前面章节中未涉及的数据操纵进行全面的介绍。

6.5.1　数据查询

1．一般条件查询

【例 6.11】完成对表 employees 中月薪超过 5000 元的雇员信息查询(如图 6.51 所示)：

```
select employee_id,first_name,salary from employees where salary > 5000.00;
```

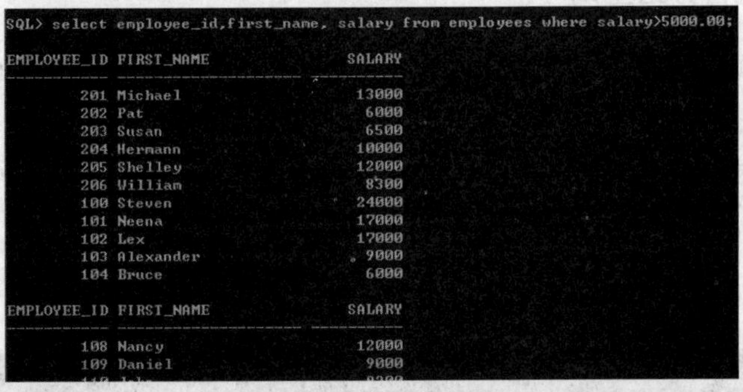

图 6.51　一般条件查询

2．复合组合条件查询

【例 6.12】完成对表 employees 中 IT 部门的雇员信息查询，IT 部门的部门编号从 departments 表中获得(如图 6.52 所示)：

```
select employee_id, first_name, salary
    from employees emp, departments dep
    where department_name = 'IT'
        and emp.department_id = dep.department_id;
```

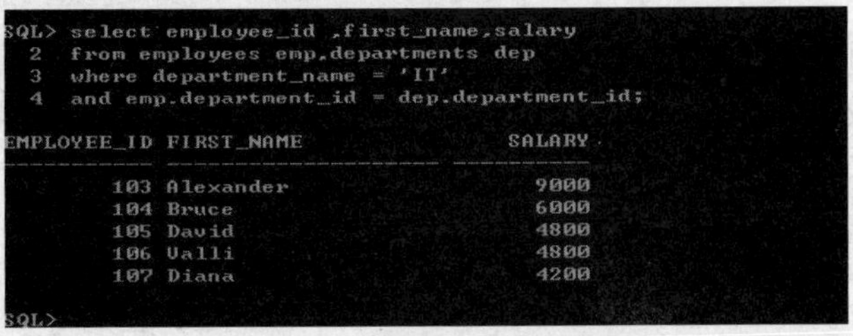

图 6.52　复合组合条件查询 1

【例 6.13】完成对表 employees 中 IT 部门月薪超过 5000 元的雇员的信息查询(如图 6.53 所示)：

```
select employee_id, first_name, salary
    from employees emp, departments dep
    where department_name = 'IT'
        and emp.department_id = dep.department_id
        and salary > 5000.00;
```

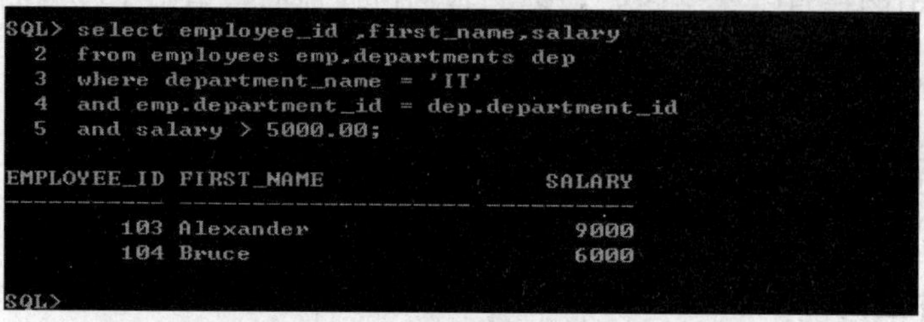

```
SQL> select employee_id ,first_name,salary
  2  from employees emp,departments dep
  3  where department_name = 'IT'
  4  and emp.department_id = dep.department_id
  5  and salary > 5000.00;

EMPLOYEE_ID FIRST_NAME                SALARY
----------- -------------------- ----------
        103 Alexander                   9000
        104 Bruce                       6000

SQL>
```

图 6.53　复合组合条件查询 2

3. 用 group 进行分组查询

【例 6.14】查询部门名称、员工数量、总薪值和平均月薪，语句如下(运行结果如图 6.54 所示)：

```
select dep.department_name, count(emp.employee_id) dep_count,
    sum(emp.salary) total_salary, avg(emp.salary) average_salary
    from employees emp, departments dep
    where emp.department_id = dep.department_id
    group by dep.department_name;
```

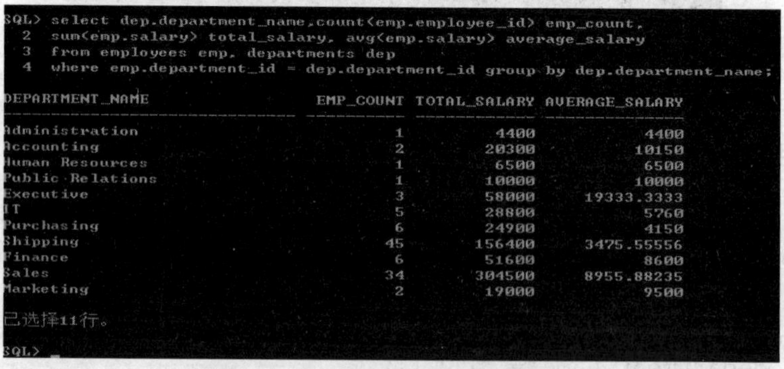

```
SQL> select dep.department_name,count(emp.employee_id) emp_count,
  2  sum(emp.salary) total_salary, avg(emp.salary) average_salary
  3  from employees emp, departments dep
  4  where emp.department_id = dep.department_id group by dep.department_name;

DEPARTMENT_NAME                 EMP_COUNT TOTAL_SALARY AVERAGE_SALARY
------------------------------ ---------- ------------ --------------
Administration                          1         4400           4400
Accounting                              2        20300          10150
Human Resources                         1         6500           6500
Public Relations                        1        10000          10000
Executive                               3        58000     19333.3333
IT                                      5        28800           5760
Purchasing                              6        24900           4150
Shipping                               45       156400     3475.55556
Finance                                 6        51600           8600
Sales                                  34       304500     8955.88235
Marketing                               2        19000           9500

已选择11行。

SQL>
```

图 6.54　用 group 进行分组查询 1

【例 6.15】查询平均月薪超过 5000 元的部门的部门名称、员工数量、总薪值和平均月薪。由于在条件比较中不能使用组函数，首先创建视图 dep_salary 获得部门编号和对应的员工数量、总薪值和平均月薪信息，语句如下：

```
create view dep_salary as
select department_id, count(employee_id) dep_count,
    sum(salary) total_salary, avg(salary) average_salary
    from employees emp
    group by department_id;
```

然后再由视图 dep_salary 和表 departments 做组合查询，获得所需信息，对应语句如下
(如图 6.55 所示)：

```
select dep.department_name, average_salary
   from dep_salary, departments dep
   where dep_salary.department_id = dep.department_id
     and average_salary > 5000.00;
```

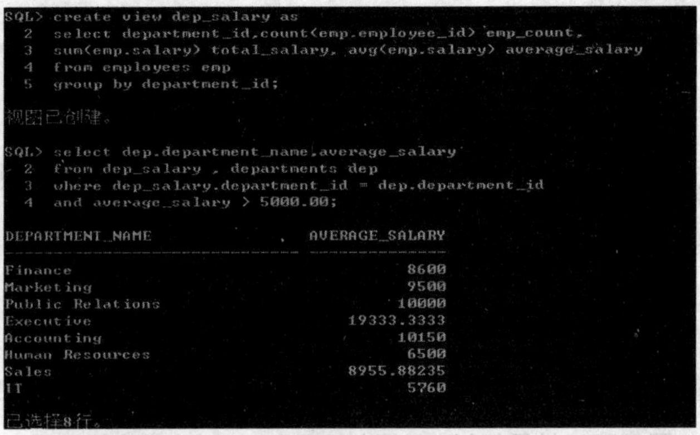

图 6.55　用 group 进行分组查询 2

6.5.2　批量插入记录

在 Oracle 中，可以使用 CREATE TABLE table_name AS 语句来创建一个表并且向其中
插入记录。这时 AS 后面需要跟一个 Select 子句，这条语句的功能是创建一个表，其表结
构和 Select 子句的 column 列表相同，同时将该 Select 子句所选择的记录插入到新创建的表
中。示例如下。

【例 6.16】创建表 High_salary，该表对应了 employees 表中月薪超过 5000 元的雇员信
息，创建语句如下：

```
create table high_salary as select * from employees where salary>5000.00;
```

运行结果与相应的查询如图 6.56 所示。

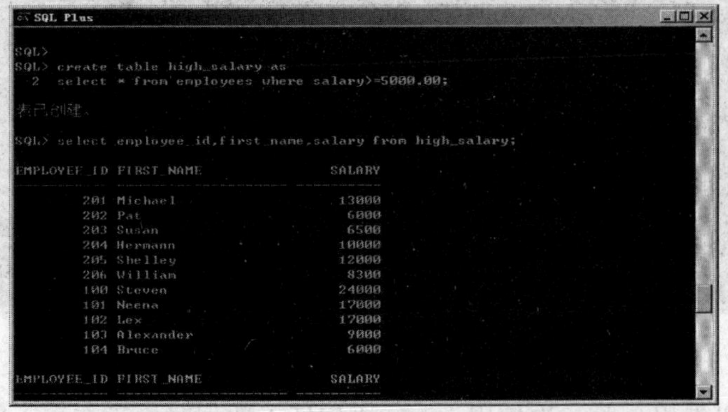

图 6.56　批量插入记录

在 OEM 中创建表时，在创建表页面右侧的"定义使用"的下拉框中选择"SQL"选项，也可完成同样的功能，如图 6.57 所示。

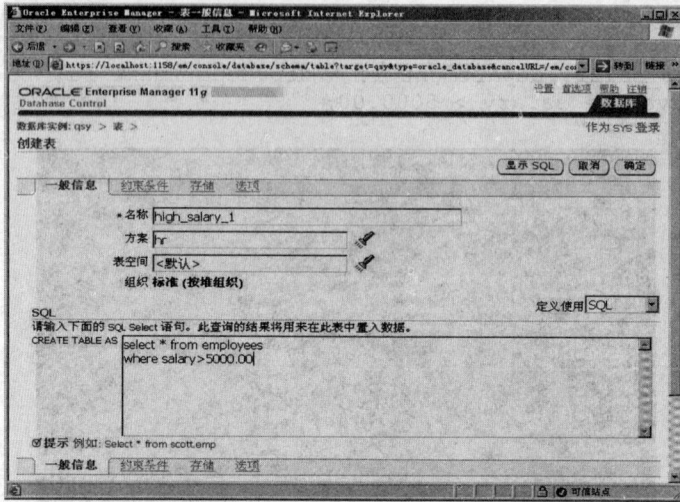

图 6.57 批量复制表并插入记录在 OEM 中的实现方式

6.5.3 通过视图操纵数据

视图作为虚表，在一定的条件下可以像表一样完成数据操纵的功能，使用视图进行数据操作拥有更好的安全性和灵活性。

1. 用视图进行数据插入

使用视图进行插入时，插入的数据需要满足对应基表的相关约束。

【例 6.17】创建一个视图 v_department，再使用 insert 语句向视图中插入记录，如图 6.58 所示。

图 6.58 通过视图向基本表插入数据

由图 6.58 可以看出，第一次使用 insert 语句插入数据时由于在 employees 表中不存在编号为 999 的员工而导致违反了完整性约束条件<HR.DEPT_MGR_FK>，(managers_id 列是

employees 表上的外键)。将编号改为 205，由于存在此员工，所以插入操作成功。

2．用视图进行数据修改

【例 6.18】修改视图 v_department 中的记录，如图 6.59 所示。

```
SQL> update v_department
  2  set manager_id = 310
  3  where department_id = 110 ;
update v_department
       *
第 1 行出现错误:
ORA-02291: 违反完整约束条件 <HR.DEPT_MGR_FK> - 未找到父项关键字

SQL> update v_department
  2  set manager_id = 206
  3  where department_id = 110 ;

已更新 1 行。

SQL> select * from v_department;

DEPARTMENT_ID DEPARTMENT_NAME                MANAGER_ID
------------- ------------------------------ ----------
           10 Administration                        200
           30 Purchasing                            114
           90 Executive                             100
          100 Finance                               108
          110 Accounting                            206
          120 Treasury
```

图 6.59　通过视图修改基本表记录

由图 6.59 可以看出，修改视图中的数据同样需要通过对应基表相关约束的检查。

3．用视图进行数据删除

【例 6.19】删除视图 v_department 中的记录，如图 6.60 所示。

```
SQL> select * from v_department where manager_id is not null;

DEPARTMENT_ID DEPARTMENT_NAME                MANAGER_ID
------------- ------------------------------ ----------
          300 部门300                               100
           10 Administration                        200
           30 Purchasing                            114
           90 Executive                             100
          100 Finance                               108
          110 Accounting                            206

已选择6行。

SQL> delete from v_department where department_id = 300;

已删除 1 行。

SQL> select * from v_department where manager_id is not null;

DEPARTMENT_ID DEPARTMENT_NAME                MANAGER_ID
------------- ------------------------------ ----------
           10 Administration                        200
           30 Purchasing                            114
```

图 6.60　通过视图删除基本表中的记录

本 章 小 结

本章主要介绍了 Oracle 的基础操作，分别在 SQL*Plus 和 OEM 两个环境中通过实例进行了详细的介绍和演示。其中重点讲解了表、视图和索引，并对数据查询和操纵的高级应用进行了介绍。通过本章的学习可以使读者熟练操作 Oracle 中的各种对象，并能够轻松使用 SQL*Plus 和 OEM 进行数据查询和操纵。

习 题

一、选择题

1. Oracle 的一般启动步骤是(　　)。
   A. 打开数据库、启动例程、装载数据库
   B. 启动例程、装载数据库、打开数据库
   C. 启动例程、打开数据库、装载数据库
   D. 装载数据库、启动例程、打开数据库
2. 数据库的 3 种启动模式不包括(　　)。
   A. NOMOUNT　　B. STARTUP　　C. MOUNT　　D. OPEN
3. 以下哪个表与列的命名是错误的？(　　)
   A. IT_emp　　B. st3cx　　C. 1_stu　　D. dept
4. 以下关于视图的描述哪个是错误的？(　　)
   A. 视图是由 SELECT 子查询语句定义的一个逻辑表
   B. 视图中保存有数据
   C. 通过视图而操作的数据仍然保存在表中
   D. 可以通过视图操作数据库中的数据

二、填空题

1. 与每个数据库的启动和关闭有关的服务有_____、_____和_____。
2. 关闭 Oracle 数据库的步骤包括：关闭数据库、卸载数据库和_____。
3. 在 Oracle 中可以建立的约束条件包括 NOT NULL、UNIQUE、CHECK、_____、FOREIGN KEY。
4. 修改表的关键字为_____。
5. 创建索引的主要关键字为_____。

三、实训题

1. 请分别实验通过命令和 OEM 启动 Oracle 数据库，并比较二者的区别和联系。

2. 尝试将刚启动的数据库通过命令和 OEM 两种方式关闭。

3. 在 OEM 中创建第 4 章课后习题中的 EMPLOYEES 表。

4. 在 OEM 中对 EMPLOYEES 表进行如下操作：

(1) 增加一列，名为 E-mail，数据类型为 varchar2(20)。

(2) 将刚建立的 E-mail 列的数据类型改为 varchar2(30)。

(3) 在 E-mail 列上建立名为 IND-mail 的索引，按照列 E-mail 的降序排列。

(4) 将索引 IND-mail 删除。

(5) 将 E-mail 列删除。

第 7 章　数据库安全管理

安全管理是评价一个数据库产品性能的重要指标。本章介绍 Oracle 11g 数据库的安全管理机制，内容包括用户管理、权限管理、角色管理、概要文件管理、数据库审计等。

7.1　数据库安全性概述

Oracle 数据库的安全管理是从用户登录数据库就开始的。在用户登录数据库时，系统对用户身份进行验证，在对数据进行操作时，系统检查用户的操作是否具有相应的权限，并限制用户对存储空间和系统资源的使用。

Oracle 11g 的安全性体系包括以下几个层次。

(1) 物理层的安全性：数据库所在结点必须在物理上得到可靠的保护。

(2) 用户层的安全性：哪些用户可以使用数据库，使用数据库的哪些对象，用户具有什么样的权限等。

(3) 操作系统的安全性：数据库所在的主机的操作系统的弱点将可能提供恶意攻击数据库的入口。

(4) 网络层的安全性：Oracle 11g 主要是面向网络提供服务，因此，网络软件的安全性和网络数据传输的安全性是至关重要的。

(5) 数据库系统层的安全性：通过对用户授予特定的访问数据库对象的权利的办法来确保数据库系统的安全。

Oracle 数据库的安全可分为两个层面：系统安全性和数据安全性。系统安全性是在系统级控制数据库的存取和使用的机制，包括有效的用户名和口令、用户是否有权限连接数据库、创建数据库模式对象时可使用的磁盘存储空间大小、用户的资源限制、是否启动数据库的审计等。数据安全性是在对象级控制数据库的存取和使用的机制，包括可存取的模式对象和在该模式对象上所允许进行的操作等。

Oracle 11g 数据库安全机制包括用户管理、权限管理、角色管理、表空间管理、概要文件管理、数据审计这 6 个方面。

7.2　用　户　管　理

用户(User)管理是 Oracle 数据库安全管理的核心和基础，是 DBA 安全策略中重要的组成部分。用户是数据库的使用者和管理者，Oracle 数据库通过设置用户及其安全参数来控制用户对数据库的访问和操作。

Oracle 数据库的用户管理包括创建用户、修改用户的安全参数、删除用户和查询用户信息等。

在创建 Oracle 数据库时系统会自动创建一些初始用户：

- SYS——是数据库中具有最高权限的数据库管理员，被授予了 DBA 角色，可以启动、修改和关闭数据库，拥有数据字典。这是用于执行数据库管理任务的用户。用于数据字典的所有基础表和视图都存储在 SYS 方案中，在 SYS 方案中的表只能由数据库系统来操作，不能由用户操作。
- SYSTEM——是一个辅助的数据库管理员，不能启动和关闭数据库，但可以进行其他一些管理工作，如创建用户、删除用户等。一般用于创建显示管理信息的表和视图，或系统内部表和视图。用户不要在 SYS 方案中存储不用于数据库管理的表。
- SCOTT——是一个用于测试网络连接的用户，默认口令为 TIGER。
- PUBLIC——实质上是一个用户组，数据库中任何一个用户都属于该组成员。若要为数据库中每个用户都授予某个权限，只需把权限授予 PUBLIC 就可以了。

其他自动创建的用户取决于安装了哪些功能或选项。此外，用户的安全属性包括如下几种。

(1) 用户身份认证方式

在用户连接数据库时，必须经过身份认证。Oracle 数据库用户有 3 种身份认证。

- 数据库身份认证：用户口令以加密方式保存在数据库内部，用户连接数据库时必须输入用户名和口令，通过数据库认证后才能登录数据库。这是默认的认证方式。
- 外部身份认证：用户的账户由 Oracle 数据库管理，但口令管理和身份验证由外部服务完成，外部服务可以是操作系统或网络服务。当用户试图建立与数据库的连接时，数据库不会要求用户输入用户名和口令，而从外部服务中获取当前用户的登录信息。
- 全局身份认证：当用户试图建立与数据库的连接时，Oracle 使用网络中的安全管理服务器(Oracle Enterprise Security Manager)对用户进行身份认证。Oracle 的安全管理服务器可以提供全局范围内管理数据库用户的功能。

(2) 默认表空间

用户在创建数据库对象时，如果没有显式指明该对象在哪个表空间中存储，系统自动将该数据库对象存储在当前用户的默认表空间中。如果没有为用户指定默认表空间，系统将数据库的默认表空间作为用户的默认表空间。

(3) 临时表空间

用户进行排序、汇总和执行连接、分组等操作时，系统首先使用内存中的排序区 SORT_AREA_SIZE，如果该区域内存不够，则自动使用用户的临时表空间。如果没有为用户指定临时表空间，则系统将数据库的默认临时表空间作为用户的临时表空间。

(4) 表空间配额

表空间配额限制用户在永久表空间中可用的存储空间大小，默认情况下，新用户在任何表空间中都没有任何配额。用户在临时表空间中不需要配额。

(5) 概要文件

每个用户都有一个概要文件限制用户对数据库系统资源的使用，同时设置用户的口令管理策略。如果没有为用户指定概要文件，Oracle 数据库将为用户自动指定 DEFAULT 概要文件。

(6) 账户状态

在创建用户时，可设定用户的初始状态，包括用户口令是否过期以及账户是否锁定等。锁定账户后，用户就不能与 Oracle 数据库建立连接，必须对账户解锁后才可访问数据库，也可以在任何时候对账户进行锁定或解锁。

7.2.1 创建用户

使用 CREATE USER 语句创建用户，执行该语句的用户必须具有 CREATE USER 权限。创建一个用户时，Oracle 数据库自动为该用户创建一个同名的方案模式，用户的所有数据库对象都存在该同名模式中。一旦用户连接到数据库，该用户就可以存取自己方案中的全部实体。

CREATE USER 语句的语法格式为：

```
CREATE USER user_name  IDENTIFIED
[BY password | EXTERNALLY | GLOBALLY AS 'external_name']
[DEFAULT TABLESPACE tablespace_name]
[TEMPORARY TABLESPACE temp_tablesapce_name]
[QUOTA n K | M |UNLIMITED ON tablespace_name]
[PROFILE profile_name]
[PASSWORD EXPIRE]
[ACCOUNT LOCK | UNLOCK];
```

对其中的参数说明如下。

- BY password：设置用户的数据库身份认证，其中 password 为用户口令。
- EXTERNALLY：设置用户的外部身份认证。
- GLOBALLY AS 'external_name'：设置用户的全局身份认证，其中 external_name 为 Oracle 的安全管理服务器相关信息。
- DEFAULT TABLESPACE：设置用户的默认表空间。
- TEMPORARY TABLESPACE：设置用户的临时表空间。
- QUOTA：指定用户在特定表空间上的配额，即用户在该表空间中可以分配的最大空间。
- PROFILE：为用户指定概要文件，默认为 DEFAULT，采用系统默认的概要文件。
- PASSWORD EXPIRE：设置用户口令的初始状态为过期，用户在首次登录数据库时必须修改口令。
- ACCOUNT LOCK：设置用户初始状态为锁定，默认为不锁定。
- ACCOUNT UNLOCK：设置用户初始状态为不锁定或解除用户的锁定状态。

注意：创建新用户后，必须为用户授予适当权限，才可进行数据库操作。例如，授予用户 CREATE SESSION 权限后，用户才可以连接到数据库。

【例 7.1】创建一个用户 atea，口令为 zzuli，默认表空间为 USERS，在该表空间的配额为 50MB。口令设置为过期状态，即首次连接数据库时需要修改口令。

使用的 SQL 命令如下：

```
SQL>CREATE USER atea IDENTIFIED BY zzuli
DEFAULT TABLESPACE USERS
QUOTA 50M ON USERS
PASSWORD EXPIRE;
```

执行结果如图 7.1 所示。

```
SQL> CREATE USER atea IDENTIFIED BY zzuli
  2  DEFAULT TABLESPACE USERS
  3  QUOTA 50M ON USERS
  4  PASSWORD EXPIRE;
用户已创建。
```

图 7.1　创建用户

7.2.2　修改用户

用户创建后，可以更改用户的属性，如口令、默认表空间、临时表空间、表空间配额、概要文件和用户状态等。但不允许修改用户的名称，除非将其删除。

修改数据库用户使用 ALTER USER 语句来实现，执行该语句的用户必须具有 ALTER USER 的系统权限。ALTER USER 语句的语法格式为：

```
ALTER USER user_name [IDENTIFIED]
[BY password | EXTERNALLY | GLOBALLY AS 'external_name']
[DEFAULT TABLESPACE tablespace_name]
[TEMPORARY TABLESPACE temp_tablesapce_name]
[QUOTA n K | M | UNLIMITED ON tablespace_name]
[PROFILE profile_name]
[DEFAULT ROLE role_list | ALL [EXCEPT role_list] | NONE]
[PASSWORD EXPIRE]
[ACCOUNT LOCK|UNLOCK];
```

对其中的参数说明如下。

- role_list：角色列表。
- ALL：表示所有角色。
- EXCEPT role_list：表示除了 role_list 列表中角色之外的其他角色。
- NONE：表示没有默认角色。

注意：指定的角色必须是使用 GRANT 命令直接授予该用户的角色。

【例 7.2】修改用户 atea 的默认表空间为 USERS，在该表空间的配额为 100MB，在 USERS 表空间的配额为 30MB。SQL 命令如下：

```
SQL>ALTER USER atea
DEFAULT TABLESPACE USERS
QUOTA 30M ON USERS;
```

```
SQL> ALTER USER atea
  2  DEFAULT TABLESPACE USERS
  3  QUOTA 30M ON USERS;
用户已更改。
```

图 7.2　修改用户

执行结果如图 7.2 所示。

7.2.3 删除用户

当一个用户不再使用时，可以将其删除。删除用户时将该用户及其所创建的数据库对象从数据字典中删除。删除用户使用 DROP USER 语句实现，执行该语句的用户必须具有 DROP USER 的系统权限。DROP USER 语句的语法格式为：

```
DROP USER user_name [ CASCADE ];
```

如果用户拥有数据库对象，必须在 DROP USER 语句中使用 CASCADE 选项，Oracle 数据库会先删除该用户的所有对象，然后再删除该用户。如果其他数据库对象(如存储过程、函数等)引用了该用户的数据库对象，则这些数据库对象将被标志为失效(INVALID)。

7.2.4 查询用户信息

可以通过查询数据字典视图或动态性能视图来获取用户信息。

- ALL_USERS：包含数据库所有用户的用户名、用户 ID 和用户创建时间。
- DBA_USERS：包含数据库所有用户的详细信息。
- USER_USERS：包含当前用户的详细信息。
- DBA_TS_QUOTAS：包含所有用户的表空间配额信息。
- USER_TS_QUOTAS：包含当前用户的表空间配额信息。
- V$SESSION：包含用户会话信息。
- V$OPEN_CURSOR：包含用户执行的 SQL 语句信息。

【例 7.3】查看数据库中的所有用户名及其默认表空间(见图 7.3)：

```
SQL>SELECT USERNAME, DEFAULT_TABLESPACE FROM DBA_USERS;
```

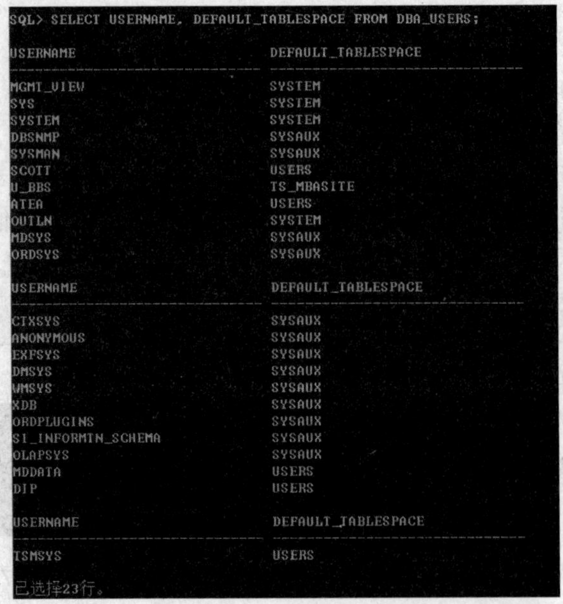

```
SQL> SELECT USERNAME, DEFAULT_TABLESPACE FROM DBA_USERS;

USERNAME                       DEFAULT_TABLESPACE
------------------------------ ------------------------------
MGMT_VIEW                      SYSTEM
SYS                            SYSTEM
SYSTEM                         SYSTEM
DBSNMP                         SYSAUX
SYSMAN                         SYSAUX
SCOTT                          USERS
U_BBS                          TS_MBASITE
ATEA                           USERS
OUTLN                          SYSTEM
MDSYS                          SYSAUX
ORDSYS                         SYSAUX

USERNAME                       DEFAULT_TABLESPACE
------------------------------ ------------------------------
CTXSYS                         SYSAUX
ANONYMOUS                      SYSAUX
EXFSYS                         SYSAUX
DMSYS                          SYSAUX
WMSYS                          SYSAUX
XDB                            SYSAUX
ORDPLUGINS                     SYSAUX
SI_INFORMTN_SCHEMA             SYSAUX
OLAPSYS                        SYSAUX
MDDATA                         USERS
DIP                            USERS

USERNAME                       DEFAULT_TABLESPACE
------------------------------ ------------------------------
TSMSYS                         USERS

已选择23行。
```

图 7.3 查看数据库中的所有用户名及其默认表空间

7.3　权限管理

权限(Privilege)是 Oracle 数据库定义好的执行某些操作的能力。用户在数据库中可以执行什么样的操作，以及可以对哪些对象进行操作，完全取决于该用户所拥有的权限。权限分为两类：

- 系统权限——是在数据库级别执行某种操作的权限，或针对某一类对象执行某种操作的权限。例如 CREATE SESSION 权限、CREATE ANY TABLE 权限。它一般是针对某一类方案对象或非方案对象的某种操作的全局性能力。
- 对象权限——是指对某个特定的数据库对象执行某种操作的权限。例如，对特定表的插入、删除、修改、查询的权限。对象方案一般是针对某个特定的方案对象的某种操作的局部性能力。

将权限授予用户包括直接授权和间接授权两种方式。其中，直接授权是使用 GRANT 语句直接把权限授予用户；而间接授权是先把权限授予角色，再将角色授予用户。同时，权限也可以传递。

7.3.1　授予权限

授予权限包括系统权限的授予和对象权限的授予。

授权的方法可以是利用 GRANT 命令直接为用户授权，也可以是间接授权，即先将权限授予角色，然后再将角色授予用户。

1．系统权限的授予

系统权限有两类：

- 一类是对数据库某一类对象的操作能力，通常带有 ANY 关键字。例如 CREATE ANY INDEX、ALTER ANY INDEX、DROP ANY INDEX。
- 另一类系统权限是数据库级别的某种操作能力。例如 CREATE SESSION。

在 Oracle 11g 中有 206 个系统权限。可以在数据字典表 SYSTEM_PRIVILEGE_MAP 中看到所有这些权限，用 SELECT 语句可以查询这些权限：

```
SQL>CONNECT sys /zzuli AS sysdba
SQL>SELECT COUNT(*) FROM SYSTEM_PRIVILEGE_MAP;
```

提示： 系统权限中有一种 ANY 权限，具有 ANY 权限的用户可以在任何用户模式中进行操作。

系统权限可以划分为群集权限、数据库权限、索引权限、过程权限、概要文件权限、角色权限、回退段权限、序列权限、会话权限、同义词权限、表权限、表空间权限、用户权限、视图权限、触发器权限、管理权限、其他权限等。

群集权限如表 7.1 所示。

表 7.1 群集权限

群集权限	功 能
CREATE CLUTER	在自己方案中创建、更改或删除群集
CREATE ANY CLUTER	在任何方案中创建群集
ALTER ANY CLUTER	在任何方案中更改群集
DROP ANY CLUTER	在任何方案中删除群集

数据库权限如表 7.2 所示。

表 7.2 数据库权限

数据库权限	功 能
ALTER DATABASE	更改数据库的配置
ALTER SYSTEM	更改系统初始化参数
AUDIT SYSTEM	审计 SQL，还有 NOAUDIT SYSTEM
AUDIT ANY	审计任何方案的对象

索引权限如表 7.3 所示。

表 7.3 索引权限

索引权限	功 能
CREATE ANY INDEX	在任何方案中创建索引
ALTER ANY INDEX	在任何方案中更改索引
DROP ANY INDEX	在任何方案中删除索引

过程权限如表 7.4 所示。

表 7.4 过程权限

过程权限	功 能
CREATE PROCEDURE	在自己方案中创建、更改或删除函数、过程或程序包
CREATE ANY PROCEDURE	在任何方案中创建函数、过程或程序包
ALTER ANY PROCEDURE	在任何方案中更改函数、过程或程序包
DROP ANY PROCEDURE	在任何方案中删除函数、过程或程序包
EXECUTE ANY PROCEDURE	在任何方案中执行函数、过程或程序包

概要文件权限如表 7.5 所示。

表 7.5 概要文件权限

概要文件权限	功 能
CREATE PROFILE	创建概要文件(例如资源/密码配置)
ALTER PROFILE	更改概要文件(例如资源/密码配置)
DROP PROFILE	删除概要文件(例如资源/密码配置)

角色权限如表 7.6 所示。

表 7.6　角色权限

角色权限	功　能
CREAT ROLE	创建角色
ALTER ANY ROLE	更改任何角色
DROP ANY ROLE	删除任何角色
GRANT ANY ROLE	向其他角色或用户授予任何角色

回退段权限如表 7.7 所示。

表 7.7　回退段权限

回退段权限	功　能
CREATE ROLLBACK SEGMENT	创建回退段
ALTER ROLLBACK SEGMENT	更改回退段
DROP ROLLBACK SEGMENT	删除回退段

序列权限如表 7.8 所示。

表 7.8　序列权限

序列权限	功　能
CREATE SEQLENCE	在自己方案中创建、更改、删除或选择序列
CREATE ANY SEQLENCE	在任何方案中创建序列
ALTER ANY SEQLENCE	在任何方案中更改序列
DROP ANY SEQLENCE	在任何方案中删除序列
SELECT ANY SEQLENCE	在任何方案中选择序列

会话权限如表 7.9 所示。

表 7.9　会话权限

会话权限	功　能
CREATE SESSION	创建会话，连接到数据库
ALTER SESSION	更改会话
ALTER RESOURSE COST	更改概要文件中的计算资源消耗的方式
RESTRICTED SESSION	在受限会话模式下连接到数据库

同义词权限如表 7.10 所示。
表权限如表 7.11 所示。
表空间权限如表 7.12 所示。
用户权限如表 7.13 所示。

表 7.10　同义词权限

同义词权限	功　　能
CREATE SYNONYM	在自己方案中创建、删除同义词
CREATE ANY SYNONYM	在任何方案中创建同义词
CREATE PUBLIC SYNONYM	创建公用同义词
DROP ANY SYNONYM	在任何方案中删除同义词
DROP PUBLIC SYNONYM	删除公共同义词

表 7.11　表权限

表　权　限	功　　能
CREATE TABLE	在自己方案中创建、更改或删除表
CREATE ANY TABLE	在任何方案中创建表
ALTER ANY TABLE	在任何方案中更改表
DROP ANY TABLE	在任何方案中删除表
COMMENT ANY TABLE	在任何方案中为任何表添加注释
SELECT ANY TABLE	在任何方案中选择任何表中记录
INSERT ANY TABLE	在任何方案中向任何表插入新记录
UPDATE ANY TABLE	在任何方案中更改任何表中记录
DELETE ANY TABLE	在任何方案中删除任何表中记录
LOCK ANY TABLE	在任何方案中锁定任何表
FLASHBACK ANY TABLE	允许使用 AS OF 对表进行闪回查询

表 7.12　表空间权限

表空间权限	功　　能
CREATE TABLESPACE	创建表空间
ALTER TABLESPACE	更改表空间
DROP TABLESPACE	删除表空间
MANAGE TABLESPACE	管理表空间
UNLIMITED TABLESPACE	不受配额限制使用表空间

表 7.13　用户权限

用户权限	功　　能
CREATE USER	创建用户
ALTER USER	更改用户
BECOME USER	成为另一个用户
DROP USER	删除用户

视图权限如表 7.14 所示。

表 7.14　视图权限

视图权限	功　能
CREATE VIEW	在自己方案中创建、更改或删除视图
CREATE ANY VIEW	在任何方案中创建视图
DROP ANY VIEW	在任何方案中删除视图
COMMENT ANY VIEW	在任何方案中为任何视图添加注释
FLASHBACK ANY VIEW	允许使用 AS OF 对视图进行闪回查询

触发器权限如表 7.15 所示。

表 7.15　触发器权限

触发器权限	功　能
CREATE TRIGGER	在自己方案中创建、更改或删除触发器
CREATE ANY TRIGGER	在任何方案中创建触发器
ALTER ANY TRIGGER	在任何方案中更改触发器
DROP ANY TRIGGER	在任何方案中删除触发器
ADMINISTER DATABASE TRIGGER	允许创建 ON DATABASE 触发器

管理权限如表 7.16 所示。

表 7.16　管理权限

管理权限	功　能
SYSDBA	系统管理员权限
SYSOPER	系统操作员权限

其他权限如表 7.17 所示。

表 7.17　其他权限

其他权限	功　能
ANALYZE ANY	对任何方案中的表、索引进行分析
GRANT ANY OBJECT PRIVILEGE	授予任何对象权限
GRANT ANY PRIVILEGE	授予任何系统权限
SELECT ANY DICTIONARY	允许从系统用户的数据字典表中进行选择

系统权限的授予使用 GRANT 语句，语法格式为：

```
GRANT sys_priv_list TO
user_list | role_list | PUBLIC
[WITH ADMIN OPTION];
```

对其中的参数说明如下。

● sys_priv_list：表示系统权限列表，以逗号分隔。

- user_list：表示用户列表，以逗号分隔。
- role_list：表示角色列表，以逗号分隔。
- PUBLIC：表示对系统中所有的用户授权。
- WITH ADMIN OPTION：表示允许系统权限接收者再把此权限授予其他用户。

在给用户授予系统权限时，需要注意如下几点。

(1) 只有 DBA 才应当拥有 ALTER DATABASE 的系统权限。

(2) 应用程序开发者一般需要拥有 CREATE TABLE、CREATE VIEW 和 CREATE INDEX 等系统权限。

(3) 普通用户一般只具有 CREATE SESSION 系统权限。

(4) 只有授权时带有 WITH ADMIN OPTION 子句时，用户才可以将获得的系统权限再授予其他用户，即系统权限的传递性。

【例 7.4】给已经创建的 atea 用户授予 sysdba 系统权限：

```
SQL>CONNECT sys /zzuli AS sysdba
SQL>GRANT sysdba TO atea;
```

授权成功后，使用 atea 用户连接：

```
SQL>CONNECT atea /zzuli as sysdba
```

连接后就可以使用 sysdba 系统权限了。

执行结果如图 7.4 所示。

图 7.4　给 atea 用户授予 sysdba 系统权限

【例 7.5】创建一个 stu 用户，使其具有登录、连接的系统权限：

```
SQL>CONNECT sys /zzuli AS sysdba

SQL>CREATE USER stu IDENTIFIED BY zzuli
 DEFAULT TABLESPACE users
 TEMPORARY TABLESPACE temp;

SQL>GRANT create session TO stu;
SQL>CONNECT stu /zzuli
```

执行结果如图 7.5 所示。

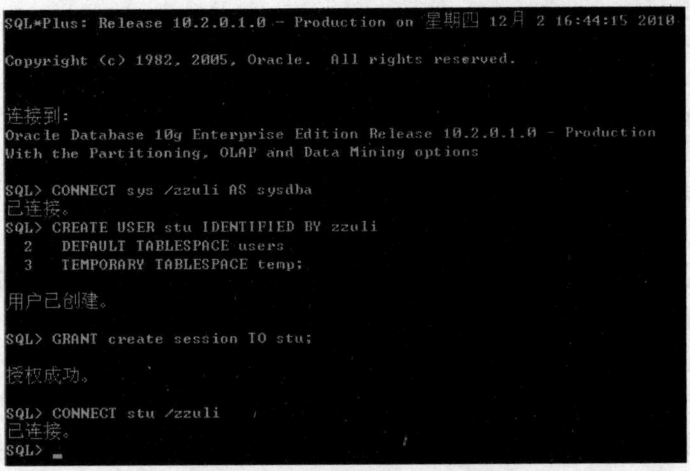

图 7.5 创建 stu 用户并授予登录的系统权限

2. 对象权限的授予

对象权限是用户之间的表、视图、序列模式对象的相互存取操作的权限。对属于某一用户模式的所有模式对象，该用户对这些模式对象具有全部的对象权限，也就是说，模式的拥有者对模式中的对象具有全部对象权限。同时，模式的拥有者还可以将这些对象权限授予其他用户。

在 Oracle 数据库中共有 9 种类型的对象权限，不同类型的模式对象有不同的对象权限，而有的对象并没有对象权限，只能通过系统权限进行控制，如簇、索引、触发器、数据库链接等。

按照不同的对象类型，Oracle 数据库中设置了不同种类的对象权限。对象权限及对象之间的对应关系如表 7.18 所示。

表 7.18 对象权限与对象间的对应关系

	ALTER	DELETE	EXECUTE	INDEX	INSERT	READ	REFERENCE	SELECT	UPDATE
DIRECTORY						√			
FUNCTION			√						
PROCEDURE			√						
PACKAGE			√						
SEQUENCE	√							√	
TABLE	√	√		√	√		√	√	√
VIEW		√			√			√	√

其中，画"√"表示某种对象所具有的对象权限，否则就表示该对象没有某种权限。

对象权限由该对象的拥有者为其他用户授权，非对象的拥有者不得为对象授权，将对象权限授出后，获权用户可以对对象进行相应的操作，没有授予的权限不得操作。对象权限被授出后，对象的拥有者属性不会改变，存储属性也不会改变。

使用 GRANT 语句可以将对象权限授予指定的用户、角色、PUBLIC 公共用户组，语法格式如下：

```
GRANT obj_priv_list | ALL ON [schema.]object
TO user_list | role_list [WITH GRANT OPTION];
```

对其中的参数说明如下。

- obj_priv_list：表示对象权限列表，以逗号分隔。
- [schema.]object：表示指定的模式对象，默认为当前模式中的对象。
- user_list：表示用户列表，以逗号分隔。
- role_list：表示角色列表，以逗号分隔。
- WITH GRANT OPTION：表示允许对象权限接收者把此对象权限授予其他用户。

【例 7.6】用户 hr 将 employees 表的查询、插入、更改表的对象权限授予 atea：

```
SQL>CONNECT hr /hr
SQL>GRANT select, insert, update ON employees TO atea;
SQL>CONNECT atea /zzuli
SQL>SELECT FIRST_NAME, LAST_NAME, JOB_ID, SALARY FORM hr.employees
 where salary>15000;
```

那么 atea 就具备了对 hr 的表 employees 的 select 对象权限，但不具备其他对象权限(比如 update)。执行结果如图 7.6 所示。

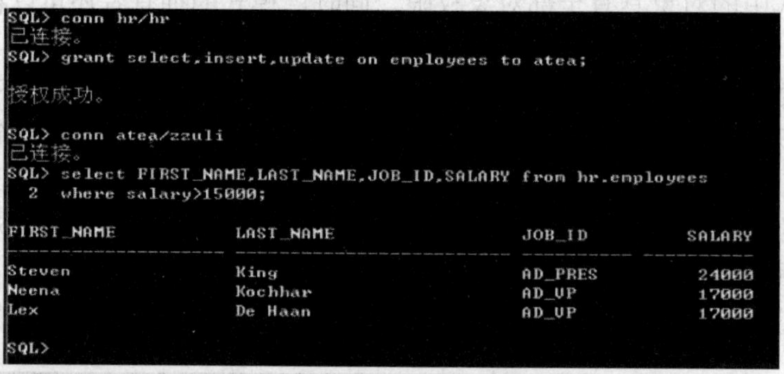

图 7.6 授予 atea 对象权限

7.3.2 回收权限

当用户不使用某些权限时，就尽量收回权限，只保留其最小权限。

1. 系统权限的回收

数据库管理员，或者具备向其他用户授权的用户都可以使用 REVOKE 语句将授予的权限回收。系统权限的回收使用 REVOKE 语句，其语法格式为：

```
REVOKE sys_priv_list
FROM user_list | role_list | PUBLIC;
```

多个管理员授予用户同一个系统权限后，其中一个管理员回收其授予该用户的系统权限时，该用户将不再拥有相应的系统权限。

为了回收用户系统权限的传递性(授权时使用了 WITH ADMIN OPTION 子句)，必须先回收其系统权限，然后再授予其相应的系统权限。

如果一个用户获得的系统权限具有传递性，并且给其他用户授权，那么该用户系统权限被回收后，其他用户的系统权限并不受影响。

【例 7.7】使用 sys 来收回 scott 用户的 select any dictionary 的系统权限：

```
SQL>CONNECT sys /zzuli AS sysdba
SQL>REVOKE select any dictionary FROM scott;
```

执行结果如图 7.7 所示。

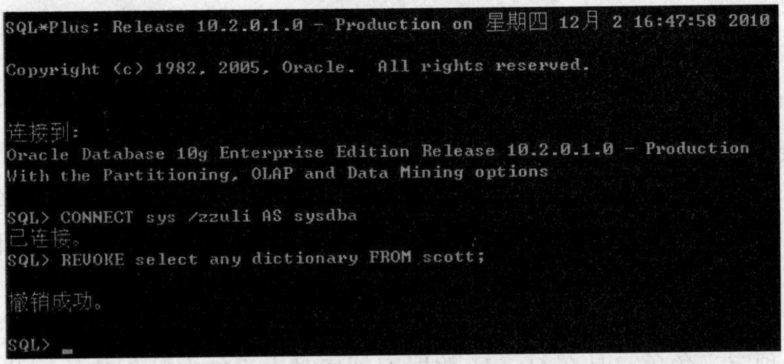

图 7.7　收回 scott 的系统权限

2. 对象权限的回收

对象的拥有者可以将授出的权限收回，回收对象权限可以使用 REVOKE 语句。回收对象权限的 REVOKE 语句语法格式为：

```
REVOKE obj_priv_list | ALL ON [schema.]object FROM user_list|role_list;
```

注意：在多个管理员授予用户同一个对象权限后，其中一个管理员回收其授予该用户的对象权限时，该用户不再拥有相应的对象权限。

为了回收用户对象权限的传递性(授权时使用了 WITH GRANT OPTION 子句)，必须先回收其对象权限，然后再授予其相应的对象权限。

如果一个用户获得的对象权限具有传递性(授权时使用了 WITH GRANT OPTION 子句)，并且给其他用户授权，那么该用户的对象权限被回收后，其他用户的对象权限也被回收。

【例 7.8】hr 用户回收 atea 对 employees 表的 select 对象权限：

```
SQL>CONNECT hr/zzuli
```

```
SQL>REVOKE select ON employees FROM atea;
```

执行结果如图 7.8 所示。

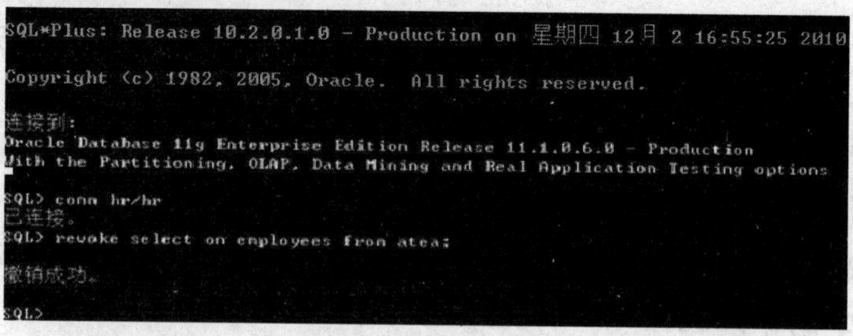

图 7.8　hr 回收 atea 对 employees 表的 select 对象权限

7.4　角色管理

角色(Role)是权限管理的一种工具，即有名称的权限集合。

可以使用角色为用户授权，同样也可以从用户中回收角色。由于角色集合了多种权限，所以当为用户授予角色时，相当于为用户授予了多种权限。这样就避免了向用户逐一授权，从而简化了用户权限的管理。

角色分系统预定义角色和用户自定义角色两类。

- 系统预定义角色：是在 Oracle 数据库创建时由系统自动创建的一些常用角色，并由系统授权了相应的权限，DBA 可以直接利用预定义的角色为用户授权，也可以修改预定义角色的权限。Oracle 数据库中有 30 多个预定义角色。可以通过数据字典视图 DBA_ROLES 查询当前数据库中所有的预定义角色，通过 DBA_SYS_PRIVS 查询各个预定义角色所具有的系统权限。表 7.19 列出了常用的预定义角色。
- 用户自定义角色：由用户定义，并由用户为其授权。

表 7.19　常用的预定义角色及其具有的系统权限

角　色	角色具有的部分权限
CONNECT	CREATE DATABASE_LINK、CREATE SESSION、ALTER SESSION、CREATE TABLE、CREATE CLUSTER、CREATE SEQUENCE、CREATE SYNONYM、CREATE VIEW
RESOURCE	CREATE CLUSTER、CREATE OPERATOR、CREATE TRIGGER、CREATE TYPE、CREATE SEQUENCE、CREATE INDEXTYPE、CREATE PROCEDURE、CREATE TABLE
DBA	ADMINISTER DATABSE TRIGGER、ADMINISTER RESOURCE MANAGE、CREATE…、CREATE ANY…、ALTER…、ALTER ANY…、DROP…、DROP ANY…、EXECUTE…、EXECUTE ANY…
EXP_FULL_DATABASE	ADMINISTER RESOURCE MANAGE、BACKUP ANY TABLE、EXECUTE ANY PROCEDURE、SELECT ANY TABLE、EXECUTE ANY TYPE

续表

角　色	角色具有的部分权限
IMP_FULL_DATABASE	ADMINISTER DATABSE TRIGGER、ADMINISTER RESOURCE MANAGE、CREATE ANY…、ALTER ANY…、DROP…、DROP ANY…、EXECUTE ANY…

【例 7.9】查询数据字典 DBA_ROLES 了解数据库中全部的角色信息：

```
SQL>CONNECT sys/zzuli
SQL>SELECT role, password_required from dba_roles;
```

执行结果如图 7.9 所示。

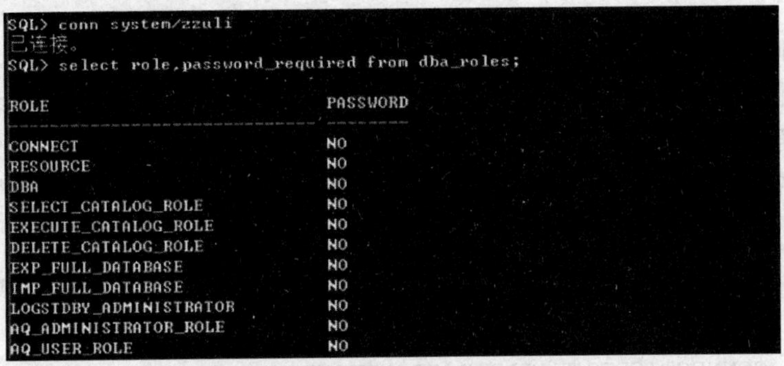

```
SQL> conn system/zzuli
已连接。
SQL> select role,password_required from dba_roles;

ROLE                           PASSWORD
------------------------------ --------
CONNECT                        NO
RESOURCE                       NO
DBA                            NO
SELECT_CATALOG_ROLE            NO
EXECUTE_CATALOG_ROLE           NO
DELETE_CATALOG_ROLE            NO
EXP_FULL_DATABASE              NO
IMP_FULL_DATABASE              NO
LOGSTDBY_ADMINISTRATOR         NO
AQ_ADMINISTRATOR_ROLE          NO
AQ_USER_ROLE                   NO
```

图 7.9　查询数据字典 DBA_ROLES

Oracle 数据库允许用户自定义角色，并对自定义角色进行权限的授予和回收，同时允许自定义角色进行修改、删除和使角色生效或失效。

7.4.1　创建角色

如果系统预定义的角色不符合用户的需要，数据库管理员还可以创建更多的角色。创建角色的用户必须具有 CREATE ROLE 系统权限。

创建角色语句的语法格式为：

```
CREATE ROLE role_name [NOT IDENTIFIED] [IDENTIFIED BY password];
```

对其中的参数说明如下。

- role_name：用于指定自定义角色名称，该名称不能与任何用户名或其他角色相同。
- NOT IDENTIFIED：用于指定该角色由数据库授权，使该角色生效时不需要口令。
- IDENTIFIED BY password：用于设置角色生效时的认证口令。

【例 7.10】创建不同类型的角色：

```
SQL>CREATE ROLE high_manager_role;
SQL>CREATE ROLE middle_manager_role IDENTIFIED BY middlerole;
SQL>CREATE ROLE low_manager_role IDENTIFIED BY lowrole;
```

执行结果如图 7.10 所示。

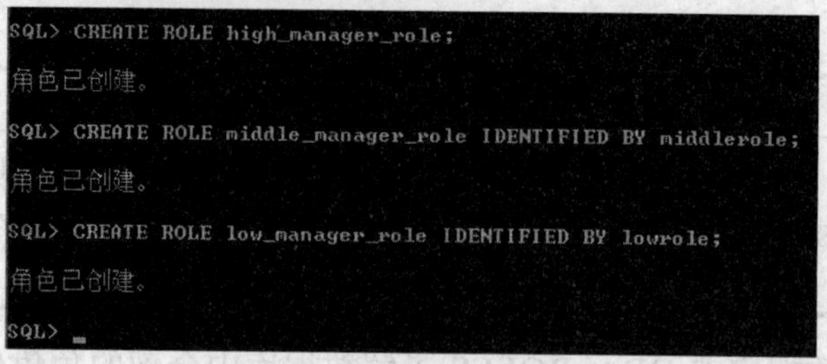

Oracle 11g 数据库基础与应用教程

图 7.10　创建角色

7.4.2　角色权限的授予与回收

在角色刚刚创建时，它并不具有任何权限，这时的角色是没有用处的。因此，在创建角色后，通常还需要立即为它授予权限。给角色授权即给角色授予适当的系统权限、对象权限或已有的角色。在数据库运行过程中，也可以为角色增加权限，或回收其权限。

角色权限的授予与回收和用户权限的授予与回收类似，其语法详见上节权限的授予与回收。

【例 7.11】给 high_manager_role、middle_manager_role、low_manager_role 角色授权及回收权限：

```
SQL>GRANT CONNECT,CREATE TABLE,CREATE VIEW TO low_manager_role;
SQL>GRANT CONNECT,CREATE TABLE,CREATE VIEW TO middle_manager_role;
SQL>GRANT CONNECT,RESOURCE,DBA TO high_manager_role;
SQL>GRANT SELECT,UPDATE,INSERT,DELETE ON scott.emp TO high_manager_role;
SQL>REVOKE CONNECT FROM low_manager_role;
SQL>REVOKE CREATE TABLE,CREATE VIEW FROM middle_manager_role;
SQL>REVOKE UPDATE,DELETE ,INSERT ON scott.emp FROM high_manager_role;
```

执行结果如图 7.11 所示。

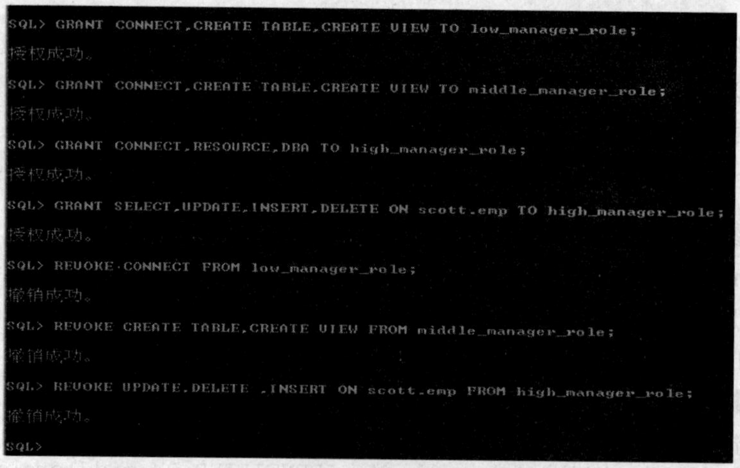

图 7.11　角色权限的授予与回收

给角色授权时应该注意，一个角色可以被授予另一个角色，但不能授予其本身，不能产生循环授权。

7.4.3 修改角色

修改角色是指修改角色生效或失效时的认证方式，也就是说，是否必须经过 Oracle 确认才允许对角色进行修改。

修改角色的语法格式为：

```
ALTER ROLE role_name
[NOT IDENTIFIED] | [IDENTIFIED BY password];
```

【例 7.12】为 high_manager_role 角色添加口令，取消 middle_manager_role 的角色口令：

```
SQL>ALTER ROLE high_manager_role IDENTIFIED BY highrole;
SQL>ALTER ROLE middle_manager_role NOT IDENTIFIED;
```

执行结果如图 7.12 所示。

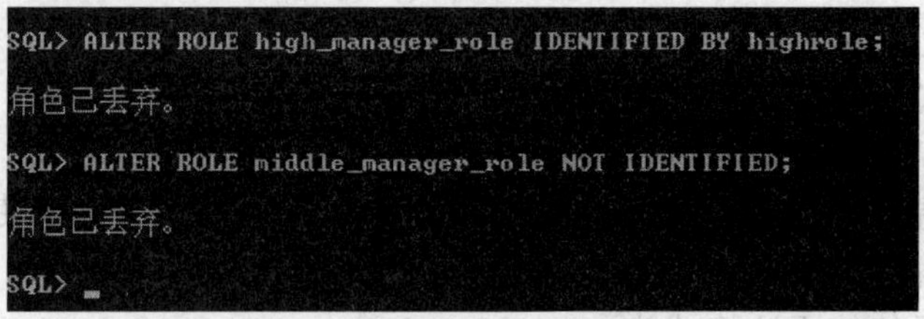

图 7.12　角色权限的授予与回收

7.4.4 角色的生效与失效

角色的失效是指角色暂时不可用。当一个角色生效或失效时，用户从角色中获得的权限也生效或失效。因此，通过设置角色的生效或失效，可以动态改变用户的权限。

在进行角色生效或失效设置时，需要输入角色的认证口令，避免非法设置。

设置角色生效或失效使用 SET ROLE 语句，语法格式为：

```
SET ROLE [role_name [ IDENTIFIED BY password ] ] | [ALL [EXCEPT role_name ] ]
|[ NONE ];
```

对其中的参数说明如下。

- role_name：表示进行生效或失效设置的角色名称。
- IDENTIFIED BY password：用于设置角色生效或失效时的认证口令。
- ALL：表示使当前用户所有角色生效。
- EXCEPT role_name：表示除了特定角色外，其余所有角色生效。
- NONE：表示使当前用户所有角色失效。

【例 7.13】角色的失效与生效。

设置当前用户所有角色失效：

```
SQL>SET ROLE NONE;
```

设置某一个角色生效：

```
SQL>SET ROLE high_manager_role IDENTIFIED BY highrole;
```

同时设置多个角色生效：

```
SQL>SET ROLE middle_manager_role,low_manager_role IDENTIFIED BY lowrole;
```

执行结果如图 7.13 所示。

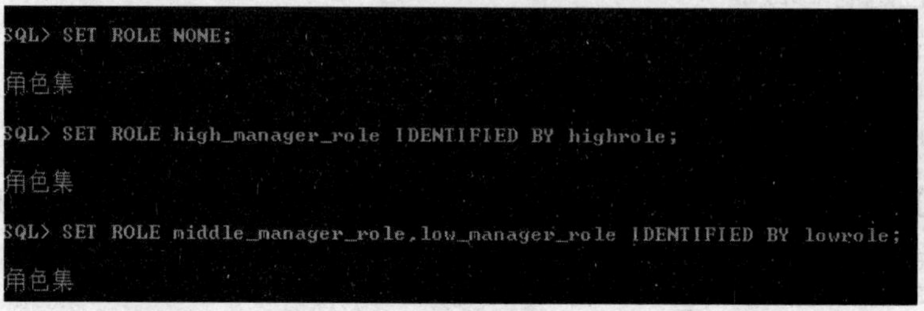

图 7.13　角色权限的授予与回收

7.4.5　删除角色

如果不再需要某个角色或者某个角色的设置不太合理时，就可以使用 DROP ROLE 来删除角色，使用该角色的用户的权限同时也被回收。

DROP ROLE 语句的语法格式为：

```
DROP ROLE role_name;
```

【例 7.14】删除角色 low_manager_role：

```
SQL>DROP ROLE low_manager_role;
```

执行结果如图 7.14 所示。

图 7.14　删除角色

7.4.6　使用角色进行权限管理

1．给用户或角色授予角色

使用 GRANT 语句可以将角色授予用户或其他角色，语法格式为：

```
GRANT role_list TO user_list|role_list;
```

【例 7.15】将 CONNECT、high_manager_role 角色授予用户 atea，将 RESOURCE、CONNECT 角色授予角色 middle_manager_role：

```
SQL>GRANT CONNECT,high_manager_role TO atea;
SQL>GRANT RESOURCE,CONNECT TO middle_manager_role;
```

执行结果如图 7.15 所示。

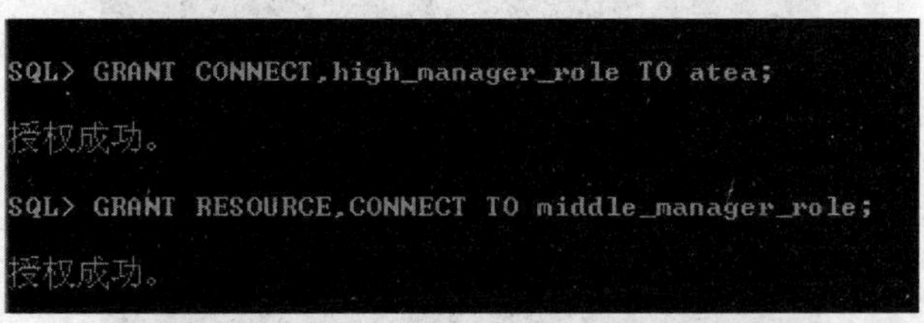

```
SQL> GRANT CONNECT,high_manager_role TO atea;
授权成功。
SQL> GRANT RESOURCE,CONNECT TO middle_manager_role;
授权成功。
```

图 7.15　给用户或角色授予角色

2．从用户或角色回收角色

可以使用 REVOKE 语句从用户或其他角色回收角色，其语法格式为：

```
REVOKE role_list FROM user_list|role_list;
```

【例 7.16】回收角色 middle_manager_role 的 RESOURCE、CONNECT 角色。

```
SQL>REVOKE RESOURCE,CONNECT FROM middle_manager_role;
```

执行结果如图 7.16 所示。

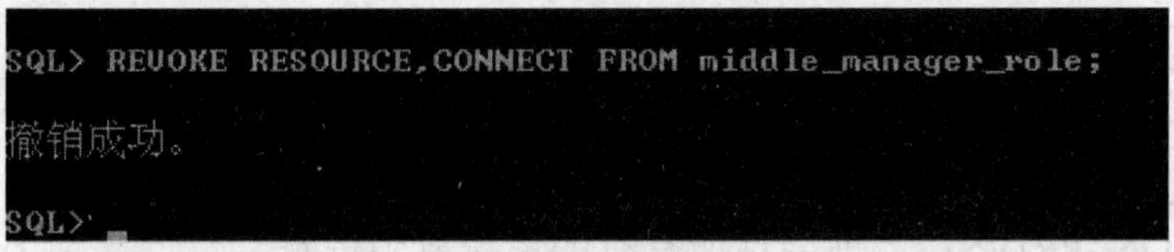

```
SQL> REVOKE RESOURCE,CONNECT FROM middle_manager_role;
撤销成功。
SQL>
```

图 7.16　回收角色

3．用户角色的激活或屏蔽

使用 ALTER USER 语句来设置用户的默认角色状态，也可激活或屏蔽用户的默认角色。ALTER USER 语句的语法格式为：

```
ALTER USER user_name DEFAULT ROLE
[role_name] | [ALL [EXCEPT role_name ] ] | [NONE];
```

【例 7.17】用户角色的激活或屏蔽。
屏蔽用户的所有角色：

```
SQL>ALTER USER atea DEFAULT ROLE NONE;
```

激活用户的某些角色：

```
SQL>ALTER USER atea DEFAULT ROLE CONNECT, DBA;
```

激活用户的所有角色：

```
SQL>ALTER USER atea DEFAULT ROLE ALL;
```

激活除某个角色外的其他所有角色：

```
SQL>ALTER USER atea DEFAULT ROLE ALL EXCEPT DBA;
```

执行结果如图 7.17 所示。

图 7.17   激活或屏蔽角色

7.4.7   查询角色信息

可以通过查询数据字典或动态性能视图获得数据库角色的相关信息。

* DBA_ROLES：包含数据库中所有角色及其描述。
* DBA_ROLE_PRIVS：包含为数据库中所有用户和角色授予的角色信息。
* USER_ROLE_PRIVS：包含为当前用户授予的角色信息。
* ROLE_ROLE_PRIVS：为角色授予的角色信息。
* ROLE_SYS_PRIVS：为角色授予的系统权限信息。
* ROLE_TAB_PRIVS：为角色授予的对象权限信息。
* SESSION_PRIVS：当前会话所具有的系统权限信息。
* SESSION_ROLES：当前会话所具有的角色信息。

【例 7.18】查询 DBA 角色所具有的系统权限信息：

```
SQL>SELECT * FROM ROLE_SYS_PRIVS WHERE ROLE='DBA';
```

执行结果如图 7.18 所示。

图 7.18   查询 DBA 角色的系统权限

7.5　概要文件管理

概要文件(Profile)是数据库和系统资源限制的集合,是 Oracle 数据库安全策略的重要组成部分。

利用概要文件,可以限制用户对数据库和系统资源的使用,同时还可以对用户口令进行管理。

在 Oracle 数据库创建的同时,系统会创建一个名为 DEFAULT 的默认概要文件。如果没有为用户显式地指定一个概要文件,系统默认将 DEFAULT 概要文件作为用户的概要文件。默认的概要文件 DEFAULT 对资源没有任何的限制,DBA 通常要根据需要创建、修改、删除自定义的概要文件。

7.5.1　概要文件中的参数

概要文件中的参数有以下两类。

(1) 资源限制参数。资源限制参数包括 CPU_PER_SESSION(一次会话可用的 CPU 时间)、CPU_PER_CALL(每条 SQL 语句所用 CPU 时间)、CONNECT_TIME(每个用户连接到数据库的最长时间)、IDLE_TIME(每个用户会话能连接到数据库的最长时间)、SESSIONS_PER_USER(用户同时连接的数)、LOGICAL_READS_PER_SESSION(每个会话读取的数据块数)、LOGICAL_READS_PER_CALL(每条 SQL 语句所能读取的数据块数)、PRIVATE_SGA(共享服务器模式下一个会话可使用的内存 SGA 区的大小)、COMPOSITE_LIMIT(对混合资源进行限定)等。

(2) 口令管理参数。口令管理参数包括 FAILED_LOGIN_ATTEMPTS(限制用户登录数据库时的次数)、PASSWORD_LIFE_TIME(设置用户口令的有效时间,单位为天数)、PASSWORD_REUSE_TIME(设置新口令的天数)、PASSWORD_REUSE_MAX(设置口令在能够被重新使用之前必须改变的次数)、PASSWORD_LOCK_TIME(设置该用户账户被锁定的天数)、PASSWORD_GRACE_TIME(设置口令失效的“宽限时间”)、PASSWORD_VERIFY_FUNCTION(设置判断口令复杂性的函数)等。在 Oracle 11g 中,口令管理复杂度功能具有新的改进。在 $ORACLE_HOMFdrdbms/admin 的密码验证文件 UTLPWDMG.SQL 中,不仅提供了先前的验证函数 VERIFY_FUNCTION,还提供了一个新建的 VERIFY_FUNCTION_11G 函数。

7.5.2　概要文件中的管理

1. 创建概要文件

具有 CREATE PROFILE 系统权限的用户可以用 CREATE PROFILE 语句来创建概要文

件，其语法格式为：

```
CREATE PROFILE profile_name LIMIT
resource_parameters | password_parameters;
```

对其中的参数说明如下。

- profile_name：用于指定要创建的概要文件名。
- resource_parameters：用于设置资源限制参数，形式为 resource_parameter_name integer | UNLIMITED | DEFALUT。
- password_parameters：用于设置口令参数，形式为 password_parameter_name integer | UNLIMITED | DEFALUT。

【例 7.19】创建一个名为 pwd_profile 的概要文件，如果用户连续 3 次登录失败，则锁定该账户，30 天后该账户自动解锁：

```
SQL>CREATE PROFILE pwd_profile LIMIT
FAILED_LOGIN_ATTEMPTS 3
PASSWORD_LOCK_TIME 30;
```

执行结果如图 7.19 所示。

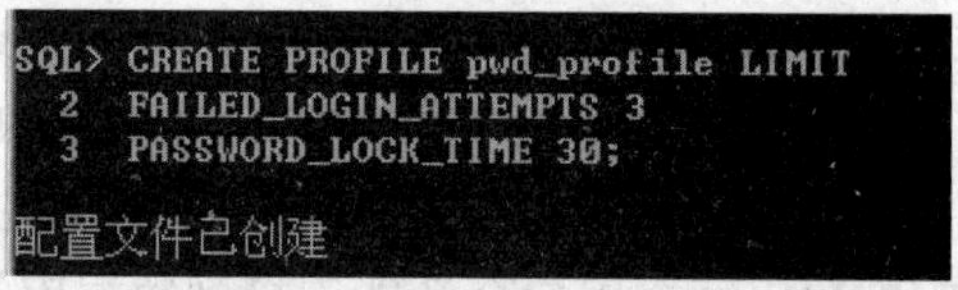

```
SQL> CREATE PROFILE pwd_profile LIMIT
  2  FAILED_LOGIN_ATTEMPTS 3
  3  PASSWORD_LOCK_TIME 30;
配置文件已创建
```

图 7.19 创建概要文件

可以在创建用户时为用户指定概要文件，也可以在修改用户时为用户指定概要文件。

【例 7.20】将上面创建的概要文件 pwd_profile 分配给 atea 用户：

```
SQL>ALTER USER atea PROFILE pwd_profile;
```

执行结果如图 7.20 所示。

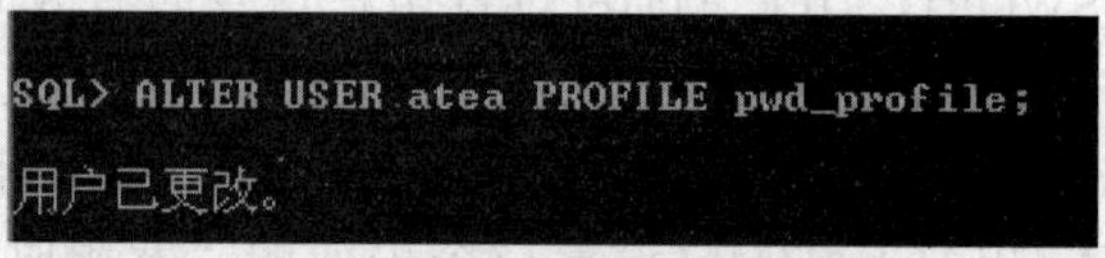

```
SQL> ALTER USER atea PROFILE pwd_profile;
用户已更改。
```

图 7.20 把概要文件分配给用户

2. 修改概要文件

概要文件创建后，具有 ALTER PROFILE 系统权限的用户可以使用 ALTER PROFILE 语句修改，其语法格式为：

```
ALTER PROFILE profile_name LIMIT
resource_parameters|password_parameters;
```

注意：对概要文件的修改只有在用户开始一个新的会话时才会生效。

【例 7.21】修改 pwd_profile 概要文件，将用户口令有效期设置为 10 天：

```
SQL>ALTER PROFILE pwd_profile LIMIT
PASSWORD_LIFE_TIME 10;
```

执行结果如图 7.21 所示。

```
SQL> ALTER PROFILE pwd_profile LIMIT
  2  PASSWORD_LIFE_TIME 10;

配置文件已更改
```

图 7.21   修改概要文件

3. 删除概要文件

具有 DROP PROFILE 系统权限的用户可以使用 DROP PROFILE 语句删除概要文件。
其语法格式为：

```
DROP PROFILE profile_name [CASCADE];
```

> **注意**：如果要删除的概要文件已经指定给用户，则必须在 DROP PROFILE 语句中使用
> CASCADE 子句。如果为用户指定的概要文件被删除，则系统自动将 DEFAULT 概
> 要文件指定给该用户。

【例 7.22】删除概要文件 pwd_profile：

```
SQL>DROP PROFILE pwd_profile CASCADE;
```

执行结果如图 7.22 所示。

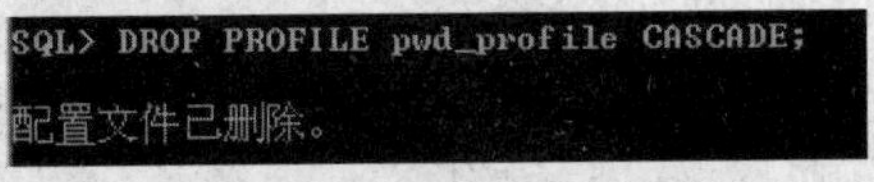

```
SQL> DROP PROFILE pwd_profile CASCADE;

配置文件已删除。
```

图 7.22   删除概要文件

4. 查询概要文件

可以通过数据字典视图或动态性能视图查询概要文件信息。

- **USER_PASSWORD_LIMITS**：包含通过概要文件为用户设置的口令策略信息。
- **USER_RESOURCE_LIMITS**：包含通过概要文件为用户设置的资源限制参数。
- **DBA_PROFILES**：包含所有概要文件的基本信息。

7.6   数据库审计

审计是监视和记录用户对数据库所进行的操作，以供 DBA 进行统计和分析。
利用审计可以完成下列任务：

- 调查数据库中的可疑活动。
- 监视和收集特定数据库活动的数据。

一条审计记录中包含用户名、会话标识、终端标识、所访问的模式对象名称、执行的

操作、操作的完整语句代码、日期和时间戳、所使用的系统权限等。

在 Oracle 11g 中，共有 4 种类型的审计。

- 语句审计(Statement Auditing)：对特定的 SQL 语句进行审计，不指定具体对象。
- 权限审计(Privilege Auditing)：对特定的系统权限使用情况进行审计。
- 对象审计(Object Auditing)：对特定的模式对象上执行的特定语句进行审计。
- 精细审计(Fine-Grained Auditing，FGA)：对基于内容的各种 SQL 语句进行审计，可以使用布尔表达式对列级别上的内容进行审计。

通过修改静态参数 AUDIT_TRAIL 值来启动或关闭数据库的审计功能。AUDIT_TRAIL 参数可以取值为 DB、OS、NONE、TRUE、FALSE、DB_EXTENDED、XML 或 EXTENDED。DB 表示启动审计功能，审计信息写入 SYS.AUD$数据字典中；OS 表示启动审计功能，审计信息写入操作系统文件中；默认为 NONE，表示不启动审计功能；TRUE 功能与 DB 选项一样；FALSE 表示不启动审计功能，但 Oracle 会监视特定活动并写入操作系统文件，如例程的启动、关闭以及 DBA 连接数据库等。

【例 7.23】启动数据库的审计功能：

```
SQL>ALTER SYSTEM SET audit_trail ='DB' SCOPE=SPFILE;
SQL>SHUTDOWN IMMEDIATE
SQL>STARTUP
```

执行结果如图 7.23 所示。

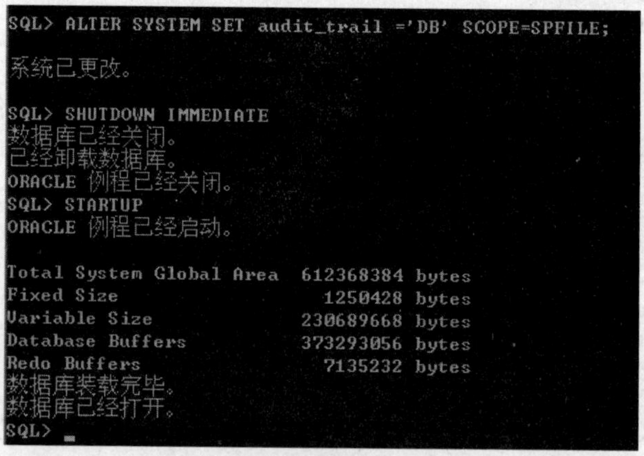

图 7.23　启动数据库审计

7.7　使用 OEM 进行安全管理

以上的数据库安全管理，也可以在企业管理器 OEM(Oracle Enterprise Manager)中进行。

1. 使用 OEM 创建用户

(1) 打开企业管理器，并进入到创建用户窗口，在窗口中必须输入用户名和口令，如图 7.24 所示。

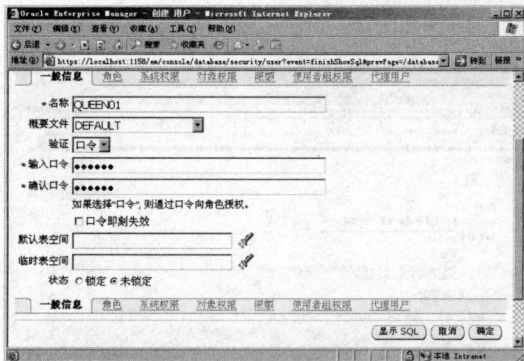

图 7.24　创建用户

（2）设置默认表空间和临时表空间。可以直接输入表空间名称，也可以通过点击浏览按钮进行表空间的选择，选择表空间的窗口如图 7.25 所示。在窗口中选择表空间后，单击"选择"按钮即可。

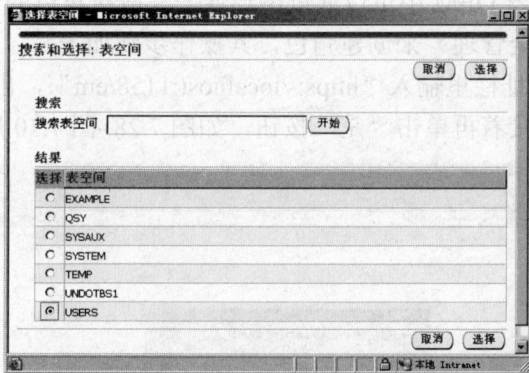

图 7.25　选择表空间

（3）查看生成的 SQL 语句。单击"显示 SQL 按钮"即可查看生成的 SQL 语句，如图 7.26 所示。

图 7.26　查看生成的 SQL 语句

2．使用 OEM 删除用户

通过企业管理器删除用户的步骤如下。

（1）在企业管理器的"用户"窗口中选择将要被删除的用户。

(2) 然后单击"删除"按钮即可,如图 7.27 所示。

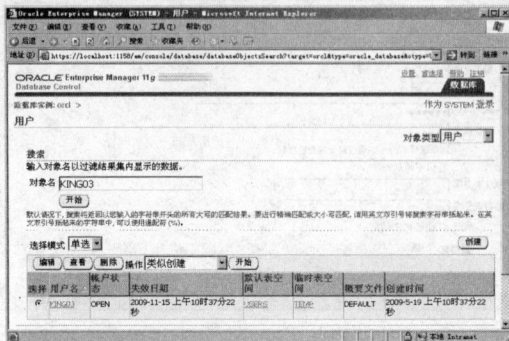

图 7.27　使用 OEM 删除用户

3. 使用 OEM 创建角色

在 Oracle 企业管理器 OEM 中可以通过图形界面完成对角色的管理。

下面介绍使用"安全管理"来创建角色,其操作步骤如下。

(1) 打开 IE,在地址栏里输入"https://localhost:1158/em",出现安全警报对话框时,单击"是"按钮继续,接着再单击"是"按钮,如图 7.28~图 7.30 所示。

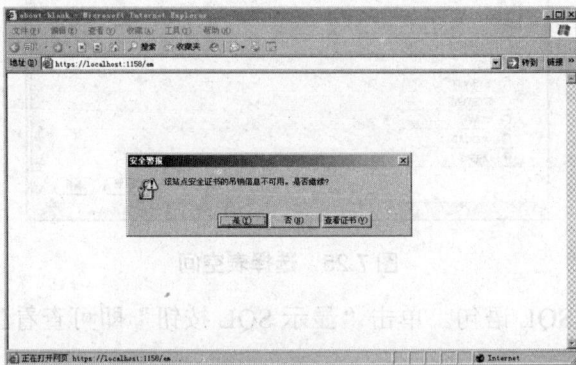

图 7.28　"安全警报"对话框 1

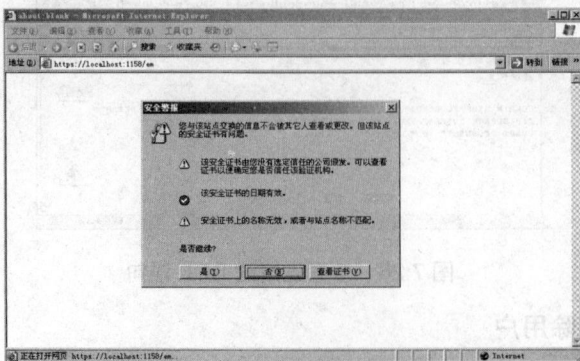

图 7.29　"安全警报"对话框 2

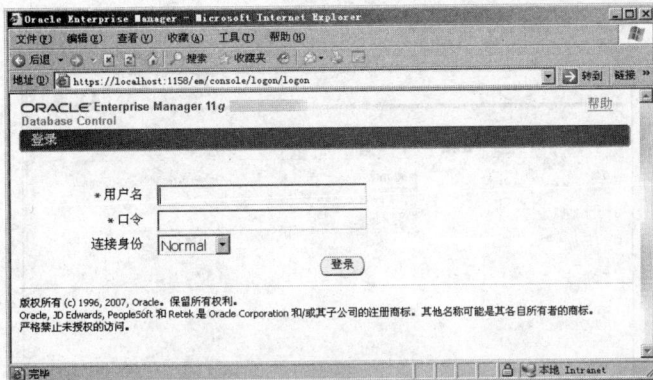

图 7.30 登录界面

(2) 以 SYS 用户连接 OEM 页面,出现"数据库实例"页的主目录,切换到"服务器"属性页,如图 7.31~图 7.33 所示。

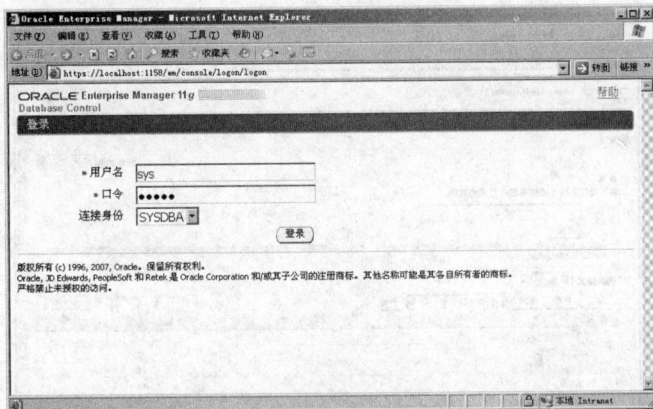

图 7.31 用 SYS 账号和 SYSDBA 身份登录

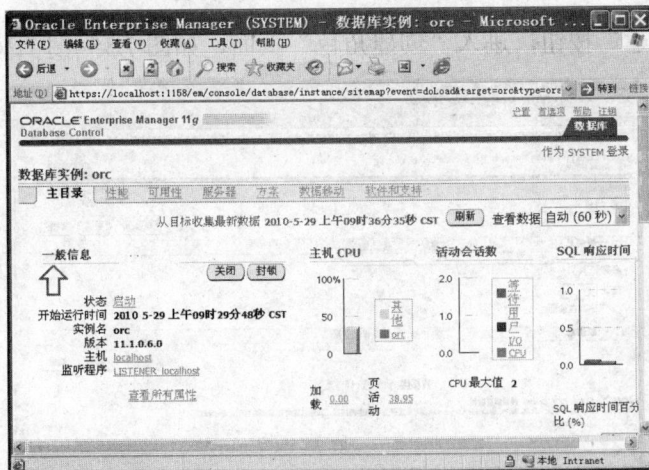

图 7.32 "数据库实例"页面

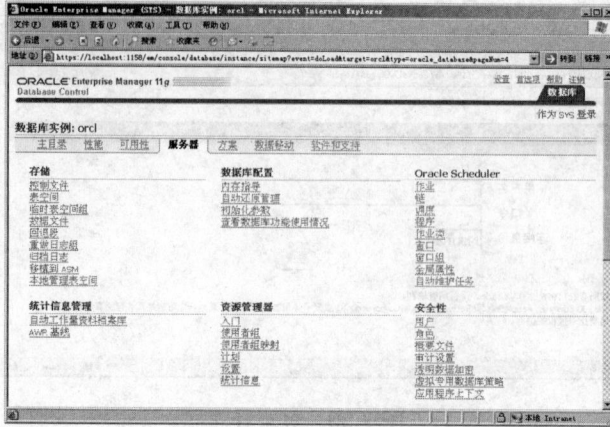

图 7.33　"服务器"属性页

(3) 单击"安全性"下的"角色"超链接，打开"角色"页面，如图 7.34 所示。

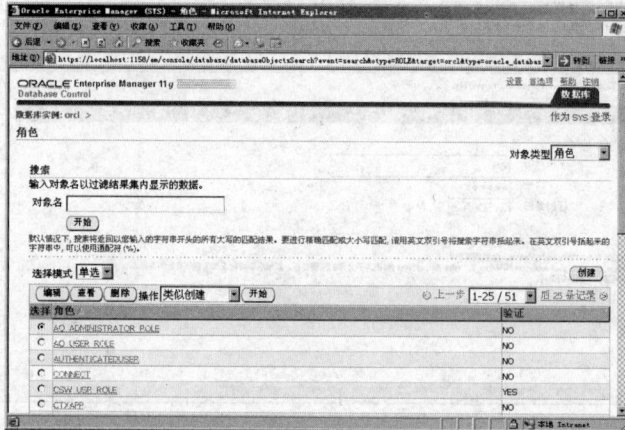

图 7.34　OEM 对角色的管理

(4) 单击"创建"按钮，进入"创建角色"页面，如图 7.35~图 7.36 所示。

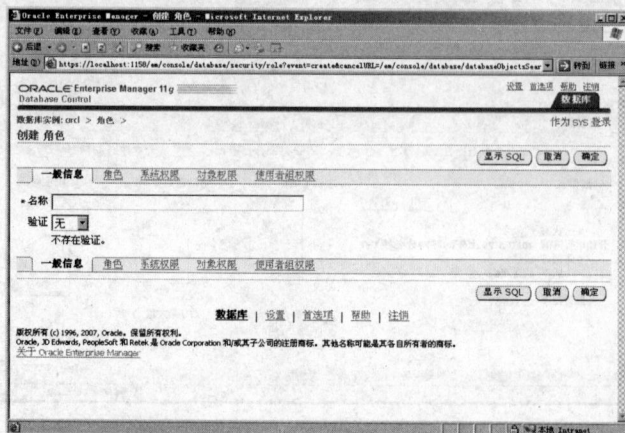

图 7.35　"创建角色"主页面

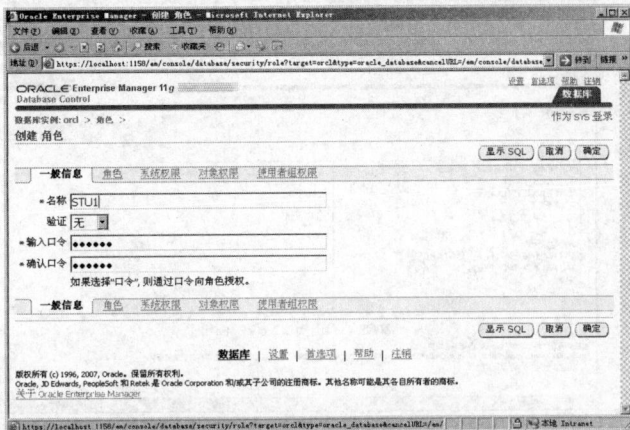

图 7.36　创建角色的"一般信息"

提示：在此页面中可以输入角色的名称，选择是否需要验证。如果选择验证，则还需要输入角色的密码。

(5)　输入角色名称 stu1，选择验证后，切换到"角色"属性页，如图 7.37 所示。

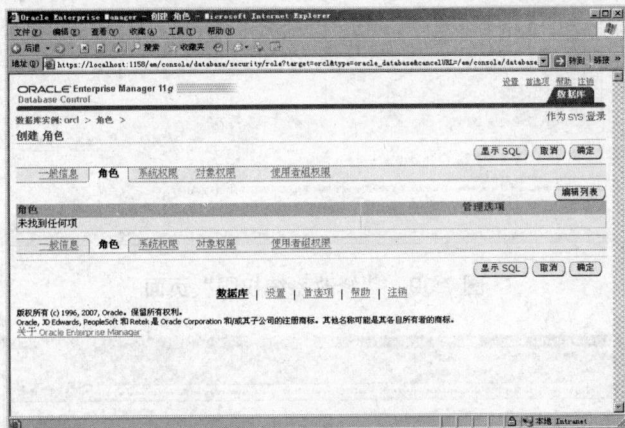

图 7.37　"角色"属性页

(6)　为新创建的角色授予角色，单击"编辑列表"按钮，进入如图 7.38 所示的页面。在"可用角色"列表框中，列出了当前系统中所有可以使用的角色，从中选择想要授予新角色的角色，单击中间的"移动"按钮，将系统中可用的角色移动到"所选角色"列表框中，即将指定的角色授予新创建的角色。

提示：如果想取消某个授予的角色，可以在"所选角色"列表框中选中相应的角色，单击中间的"移去"按钮回收授予的角色。

(7)　选择好角色后，单击"确定"按钮，从"修改角色"窗口回到"创建角色"窗口。单击"系统权限"、"对象权限"或"使用者组权限"超链接，可以在相应的页面中为新创建的角色授予相应的权限，如图 7.39~图 7.41 所示。

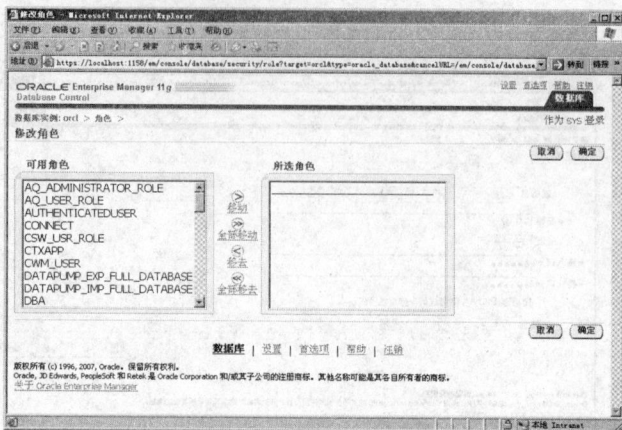

图 7.38 "修改角色"页面

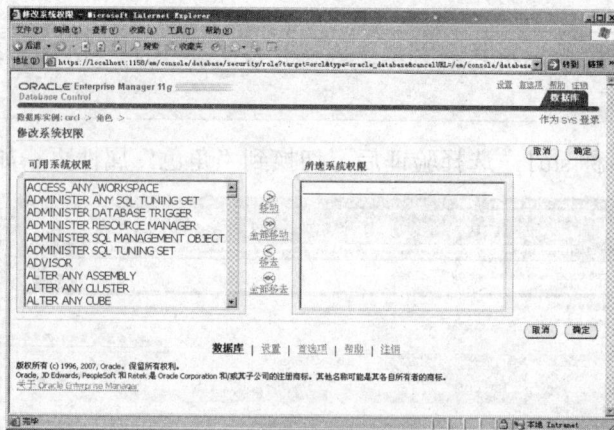

图 7.39 "修改系统权限"页面

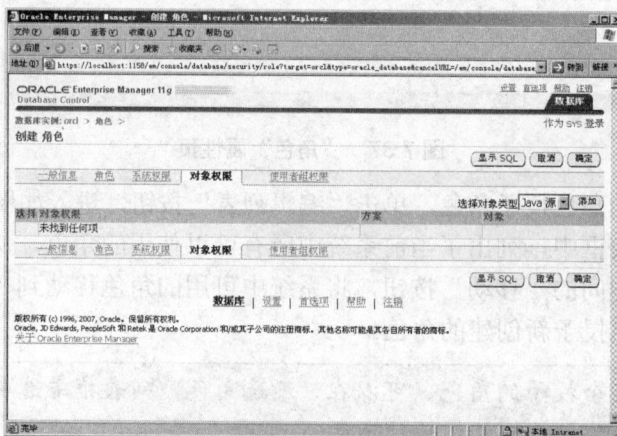

图 7.40 "对象权限"页面

(8) 单击"确定"按钮，这样就完成了通过 OEM 为数据库创建的一个新角色，如图 7.42~图 7.43 所示。

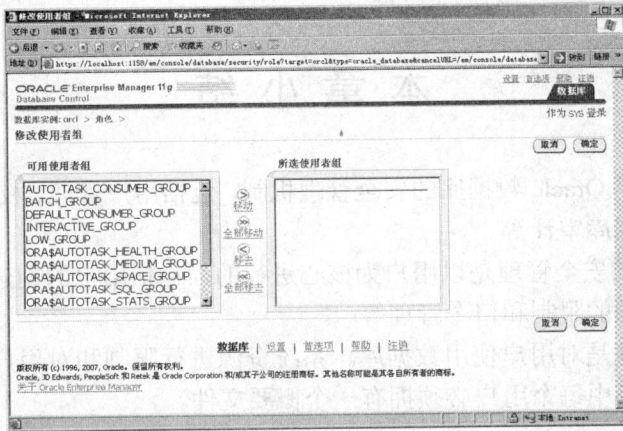

图 7.41 "修改使用者组"页面

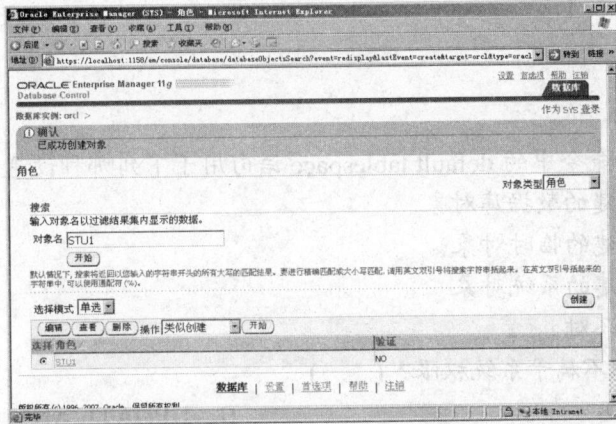

图 7.42 创建角色完成页面

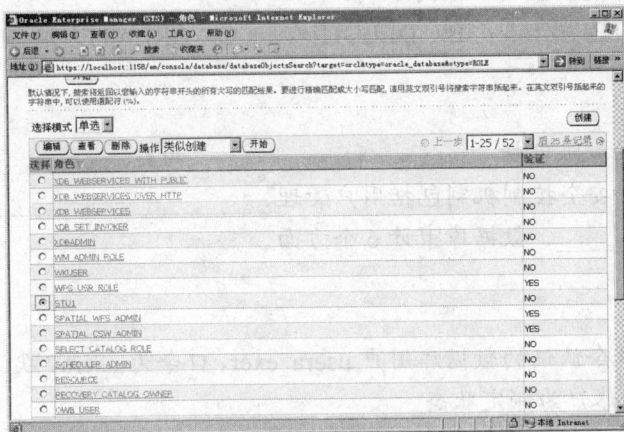

图 7.43 查看所创建的角色

在 OEM 中的其他数据库安全管理和上面类似，在此不一一介绍。

本 章 小 结

本章主要介绍了 Oracle 数据库的安全管理机制，包括用户管理、权限管理、角色管理、概要文件管理和数据库审计等。

Oracle 数据库的安全管理是以用户为核心进行的，包括用户的创建、权限的授予与回收、对用户占用资源的限制和口令管理等。

用户的概要文件是对用户使用数据库、系统资源进行限制和对用户口令管理策略进行设置的文件。数据库中每个用户必须拥有一个概要文件。

习　题

一、选择题

1. create user 命令中的 default tablespace 语句用于下列哪种设置？（　　）
   A. 用户创建的数据库对象
   B. 用户创建的临时对象
   C. 用户创建的系统对象
   D. 上面都不对
2. 下列哪一种不属于系统权限？（　　）
   A. SELECT
   B. UPDATE ANY
   C. CREATE VIEW
   D. CREATE SESSION
3. 哪一种操作受表空间配额的限制？（　　）
   A. UPDATE　　　B. DELETE　　　C. CREATE　　　D. 以上全是

二、填空题

1. 数据库中的权限包括_____和_____两类。
2. Oracle 数据安全控制机制包括用户管理、_____、_____、表空间设置和配额、_____、数据库审计 6 个方面。

三、实训题

1. 创建一个口令认证的数据库用户 usera_exer，口令为 usera，默认表空间为 USERS，配额为 10MB，初始账户为锁定状态。
2. 创建一个口令认证的数据库用户 userb_exer，口令为 userb。
3. 将用户 usera_exer 的账户解锁。
4. 为 usera_exer 用户授予 CREATE SESSION 权限、scott.emp 的 SELLECT 权限和 UPDATE 权限，同时允许该用户将获得的权限授予其他用户。

第 8 章　数据库存储管理

数据库的存储管理包括物理存储管理和逻辑存储管理。其中，物理存储结构主要用于描述 Oracle 数据库外部数据的存储，即在操作系统中如何组织和管理数据，与具体的操作系统有关，是逻辑存储结构在物理上的、可见的、可操作的、具体的体现形式。逻辑存储结构主要描述 Oracle 数据库内部数据的组织和管理方式，与操作系统没有关系。

本章介绍 Oracle 11g 数据库的存储管理机制，内容包括物理存储结构的数据文件管理、控制文件管理、重做日志文件管理、归档重做日志文件管理和逻辑存储结构的表空间的管理等。

8.1　数　据　文　件

Oracle 数据库中存储比例最大的是数据文件，它用于保存数据库中的所有数据。此外，还有一种临时数据文件，它是一种特殊的数据文件，其存储内容是临时性的，在一定条件下自动释放。

8.1.1　数据文件概述

数据文件用于保存系统数据、数据字典数据、索引数据、应用数据等，是数据库最主要的存储空间。用户对数据库的操作本质上都是对数据文件进行的。

临时数据文件是一种特殊的数据文件，属于数据库的临时表空间。

Oracle 数据库中的每个数据文件都具有两个文件号：绝对文件号和相对文件号，二者用于准确定位一个数据文件。其中，绝对文件号用于在整个数据库范围内唯一标识一个数据文件，相对文件号用于在一个表空间范围内唯一标识一个数据文件。在一个表空间内可以包含多个数据文件，但一个数据文件只能从属于一个表空间。

应当合理设置数据文件的数目、大小和存储位置。对数据文件的管理策略是：

- 为提高 I/O 效率，应该合理地分配数据文件的存储位置。
- 把不同存储内容的数据文件放置在不同的硬盘上，可并行访问。
- 初始化参数文件、控制文件、重做日志文件最好不要与数据文件存放在同一个磁盘上，以免数据库发生介质故障时，无法恢复数据库。

8.1.2　数据文件的管理

数据文件的管理包括创建数据文件、修改数据文件(大小、可用性、名称、路径等)、删除数据文件和查询数据文件信息等。

1. 创建数据文件

创建数据文件的过程实质上就是向表空间添加文件的过程。在创建数据文件时应该根据文件数据量的大小确定文件的大小以及文件的增长方式。可以在创建表空间(或临时表空间)的同时创建数据文件(或临时数据文件)，也可在创建数据库时创建数据文件。在数据库运行时，一般的习惯是采用下面两种方法向表空间(或临时表空间)添加数据文件(或临时数据文件)：

```
ALTER TABLESPACE ... ADD DATAFILE
ALTER TABLESPACE ... ADD TEMPFILE
```

【例 8.1】向 ORCL 数据库的 USERS 表空间中添加一个大小为 20MB 的数据文件：

```
SQL>ALTER TABLESPACE USERS ADD DATAFILE
'c:\oracle\USERS02.DBF' SIZE 20M;
```

执行结果如图 8.1 所示。

图 8.1　创建数据文件

2. 修改数据文件

(1) 修改数据文件的大小

有两种方式可以修改数据文件的大小：

- 设置数据文件为自动增长方式。
- 手动改变数据文件的大小。

【例 8.2】向 ORCL 数据库的 USERS 表空间添加一个自动增长的数据文件。每次增长512KB，数据文件的最大容量为 200MB。SQL 命令如下：

```
SQL>ALTER TABLESPACE USERS ADD DATAFILE
'c:\oracle\USERS03.DBF' SIZE 20M AUTOEXTEND ON NEXT
512K MAXSIZE 200M;
```

如果数据文件没有最大容量限制，可设 MAXSIZE 为 UNLIMITED，执行结果如图 8.2所示。

图 8.2　设置自动增长方式

在数据文件创建后也可以通过带有 RESIZE 子句的 ALTER DATABASE 来手动修改数据文件的大小。

【例 8.3】将 ORCL 数据库 USERS 表空间的数据文件 USERS02.DBF 设置为 30MB：

```
SQL>ALTER DATABASE  DATAFILE
'c:\oracle\USERS02.DBF' RESIZE 30M;
```

执行结果如图 8.3 所示。

图 8.3 手动改变数据文件大小

(2) 改变数据文件的可用性

可以通过将数据文件联机或脱机来改变数据文件的可用性，处于脱机状态的数据文件是不可用的。有 4 种情况需要改变数据文件的可用性：

- 数据文件脱机备份时需要先将数据文件脱机。
- 重命名数据文件或改变数据文件的位置时，需要先将数据文件脱机。
- 如果 Oracle 在写入某个数据文件时发生错误，会自动将该数据文件设置为脱机状态，并记录在警告文件中。故障排除后，需要以手动方式重新将该数据文件恢复为联机状态。
- 数据文件丢失或损坏时，在启动数据库之前将数据文件脱机。

【例 8.4】数据库处于归档模式，将 ORCL 数据库 USERS 表空间的数据文件 USERS02.DBF 脱机：

```
SQL>ALTER DATABASE DATAFILE
'C:\oracle\USERS02.DBF' OFFLINE DROP;
```

执行结果如图 8.4 所示。

图 8.4 归档模式下的脱机

在非归档模式下，一般不将数据文件脱机。需要时使用带有 DATA FILE 和 OFFLINE DROP 子句的 ALTER DATABAS 语句。但要注意：这样会使数据文件脱机并立即删除，可能会使数据文件丢失。所以这种方法通常只用于临时数据文件。

【例 8.5】在归档模式下，将 USERS 表空间中所有的数据文件脱机，但表空间不脱机。

```
SQL>ALTER TABLESPACE USERS DATAFILE OFFLINE;
```

执行结果如图 8.5 所示。

图 8.5 改变表空间中所有数据文件的可用性

(3) 改变数据文件名称或位置

数据文件创建以后，还可改变其名称和位置。如果要改变的数据文件属于一个表空间，使用 ALTER TABLESPACE RENAME DATAFILE TO 语句；如果属于多个表空间，则使用 ALTER DATABASE RENAME FILE TO 语句。

在改变数据文件的名称或位置时，Oracle 只是改变记录在控制文件和数据字典中的数据文件信息，并没有改变操作系统中数据文件的名称和位置，因此需要 DBA 手动更改操作系统中数据文件的名称和位置。

3．删除数据文件

用 ALTER TABLESPACE … DROP DATAFILE 语句可删除某个表空间中的某个空数据文件，使用带 DROP TEMPFILE 的子句可以删除某个临时表空间中空的临时数据文件。所谓的空数据文件或空临时数据文件是指为该文件分配的所有区都被回收。

删除数据文件或临时数据文件的同时，将删除控制文件和数据字典中与该数据文件或临时数据文件相关的信息，同时也将删除操作系统中对应的物理文件。

删除数据文件或临时数据文件时受到以下约束：

- 数据库运行于打开状态。
- 数据文件或临时数据文件必须是空的。
- 不能删除表空间的第一个或唯一的一个数据文件或临时数据文件。
- 不能删除只读表空间中的数据文件。
- 不能删除 SYSTEM 表空间的数据文件。
- 不能删除采用本地管理的处于脱机状态的数据文件。

4．查询数据文件信息

可以使用数据字典视图或动态性能视图来查看数据库的数据文件信息。

DBA_DATA_FILES：包含数据库中所有数据文件的信息。

DBA_TEMP_FILES：包含数据库中所有临时数据文件的信息。

DBA_EXTENTS：包含所有表空间中已分配的区的描述信息。

USER_EXTENTS：包含当前用户拥有的对象在所有表空间中已分配的区的描述信息。

DBA_FREE_SPACE：包含表空间中空闲区的描述信息。

USER_FREE_SPACE：包含当前用户可访问的表空间中空闲区的描述信息。

V$DATAFILE：包含从控制文件中获取的数据文件信息。

V$DATAFILE_HEADER：包含从数据文件头部获取的信息。

V$TEMPFILE：包含所有临时文件的基本信息。

8.2 控 制 文 件

控制文件是 Oracle 数据库重要的物理文件，描述了整个数据库的物理结构信息。

8.2.1　控制文件概述

控制文件是一个很小的二进制文件。

在创建数据库时系统会自动创建至少一个控制文件。数据库启动时，数据库实例通过初始化参数定位控制文件，然后加载数据文件和重做日志文件，最后打开数据文件和重做日志文件。在数据库运行期间，控制文件始终在不断更新，DBA 不能直接修改控制文件的内容，只能由 Oracle 进程来管理控制文件，以便记录数据文件和重做日志文件的变化。每个数据库至少拥有一个控制文件。一个数据库也可以同时拥有多个控制文件。

控制文件中还存储了一些数据库的最大化参数。

- MAXLOGFILES：最大重做日志文件组数量。
- MAXLOGMEMBERS：重做日志文件组中最大成员数量。
- MAXLOGHISTORY：最大历史重做日志文件数量。
- MAXDATAFILES：最大数据文件数量。
- MAXINSTANCES：可同时访问的数据库最大实例个数。

8.2.2　控制文件的管理

控制文件管理策略是：最少要有两个控制文件，通过多路利用技术，将多个控制文件分散到不同的磁盘中。在数据库运行过程中，始终读取 CONTROL_FILES 参数指定的第一个控制文件，并同时写 CONTROL_FILES 参数指定的所有控制文件。如果其中一个控制文件不可用，则必须关闭数据库并进行恢复。

每次对数据库结构进行修改后(添加、修改、删除数据文件、重做日志文件)，应该及时备份控制文件。

1. 创建控制文件

创建控制文件使用 CREATE CONTROLFILE 语句，语法格式为：

```
CREATE CONTROLFILE [REUSE]
[SET] DATABASE database
[LOGFILE logfile_clause]
RESETLOGS|NORESETLOGS
[DATAFILE file_specification]
[MAXLOGFILES]
[MAXLOGMEMBERS]
[MAXLOGHISTORY]
[MAXDATAFILES]
[MAXINSTANCES]
[ARCHIVELOG|NOARCHIVELOG]
[FORCE LOGGING]
[CHARACTER SET character_set]
```

创建控制文件的步骤如下。

(1) 制作数据库中所有的数据文件和重做日志文件列表：

```
SQL>SELECT MEMBER FROM V$LOGFILE;
SQL>SELECT NAME FROM V$DATAFILE;
SQL>SELECT VALUE FROM V$PARAMETER WHERE NAME = 'CONTROL_FILES';
```

（2） 如果数据库仍然处于运行状态，则关闭数据库：

```
SQL>SHUTDOWN
```

（3） 在操作系统级别备份所有的数据文件和联机重做日志文件。

（4） 启动实例到 NOMOUNT 状态：

```
SQL>STARTUP NOMOUNT
```

（5） 利用前面得到的文件列表，执行 CREATE CONTROLFILE 创建一个新控制文件。

（6） 在操作系统级别对新建的控制文件进行备份。

（7） 如果数据库重命名，则编辑 DB_NAME 参数来指定新的数据库名称。

（8） 如果数据库需要恢复，则进行恢复数据库操作。

如果创建控制文件时指定了 NORESTLOGS，可以完全恢复数据库：

```
SQL>RECOVER DATABASE;
```

如果创建控制文件时指定了 RESETLOGS，则必须在恢复时指定 USING BACKUP CONTROLFILE：

```
SQL>RECOVER DATABASE USING BACKUP CONTROLFILE;
```

（9） 重新打开数据库。

如果数据库不需要恢复或已经对数据库进行了完全恢复，则可以正常打开数据库：

```
SQL>ALTER DATABASE OPEN;
```

如果在创建控制文件时使用了 RESETLOGS 参数，则必须指定以 RESETLOGS 方式打开数据库：

```
SQL>ALTER DATABASE OPEN  RESETLOGS;
```

2. 实现多路复用控制文件

为保证控制文件的可用性，在创建数据库时可创建多路复用的控制文件，其名称和保存位置由初始化参数文件 CONTROL_FILES 指定。

创建多路复用控制文件的步骤如下。

（1） 编辑初始化参数 CONTROL_FILES：

```
SQL>ALTER SYSTEM SET  CONTROL_FILES=... SCOPE=SPFILE;
```

（2） 关闭数据库：

```
SQL>SHUTDOWN IMMEDIATE;
```

（3） 复制一个原有的控制文件到新的位置，并重新命名。

（4） 重新启动数据库：

```
SQL>STARTUP
```

3. 备份控制文件

为避免控制文件损坏或丢失，或者对数据库存储结构做了修改后，都需要备份控制文件。可以使用 ALTER DATABASE BACKUP CONTROLFILE 语句来备份控制文件。

可将控制文件备份为二进制文件：

```
SQL>ALTER DATABASE BACKUP CONTROLFILE TO 'D:\ORACLE\CONTROL.BKP';
```

也可将控制文件备份为文本文件：

```
SQL>ALTER DATABASE BACKUP CONTROLFILE TO TRACE;
```

4. 删除控制文件

可根据需要删除控制文件，删除的过程与创建过程相似。

(1) 编辑 CONTROL_FILES 初始化参数，使其不包含要删除的控制文件。

(2) 关闭数据库。

(3) 在操作系统中删除控制文件。

(4) 重新启动数据库。

5. 查看控制文件信息

可以从数据字典视图中查看控制文件信息，包括以下视图。

● V$DATABASE：从控制文件中获取的数据库信息。

● V$CONTROLFILE：包含所有控制文件名称与状态信息。

● V$CONTROLFILE_RECORD_SECTION：包含控制文件中各记录文档段信息。

● V$PARAMETER：可以获取初始化参数 CONTROL_FILES 的值。

8.3 重做日志文件

8.3.1 重做日志文件概述

重做日志文件是由重做记录的形式记录、保存用户对数据库所进行的变更操作。利用重做日志文件恢复数据库是通过事务的重做(REDO)或回退(UNDO)来实现的。

重做日志文件的工作过程如下。

(1) 每个数据库至少需要两个重做日志文件，采用循环写的方式进行工作。

(2) 当一个重做日志文件写满后，进程 LGWR 就会移到下一个日志组，称为日志切换，同时信息会写到控制文件中。

为了保证 LGWR 进程的正常进行，通常采用重做日志文件组，每个组中包含若干完全相同的重做日志文件成员，这些成员文件相互镜像。

8.3.2　重做日志文件的管理

重做日志文件的管理包括重做日志文件组和重做日志文件组成员的管理。

（1）添加重做日志文件组

为数据库添加重做日志文件组时使用 ALTER DATABASE ADD LOGFILE 语句。

（2）添加重做日志文件组成员

为数据库添加重做日志文件组成员时使用 ALTER DATABASE ADD LOGFILE MEMBER ... TO GROUP ...语句。

（3）改变重做日志文件组成员名称或位置

使用 ALTER DATABASE RENAME FILE ... TO 语句。

> **注意：** 只能更改处于 INACTIVE 或 UNUSED 状态的重做日志文件组的成员文件的名称或位置。

（4）删除重做日志文件组成员

使用 ALTER DATABASE DROP LOGFILE MEMBER 语句来删除重做日志文件组。

> **注意：** 只能删除状态为 INACTIVE 或 UNUSED 的重做日志文件组中的成员；若要删除状态为 CURRENT 的重做日志文件组中的成员，则需执行一次手动日志切换。如果数据库处于归档模式下，则在删除重做日志文件之前要保证该文件所在的重做日志文件组已归档。每个重做日志文件组中至少要有一个可用的成员文件，即 VALID 状态的成员文件。如果要删除的重做日志文件是所在组中最后一个可用的成员文件，则无法删除。

（5）删除重做日志文件组

使用 ALTER DATABASE DROP LOGFILE GROUP 语句来删除重做日志文件组。

> **注意：** 无论重做日志文件组中有多少个成员文件，一个数据库至少需要使用两个重做日志文件组。如果数据库处于归档模式下，则在删除重做日志文件组之前，必须确定该组已经被归档。只能删除处于 INACTIVE 状态或 UNUSED 状态的重做日志文件组，若要删除状态为 CURRENT 的重做日志文件组，则需要执行一次手动日志切换。

（6）重做日志文件切换

只有当前的重做日志文件组写满后才发生日志切换，但是可以通过设置参数 ARCHIVE_LAG_TARGET 来控制日志切换的时间间隔，在必要时也可以采用手工强制进行日志切换。

如果需要将当前处于 CURRENT 状态的重做日志组立即切换到 INACTIVE 状态，必须进行手工日志切换。手工日志切换使用 ALTER SYSTEM SWITCH LOGFILE 语句。

当发生日志切换时，系统将为新的重做日志文件产生一个日志序列号，在归档时该日志序列号一同被保存。日志序列号是在线日志文件和归档日志文件的唯一标识。

（7）清除重做日志文件组

在数据库运行过程中，联机重做日志文件可能会因为某些原因而损坏，导致数据库最终由于无法将损坏的重做日志文件归档而停止，此时可以在不关闭数据库的情况下，手工清除损坏的重做日志文件内容，避免出现数据库停止运行的情况。

清除重做日志文件就是将重做日志文件中的内容全部清除，相当于删除该重做日志文件，然后再重新建立它。清除重做日志文件组是将该文件组中的所有成员文件全部清空。清除重做日志文件组时使用 ALTER DATABASE CLEAR LOGFILE GROUP ...语句。

(8)　查看重做日志文件信息

可以通过数据字典视图查询数据库重做日志文件的相关信息。

● V$LOG：包含从控制文件中获取的所有重做日志文件组的基本信息。

● V$LOGFILE：包含重做日志文件组及其成员文件的信息。

● V$LOG_HISTORY：包含关于重做日志文件的历史信息。

8.4　归档重做日志文件

8.4.1　归档重做日志文件概述

Oracle 数据库能够把已经写满了的重做日志文件保存到指定的一个或多个位置，被保存的重做日志文件的集合称为归档重做日志文件，这个过程称为归档。

根据是否进行重做日志文件归档，数据库运行可以分为归档模式或非归档模式。在归档模式下，数据库中历史重做日志文件全部被保存，因此在数据库出现故障时，即使是介质故障，利用数据库备份、归档重做日志文件和联机重做日志文件也可以完全恢复数据库。

在非归档模式下，由于没有保存过去的重做日志文件，数据库只能从实例崩溃中恢复，而无法进行介质恢复。在非归档模式下不能执行联机表空间备份操作，不能使用联机归档模式下建立的表空间备份进行恢复，而只能使用非归档模式下建立的完全备份来对数据库进行恢复。

在归档模式和非归档模式下进行日志切换的条件也不同。在非归档模式下，日志切换的前提条件是已写满的重做日志文件在被覆盖之前，其所有重做记录所对应的事务的修改操作结果全部写入到数据文件中。在归档模式下，日志切换的前提条件是已写满的重做日志文件在被覆盖之前，不仅所有重做记录所对应的事务的修改操作结果全部写入到数据文件中，还需要等待归档进程完成对它的归档操作。

8.4.2　归档重做日志文件的管理

1. 设置数据库归档/非归档模式

在创建数据库时，可以通过 CREATE DATABASE 语句指定 ARCHIVELOG 或者 NOARCHIVELOG 来设置初始模式为归档模式或非归档模式。在数据库创建后，可通过 ALTER DATABASE ARCHIVELOG 或 NOARCHIVELOG 修改数据库的模式。步骤如下。

(1) 关闭数据库:

```
SQL>SHUTDOWN IMMEDIATE
```

(2) 启动数据库到 MOUNT 状态:

```
SQL>STARTUP MOUNT
```

(3) 将数据库设置为归档模式:

```
SQL>ALTER DATABASE ARCHIVELOG;
```

或使用 ALTER DATABASE NOARCHIVELOG 语句将数据库设置为非归档模式。

(4) 打开数据库:

```
SQL>ALTER DATABASE OPEN;
```

2. 归档模式下归档方式的选择

数据库在归档模式下运行时,可以采用自动或手动两种方式归档重做日志文件。

如果选择自动归档方式,那么在重做日志文件被覆盖之前,ARCH 进程自动将重做日志文件内容归档。如果选择了手动归档,那么在重做日志文件被覆盖之前,需要 DBA 手动将重做日志文件归档,否则系统将处于挂起状态。

(1) 自动归档方式的选择如下。

① 启动归档进程:

```
ALTER SYSTEM ARCHIVE LOG START;
```

② 关闭归档进程:

```
ALTER SYSTEM ARCHIVE LOG STOP;
```

(2) 手动归档方式的选择如下。

① 对所有已经写满的重做日志文件(组)进行归档:

```
ALTER SYSTEM ARCHIVE LOG ALL;
```

② 对当前的联机日志文件(组)进行归档:

```
ALTER SYSTEM ARCHIVE LOG CURRENT;
```

3. 归档路径设置

归档路径的设置是通过相应的初始化参数 LOG_ARCHIVE_DEST 和 LOG_ARCHIVE_DUPLEX_DEST 来完成的。

LOG_ARCHIVE_DEST 参数指定本地主归档路径,LOG_ARCHIVE_DUPLEX_DEST 参数指定本地次归档路径。

使用初始化参数 LOG_ARCHIVE_DEST_n 设置归档路径,最多可以指定 10 个归档路径,其归档目标可以是本地系统的目录,也可以是远程的数据库系统。

这两组参数只能使用一组设置归档路径,而不能两组同时使用。

可以通过设置参数 LOG_ARCHIVE_FORMAT 指定归档文件命名方式。

4．设置可选或强制归档目标

设置最小成功归档目标数：LOG_ARCHIVE_MIN_SUCCESS_DEST。

设置启动最大归档进程数：LOG_ARCHIVE_MAX_PROCESSES。

设置强制归档目标和可选归档目标：使用 LOG_ARCHIVE_DEST_n 参数时通过使用 OPTIONAL 或 MANDATORY 关键字指定可选或强制归档目标。

5．归档信息查询

查询归档信息有两种方法：ARCHIVE LOG LIST 命令方式或查询数据字典视图与动态性能视图。查询数据字典视图或动态性能视图：

- V$DATABASE——用于查询数据库是否处于归档模式。
- V$ARCHIVED_LOG——包含从控制文件中获取的所有已归档日志的信息。
- V$ARCHIVE_DEST——包含所有归档目标信息，如归档目标的位置、状态等。
- V$ARCHIVE_PROCESSES——包含已启动的 ARCH 进程的状态信息。
- V$BACKUP_REDOLOG——包含已备份的归档日志信息。

【例 8.6】查询数据库所有归档路径信息：

```
SQL>SELECT DESTINATION,BINDING FROM V$ARCHIVE_DEST;
```

执行结果如图 8.6 所示。

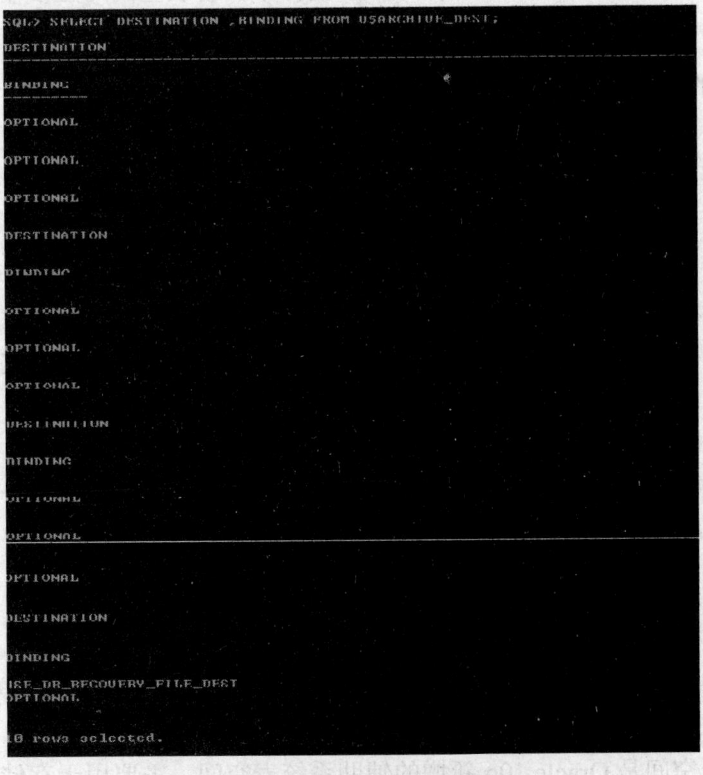

图 8.6　查询数据库所有归档路径信息

8.5 表 空 间

逻辑存储结构是从逻辑的角度来分析数据库的构成的，是数据库创建后利用逻辑概念来描述 Oracle 数据库内部数据的组织和管理形式。表空间是 Oracle 数据库中最大的逻辑结构。它提供了一套有效地组织数据的方法，它是组织数据和进行空间分配的逻辑结构。

8.5.1 表空间概述

Oracle 数据库在逻辑上可以划分为一系列的逻辑空间，每一个逻辑空间可以称为一个表空间。

一个数据库由有一个或多个表空间构成，不同表空间用于存放不同应用的数据，表空间大小决定了数据库的大小。

一个表空间对应一个或多个数据文件，数据文件大小决定了表空间的大小。一个数据文件只能从属于一个表空间。

表空间是存储模式对象的容器，一个数据库对象只能存储在一个表空间中(分区表和分区索引除外)，但可以存储在该表空间所对应的一个或多个数据文件中。若表空间只有一个数据文件，则该表空间中所有对象都保存在该文件中；若表空间对应多个数据文件，则表空间中的对象可以分布于不同的数据文件中。

1. 表空间的作用

表空间的作用如下：

● 控制数据库所占用的磁盘空间。
● 控制用户所占用的表空间配额，即也控制了用户所占用的空间配额。
● 把不同表的数据分布在不同的表空间，可以提高数据库的 I/O 性能，有利于进行部分备份和恢复。
● 把同一个表的不同数据(表数据、索引数据等)存放在不同的表空间中，也可提高数据库的 I/O 性能。
● 表空间的只读状态可以保持大量的静态数据。
● 可以按表空间进行备份与恢复，即表空间是一种备份与恢复的单位。

2. 表空间的类型

表空间的类型包含系统表空间和非系统表空间。

(1) 系统表空间

SYSTEM 表空间主要存储数据库的数据字典、PL/SQL 程序的源代码和解释代码(包括存储过程、函数、包、触发器等)、数据库对象的定义(如表、视图、序列、同义词等)。

SYSAUX 表空间是 Oracle 10g 新增的辅助系统表空间，主要用于存储数据库组件等信息，以减小 SYSTEM 表空间的负荷。在通常情况下，不允许删除、重命名及传输 SYSAUX

表空间。

(2) 非系统表空间

永久表空间即用户保存永久性的数据，如系统数据、应用系统的数据。每个用户都会被分配一个永久性的表空间，用来保存其方案对象的数据。除了撤消表空间，相对于临时表空间而言，其他表空间就是永久表空间，比如系统表空间。

临时表空间即在数据库实例运行过程中，当执行具有排序、分组汇总、索引等功能的 SQL 语句时，会产生大量的临时数据，这些临时数据将保存在数据库临时表空间中。临时表空间可以被所有用户使用。数据库的默认临时表空间是在创建数据库时，由 DEFAULT TEMPORARY TABLESPACE 指定的。

撤消表空间即运行在自动撤消管理模式的数据库，用于撤消表空间的存储、管理撤消数据。Oracle 使用撤消数据来隐式或显式地回退事务、提供数据的读一致性、帮助数据库从逻辑错误中恢复、实现闪回查询。可以创建多个撤消表空间，但某一时刻只允许使用一个撤消表空间。初始化参数文件中的 UNDO_TABLESPACE 专门进行回滚信息的自动管理。

大文件表空间只能存放一个数据文件(或临时文件)，但该文件的最大尺寸为 128TB(数据块大小为 32 KB)或者 32 TB(数据块大小为 8 KB)，即可以包含 4G 个数据块。用于超大型数据库。与大文件表空间相对应，系统默认创建的表空间称为小文件表空间。小文件表空间最多可以放置 1024 个数据文件，一个数据库可以存放 64K 个数据文件。

3．表空间的状态

表空间有如下 3 种状态。

- 读写：默认情况下所有表空间的状态都是读写状态。任何具有表空间配额并具有权限的用户都可读写该表空间中的数据。
- 只读：任何用户(包括 DBA)无法向该表空间写入数据，也无法修改其中已有的数据。主要用来避免用户对静态数据(不该修改的数据)进行修改。
- 脱机：通过设置表空间的脱机/联机状态来改变表空间的可用性。脱机有 4 种模式，即正常、临时、立即、用于恢复。

4．表空间的管理方式

表空间是按照区和段空间进行管理的。

(1) 区管理方式

按照区的分配方式不同，表空间有两种管理方式。

- 字典管理方式：这是传统的管理方式。使用数据字典来管理存储空间的分配，当进行区的分配与回收时，Oracle 将对数据字典中的相关基础表进行更新，同时会产生回滚信息和重做信息。字典管理方式将渐渐被淘汰。
- 本地管理方式：这是默认的表空间管理方式。区的分配和管理信息都存储在表空间的数据文件中，而与数据字典无关。表空间在每个数据文件中维护一个"位图"结构，用于记录表空间中所有区的分配情况，因此区在分配与回收时，Oracle 将对数据文件中的位图进行更新，不会产生回滚信息或重做信息。可以使用 UNIFORM、AUTOALLOCATE 或 SYSTEM 来指定区的分配方式。

(2) 段空间管理方式

段空间管理方式指 Oracle 用来管理段中已用数据块和空闲数据块的机制。在本地管理方式下，可以用 MANUAL 或 AUTO 来指定表空间的段空间管理方式。

- MANUAL：Oracle 用空闲列表来管理段的空闲数据块，是传统的段空间管理方式。
- AUTO：Oracle 用位图来管理段中已用的数据块和空闲数据块。

5．表空间的管理策略

表空间的管理策略如下：

- 将数据字典与用户数据分离，避免由于数据字典对象和用户对象保存在一个数据文件中而产生 I/O 冲突。
- 将回滚数据与用户数据分离，避免由于硬盘损坏而导致永久性的数据丢失。
- 将表空间的数据文件分散保存到不同的硬盘上，平均分布物理 I/O 操作。
- 为不同的应用创建独立的表空间，避免多个应用之间的相互干扰。
- 能够将表空间设置为脱机状态或联机状态，以便对数据库的一部分进行备份或者恢复。
- 能够将表空间设置为只读状态，从而将数据库的一部分设置为只读状态。
- 能够为某种特殊用途专门设置一个表空间，例如临时表空间，优化表空间的使用效率。
- 能够更加灵活地为用户设置表空间配额。

8.5.2　创建表空间

用户必须具有 CREATE TABLESPACE 系统权限时才能创建表空间。所有的表空间都应该由 sys(数据字典的所有者)来创建，以便于避免管理问题。

在创建表空间的过程中，Oracle 要完成以下 3 个工作。

(1) 在数据字典和控制文件中记录下该新创建的表空间。

(2) 在操作系统中按指定的位置和文件名创建指定大小的操作系统文件，作为该表空间对应的数据文件。

(3) 在预警文件中记录下创建表空间的信息。

在创建本地管理方式下的表空间时，应该确定表空间的名称、类型、对应的数据文件的名称和位置以及区的分配方式、段的管理方式。表空间名称不能超过 30 个字符，必须以字母开头，可以包含字母、数字以及一些特殊字符(如 # _ $)等；表空间的类型包括普通表空间、临时表空间和撤消表空间；表空间中区的分配方式包括两种方式：自动扩展(AUTOALLOCATE)和定制(UNIFORM)；段的管理包括两种方式：自动管理(AUTO)和手动管理(MANUAL)。

1．创建永久表空间

如果不指定 PERMANENT、TEMPORARY、UNDO 选项，或指定了 PERMANENT 选项，则创建的是永久表空间，即永久保存其中的数据库对象的数据。

创建永久表空间时使用 CREATE TABLESPACE 语句，该语句包含以下几个子句。

- DATAFILE：设定表空间对应的数据文件。
- EXTENT MANAGEMENT：指定表空间区的管理方式，取值为 LOCAL(默认)或 DICTIONARY。
- AUTOALLOCATE(默认)或 UNIFORM：设定区的分配方式。
- SEGMENT SPACE MANAGEMENT：设定段的管理方式，即管理段中已用数据块和空闲数据块的方式。其取值为 MANUAL 或 AUTO(默认)。
- AUTOEXTEND ON 子句：指定数据文件的扩展方式和每次扩展的大小，当数据文件被填满后自动扩展其大小，最终实现了表空间大小的自动扩展。但是，此时不能指定表空间区的分配方式，否则会有错误。
- BLOCKSIZE 选项：创建非标准块大小的表空间。只适合于永久表空间。如果要为不同的表空间指定不同的块大小，就需要在初始化参数文件中，添加或修改相应的数据高速缓冲区。

【例 8.7】创建一个永久表空间，区定制分配，段采用手动管理方式：

```
SQL>CREATE TABLESPACE ORCLTBS4 DATAFILE
'C:\oracle\ORCLTBS4_1.DBF' SIZE 60M
EXTENT MANAGEMENT LOCAL UNIFORM SIZE 512K SEGMENT SPACE MANAGEMENT MANUAL;
```

执行结果如图 8.7 所示。

图 8.7　创建永久表空间

2．创建临时表空间

使用 CREATE TEMPORARY TABLESPACE 语句创建临时表空间，用 TEMPFILE 子句设置临时数据文件。Oracle 用临时表空间来创建临时段，以便执行 ORDER BY 等的排序、汇总操作时使用产生的临时数据。临时段是全体用户共享的，即使排序操作结束了，Oracle 也不会释放临时段。

这里需要提醒注意的是，临时表空间中区的分配方式只能是 UNIFORM，而不能是 AUTOALLOCATE，因为这样才能保证不会在临时段中产生过多的存储碎片。

【例 8.8】创建一个临时表空间，该表空间采用本地管理方式、大小为 20MB，使用 UNIFORM 选项指定区分配方式为大小一样的 2MB：

```
SQL>CREATE TEMPORARY TABLESPACE ORCLTEMP2
TEMPFILE 'C:\Program Files\Oracle\ORCLTEMP2_1.DBF' SIZE 20M
UNIFORM SIZE 2M;
```

执行结果如图 8.8 所示。

```
SQL> CREATE TEMPORARY TABLESPACE ORCLTEMP2
  2   TEMPFILE 'C:\Program Files\Oracle\ORCLTEMP2_1.DBF'  SIZE 20M
  3   UNIFORM SIZE 2M;
表空间已创建。
```

图 8.8　创建临时表空间

3. 创建大文件表空间

如果在创建表空间时没有使用 BIGFILE 关键字，则创建的是传统的小文件 SMALLFILE 表空间。大文件表空间只能采用本地管理方式，其段采用自动管理方式。

【例 8.9】创建一个大文件表空间：

```
SQL>CREATE BIGFILE TABLESPACE ORCLTBS5
DATAFILE 'C:\oracle\ORCLTBS5_1.DBF'
SIZE 20M;
```

执行结果如图 8.9 所示。

```
SQL> CREATE BIGFILE TABLESPACE ORCLTBS5
  2   DATAFILE 'C:\oracle\ORCLTBS5_1.DBF'
  3   SIZE 20M;

Tablespace created.
```

图 8.9　创建大文件表空间

4. 创建撤消表空间

如果数据库中没有创建撤消表空间，那么将使用 SYSTEM 表空间来管理回滚段。

如果数据库中包含多个撤消表空间，那么一个实例只能使用一个处于活动状态的撤消表空间，可以通过参数 UNDO_TABLESPACE 来指定；如果数据库中只包含一个撤消表空间，那么数据库实例启动后会自动使用该撤消表空间。

如果要使用撤消表空间对数据库回滚信息进行自动管理，则必须设置初始化参数 UNDO_MANAGEMENT=AUTO。

可以使用 CREATE UNDO TABLESPACE 语句创建撤消表空间，但是在该语句中只能指定 DATAFILE 和 EXTENT MANAGEMENT LOCAL 两个子句，而不能指定其他子句。

【例 8.10】创建一个撤消表空间：

```
SQL>CREATE UNDO TABLESPACE ORCLUNDO1
DATAFILE 'C:\oracle\
ORCLUNDO1_1.DBF' SIZE 20M;
```

执行结果如图 8.10 所示。

```
SQL> CREATE UNDO TABLESPACE ORCLUNDO1
  2   DATAFILE 'C:\oracle\ORCLUNDO1_1.DBF'  SIZE 20M;

Tablespace created.

SQL>
```

图 8.10　创建撤消表空间

如果要在数据库使用该撤消表空间，需要设置参数 UNDO_MANAGEMENT=AUTO、UNDO_TABLESPACE=ORCLUNDO1。

8.5.3 修改表空间

可以对表空间进行修改操作：扩展表空间、修改表空间可用性、修改表空间读/写性、设置默认表空间、表空间重命名、表空间备份。

> **注意：** 不能将本地管理的永久性表空间转换为本地管理的临时表空间，也不能修改本地管理表空间中段的管理方式。

1．扩展表空间

(1) 为表空间添加数据文件

通过 ALTER TABLESPACE ... ADD DATAFILE 语句为永久表空间添加数据文件，通过 ALTER TABLESPACE ... ADD TEMPFILE 语句为临时表空间添加临时数据文件。

【例 8.11】为 ORCLTBS4 表空间添加一个大小为 10MB 的新数据文件：

```
SQL>ALTER TABLESPACE ORCLTBS4 ADD DATAFILE
'C:\oracle\ORCLTBS1_2.DBF' SIZE 10M;
```

执行结果如图 8.11 所示。

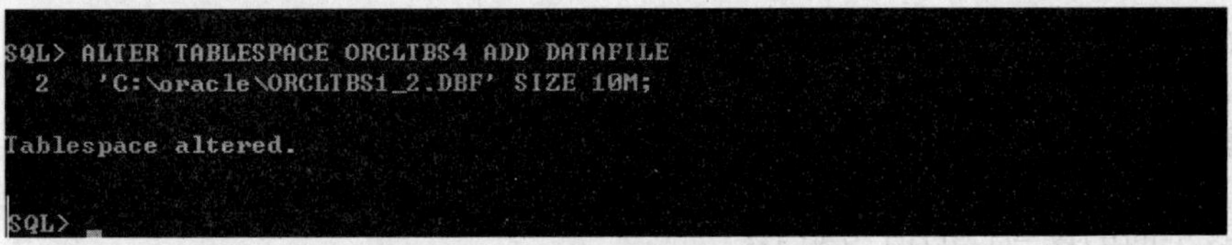

图 8.11　为表空间添加数据文件

(2) 改变数据文件的大小

可以通过改变表空间已有数据文件的大小，达到扩展表空间的目的。

【例 8.12】将 ORCLTBS1 表空间的数据文件 ORCLTBS1_2.DBF 大小增加到 20MB：

```
SQL>ALTER DATABASE DATAFILE
'C:\oracle\ORCLTBS1_2.DBF' RESIZE 20M;
```

执行结果如图 8.12 所示。

图 8.12　改变数据文件的大小

(3) 改变数据文件的扩展方式

如果在创建表空间或为表空间增加数据文件时没有指定 AUTOEXTEND ON 选项，则该文件的大小是固定的。如果为数据文件指定了 AUTOEXTEND ON 选项,当数据文件被填满时,数据文件会自动扩展,即表空间被扩展了。

【例 8.13】将 ORCLTBS1 表空间的数据文件 ORCLTBS1_2.DBF 设置为自动扩展,每次扩展 5MB 空间,文件最大为 100MB:

```
SQL>ALTER DATABASE DATAFILE
'C:\oracle\ORCLTBS1_2.DBF'
AUTOEXTEND ON NEXT 5M MAXSIZE 100M;
```

执行结果如图 8.13 所示。

```
SQL> ALTER DATABASE DATAFILE
  2  'C:\oracle\ORCLTBS1_2.DBF'
  3  AUTOEXTEND ON NEXT 5M MAXSIZE 100M;

Database altered.

SQL>
```

图 8.13 改变数据文件的扩展方式

2. 修改表空间的可用性

离线状态的表空间是不能进行数据访问的,所对应的所有数据文件也处于脱机状态。SYSTEM 表空间、存放在线回退信息的撤消表空间和临时表空间必须是在线状态。

修改表空间可用性的语句如下:

```
SQL>ALTER TABLESPACE tablespace_name ONLINE|OFFLINE
```

3. 修改表空间的读写性

修改表空间的读写性的语句如下:

```
SQL>ALTER TABLESPACE tbs_name READ ONLY|READ WRITE
```

表空间只有满足下列要求才可以转换为只读状态:

● 表空间处于联机状态。

● 表空间中不能包含任何活动的回退段。

● 如果表空间正在进行联机数据库备份,不能将它设置为只读状态。因为联机备份结束时,Oracle 更新表空间数据文件的头部信息。

4. 设置默认表空间

Oracle 默认表空间为 USERS 表空间,默认临时表空间为 TEMP 表空间。

设置数据库的默认表空间:

```
SQL>ALTER DATABASE DEFAULT TABLESPACE
```

设置数据库的默认临时表空间:

```
SQL>ALTER DATABASE DEFAULT TEMPORARY TABLESPACE
```

5．表空间的重命名

表空间重命名的语句如下：

```
SQL>ALTER TABLESPACE ... RENAME TO
```

当重命名一个表空间时，数据库会自动更新数据字典、控制文件以及数据文件头部中对该表空间的引用。

在重命名表空间时，该表空间 ID 号并没有修改，如果该表空间是数据库默认表空间，那么重命名后仍然是数据库的默认表空间。

> 注意： ① 不能重命名 SYSTEM 表空间和 SYSAUX 表空间。
> ② 不能重命名处于脱机状态或部分数据文件处于脱机状态的表空间。

6．表空间的备份

表空间备份的语句为：

```
SQL>ALTER TABLESPACE tablespace_name BEGIN|END BACKUP
```

在数据库进行热备份(联机备份)时，需要分别对表空间进行备份。基本步骤为：

- 使用 ALTER TABLESPACE ... BEGIN BACKUP 语句将表空间设置为备份模式。
- 在操作系统中备份表空间所对应的数据文件。
- 使用 ALTER TABLESPACE ... END BACKUP 语句结束表空间的备份模式。

8.5.4 删除表空间

如果不需要一个表空间及其内容(该表空间所包含的段或拥有的数据文件)，就可以将该表空间从数据库中删除。除系统表空间(SYSTEM、SYSAUX、TEM)外，其他表空间都可被删除。不能删除包含任何活动段的表空间。可以先将表空间脱机再删除，而临时表空间不用脱机。

语句如下：

```
SQL>DROP TABLESPACE tablespace_name
```

如果表空间非空，应带有子句 INCLUDING CONTENTS。

若要删除操作系统下的数据文件，应带有子句 AND DATAFILES。

要删除参照完整性约束，应带有子句 CASCADE CONSTRAINTS。

【例 8.14】删除 ORCL 数据库的 ORCLUNDO1 表空间及其所有内容，同时删除其所对应的数据文件，以及其他表空间中与 ORCLUNDO1 表空间相关的参照完整性约束：

```
SQL>DROP TABLESPACE ORCLUNDO1
INCLUDING CONTENTS AND DATAFILES
CASCADE CONSTRAINTS;
```

执行结果如图 8.14 所示。

```
SQL> DROP TABLESPACE ORCLUNDO1
  2  INCLUDING CONTENTS AND DATAFILES
  3  CASCADE CONSTRAINTS;

Tablespace dropped.

SQL> _
```

图 8.14　删除表空间

8.5.5　表空间信息的查询

通过数据字典视图可以查询表空间信息。

与表空间相关的数据字典视图如下。

- V$TABLESPACE：从控制文件中获取的表空间名称和编号信息。
- DBA_TABLESPACES：数据库中所有表空间的信息。
- DBA_TABLESPACE_GROUPS：表空间组及其包含的表空间信息。
- DBA_SEGMENTS：所有表空间中段的信息。
- DBA_EXTENTS：所有表空间中区的信息。
- DBA_FREE_SPACE：所有表空间中空闲区的信息。
- V$DATAFILE：所有数据文件信息，包括所属表空间的名称和编号。
- V$TEMPFILE：所有临时文件信息，包括所属表空间的名称和编号。
- DBA_DATA_FILES：数据文件及其所属表空间信息。
- DBA_TEMP_FILES：临时文件及其所属表空间信息。
- DBA_USERS：所有用户的默认表空间和临时表空间信息。
- DBA_TS_QUOTAS：所有用户的表空间配额信息。
- V$SORT_SEGMENT：数据库实例的每个排序段信息。
- V$SORT_USER：用户使用临时排序段信息。
- V$UNDOSTAT：撤消表空间的统计信息。
- V$TRANSACTION：各个事务所使用的撤消段信息。
- DBA_UNDO_EXTENTS：撤消表空间中每个区所对应的事务提交时间。

【例 8.15】统计表空间的空闲空间信息：

```
SQL>SELECT TABLESPACE_NAME "TABLESPACE",
FILE_ID,COUNT(*) "PIECES",
MAX(blocks) "MAXIMUM",MIN(blocks)"MINIMUM",
AVG(blocks)"AVERAGE",SUM(blocks) "TOTAL"
FROM DBA_FREE_SPACE
GROUP BY TABLESPACE_NAME, FILE_ID;
```

执行结果如图 8.15 所示。

```
TABLESPACE                          FILE_ID     PIECES    MAXIMUM    MINIMUM
------------------------------     ---------- ---------- ---------- ----------
   AVERAGE      TOTAL
---------- ----------
SYSAUX                                    3          1        224        224
       224        224

SYSTEM                                    1          1        512        512
       512        512

EXAMPLE                                   5          3       8672         56
      2976       8928

TABLESPACE                          FILE_ID     PIECES    MAXIMUM    MINIMUM
------------------------------     ---------- ---------- ---------- ----------
   AVERAGE      TOTAL
---------- ----------
ORCLTBS4                                  7          1       7616       7616
      7616       7616

ORCLTBS4                                 10          1       2496       2496
      2496       2496

ORCLTBS5                                  8          1       2544       2544
      2544       2544

TABLESPACE                          FILE_ID     PIECES    MAXIMUM    MINIMUM
------------------------------     ---------- ---------- ---------- ----------
   AVERAGE      TOTAL
---------- ----------
UNDOTBS1                                  2         14       2048          8
212.571429       2976

7 rows selected.
```

图 8.15　统计表空间空闲空间信息

本 章 小 结

本章主要介绍了 Oracle 数据库系统结构中的物理存储结构及其管理，主要包括数据文件及其管理、控制文件及其管理、重做日志文件及其管理，以及数据库归档的实现与管理。数据文件保存了数据库中所有的数据信息，包括用户数据与系统数据。数据库由一个或多个数据文件组成。数据文件的管理包括数据文件的创建、文件大小的更改、文件名称或位置的更改等。数据文件的管理与表空间紧密相关，数据文件依赖于表空间而存在。

习　　题

一、选择题

1. 创建数据库需要多少个控制文件？(　　)

   A. 1 个　　B. 2 个　　C. 3 个　　D. 不需要

2. 创建控制文件时，数据库必须(　　)。

   A. 已加载　　B. 未加载　　C. 已打开　　D. 已受限

3. 以下哪一种数据字典视图显示出数据库处于 ARCHIVELOG 方式？(　　)

   A. V$INSTANCCE　　B. V$LOG

   C. V$DATABASE　　D. V$THREAD

二、填空题

1. Oracle 数据库逻辑存储结构包括_____、_____、_____、_____四种。

2. Oracle 数据库物理存储结构是指存储在磁盘上的物理文件，包括_____、_____、_____、_____、_____、跟踪文件、口令文件、警告文件、备份文件等。

三、实训题

1. 为 USERS 表空间添加一个数据文件，文件名为 users03.dbf，大小为 50MB。
2. 为 EXAMPLE 表空间添加一个数据文件，文件名为 example02.dbf，大小为 20MB。
3. 修改 USERS 表空间中的 userdata03.dbf 文件的大小为 40MB。

第 9 章   数据库的备份与恢复

在数据库系统中，由于人为操作或自然灾害等因素可能造成数据丢失或被破坏，从而对用户造成重大损害。Oracle 提供备份与恢复机制，保障用户可以放心地使用 Oracle 数据库。备份是将数据信息保存起来，恢复是将原来备份的数据信息还原到数据库中。

数据库的备份是对数据库信息的一种操作系统备份。这些信息可能是数据库的物理结构文件，也可能是某一部分数据。在数据库正常运行时，就应该考虑到数据库可能会出现故障，而对数据库实施有效的备份，保证可以对数据库进行恢复。

数据库恢复是基于数据库备份的。数据库恢复的方法取决于故障类型、备份方法。一般来说，可以分成实例恢复(用于数据库实例故障引起的数据库停机)与介质恢复(用于介质故障引起的数据库文件的破坏)两种。

9.1   备份与恢复概述

数据库系统在运行中可能发生故障，轻则导致事务异常中断，影响数据库中数据的正确性，重则破坏数据库，使数据库中的数据部分或全部丢失。

数据库备份就是对数据库中部分或全部数据进行复制，形成副本，存放到一个相对独立的设备上，如磁盘、磁带，以备将来数据库出现故障时使用。

数据库恢复是指在数据库发生故障时，使用数据库备份还原数据库，使数据库恢复到无故障状态。

数据库备份与恢复的目的就是为了保证在各种故障发生后，数据库中的数据都能从错误状态恢复到某种逻辑一致的状态。

在不同条件下需要使用不同的备份与恢复方法，某种条件下的备份信息只能由对应方法进行还原或恢复。

(1) 根据数据备份方式的不同，数据库备份分为如下两种。

● 物理备份：将组成数据库的数据文件、重做日志文件、控制文件、初始化参数文件等操作系统文件进行复制，将形成的副本保存到与当前系统独立的磁盘或者磁带上。

● 逻辑备份：是指利用 Oracle 提供的导出工具(如 Expdp、Export)将数据库中选定的记录集或数据字典的逻辑副本以二进制文件的形式存储到操作系统中。逻辑备份的二进制文件称为转储文件，以 dmp 格式存储。

(2) 根据数据库备份时是否关闭数据库服务器，物理备份可以分为如下两种。

● 脱机备份：又称冷备份，是指在关闭数据库的情况下将所有的数据库文件复制到另一个磁盘或磁带上去。

● 联机备份：又称热备份，是指在数据库运行的情况下对数据库进行的备份。要进行热备份，数据库必须运行在归档日志模式下。

(3) 根据数据库备份的规模不同，物理备份可分为如下两种。

- 完全备份：指对整个数据库进行备份，包括所有的物理文件。
- 部分备份：对部分数据文件、表空间、控制文件、归档重做日志文件等进行备份。

(4) 根据数据库是否运行在归档模式，物理备份可分为如下两种。

- 归档备份。
- 非归档备份。

(5) 根据数据库恢复时使用的备份不同，恢复分为如下两种。

- 物理恢复：利用物理备份来恢复数据库，即利用物理备份文件恢复损毁文件，是在操作系统级别上进行的。
- 逻辑恢复：指利用逻辑备份的二进制文件，使用 Oracle 提供的导入工具(如 Impdp、Import)将部分或全部信息重新导入数据库，恢复损毁或丢失的数据。

(6) 根据数据库恢复程度的不同，恢复可分为如下两种。

- 完全恢复：利用备份使数据库恢复到出现故障时的状态。
- 不完全恢复：利用备份使数据库恢复到出现故障时刻之前的某个状态。

9.2 逻辑备份与恢复

逻辑备份与恢复必须在数据库运行的状态下进行，因此当数据库发生介质损坏而无法启动的情况时，不能利用逻辑备份恢复数据库。

逻辑备份与恢复具有多种方式(数据库级、表空间级、方案级和表级)，可实现不同操作系统之间、不同 Oracle 版本之间的数据传输。在此介绍使用数据库泵和 OEM 进行逻辑备份与恢复的方法。

在以前的 Oracle 版本中，可以使用 exp 和 imp 程序进行数据导出/导入。在 Oracle 11g 中，又增加了 expdp 和 impdp 程序来进行数据导出/导入，并且 expdp 和 impdp 比 exp 和 imp 速度快。导出数据是指将数据库中的数据导出到一个导出文件中，导入数据是指将导出文件中的数据导入到数据库中。

两类逻辑备份与恢复实用程序比较：

- Export 和 Import 是客户端实用程序，可以在服务器端使用，也可以在客户端使用。
- Expdp 和 Impdp 是服务器端实用程序，只能在数据库服务器端使用。

利用 Expdp、Impdp 可在服务器端多线程并行地执行大量数据的导出与导入操作。

数据泵除了可以进行数据库的备份与恢复外，还可以在数据库方案间、数据库间传输数据，实现数据库的升级和减少磁盘碎片等作用。

使用 expdp 和 mnpdp 实用程序时，导出文件只能存放在目录对象指定的操作系统目录中。用 CREATE DIRECTORY 语句创建目录对象，它指向操作系统中的某个目录。格式为：

```
CREATE DIRECTORY OBJECT_NAME AS 'DIRECTORY_NAME'
```

其中，OBJECT_NAME 为目录对象名，DIRECTORY_NAME 为操作系统目录名，目录对象指向后面的操作系统目录。

下面举例创建目录对象并授予对象权限：

```
SQL>CONNECT sys /zzuli
SQL>create directory dir_obj1 as 'e:\d1';
SQL>create directory dir_obj2 as 'e:\d2';
SQL>grant read,write on directory dir_obj1 to scott;
SQL>grant read,write on directory dir_obj2 to scott;
SQL>select * from dba_directories where directory_name like 'DIR%';
```

执行结果如图 9.1 所示。

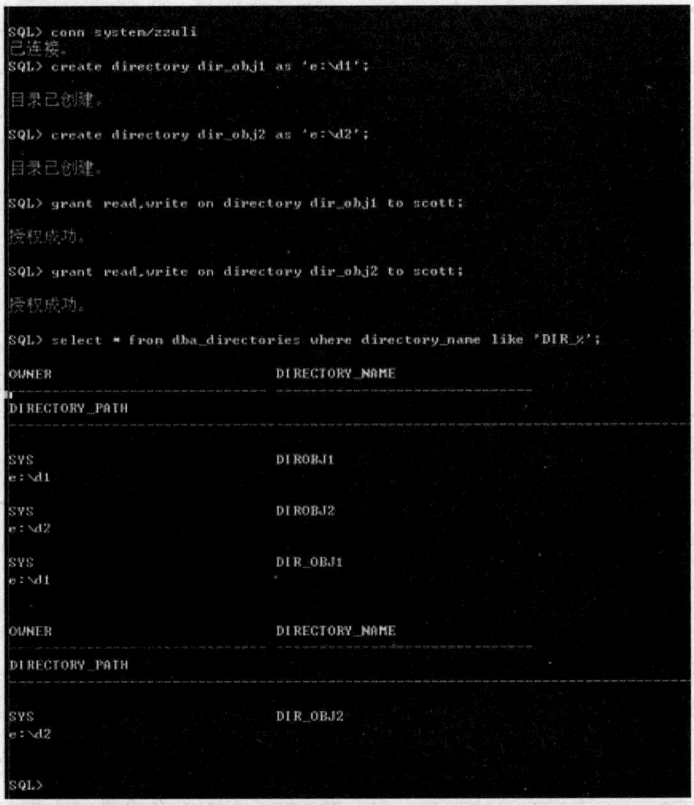

图 9.1　创建目录对象并授权

9.2.1　使用 expdp 导出数据

expdp 程序的所在路径为 E:\app\Administrator\product\11.1.0\db_1\BIN。

expdp 语句的格式为：

```
expdp username/password parameter1 [,parameter2,...]
```

其中，username 为用户名，password 为用户密码，parameter1、parameter2 等参数的名称和功能如表 9.1 所示。

表 9.1　expdp 参数的名称和功能

参　数	功　能
ATTACH	把导出结果附加在一个已经存在的导出作业中
CONTENT	指定导出的内容
DIRECTORY	指定导出文件和日志文件所在的目录位置
DUMPFILE	指定导出文件的名称清单
ESTIMATE	指定估算导出时所占磁盘空间的方法
ESTIMATE_ONLY	指定导出作业是否估算所占磁盘空间
EXCLUDE	指定执行导出时要排除的对象类型或相关对象
FILESIZE	指定导出文件的最大大小
FLASHBACK_SCN	导出数据时允许使用数据库闪回
FLASHBACK_TIME	指定时间值来使用闪回导出特定时刻的数据
FULL	指定是否执行数据库导出
HELP	指定是否显示 expdp 命令的帮助
INCLUDE	指定执行导出时要包含的对象类型或相关对象
JOB_NAME	指定导出作业的名称
LOGFILE	指定导出日志文件的名称
NETWORK_LINK	指定网络导出时的数据库链接名
NOLOGFILE	禁止生成导出日志文件
PARALLEL	指定导出的并行进程个数
PARFILE	指定导出参数文件的名称
QUERY	指定过滤导出数据的 WHERE 条件
SCHEMAS	指定执行方案模式导出
STATUS	指定显示导出作业状态的时间间隔
TABLES	指定执行表模式导出
TABLESPACES	指定导出的表空间列表
TRANSPORT_FULL_CHECK	指定检查导出表空间内部的对象和未导出表空间内部的对象间的关联的方式
TRANSPORT_TABLESPACES	指定执行表空间模式导出
VERSION	指定导出对象的数据库版本

使用 expdp 程序，可以估计导出文件的大小、导出表、导出方案、导出表空间等。

9.2.2　使用 impdp 导入数据

impdp 程序的所在路径为 E:\app\Administrator\product\11.1.0\db_1\BIN。
impdp 的语法格式为：

```
impdp username/password parameter1 [, parameter2, ...]
```

其中，username 为用户名，password 为用户密码，parameter1、parameter2 等参数的名称和功能如表 9.2 所示。

表 9.2   expdp 语句中参数的名称和功能

参　数	功　能
ATTACH	把导入结果附加在一个已经存在的导入作业中
CONTENT	指定导入的内容
DIRECTORY	指定导入文件和日志文件所在的目录位置
DUMPFILE	指定导入文件的名称清单
ESTIMATE	指定估算网络导入时生成的数据库量的方法
EXCLUDE	指定执行导入时要排除的对象类型或相关对象
FLASHBACK_SCN	导入数据时允许使用数据库闪回
FLASHBACK_TIME	指定时间值来使用闪回导入特定时刻的数据
FULL	指定是否执行数据库导入
HELP	指定是否显示 impdp 命令的帮助
INCLUDE	指定执行导入时要包含的对象类型或相关对象
JOB_NAME	指定导入作业的名称
LOGFILE	指定导入日志文件的名称
NETWORK_LINK	指定网络导入时的数据库链接名
NOLOGFILE	禁止生成导入日志文件
PARALLEL	指定导入的并行进程个数
PARFILE	指定导入参数文件的名称
QUERY	指定过滤导入数据的 WHERE 条件
REMAP_DATAFILE	把数据文件名变为目标数据库文件名
REMAP_SCHEMA	把源方案的所有对象导入到目标方案中
RENAP_TABLESPACE	把源表空间的所有对象导入到目标表空间中
REUSE_DATAFILES	在创建表空间时是否覆盖已存在的文件
SCHEMAS	指定执行方案模式导入
SKIP_UNUSABLE_INDEXES	导入时是否跳过不可用的索引
SQLFILE	导入时把 DDL 写入到 SQL 脚本文件中
STATUS	指定显示导入作业状态的时间间隔
STREAMS_CONFIGURATION	是否导入流数据
TABLE_EXISTS_ACTION	在表存在时导入作业要执行的操作
TABLES	指定执行表模式导入
TABLESPACES	指定导入的表空间列表
TRANSFORM	是否转换创建对象的 DDL 语句
TRANSPORT_DATAFILES	在导入表空间时要导入到目标数据库中的数据文件

续表

参　数	功　能
TRANSPORT_FULL_CHECK	指定检查导入表空间内部的对象和未导入表空间内部的对象间的关联的方式
TRANSPORT_TABLESPACES	指定执行表空间模式导入
VERSION	指定导入对象的数据库版本

使用 impdp 程序，可以导入数据、导入表、导入方案、导入表空间等。

9.2.3　使用 OEM 进行逻辑备份与恢复

1．通过导出文件来备份

通过导出文件来备份数据库的步骤如下。

（1）使用 system 用户以 normal 的身份登录到 OEM。出现"数据库实例"的"主目录"页面，如图 9.2 所示。

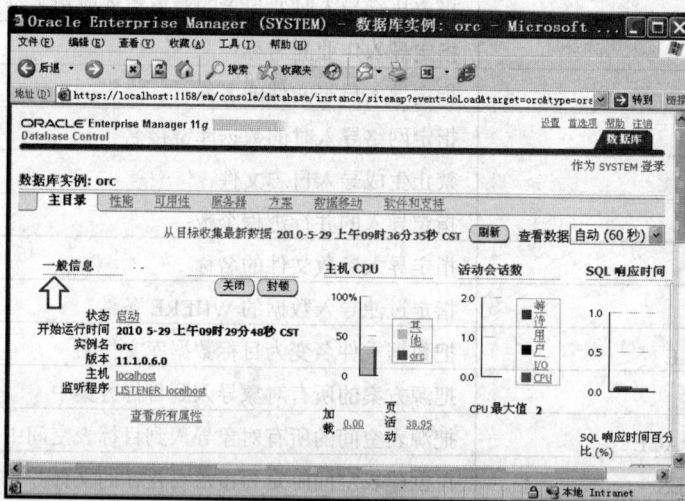

图 9.2　"数据库实例"的"主目录"页面

（2）选择"数据移动"页面，如图 9.3 所示。

（3）选择"导出到导出文件"超链接，出现"导出:导出类型"页面，如图 9.4 所示。

（4）选择"表"选项，在"主机身份证明"下输入具有管理员权限的用户名 yhy 和密码 zzuli，同时选中"另存为首选身份证明"复选框，如图 9.5 所示。

（5）单击"继续"按钮，出现初始的"导出:表"页面，如图 9.6 所示。

（6）单击"添加"按钮，出现"导出:添加表"页面，如图 9.7 所示。

（7）在"方案"文本框中输入要导出的表的方案，或者单击右边"方案"按钮，在"搜索和选择:可用方案"页面中来选择方案，如图 9.8 所示。在此选择"HR"方案，单击"选择"按钮，然后单击"开始"按钮，在"搜索结果"列表中就有了该方案的表。

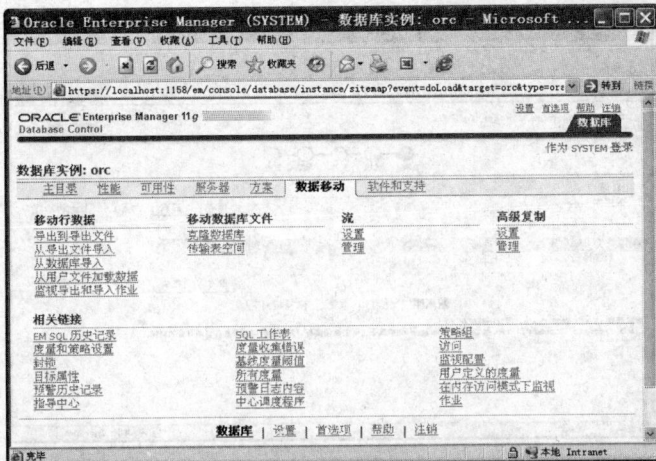

图 9.3　"数据移动"页面

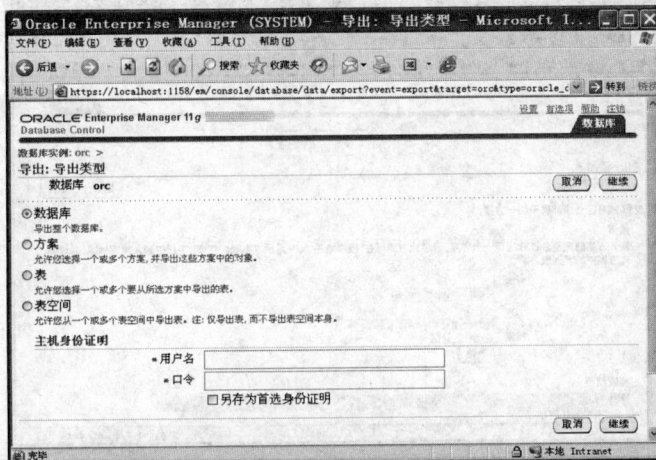

图 9.4　"导出:导出类型"页面

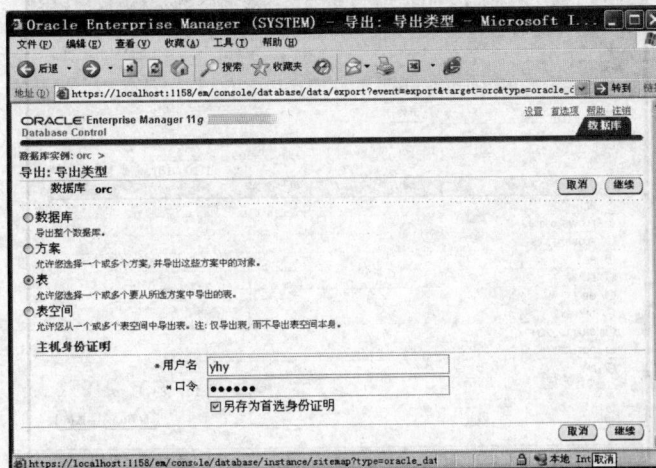

图 9.5　"主机身份证明"选项

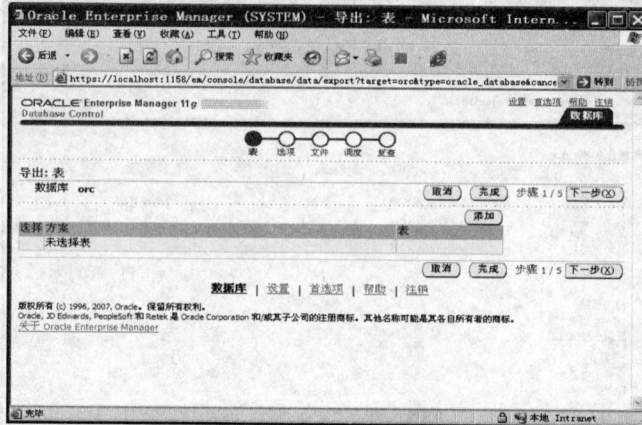

图 9.6　初始的"导出:表"页面

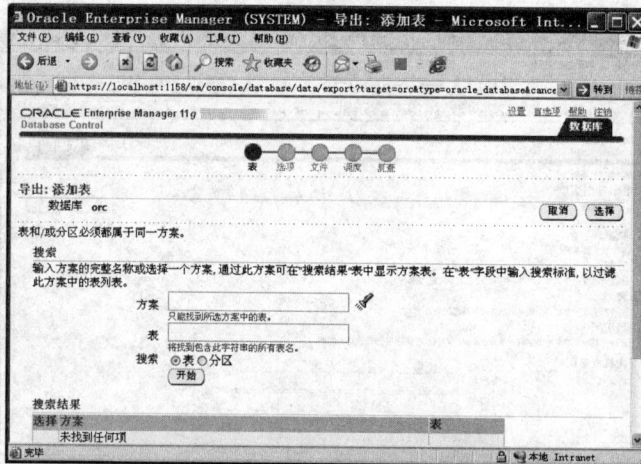

图 9.7　"导出:添加表"页面

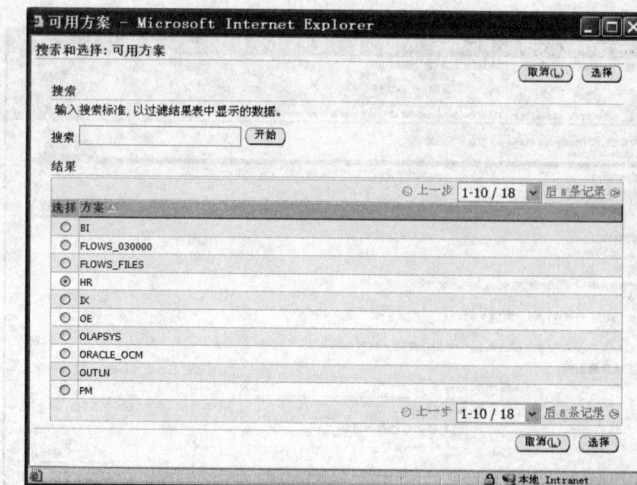

图 9.8　"搜索和选择:可用方案"页面

(8) 选择要导出的表，如选择 DEPARTMENTS 表，如图 9.9 所示。

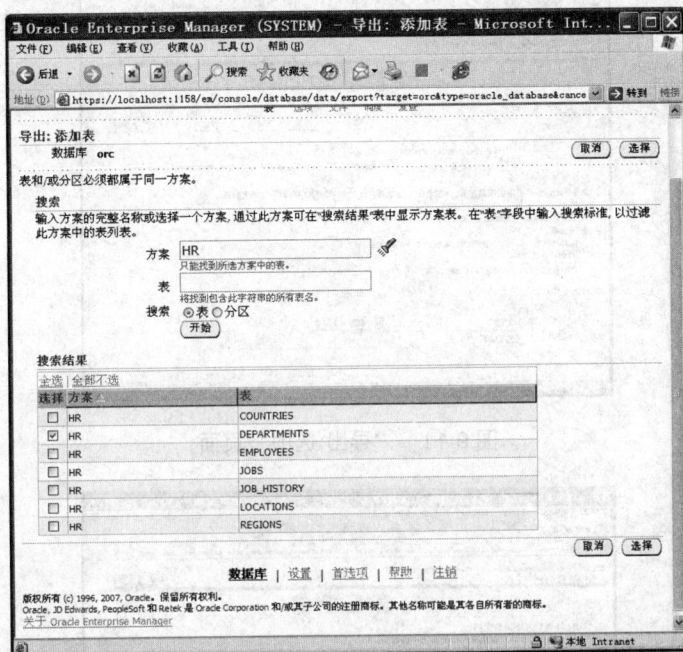

图 9.9　选择导出表

(9) 单击"选择"按钮，返回"导出:表"页面，如图 9.10 所示。

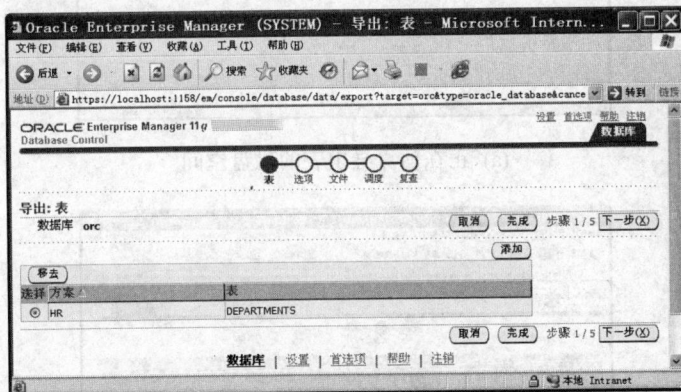

图 9.10　具有导出表的"导出:表"页面

(10) 单击"下一步"按钮，出现"导出:选项"页面，如图 9.11 所示。

(11) 估计导出表的磁盘空间，选中"块"单选按钮，再单击"立即估计磁盘空间"按钮，如图 9.12 所示。

(12) 在估计磁盘空间完成之后，单击"确定"按钮回到"导出:选项"页面。在"目录对象"下拉列表中选择日志文件所在的目录对象，在"日志文件"文本框中输入日志文件名称，如图 9.13 所示。

(13) 单击"下一步"按钮，出现"导出:文件"页面，如图 9.14 所示。

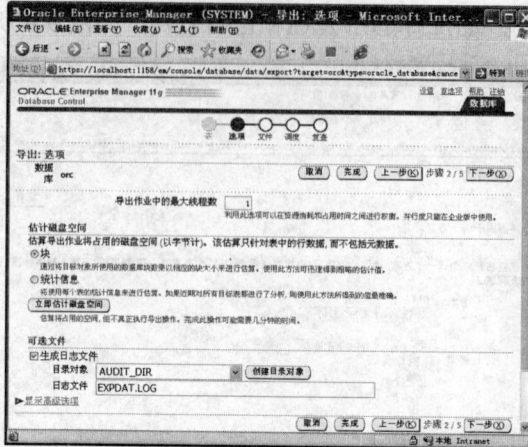

图 9.11　"导出:选项"页面

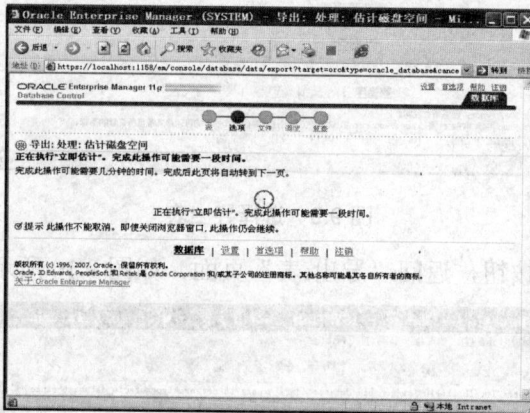

(a)　正在估算导出表的磁盘空间

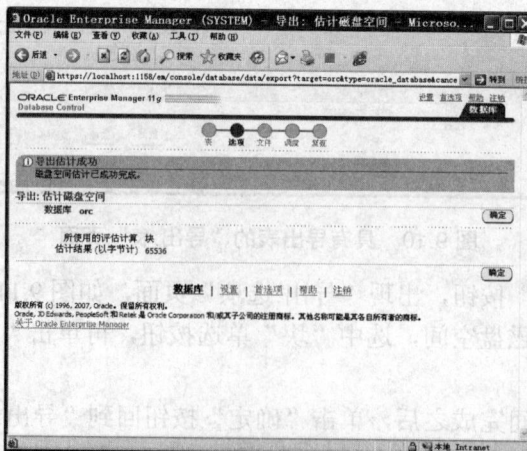

(b)　完成估算导出表的磁盘空间

图 9.12　估计导出表的磁盘空间

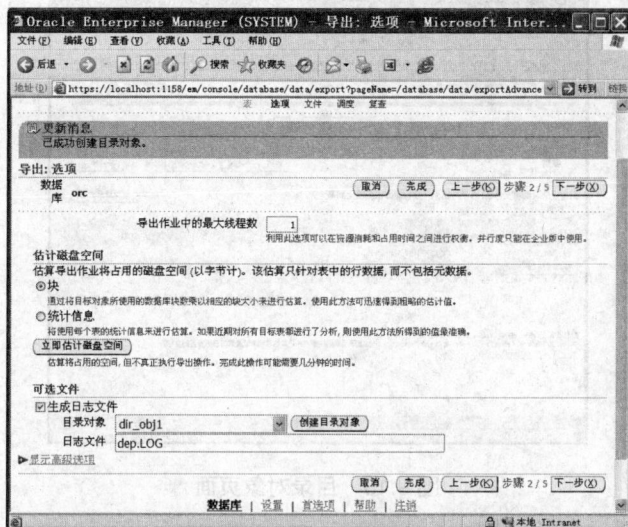

图 9.13 "导出:选项"页面

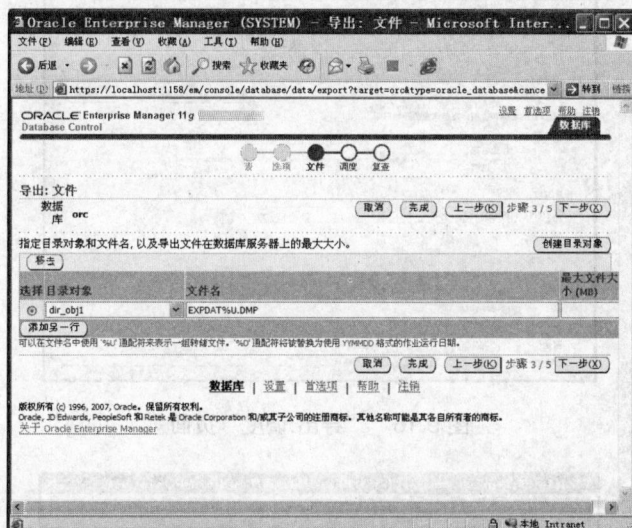

图 9.14 "导出:文件"页面

(14) 在"目录对象"下拉列表中选择导出文件所在的目录对象 dir_obj1,在"文件名"文本框中输入导出文件名称 EXPDAT_dep.DMP,如图 9.15 所示。

(15) 单击"下一步"按钮,出现"导出:调度"页面,如图 9.16 所示。

(16) 在"作业参数"下的"作业名称"文本框中输入作业名称 job_dep,在"说明"文本框输入说明:导出 dep 表,如图 9.17 所示。

(17) 单击"下一步"按钮,出现"导出:复查"页面,如图 9.18 所示。

(18) 单击"显示 PL/SQL"超链接,将出现导出过程所用的 PL/SQL 程序,如图 9.19 所示。

(19) 单击"提交作业"按钮,出现"正在处理"页面,如图 9.20 所示。

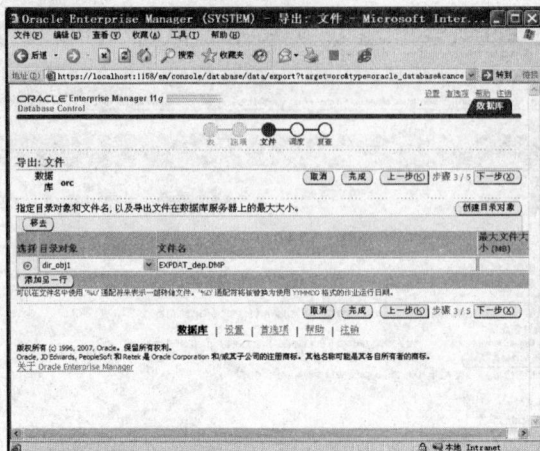

图 9.15　目录对象页面

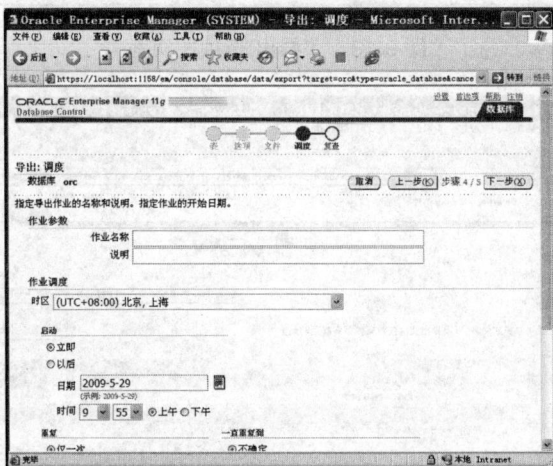

图 9.16　"导出:调度"页面

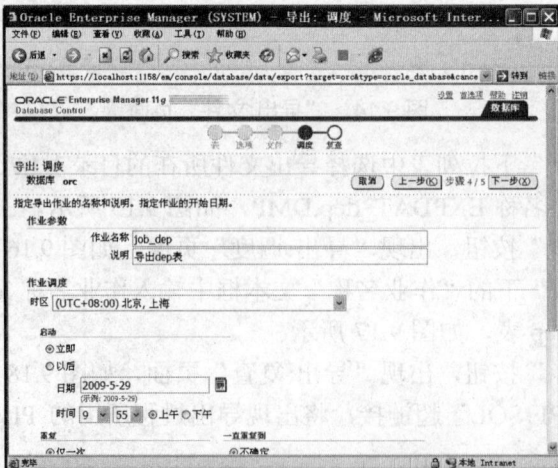

图 9.17　"导出:调度"的"作业参数"页面

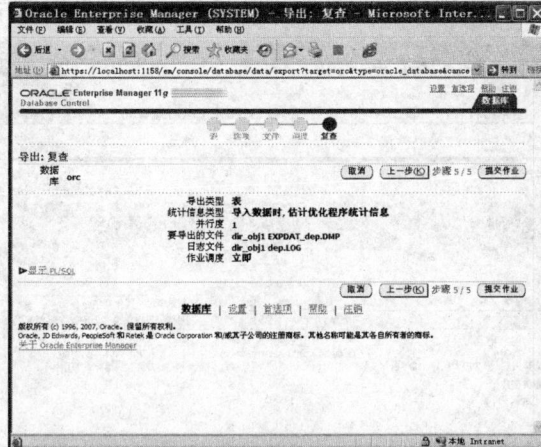

图 9.18　"导出:复查"页面

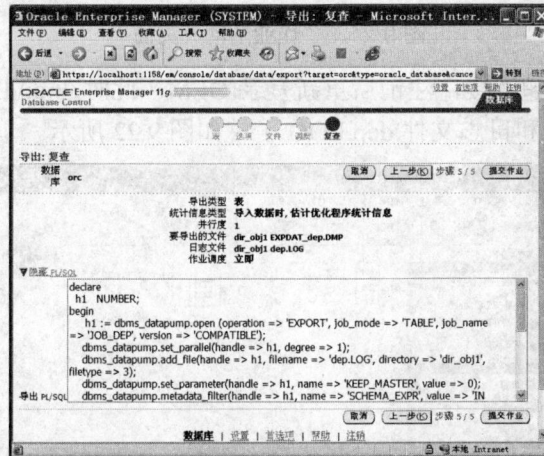

图 9.19　"导出:复查"的 PL/SQL 页面

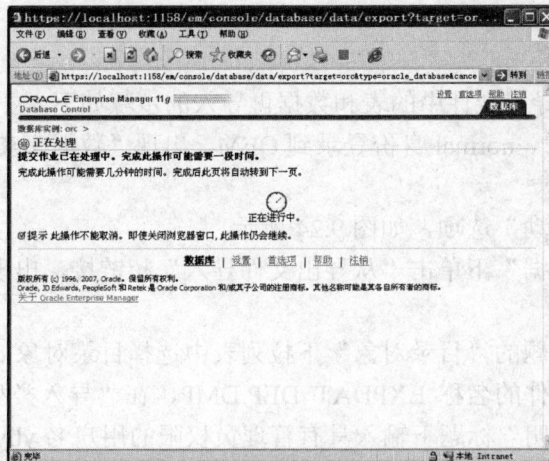

图 9.20　"正在处理"页面

(20) 稍后将出现"已成功创建作业"的确认消息，如图 9.21 所示。

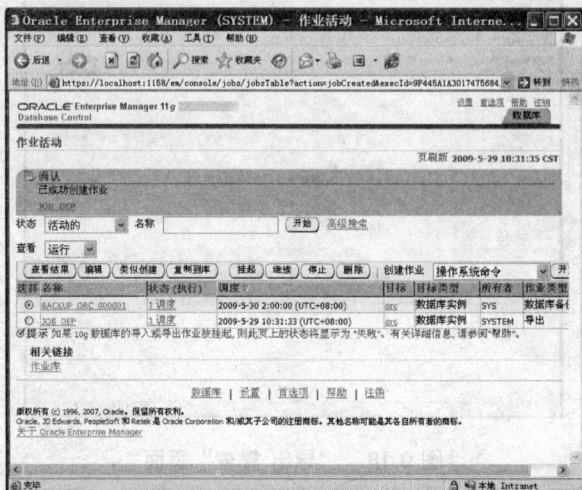

图 9.21　"作业活动"页面

(21) 单击"注销"超链接，注销后重新登录 OEM。此时在 e:\d1 目录中就有了导出文件 EXPDAT_DEP.DMP 和日志文件 dep.LOG 了，如图 9.22 所示。

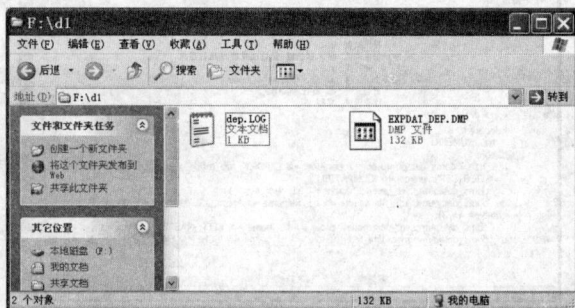

图 9.22　导出文件 EXPDAT_DEP.DMP 和日志文件 dep.LOG

2．通过导入来恢复

在 OEM 中将已经导出文件中的表和数据再导入的步骤如下。

(1) 以 system 用户、normal 身份登录到 OEM，出现"数据库实例"页面的"主目录"子页面，如图 9.23 所示。

(2) 选择"数据移动"选项，如图 9.24 所示。

(3) 在"移动行数据"下单击"从导出文件导入"超链接，出现"导入:文件"页面，如图 9.25 所示。

(4) 在"文件"标题的"目录对象"下拉列表中选择目录对象 dir_obj1，在"文件名"文本框中输入要导入文件的名称 EXPDAT_DEP.DMP，在"导入类型"标题下选择"表"选项，在"主机身份证明"标题下输入具有管理员权限的用户名 yhy 和密码 zzuli，并选中"另存为首选身份证明"复选框，如图 9.26 所示。

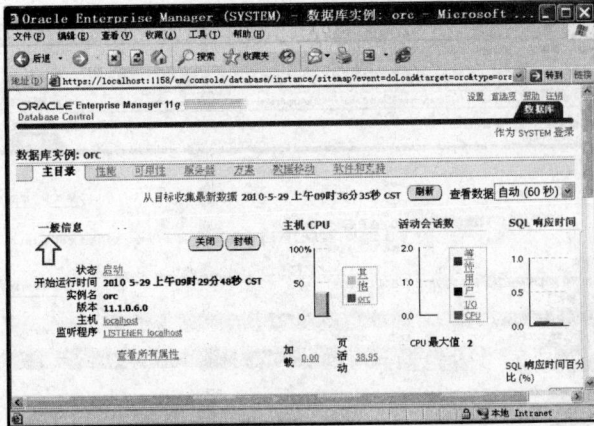

图 9.23 "数据库实例"主目录页面

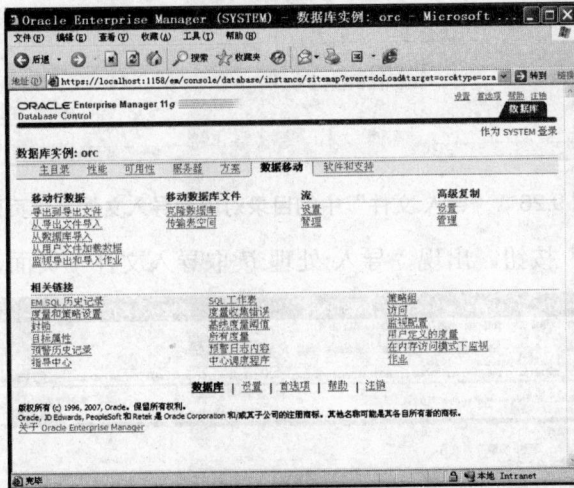

图 9.24 "数据库实例"数据移动页面

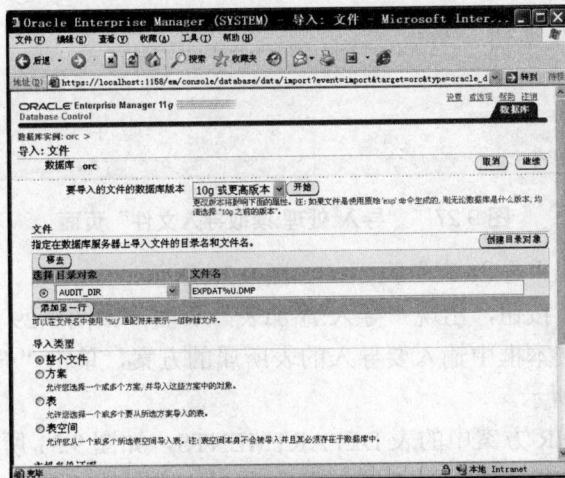

图 9.25 "导入:文件"页面

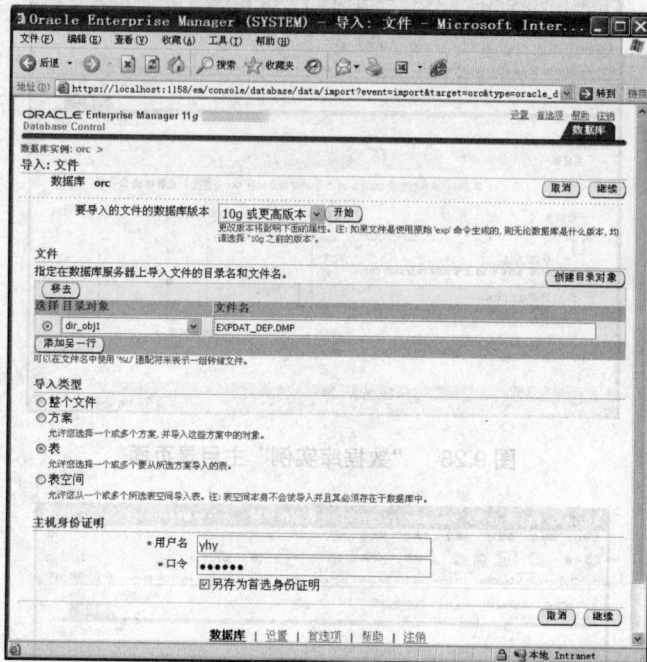

图 9.26　"导入:文件"中的目录对象和导入文件名称页面

(5) 单击"继续"按钮，出现"导入:处理:读取导入文件"页面，如图 9.27 所示。

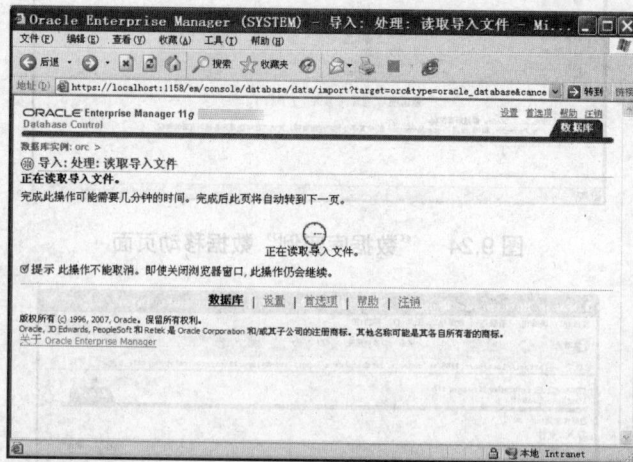

图 9.27　"导入:处理:读取导入文件"页面

(6) 稍后将会出现"导入:表"页面，如图 9.28 所示。

(7) 单击"添加"按钮，出现"导入:添加表"页面，如图 9.29 所示。

(8) 在"方案"文本框中输入要导入的表所属的方案，单击"开始"按钮，显示该方案中的表，如图 9.30 所示。

(9) 选择要导入 HR 方案中的表 DEPARTMENTS，如图 9.31 所示。

(10) 单击"选择"按钮，返回"导入:表"页面，如图 9.32 所示。

(11) 单击"下一步"按钮，出现"导入:重新映射"页面，如图 9.33 所示。

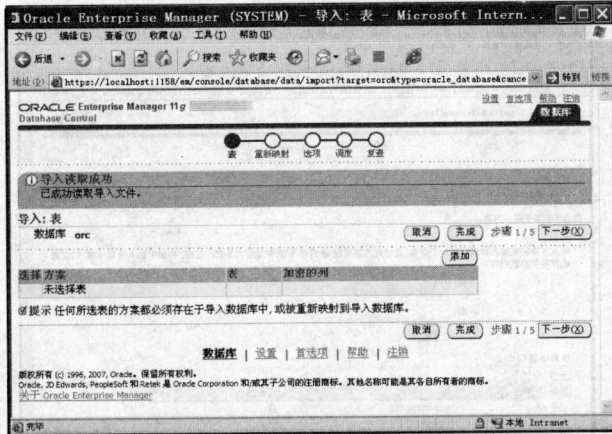

图 9.28 "导入:表"页面

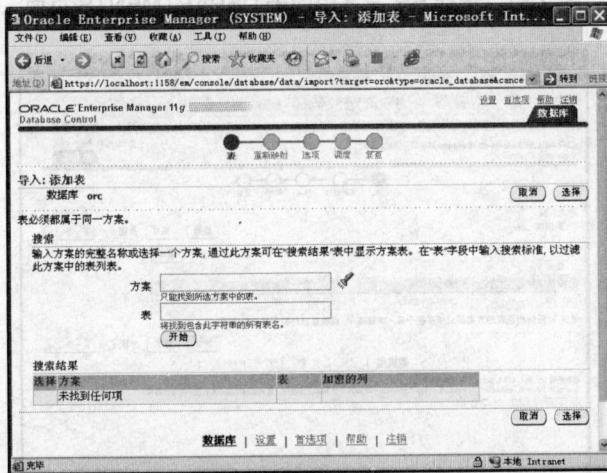

图 9.29 "导入:添加表"页面

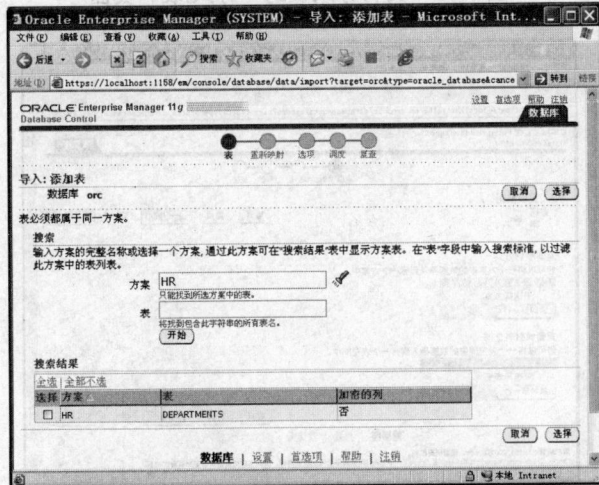

图 9.30 "导入:添加表"的"搜索结果"页面

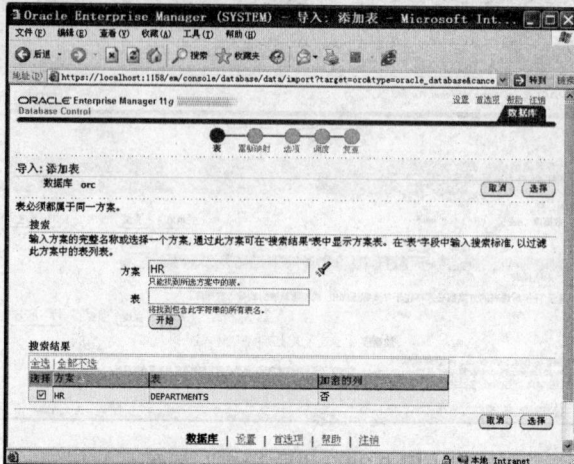

图 9.31　选择 HR 方案中的表 DEPARTMENTS 页面

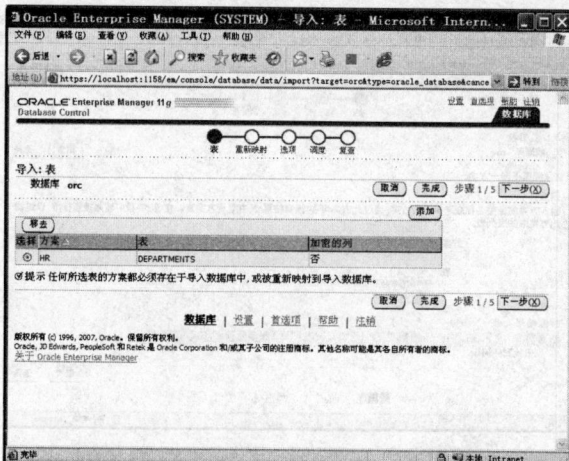

图 9.32　具有导入表的"导入:表"页面

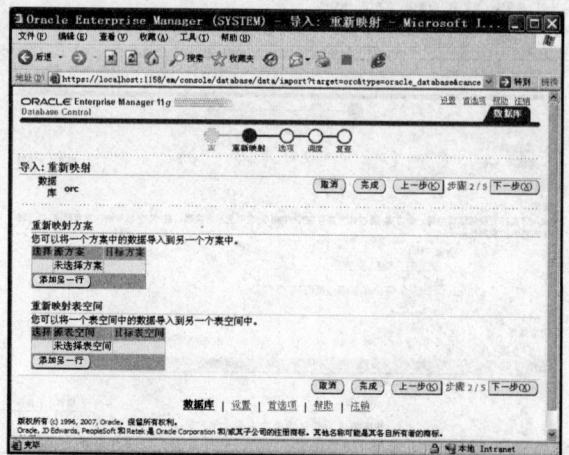

图 9.33　"导入:重新映射"页面

(12) 单击"下一步"按钮，出现"导入:选项"页面，如图 9.34 所示。

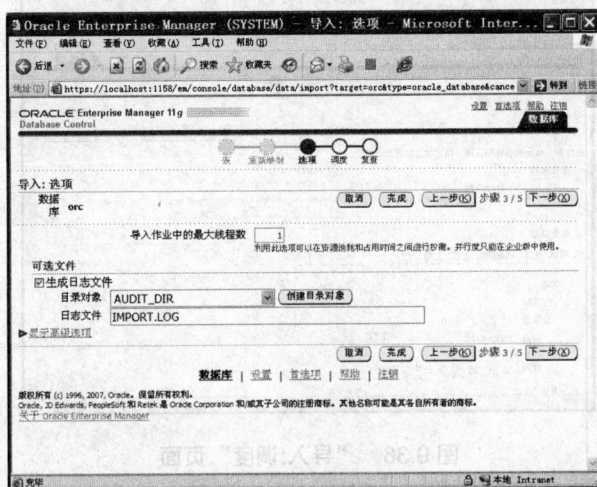

图 9.34　"导入:选项"页面

(13) 在"可选文件"标题下从"目录对象"下拉列表中选择日志文件所在的目录对象 dir_obj2，在"日志文件"文本框中输入日志文件的名称 dep2.LOG，如图 9.35 所示。

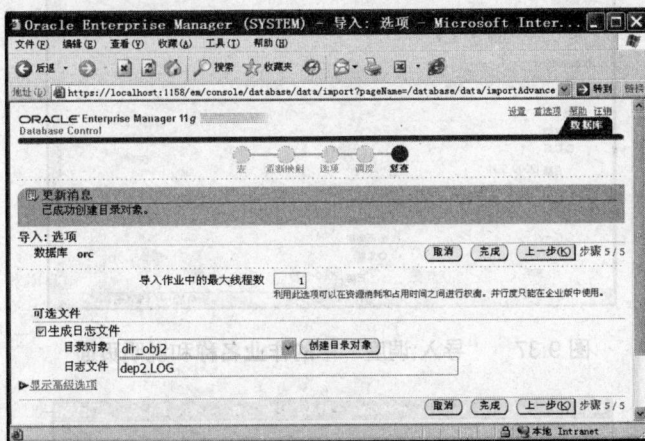

图 9.35　选择目录对象和日志文件页面

(14) 单击"下一步"按钮，出现"导入:调度"页面，如图 9.36 所示。

(15) 在"作业名称"文本框中输入作业名称 job2_dep，在"说明"文本框中输入说明"导入 dep 表"，如图 9.37 所示。

(16) 单击"下一步"按钮，出现"导入:复查"页面，如图 9.38 所示。

(17) 单击"显示 PL/SQL"超链接，出现 PL/SQL 程序，如图 9.39 所示。

(18) 单击"提交作业"按钮，出现"导入:正在进行中"页面，如图 9.40 所示。

(19) 稍后出现"已成功创建作业"提示，如图 9.41 所示。

(20) 单击"注销"超链接，注销后重新登录 OEM。此时在 e:\d2 目录中就会有导入日志文件 dep2.LOG 了，如图 9.42 所示。

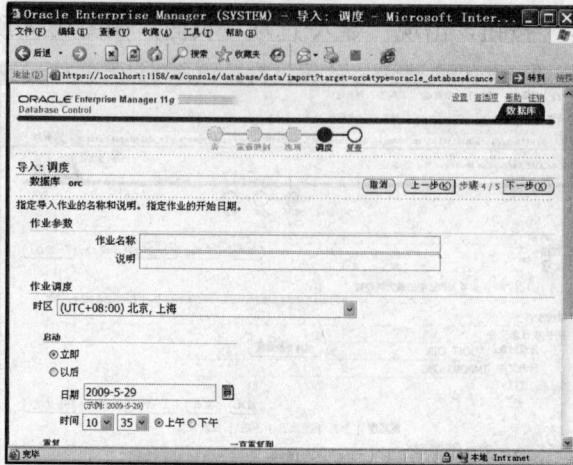

图 9.36　"导入:调度"页面

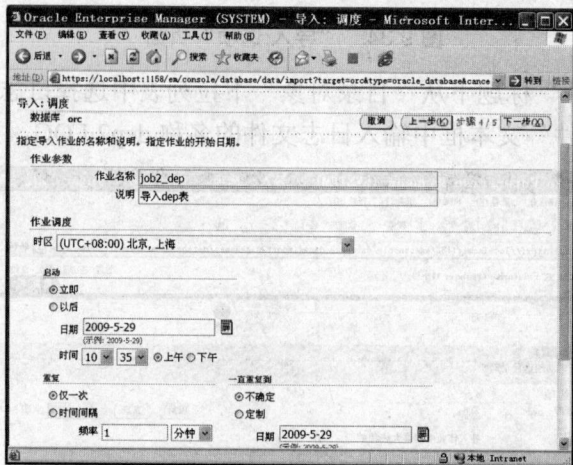

图 9.37　"导入:调度"中的作业名称和说明页面

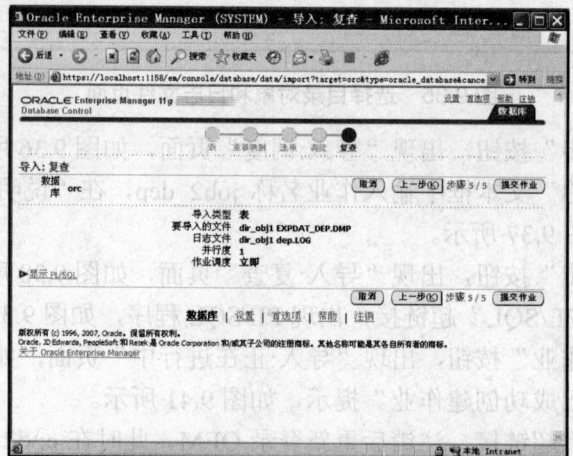

图 9.38　"导入:复查"页面

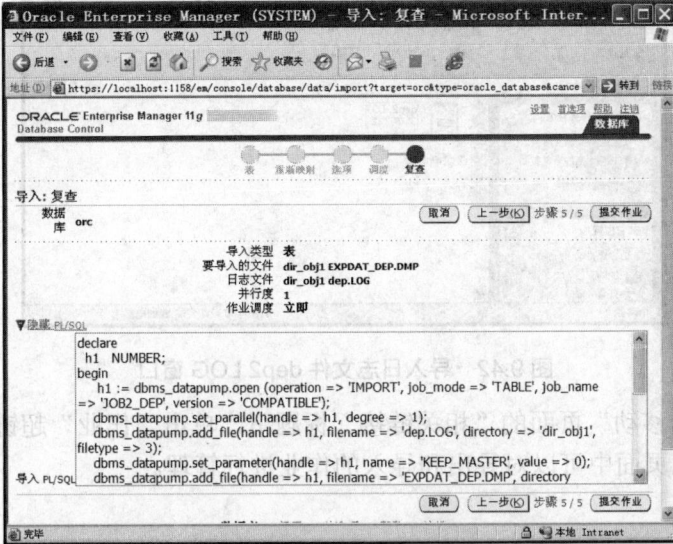

图 9.39 "导入:复查"中的"PL/SQL 程序"页面

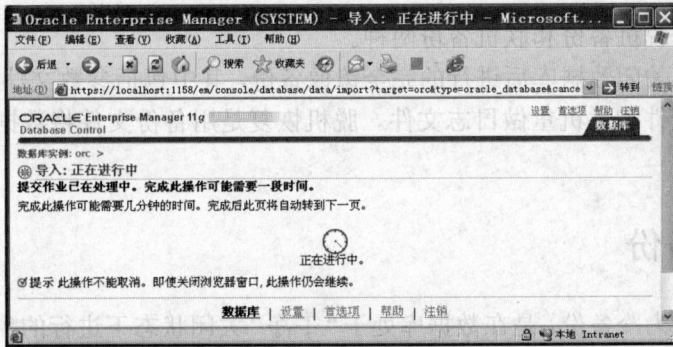

图 9.40 "导入:正在进行中"页面

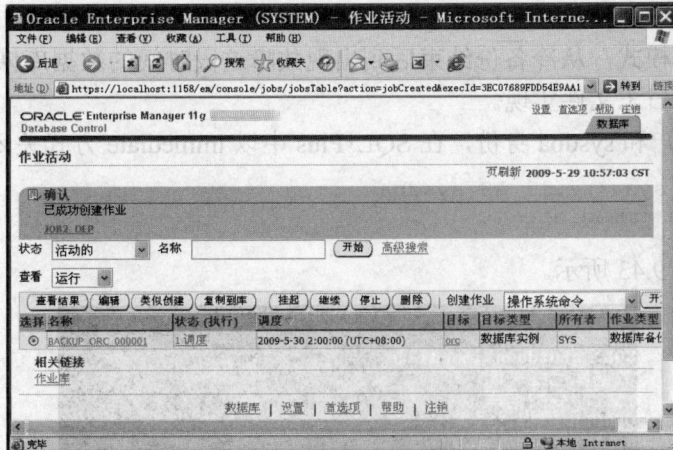

图 9.41 "作业活动"页面

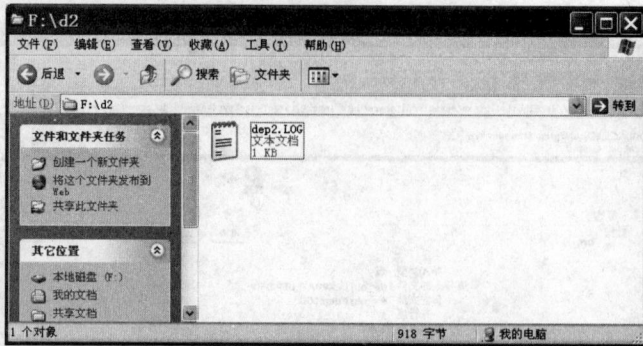

图 9.42 导入日志文件 dep2.LOG 窗口

(21) 在 "数据移动" 页面的 "相关链接" 标题下, 单击 "作业" 超链接, 出现 "作业活动" 页面, 在此页面中可以对导出和导入的作业进行管理。

9.3 脱机备份与恢复

物理备份包括脱机备份和联机备份两种。

脱机备份是在关闭数据库后进行的完全镜像备份, 其中包括参数文件、网络连接文件、控制文件、数据文件和联机重做日志文件。脱机恢复是用备份文件将数据库恢复到备份时的状态。

9.3.1 脱机备份

脱机备份也称为冷备份, 是在数据库处于 "干净" 关闭状态下进行的 "操作系统备份", 是对于构成数据库的全部物理文件的备份。需要备份的文件包括参数文件、所有控制文件、所有数据文件、所有联机重做日志文件。

如果没有启用归档模式, 数据库不能恢复到备份完成后的任意时刻。

如果启用归档模式, 从冷备份结束后到出现故障这段时间的数据库恢复, 可以利用联机日志文件和归档日志文件实现。

(1) 以 sys 用户和 sysdba 身份, 在 SQL*Plus 中以 immediate 方式关闭数据库:

```
SQL>CONNECT sys /zzuli AS sysdba
SQL>shutdown immediate
```

执行结果如图 9.43 所示。

图 9.43 关闭数据库

(2) 创建备份文件的目录。比如 E:\OracleBak。

(3) 使用操作系统命令或工具备份数据库所有文件。要备份的控制文件可以通过查询数据字典视图 v$controlfile 看到，要备份的数据文件可以通过查询数据字典视图 dba_data_files 看到，要备份的联机重做日志文件可以通过查询数据字典视图 v$logfile 看到，如图 9.44 所示。

提示： 要备份的参数文件在主目录的 database 目录中(E:\app\Administrator\product\11.1.0\db_1\dbs)。要备份的网络连接文件在主目录的 NETWORK\ADMIN 目录中(E:\app\Administrator\product\11.1.0\db_1\NETWORK\ADMIN)，如果定制了 SQL*Plus，还要备份 E:\app\Administrator\product\11.1.0\db_1\sqlplus\ADMIN 目录中的文件。

```
SQL> conn system/zzuli as sysdba
已连接。
SQL> column status format a15
SQL> column name format a50
SQL> column file_name format a50
SQL> column group# format 99999999
SQL> column member format a50
SQL> select status,name from v$controlfile;

STATUS          NAME
--------------- --------------------------------------------------
                D:\APP\ADMINISTRATOR\ORADATA\ZZULI\CONTROL01.CTL
                D:\APP\ADMINISTRATOR\ORADATA\ZZULI\CONTROL02.CTL
                D:\APP\ADMINISTRATOR\ORADATA\ZZULI\CONTROL03.CTL
                E:\ORADATA\CONTROL04.CTL

SQL> select status,file_name from dba_data_files;

STATUS          FILE_NAME
--------------- --------------------------------------------------
AVAILABLE       D:\APP\ADMINISTRATOR\ORADATA\ZZULI\USERS01.DBF
AVAILABLE       D:\APP\ADMINISTRATOR\ORADATA\ZZULI\UNDOTBS01.DBF
AVAILABLE       D:\APP\ADMINISTRATOR\ORADATA\ZZULI\SYSAUX01.DBF
AVAILABLE       D:\APP\ADMINISTRATOR\ORADATA\ZZULI\SYSTEM01.DBF
AVAILABLE       E:\MYTB1.DBF
AVAILABLE       E:\MYTBS01_1.DBF

已选择6行。

SQL> select group#,status,member from v$logfile;

   GROUP# STATUS          MEMBER
--------- --------------- --------------------------------------------------
        3                 D:\APP\ADMINISTRATOR\ORADATA\ZZULI\REDO03.LOG
        2                 D:\APP\ADMINISTRATOR\ORADATA\ZZULI\REDO02.LOG
        1                 D:\APP\ADMINISTRATOR\ORADATA\ZZULI\REDO01.LOG

SQL>
```

图 9.44 查询数据字典视图得到控制文件、数据文件和联机重做日志文件

(4) 备份完成后，如果继续让用户使用数据库，需要以 OPEN 方式启动数据库，如图 9.45 所示。

```
SQL> startup open
ORACLE 例程已经启动。

Total System Global Area  535662592 bytes
Fixed Size                  1334380 bytes
Variable Size             163578772 bytes
Database Buffers          364904448 bytes
Redo Buffers                5844992 bytes
数据库装载完毕。
数据库已经打开。
SQL>
```

图 9.45 以 OPEN 方式启动数据库

9.3.2 脱机恢复

脱机恢复的具体操作步骤如下。

(1) 以 sys 用户和 sysdba 身份，在 SQL*Plus 中，以 immediate 方式关闭数据库。

(2) 把所有备份文件(数据文件、控制文件、联机重做日志文件)全部复制到原来所在的位置。

(3) 恢复完成后，如果继续让用户使用数据库，需要以 OPEN 方式启动数据库。

9.4 联机备份与恢复

联机备份是另一种物理备份，也叫热备份。

数据库完全热备份的步骤如下。

(1) 启动 SQL*Plus，以 SYSDBA 身份登录数据库。

(2) 将数据库设置为归档模式。

(3) 以表空间为单位，进行数据文件备份。

(4) 备份控制文件。

(5) 备份其他物理文件。

可以用恢复管理器 RMAN(Recovery Manager)来实现联机备份与恢复数据库文件、归档日志和控制文件。

RMAN 程序所在的路径为 E:\app\Administrator\product\11.1.0\db_1\BIN。

RMAN 命令的主要参数如下。

- targer：后面跟目标数据库的连接字符串。
- catalog：后面跟恢复目录。
- nocatalog：指定没有恢复。

9.4.1 归档日志模式的设置

要使用 RMAN，首先必须将数据库设置为归档日志(ARCHIVELOG)模式。其具体操作过程如下。

(1) 以 sys 用户和 sysdba 身份登录到 SQL*Plus。

(2) 以 immediate 方式关闭数据库，同时也关闭了数据库实例，然后以 mount 方式启动数据库，此时并没打开数据库实例：

```
SQL>CONNECT sys /zzuli AS sysdba
SQL>shutdown immediate
SQL>startup mount
```

执行结果如图 9.46 所示。

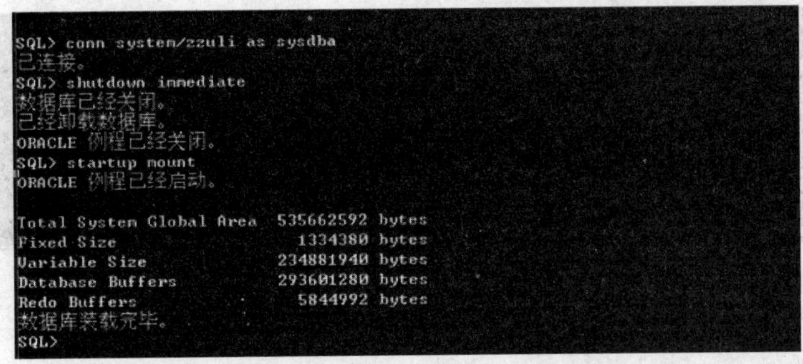

图 9.46 以 mount 方式打开数据库

(3) 然后把数据库实例从非归档日志模式(NOARCHIVELOG)切换为归档日志模式(ARCHIVELOG):

```
SQL>alter database archivelog;
```

执行结果如图 9.47 所示。

图 9.47 把数据库实例切换为归档日志模式

(4) 查看数据库实例信息：

```
SQL>select dbid, name, log_mode, platform_name from v$database;
```

执行结果如图 9.48 所示。

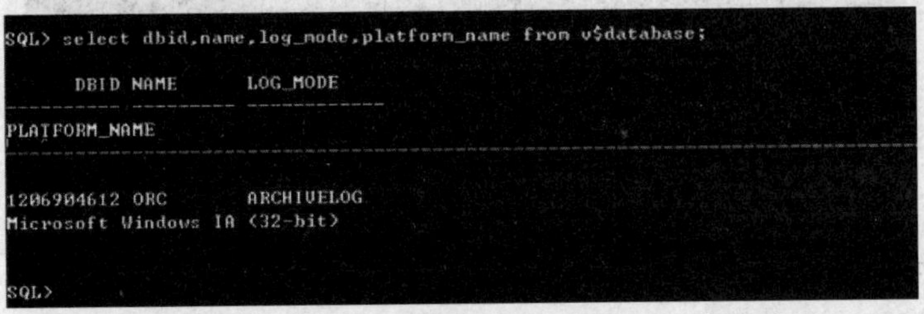

图 9.48 查看数据库实例信息

可以看到当前实例的当前日志模式已经修改为 ARCHIVELOG。

9.4.2 创建恢复目录所用的表空间

需要创建表空间存放与 RMAN 相关的数据。打开数据库实例，创建表空间：

```
SQL>CONNECT sys /zzuli as sysdba
SQL>alter database open;
SQL>create tablespace rman_ts datafile 'f:\rman_ts.dbf' size 500M;
```

其中，rman_ts 为表空间名，数据文件为 rman_ts.dbf，表空间大小为 500MB。

执行结果如图 9.49 所示。

```
SQL> conn system/zzuli as sysdba
已连接。
SQL> alter database open;

数据库已更改。

SQL> create tablespace rman_ts datafile 'f:\rman_ts.dbf' size 500M;

表空间已创建。

SQL>
```

图 9.49　创建表空间

9.4.3　创建 rman 用户并授权

创建用户 rman，密码为 zzuli，默认表空间为 rman_ts，临时表空间为 temp，给 rman 用户授予 connect、recovery_catalog_owner 和 resource 权限。其中，拥有 connect 权限可以连接数据库，创建表、视图等数据库对象；拥有 recovery_catalog_owner 权限可以对恢复目录进行管理；resource 权限可以创建表、视图等数据库对象。SQL 命令如下：

```
SQL>CONNECT sys /zzuli as sysdba
SQL>create user rman identified by zzuli default tablespace rman_ts temporary
  tablespace temp;
SQL>grant connect, recovery_catalog_owner, resource to rman;
```

执行结果如图 9.50 所示。

```
SQL> conn system/zzuli as sysdba
已连接。
SQL> create user rman identified by zzuli default tablespace rman_ts temporary t
ablespace temp;

用户已创建。

SQL> grant connect,recovery_catalog_owner,resource to rman;

授权成功。

SQL>
```

图 9.50　创建 rman 用户并授权

9.4.4　创建恢复目录

在 rman 目录下先运行 rman 程序打开恢复管理器：

```
F:\app\Administrator\product\11.1.0\db_1\BIN >
  rman catalog rman/zzuli target orc
```

执行结果如图 9.51 所示。

```
F:\app\Administrator\product\11.1.0\db_1\BIN>rman catalog rman/zzuli target orc

恢复管理器: Release 11.1.0.6.0 - Production on 星期五 5月 29 11:43:30 2009

Copyright (c) 1982, 2007, Oracle.  All rights reserved.

目标数据库口令:
连接到目标数据库: ORC (DBID=1206904612)
连接到恢复目录数据库

RMAN>
```

图 9.51　运行 rman 程序打开恢复管理器

再使用表空间创建恢复目录，恢复目录为 rman：

```
RMAN >create catalog tablespace rman_ts;
```

执行结果如图 9.52 所示。

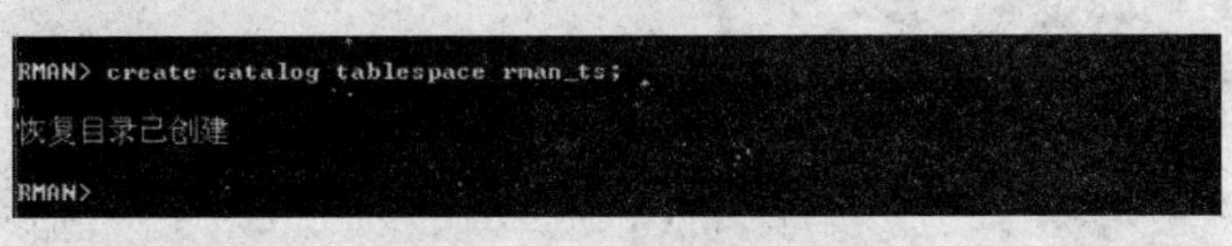

图 9.52　创建恢复目录

9.4.5　注册目标数据库

只有注册的数据库才可以进行备份和恢复，使用 register database 命令可以对数据库进行注册：

```
RMAN>register database;
```

执行结果如图 9.53 所示。

图 9.53　创建恢复目录

9.4.6　使用 RMAN 程序进行备份

使用 run 命令定义一组要执行的语句，进行完全数据库备份：

```
RMAN>run {
2> allocate channel dev1 type disk;
3> backup database;
4> release channel dev1;
5> }
```

执行结果如图 9.54 所示。

也可以备份归档日志文件：

```
RMAN>run {
2> allocate channel dev1 type disk;
3> backup archivelog all
4> release channel dev1;
5> }
```

执行结果如图 9.55 所示。

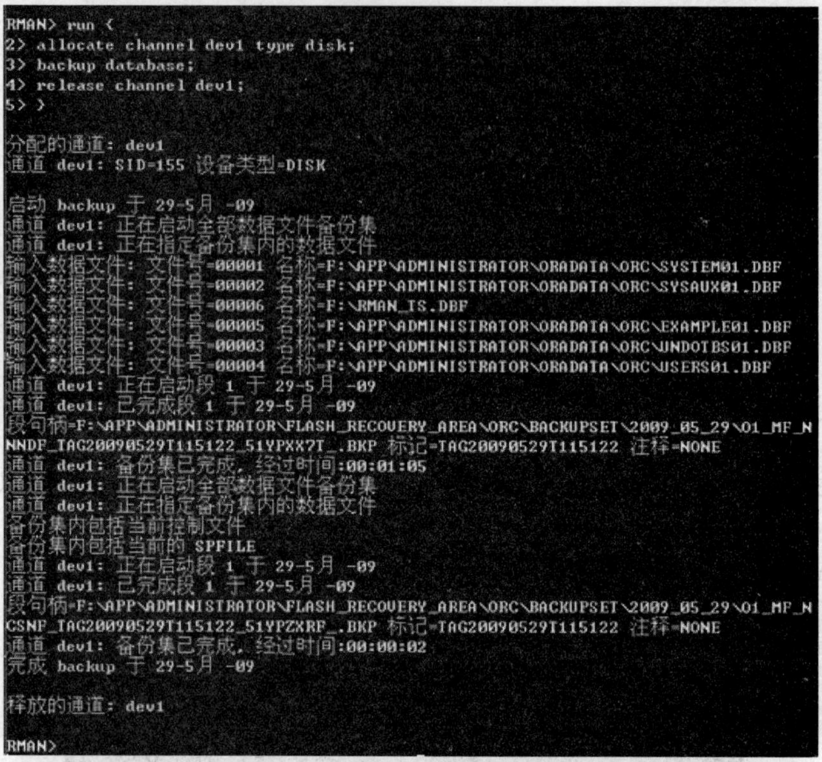

```
RMAN> run {
2> allocate channel dev1 type disk;
3> backup database;
4> release channel dev1;
5> }

分配的通道: dev1
通道 dev1: SID=155 设备类型=DISK

启动 backup 于 29-5月 -09
通道 dev1: 正在启动全部数据文件备份集
通道 dev1: 正在指定备份集内的数据文件
输入数据文件: 文件号=00001 名称=F:\APP\ADMINISTRATOR\ORADATA\ORC\SYSTEM01.DBF
输入数据文件: 文件号=00002 名称=F:\APP\ADMINISTRATOR\ORADATA\ORC\SYSAUX01.DBF
输入数据文件: 文件号=00006 名称=F:\RMAN_TS.DBF
输入数据文件: 文件号=00005 名称=F:\APP\ADMINISTRATOR\ORADATA\ORC\EXAMPLE01.DBF
输入数据文件: 文件号=00003 名称=F:\APP\ADMINISTRATOR\ORADATA\ORC\UNDOTBS01.DBF
输入数据文件: 文件号=00004 名称=F:\APP\ADMINISTRATOR\ORADATA\ORC\USERS01.DBF
通道 dev1: 正在启动段 1 于 29-5月 -09
通道 dev1: 已完成段 1 于 29-5月 -09
段句柄=F:\APP\ADMINISTRATOR\FLASH_RECOVERY_AREA\ORC\BACKUPSET\2009_05_29\O1_MF_N
NNDF_TAG20090529T115122_51YPXX7T_.BKP 标记=TAG20090529T115122 注释=NONE
通道 dev1: 备份集已完成, 经过时间:00:01:05
通道 dev1: 正在启动全部数据文件备份集
通道 dev1: 正在指定备份集内的数据文件
备份集内包括当前控制文件
备份集内包括当前的 SPFILE
通道 dev1: 正在启动段 1 于 29-5月 -09
通道 dev1: 已完成段 1 于 29-5月 -09
段句柄=F:\APP\ADMINISTRATOR\FLASH_RECOVERY_AREA\ORC\BACKUPSET\2009_05_29\O1_MF_N
CSNF_TAG20090529T115122_51YPZXRF_.BKP 标记=TAG20090529T115122 注释=NONE
通道 dev1: 备份集已完成, 经过时间:00:00:02
完成 backup 于 29-5月 -09

释放的通道: dev1

RMAN>
```

图 9.54　完全数据库备份

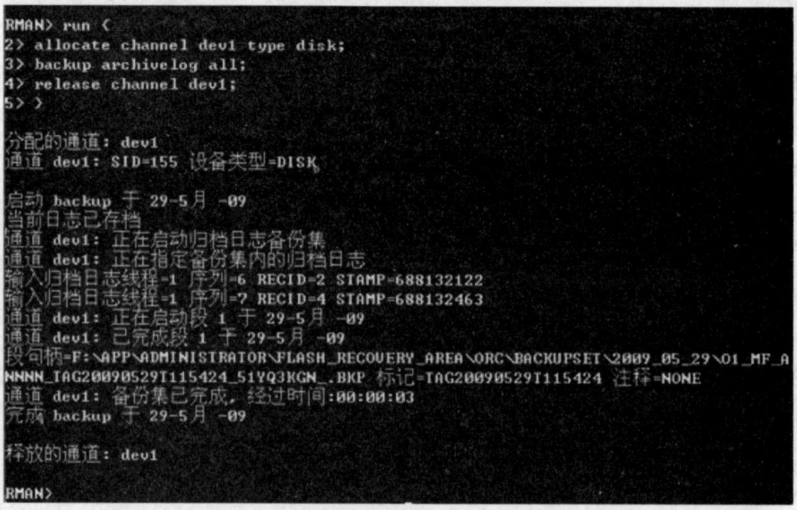

```
RMAN> run {
2> allocate channel dev1 type disk;
3> backup archivelog all;
4> release channel dev1;
5> }

分配的通道: dev1
通道 dev1: SID=155 设备类型=DISK

启动 backup 于 29-5月 -09
当前日志已存档
通道 dev1: 正在启动归档日志备份集
通道 dev1: 正在指定备份集内的归档日志
输入归档日志线程=1 序列=6 RECID=2 STAMP=688132122
输入归档日志线程=1 序列=7 RECID=4 STAMP=688132463
通道 dev1: 正在启动段 1 于 29-5月 -09
通道 dev1: 已完成段 1 于 29-5月 -09
段句柄=F:\APP\ADMINISTRATOR\FLASH_RECOVERY_AREA\ORC\BACKUPSET\2009_05_29\O1_MF_A
NNNN_TAG20090529T115424_51YQ3KGN_.BKP 标记=TAG20090529T115424 注释=NONE
通道 dev1: 备份集已完成, 经过时间:00:00:03
完成 backup 于 29-5月 -09

释放的通道: dev1

RMAN>
```

图 9.55　备份归档日志文件

在备份后，可以使用 list backup 命令查看备份信息：

```
RMAN>list backup;
```

执行结果如图 9.56 所示。

图 9.56　查看备份信息

9.4.7　使用 RMAN 程序进行恢复

要恢复备份信息，可以使用 restore 命令还原数据库。例如恢复归档日志：

```
RMAN>run {
2> allocate channel dev1 type disk;
3>restore archivelog all;
4> release channel dev1;
5> }
```

执行结果如图 9.57 所示。

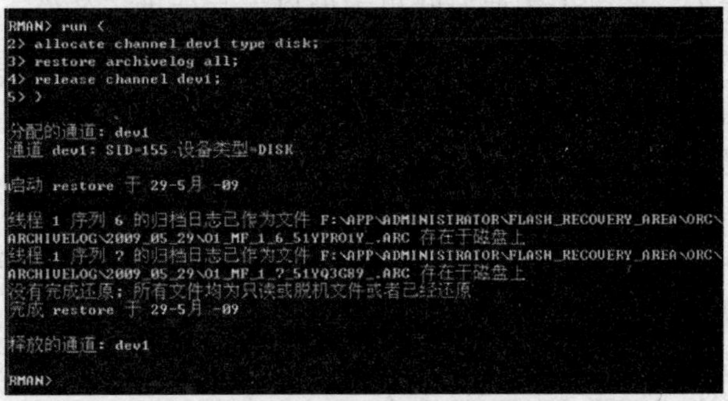

图 9.57　恢复备份信息

9.5　各种备份与恢复方法的比较

逻辑备份与恢复是利用实用程序(数据泵)实现数据库、方案、表结构和数据的备份与恢复。有许多可选参数,比脱机备份与恢复灵活,也能实现数据的传递和数据库的升级。

物理备份将组成数据库的数据文件、重做日志文件、控制文件、初始化参数文件等操作系统文件进行复制,将形成的副本保存到与当前系统独立的磁盘或磁带上,包括脱机备份和联机备份。脱机备份是在关闭掉数据库的状态下,把数据库文件复制到要备份的地方,脱机恢复是个逆过程。联机备份与恢复是在数据库打开的状态下使用 RMAN 技术来备份与恢复。

在物理备份时,数据库如果工作在归档模式下,则数据库可以进行热备份,也可以进行冷备份,而在非归档模式下只能进行冷备份。在归档模式下既可以进行完全恢复,也可以进行不完全恢复。

(1)　数据库备份的原则与策略是:

● 在刚建立数据库时,应该立即进行数据库的完全备份。
● 将所有的数据库备份保存在一个独立磁盘上(必须是与当前数据库系统正在使用的文件不同的磁盘)。
● 应该保持控制文件的多路复用,且控制文件的副本应该存放在不同磁盘控制器下的不同磁盘设备上。
● 应该保持多个联机日志文件组,每个组中至少应该保持两个日志成员,同一日志组的多个成员应该分散存放在不同的磁盘上。
● 至少保证两个归档重做日志文件的归档目标,不同归档目标应该分散于不同磁盘。
● 如果条件允许,尽量保证数据库运行于归档模式。
● 根据数据库数据变化的频率情况确定数据库备份规律。
● 在归档模式下,当数据库结构发生变化时,如创建或删除表空间、添加数据文件、重做日志文件等,应该备份数据库的控制文件。
● 在非归档模式下,当数据库结构发生变化时,应该进行数据库的完全备份。
● 在归档模式下,对于经常使用的表空间,可以采用表空间备份方法提高备份效率。
● 在归档模式下,通常不需要对联机重做日志文件进行备份。
● 使用 RESETLOGS 方式打开数据库后,应该进行一个数据库的完全备份。
● 对于重要的表中的数据,可以采用逻辑备份方式进行备份。

(2)　数据库恢复原则与策略是:

● 根据数据库介质的故障原因,确定采用完全介质恢复还是不完全介质恢复。
● 如果数据库运行在非归档模式,则当介质故障发生时,只能进行数据库的不完全恢复,将数据库恢复到最近的备份时刻的状态。
● 如果数据库运行在归档模式,则当一个或多个数据文件损坏时,可以使用备份的数据文件完全或不完全恢复数据库。
● 如果数据库运行在归档模式,则当数据库的控制文件损坏时,可以使用备份的控制文件实现数据库的不完全恢复。

- 如果数据库运行在归档模式，则当数据库的联机日志文件损坏时，可以使用备份的数据文件和联机重做日志文件不完全恢复数据库。
- 如果执行了不完全恢复，则当重新打开数据库时应该使用 RESETLOGS 选项。

本 章 小 结

本章主要介绍了 Oracle 11g 数据库备份与恢复的基本概念、策略、方法以及操作过程。

Oracle 数据库备份可以为物理备份与逻辑备份、归档模式下的备份与非归档模式下的备份、联机备份与脱机备份、完全备份与部分备份等多种。应该根据需求，制定合适的备份策略，采用多种备份方式结合，形成数据的"冗余"，作为数据出现故障时恢复的基础。利用 OEM 数据库控制台也可以进行数据库备份与恢复的管理工作。

习 题

一、选择题

1. 哪一种输出选项能提供更快速的数据提取？（ ）
   A. Grants=y   B. Consistent=y   C. Direct=y   D. Direct=True
2. 增量输出对于如下哪种情况是良好的策略？（ ）
   A. 大表数量少并且数据变化较少的应用
   B. 变更分散于许多小表中的应用
   C. 都是
   D. 都不是

二、填空题

1. 数据库的不完全恢复有三种方式：_____、_____、_____。
2. 利用 OEM 数据库控制台也可以进行_____和_____的管理工作。

三、实训题

1. 使用冷物理备份对数据库进行完全备份。
2. 假定丢失了一个数据文件 example01.dbf，试使用前面做过的完全备份对数据库进行恢复，并验证恢复是否成功。
3. 使用热物理备份对表空间 users01.dbf 进行备份。

第10章 闪回技术

使用闪回(Flashback)技术可以实现基于磁盘上闪回恢复区的自动备份与恢复。本章的闪回技术包括闪回数据库、闪回表、闪回回收站、闪回查询、闪回版本查询、闪回事务查询等。

10.1 闪回技术概述

基于回滚段的闪回查询(Flashback Query)技术,就是从回滚段中读取一定时间内对表进行操作的数据,恢复错误的 DML 操作。

采用闪回技术,可以针对行级和事务级发生过变化的数据进行恢复,减少了数据恢复的时间,而且操作简单,通过 SQL 语句就可以实现数据的恢复,大大提高了数据库恢复的效率。

闪回技术的分类如下。

- 闪回查询(Flashback Query):查询过去某个时间点或者某个 SCN 值时表中的数据信息。
- 闪回版本查询(Flashback Version Query):查询过去某个时间段或某个 SCN 段内表中数据的变化情况。
- 闪回事务查询(Flashback Transaction Query):查看某个事务或所有事务在过去一段时间对数据进行的修改。
- 闪回表(Flashback Table):将表恢复到过去的某个时间点或某个 SCN 值时的状态。
- 闪回删除(Flashback Drop):将已经删除的表及其关联对象恢复到删除前的状态。
- 闪回数据库(Flashback Database):将数据库恢复到过去某个时间点或某个 SCN 值时的状态。

闪回查询、闪回版本查询、闪回事务查询以及闪回表主要是基于撤消表空间中的回滚信息实现的;闪回删除、闪回数据库是基于 Oracle 中的回收站(Recycle Bin)和闪回恢复区(Flash Recovery Area)特性实现的。为了使用数据库的闪回技术,必须启用撤消表空间自动管理回滚信息。如果要使用闪回删除技术和闪回数据库技术,还需要启用回收站、闪回恢复区。

10.2 闪回查询技术

闪回查询是指利用数据库回滚段存放的信息查看指定表中过去某个时间点的数据信息,或过去某个时间段数据的变化情况,或某个事务对该表的操作信息等。

为了使用闪回查询功能，需要启动数据库撤消表空间来管理回滚信息。

与撤消表空间相关的参数如下。

- UNDO_MANAGEMENT：指定回滚段的管理方式，如果设置为 AUTO，则采用撤消表空间自动管理回滚信息。
- UNDO_TABLESPACE：指定用于回滚信息自动管理的撤消表空间名。
- UNDO_RETENTIOIN：指定回滚信息的最长保留时间。

10.2.1　闪回查询

闪回查询可以查询指定时间点表中的数据。要使用闪回查询，必须将 UNDO_MANAGEMENT 设置为 AUTO。

闪回查询的 SELECT 语句的语法格式为：

```
SELECT column_name[, ...]
FROM table_name
[AS OF SCN|TIMESTAMP expression]
[WHERE condition]
```

可以基于 AS OF TIMESTAMP 的闪回查询，也可以基于 AS OF SCN 的闪回查询。

事实上，Oracle 在内部都是使用 SCN 的，即使指定的是 AS OF TIMESTAMP，Oracle 也会将其转换成 SCN。系统时间与 SCN 之间的对应关系可以通过查询 SYS 模式下的 SMON_SCN_TIME 表获得。

例如：

```
SQL>set time on
```

创建示例表：

```
SQL>create table hr.mydep4 as select *from hr.departments;
```

删除记录：

```
SQL>delete from hr.mydep4 where department_id=300;
SQL>commit;
```

使用 select 查询不到刚才删除的记录，但使用闪回查询可以找到：

```
SQL>select * from hr.mydep4 as of timestamp
2 to timestamp(to_tate('2009-05-29 10:00:00', 'yyyy-mm-dd hh24:mi:ss'))
where department_id=300;
```

10.2.2　闪回版本查询

闪回版本查询可以对查询提交后的数据进行审核。查询方法是在 select 语句中使用 version between 子句。

利用闪回版本查询，可以查看一行记录在一段时间内的变化情况，即一行记录的多个提交的版本信息，从而可以实现数据的行级恢复。

基本语法格式为：

```
SELECT column_name[, ...] FROM table_name
[VERSIONS BETWEEN SCN|TIMESTAMP
MINVALUE|expression AND MAXVALUE|expression]
[AS OF SCN|TIMESTAMP expression]
WHERE condition
```

参数说明如下。

- VERSIONS BETWEEN：用于指定闪回版本查询时的时间段或 SCN 段。
- AS OF：用于指定闪回查询时查询的时间点或 SCN。

在闪回版本查询的目标列中，可以使用下列几个伪列返回版本信息。

- VERSIONS_STARTTIME：基于时间的版本有效范围的下界。
- VERSIONS_STARTSCN：基于 SCN 的版本有效范围的下界。
- VERSIONS_ENDTIME：基于时间的版本有效范围的上界。
- VERSIONS_ENDSCN：基于 SCN 的版本有效范围的上界。
- VERSIONS_XID：操作的事务 ID。
- VERSIONS_OPERATION：执行操作的类型，I 表示 INSERT，D 表示 DELETE，U 表示 UPDATE。

在进行闪回版本查询时，可以同时使用 VERSIONS 短语和 AS OF 短语。

AS OF 短语决定了进行查询的时间点或 SCN，VERSIONS 短语决定了可见的行的版本信息。

对于在 VERSIONS BETWEEN 下界之前开始的事务，或在 AS OF 指定的时间或 SCN 之后完成的事务，系统返回的版本信息为 NULL。

【例 10.1】创建一个读者信息表：

```
SQL>create table reader (id Varchar2(10), name Varchar2(20));
```

插入一条记录：

```
SQL>insert into reader values('13100110', 'zs');
```

更新表中数据：

```
SQL>update reader set id='13100101' where name='zs';
```

提交：

```
SQL>commit;
```

使用闪回版本查询：

```
SQL>select versions_starttime,versions_operation,id,name
2 from reader versions between timestamp minvalue and maxvalue;
```

执行结果如图 10.1 所示。

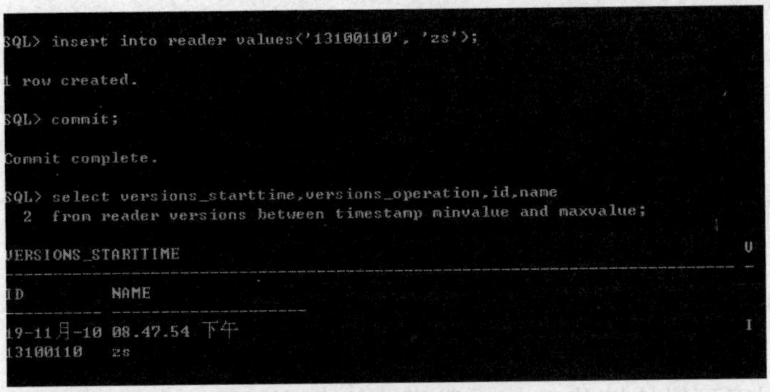

图 10.1　闪回版本查询

10.2.3　闪回事务查询

闪回事务保存在表 FLASHBACK_TRANSATION_QUERY 中，对已经提交的事务，也可以通过闪回事务查询回滚段中存储的事务信息。闪回事务查询提供了一种查看事务级数据库变化的方法。也可以以将闪回事务查询与闪回版本查询相结合，先利用闪回版本查询获取事务 ID 及事务操作结果，然后利用事务 ID 查询事务的详细操作信息。

【例 10.2】已经提交的事务，通过闪回事务查询：

```
SQL>CONNECT sys /zzuli AS sysdba
SQL>select table_name, undo_sql from flashback_transaction_query where
rownum<5;
```

其中，table_name 表示事务涉及的表名，undo_sql 表示撤消事务所要执行的 SQL 语句。执行结果如图 10.2 所示。

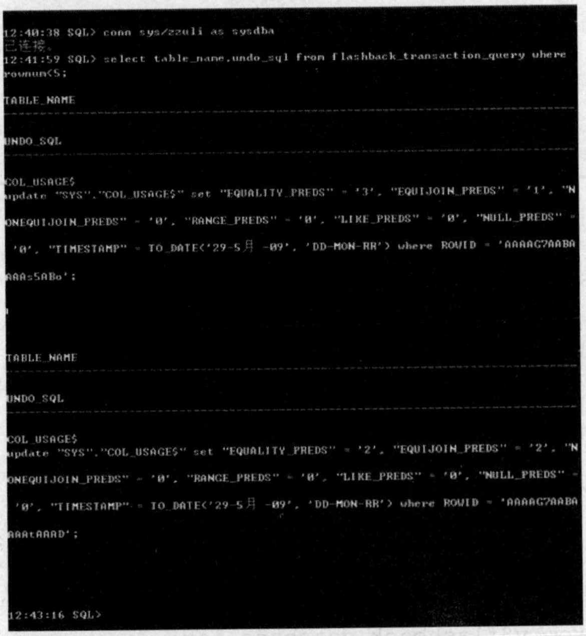

图 10.2　闪回事务查询

10.3　闪回错误操作技术

闪回错误操作技术包括闪回数据库、闪回表和闪回回收站。

10.3.1　闪回数据库

使用闪回数据库可以快速将 Oracle 数据库恢复到以前的某个时间。

要使用闪回数据库，必须首先配置闪回恢复区。

以 sys 用户和 sysdba 身份登录到 OEM，通过"服务器"→"数据库配置"→"初始化参数"打开"初始化参数"页面，对 db_recovery_file_dest 进行恢复区位置配置：F:\app\Administrator\flash_recovery_area，对 db_recovery_file_dest_size 进行恢复区大小配置：2G，如图 10.3 所示。

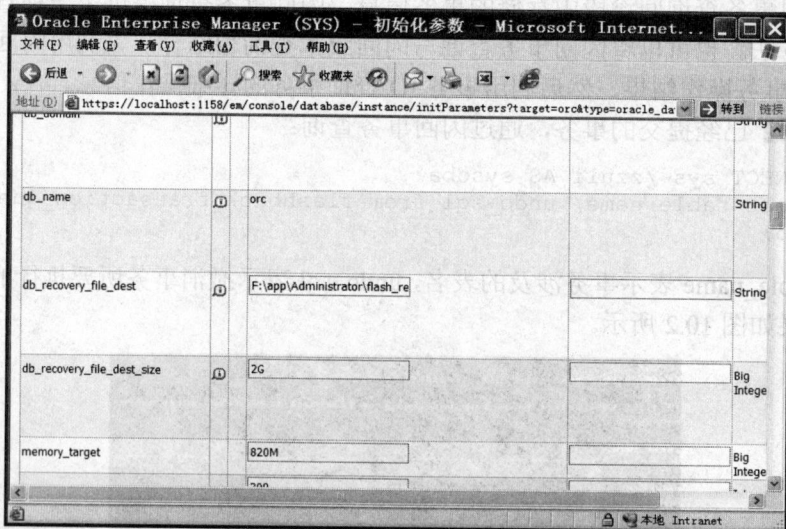

图 10.3　OEM 中闪回恢复区参数

接着在 SQL*Plus 中配置闪回数据库：

```
SQL>CONNECT sys /zzuli as sysdba
SQL>shutdown immediate
SQL>startup mount
SQL>alter database flashback on;
SQL>alter database open;
```

设置日期时间显示方式：

```
SQL>alter session set nls_date_format='yyyy-mm-dd hh24:mi:ss';
```

从系统视图 v$flashback_database_log 中查看闪回数据库日志信息：

```
SQL>select * from v$flashback_database_log;
```

使用 flashback database 语句闪回恢复的数据库：

```
SQL>flashback database
2 to timestamp(to_date('2010-10-28 12:30:00', 'yyyy-mm-dd hh24:mi:ss'));
```

闪回恢复后，再打开数据库实例时，需要使用 resetlogs 或 noresetlogs 参数：

```
SQL>alter database open resetlogs;
SQL>select * from hr.mydep;
```

10.3.2 闪回表

闪回表是将表恢复到过去的某个时间点的状态，为 DBA 提供了一种在线、快速、便捷地恢复对表进行的修改、删除、插入等错误的操作。

与闪回查询不同，闪回查询只是得到表在过去某个时间点上的快照，并不改变表的当前状态，而闪回表则是将表及附属对象一起恢复到以前的某个时间点。

利用闪回表技术恢复表中数据的过程，实际上是对表进行 DML 操作的过程。Oracle自动维护与表相关联的索引、触发器、约束等，不需要 DBA 参与。

为了使用数据库闪回表功能，必须满足下列条件：

- 具有 FLASHBACK ANY TABLE 系统权限，或者具有所操作表的 FLASHBACK对象权限。
- 用户具有所操作表的 SELECT、INSERT、DELETE、ALTER 对象权限。
- 数据库采用撤消表空间进行回滚信息的自动管理,合理设置 UNDO_RETENTIOIN参数值，保证指定的时间点或 SCN 对应信息保留在撤消表空间中。
- 启动被操作表的 ROW MOVEMENT 特性，可以采用下列方式进行：ALTER TABLE table ENABLE ROW MOVEMENT。

闪回表操作的语法格式为：

```
FLASHBACK TABLE [schema.]table TO
SCN|TIMESTAMP expression
[ENABLE|DISABLE TRIGGERS]
```

参数说明如下。

- SCN：将表恢复到指定的 SCN 时状态。
- TIMESTAMP：将表恢复到指定的时间点。
- ENABLE | DIABLE TRIGGER：在恢复表中数据的过程中，表上的触发器是激活还是禁用(默认为禁用)。

注意：SYS 用户或以 AS SYSDBA 身份登录的用户不能执行闪回表操作。

比如删除闪回表：

```
SQL>set time on
SQL>create table hr.mydep1 as select * from hr.department;
SQL>delete from hr.mydep1 where department_id=10;
SQL>flashback table hr.mydep1 to timestamp
2 to timestamp(to_tate('2010-10-29 10:00:00', 'yyyy-mm-dd hh24:mi:ss'));
```

10.3.3　闪回回收站

闪回删除可恢复使用 DROP TABLE 语句删除的表，这是一种对意外删除的表进行恢复的机制。

闪回删除功能的实现主要是通过 Oracle 数据库中的"回收站"(Recycle Bin)技术实现的。在 Oracle 数据库中，当执行 DROP TABLE 操作时，并不立即回收表及其关联对象的空间，而是将它们重命名后放入一个称为"回收站"的逻辑容器中保存，直到用户决定永久删除它们或存储该表的表空间存储空间不足时，表才真正被删除。

要使用闪回删除功能，需要启动数据库的"回收站"，即将参数 RECYCLEBIN 设置为 ON(在默认情况下"回收站"已启动)：

```
SQL>SHOW PARAMETER RECYCLEBIN
SQL>ALTER SYSTEM SET RECYCLEBIN=ON;
```

当执行 DROP TABLE 操作时，表及其关联对象被命名后保存在"回收站"中，可以通过查询 USER_RECYCLEBIN、DBA_RECYCLEBIN 视图获得被删除的表及其关联对象的信息。

(1) 查看回收站中的数据：

```
SQL>select object_name, original_name, createtime,
droptime from dba_recycle;
```

(2) 从回收站中恢复数据：

```
SQL>flashback table hr.mydep2 to before drop;
```

如果在删除表时使用了 PURGE 短语，则表及其关联对象被直接释放，空间被回收，相关信息不会进入"回收站"中：

```
SQL>CREATE TABLE test_purge(
2 ID NUMBER PRIMARY KEY, name CHAR(20)
3 );
SQL>DROP TABLE test_purge PURGE;
SQL>SELECT OBJECT_NAME,ORIGINAL_NAME,TYPE
2  FROM USER_RECYCLEBIN;
```

(3) 清除回收站。

由于被删除表及其关联对象的信息保存在"回收站"中，其存储空间并没有释放，因此需要定期清空"回收站"，或清除"回收站"中没用的对象(表、索引、表空间)，释放其所占的磁盘空间。

清除回收站的语法为：

```
PURGE [TABLE table | INDEX index]
| [RECYCLEBIN | DBA_RECYCLEBIN]
| [TABLESPACE tablespace [USER user]]
```

参数说明如下。

- TABLE：从"回收站"中清除指定的表，并回收其磁盘空间。
- INDEX：从"回收站"中清除指定的索引，并回收其磁盘空间。

- **RECYCLEBIN**：清空用户"回收站"，并回收所有对象的磁盘空间。
- **DBA_RECYCLEBIN**：清空整个数据库系统的"回收站"，只有具有 SYSDBA 权限的用户才可以使用。
- **TABLESPACE**：清除"回收站"中指定的表空间，并回收磁盘空间。
- **USER**：清除"回收站"中指定表空间中特定用户的对象，并回收磁盘空间。

例如，删除回收站中指定的数据：

```
SQL>purge table hr.mydep1;
```

清空回收站时，可以使用：

```
SQL>purge dba_recyclebin;
```

本 章 小 结

本章主要介绍了 Oracle 11g 数据库中的一个新特性，即闪回技术。利用该技术可以方便、高效地实现数据库的恢复。

进行闪回操作时需要注意，指定的时间点或 SCN 值必须是有效的，应注意受撤消表空间中回滚信息的保留时间以及闪回日志保留时间的约束。

习　　题

一、选择题

1. 使用闪回数据存档进行历史数据跟踪的主要好处不正确的是(　　)。
   A. 性能开销大
   B. 存储优化
   C. 集中管理
   D. 安全性高

2. 下面关于 Oracle 11g 闪回的叙述错误的是(　　)。
   A. 在 Oracle 11g 中，新增的后台进程 FBDA(Flashback Data Archiver Process)用于对闪回数据进行归档写出
   B. 闪回归档数据不可以以年为单位进行保存
   C. 闪回数据归档需要独立的存储，所以在使用该特性之前需要创建独立的 ASSM(自动段空间管理)表空间
   D. 可通过数据字典视图 user_flashback_archive_tables 来查看闪回归档表的记录

二、填空题

1. 闪回技术包括_____、_____、_____、_____、_____、_____。
2. 闪回数据库是利用数据库的闪回恢复区中存储的_____以及_____将数据库恢复到过去某个时间点的状态。

三、实训题

1. 查询编号为 13100 的员工前一个小时的工资值。
2. 将 test 表恢复到 2009-3-24 09:17:51 时刻的状态。

第 11 章　图书管理系统

在本章中，我们将介绍如何使用 Oracle 11g 技术和 Java 技术开发一个 C/S 结构的图书管理系统。重点介绍了图书信息维护和查询的实现过程；系统利用 Oracle 11g 数据库存储图书、读者、借阅关系和管理员等数据，通过 Java 应用程序从数据库中提取数据，从而实现图书借阅关系的高效管理。

通过对该实例的学习，读者可以熟悉图书管理系统的开发和设计过程。

11.1　系　统　概　述

11.1.1　开发背景

随着社会的发展和信息技术的进步，全球信息化的趋势越来越明显。而图书作为信息存储及传播的主要媒体之一，其需求量也越来越大。随之而来的是图书馆对图书管理的要求也越来越高，传统的手工处理方式的弊端日益显现出来。由于手工管理方式落后，处理数据的能力有限，工作效率低下，导致无法及时地为读者提供所需信息，各种数据无法得到充分利用，这是很多图书馆管理工作中存在的普遍问题。

在计算机日益普及的今天，若采用一套行之有效的图书管理系统来管理图书，会方便许多。对图书管理部门而言，以前单一的手工检索已不能满足人们的要求，解决这些问题最好的办法是实现图书信息管理的自动化，用计算机处理来代替手工处理。利用计算机强大的功能高效地完成图书的借出、归还、查询和统计等各项工作。

11.1.2　功能介绍

图书管理系统是一个集图书管理、读者管理、借书还书管理、系统管理等功能模块于一体的信息管理系统。本系统由图书信息管理子系统、借书还书信息管理子系统、用户信息管理子系统和系统信息管理子系统系统 4 大主要模块构成，具有如下功能：

- 系统信息的维护和查询。
- 图书信息的维护和查询。
- 读者信息的维护和查询。
- 管理员信息的维护和查询。
- 管理员权限分配管理。
- 借书管理。
- 还书管理。
- 用户登录身份验证。

11.1.3 需求描述

图书馆信息管理系统包括图书信息管理、读者信息管理、借书还书信息管理、系统信息管理等功能，图 11.1 给出了图书馆信息管理系统的主要功能模块。

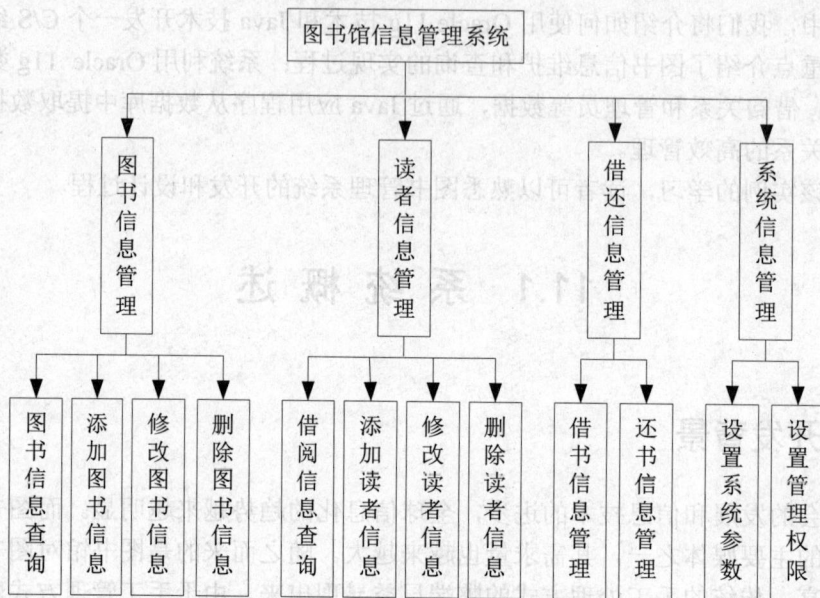

图 11.1 系统功能模块的结构

1. 图书信息管理

该模块涉及图书基本信息(如书名、书号、作者、出版社、出版日期、图书开本、定价、页数等)的添加、删除、修改；读者可以根据书名、作者、出版社、书号等关键字检索所需要的图书，可以查询某图书在图书馆还有多少本，被借去的图书什么时候归还等信息。

2. 读者信息管理

该模块涉及读者的基本信息(如借书证号、姓名、性别、所在单位、联系方式、读者类别、办证时间、过期时间等)的录入、修改、删除；可以根据读者的证号、姓名等信息查询到读者，读者登录到系统后能够修改自己的联系方式等信息，可以查询自己的图书借阅情况信息，如当前借的都是什么书，该什么时候归还等。可以对读者进行分类，不同类别的读者其借书数量、借期不同。

3. 借书还书信息管理

该模块实现图书的借还功能，根据读者借书证号和书号将图书借给读者，根据图书条形码归还图书。读者借书时验证读者的身份是否合法、验证借书证是否有效、借书是否超量。

4. 系统信息管理

本模块涉及管理员用户与系统参数的管理与维护，如设置图书的借期、数量、超期每天罚款金额等；超级管理员可以增加、删除普通管理员，并对普通管理员设置权限，如读者管理权限、图书管理权限、系统参数修改权限等。

11.1.4 需求规定

在图书管理系统中，管理员要为每个读者建立借阅账户，并给读者发放不同类别的借阅卡(借阅卡可提供卡号、读者姓名)，账户内存储读者的个人信息和借阅记录信息。持有借阅卡的读者可以通过管理员(作为读者的代理人与系统交互)借阅、归还图书，不同类别的读者可借阅图书的范围、数量和期限不同，可通过互联网或图书馆内查询终端查询图书信息和个人借阅情况，以及续借图书(系统审核符合续借条件)。

借阅图书时，先输入读者的借阅卡号，系统验证借阅卡的有效性和读者是否可继续借阅图书，无效则提示其原因，有效则显示读者的基本信息(包括照片)，供管理员人工核对。然后输入要借阅的书号，系统查阅图书信息数据库，显示图书的基本信息，供管理员人工核对。最后提交借阅请求，若被系统接受则存储借阅记录，并修改可借阅图书的数量。归还图书时，输入读者借阅卡号和图书号(或丢失标记号)，系统验证是否有此借阅记录以及是否超期借阅，没有则提示，有则显示读者和图书的基本信息供管理员人工审核。如果有超期借阅或丢失情况，先转入过期罚款或图书丢失处理。然后提交还书请求，系统接受后删除借阅记录，并登记和修改可借阅图书的数量。

图书管理员定期或不定期对图书信息进行入库、修改、删除等图书信息管理以及注销(不外借)，包括图书类别和出版社管理。

11.1.5 数据流图

系统对应的顶层数据流程图如图 11.2 所示，根据需求可以将其分成书籍管理、读者管理和借阅管理 3 个处理功能。

其分解后对应的系统 0 层数据流程图如图 11.3 所示。

图 11.2 顶层图

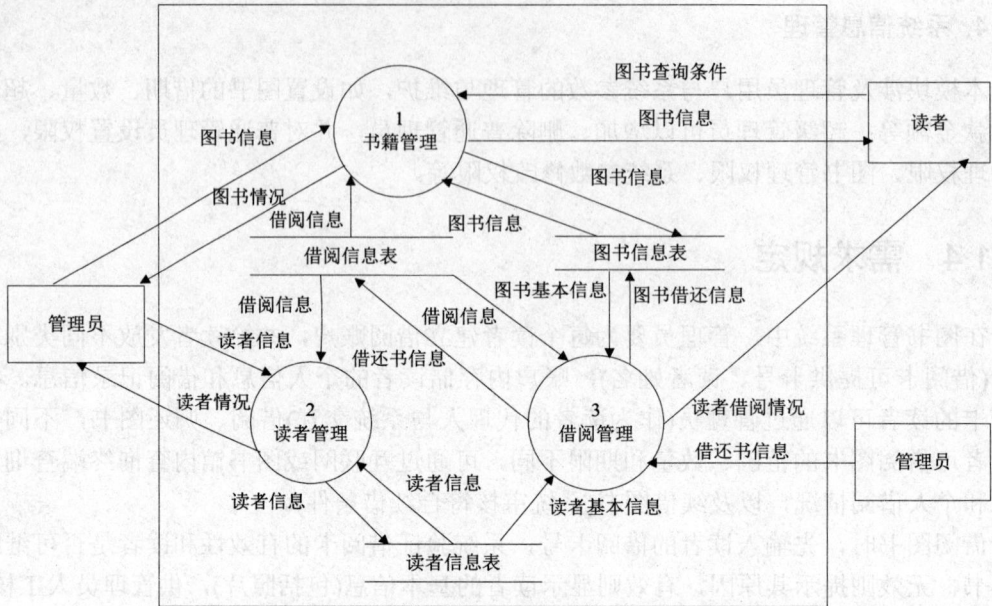

图 11.3　0 层图

　　书籍管理模块根据需求可分为书籍类别管理、书籍信息管理、注销管理和出版社管理 4 个子功能模块，其对应的数据流程图如图 11.4 所示。

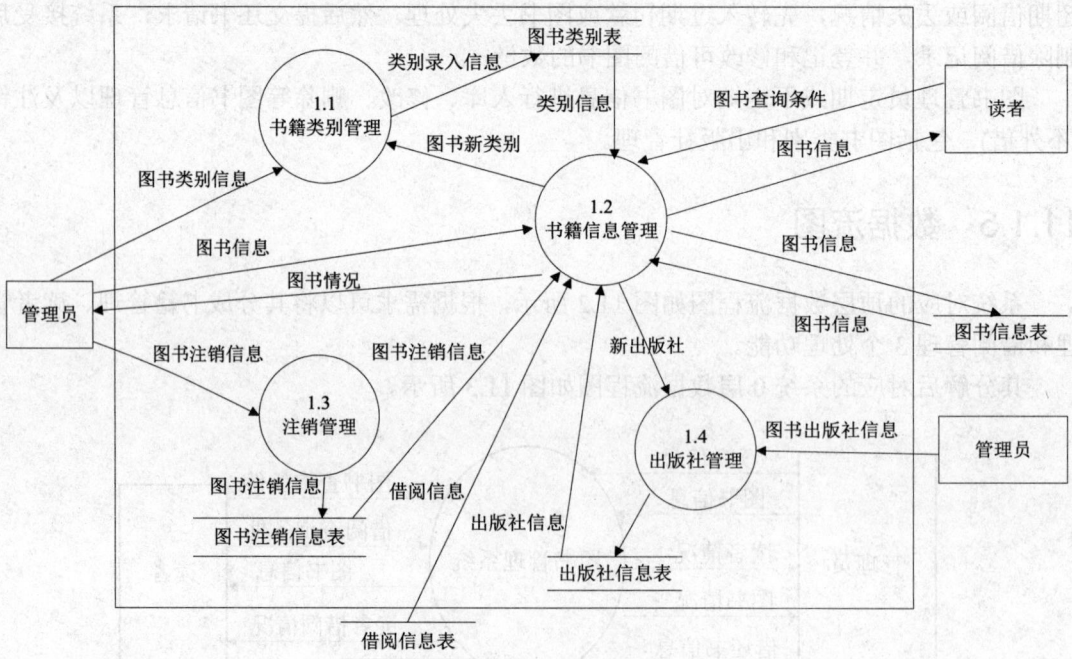

图 11.4　1 层图(书籍管理)

　　读者管理模块根据需求可分为读者类别管理和读者信息管理两个子功能模块，其对应的数据流程图如图 11.5 所示。

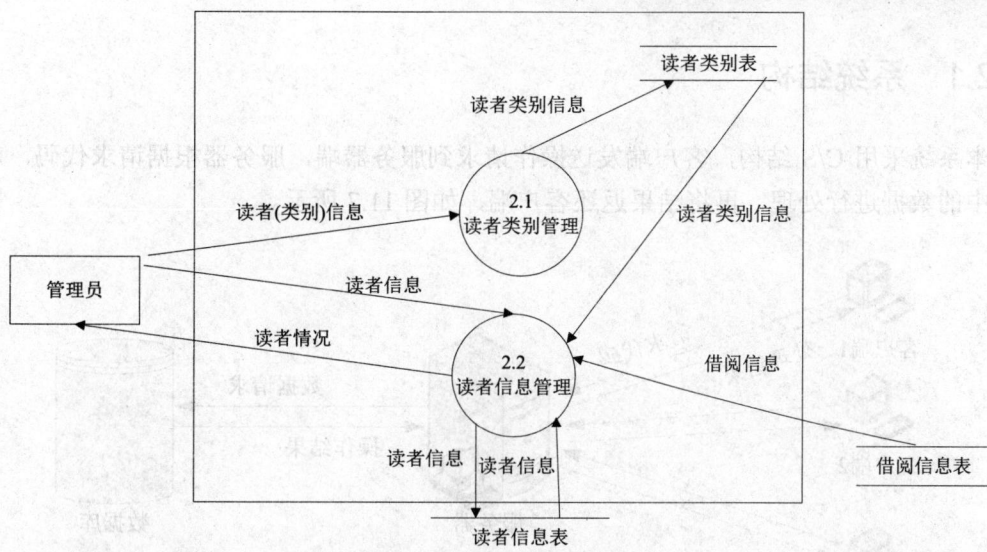

图 11.5　1 层图(读者管理)

借阅管理模块根据需求可分为续借管理、还书管理和借书管理 3 个子功能模块，其对应的数据流程图如图 11.6 所示。

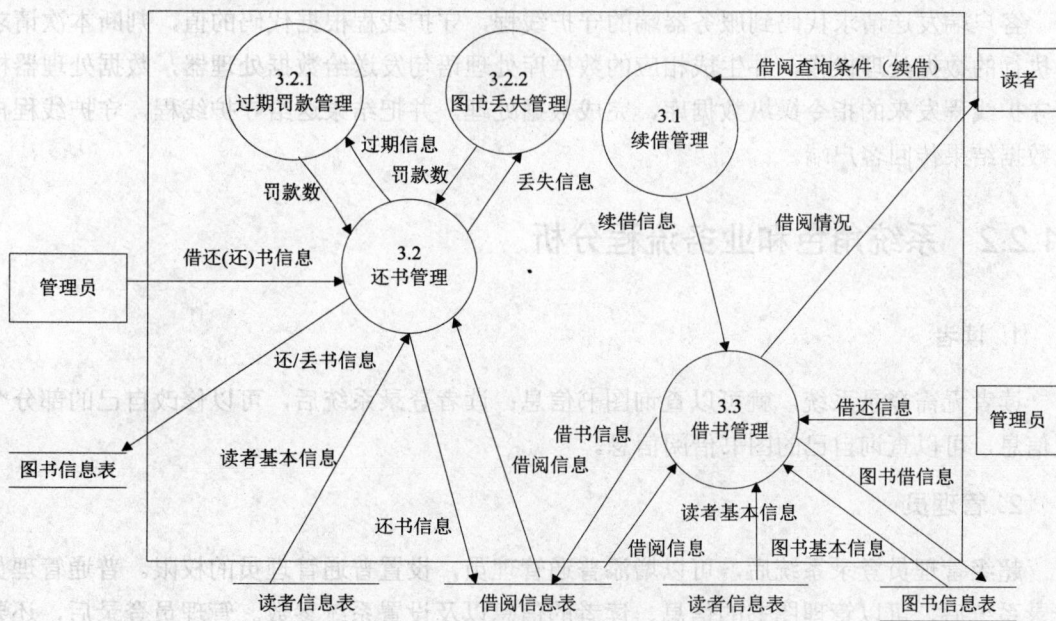

图 11.6　1 层图(借阅管理)

11.2　系统结构设计

本节介绍图书信息系统的系统结构、系统涉及的用户和系统数据库的设计。

11.2.1 系统结构

本系统采用 C/S 结构，客户端发送操作请求到服务器端，服务器根据请求代码，对数据库中的数据进行处理，再将结果返还客户端，如图 11.7 所示。

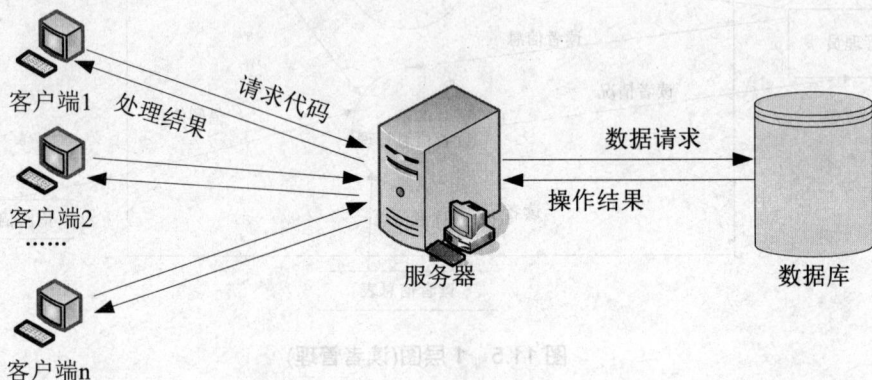

图 11.7 系统框架结构

客户端发送请求代码到服务器端的守护线程，守护线程根据代码的值，判断本次请求要执行的数据处理操作，并生成相应的数据库处理语句发送给数据处理器，数据处理器根据守护线程发来的指令操纵数据库，完成数据处理，并把结果送给守护线程，守护线程再把数据结果传回客户端。

11.2.2 系统角色和业务流程分析

1. 读者

读者无需登录系统，就可以查询图书信息；读者登录系统后，可以修改自己的部分个人信息，可以查询自己的图书借阅信息。

2. 管理员

超级管理员登录系统后，可以增添普通管理员，设置普通管理员的权限。普通管理员登录系统后，可以管理图书的信息、读者的信息以及设置系统参数。管理员登录后，还要能够借书给读者、接受读者归还图书，并把这些借书、还书信息登记到系统 s 中。

11.3 数据库设计

本节介绍图书信息系统的数据库设计过程。

11.3.1　数据库设计概述

数据库技术是信息资源管理最有效的手段。数据库设计是指对于一个给定的应用环境，构造最优的数据库模式，建立数据库及其应用系统，有效地存储数据，满足用户信息要求和处理要求。数据库结构设计的好坏将直接对应用系统的效率及实现的效果产生影响。合理的数据库结构设计可以提高数据存储的效率，保证数据的完整和一致。设计数据库系统时应该首先充分了解用户各个方面的需求，包括现有的及将来可能增加的需求。数据库设计一般包括如下几个步骤。

(1)　数据库概念结构设计。

(2)　数据库逻辑结构设计。

(3)　数据库实施(数据库表的创建)。

11.3.2　数据库概念和结构设计

根据数据库的需求分析结果，可以确定并归纳出系统中所包含的实体以及实体间的关系，以作为后续数据库逻辑结构设计的基础与指导。下面我们来看该系统的 E-R 图以及相关数据结构表。

1. 系统 E-R 图

通过对图书管理系统需求及其数据流图的分析，可以得知该系统涉及读者、书籍、借阅和还书信息表等数据实体，如图 11.8 所示。

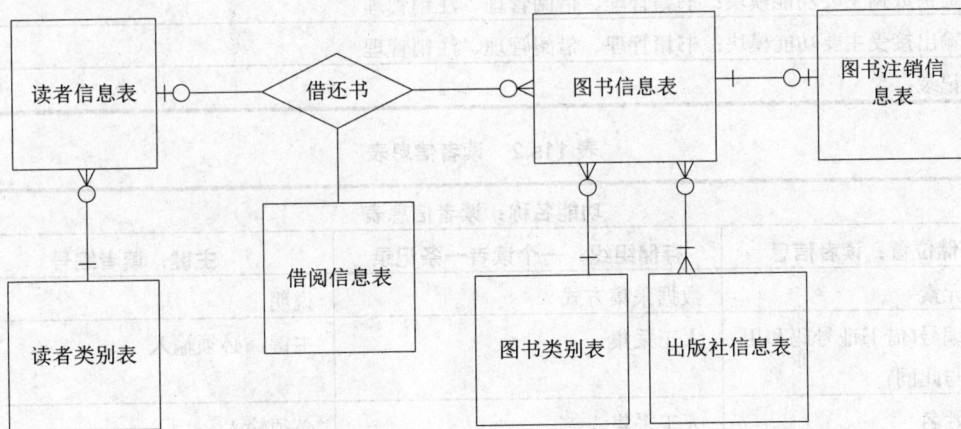

图 11.8　系统 E-R 图

2. 实体数据结构

系统的各个实体数据结构如 s 表 11.1~表 11.7 所示。

表 11.1 图书信息表

功能名称：图书信息表		
存储位置：图书信息	存储组织：一本图书一条记录	主键：图书编号
数据元素	数据采集方式	说明
图书条形码	人工采集	主键，必须输入
图书名称	人工采集	必须输入
图书类别编号	人工采集	必须输入
书架位置	人工采集	
ISBN	人工采集	
作者	人工采集	
译者	人工采集	
单价	人工采集	
出版社编号	人工采集	
出版时间	人工采集	
总数量	人工采集	
入库日期	自动采集	
入库操作员	自动采集	
借阅次数	自动采集	
是否注销	人工采集	
内容简介	人工采集	
备注	人工采集	

相关提供数据主要功能模块：书籍管理、借阅管理、注销管理

数据输出接受主要功能模块：书籍管理、借阅管理、注销管理

修改记录：

表 11s.2 读者信息表

功能名称：读者信息表		
存储位置：读者信息	存储组织：一个读者一条记录	主键：读者编号
数据元素	数据采集方式	说明
读者编号(借书证号码和用户名与此同)	人工采集	主键，必须输入
读者姓名	人工采集	必须输入
读者类别编号	人工采集	必须输入
读者性别	人工采集	
出生日期	人工采集	
读者状态	人工采集	
办证日期	自动采集	

功能名称：读者信息表

存储位置：读者信息	存储组织：一个读者一条记录	主键：读者编号
已借图书数量	自动采集	
证件名称	人工采集	
证件号码	人工采集	
读者单位	人工采集	
联系地址	人工采集	
联系电话	人工采集	
EMAIL	人工采集	
用户密码	人工采集	
办证操作员	自动采集	
备注	人工采集	
相关提供数据主要功能模块：读者管理、借阅管理		
数据输出接受主要功能模块：读者管理、借阅管理		
修改记录：		

表 11.3 借阅信息表

功能名称：借阅信息表

存储位置：借阅信息	存储组织：一本借阅一条记录	主键：图书编号
数据元素	数据采集方式	说明
图书编号	人工采集	主键，必须输入
图书名称	自动采集	
读者编号	人工采集	主键，必须输入
读者姓名	自动采集	
图书价格	自动采集	
借阅日期	自动采集	
应还日期	自动采集	
续借次数	自动采集	
借阅操作员	自动采集	
相关提供数据主要功能模块：借阅管理、续借管理		
数据输出接受主要功能模块：借阅管理、续借管理		
修改记录：		

表 11.4 图书类别信息表

功能名称：图书类别表		
存储位置：图书类别	存储组织：一类图书一条记录	主键：图书类别编号
数据元素	数据采集方式	说明
图书类别编号	人工采集	主键，必须输入
图书类别名称	人工采集	必须输入
备注	人工采集	
相关提供数据主要功能模块：书籍类别管理		
数据输出接受主要功能模块：书籍类别管理、书籍管理		
修改记录：		

表 11.5 出版社信息表

功能名称：出版社信息表		
存储位置：出版社信息	存储组织：一个出版社一条记录	主键：出版社编号
数据元素	数据采集方式	说明
出版社编号	人工采集	主键，必须输入
出版社名称	人工采集	必须输入
出版社地址	人工采集	
邮政编码	人工采集	
联系人	人工采集	
联系电话	人工采集	
EMAIL	人工采集	
备注	人工采集	
相关提供数据主要功能模块：出版社管理		
数据输出接受主要功能模块：出版社管理、书籍管理		
修改记录：		

表 11.6 读者类别表

功能名称：读者类别表		
存储位置：读者类别	存储组织：一类读者一条记录	主键：读者类别编号
数据元素	数据采集方式	说明
读者类别编号	人工采集	主键，必须输入
读者类别名称	工人采集	必须 s 输入
可借书数量	人工采集	
可借书天数	人工采集	
可续借次数	人工采集	
逾期缓冲天数	人工采集	

续表

功能名称：读者类别表

存储位置：读者类别	存储组织：一类读者一条记录	主键：读者类别编号
逾期每天罚款金额	人工采集	
丢失罚款倍数	人工采集	
相关提供数据主要功能模块：读者类别管理		
数据输出接受主要功能模块：读者管理、读者类别管理		
修改记录：		

表 11.7　图书注销信息表

功能名称：图书注销信息表

存储位置：图书注销信息	存储组织：一本用户一条记录	主键：图书编号
数据元素	数据采集方式	说明
图书编号	人工采集	主键，必须输入
注销数量	人工采集	必须输入
注销日期	人工采集	
注销操作员	自动采集	
相关提供数据主要功能模块：注销管理		
数据输出接受主要功能模块：注销管理、书籍管理		
修改记录：		

11.3.3　数据库逻辑结构设计

数据库的概念结构设计完毕后，现在可以将上面的数据库概念结构转化为某种数据库系统所支持的实际数据模型，也就是数据库的逻辑结构。

根据数据量的大小不同，系统可以使用不同的数据库。本系统使用的是 Oracle 11g 数据库。Oracle 11g 数据库功能强大，使用方便，数据存储量也比很大，安全性也比较高。

图书管理系统数据库中各个表的设计结果以表格的形式展现。其中，每个表格表示数据库中的一个用户表。这些表结构如表 11.8~表 11.13 所示。

表 11.8　图书基本信息表(bookdata)

字 段 名	数据类型	可否为空	长 度	描 述
id	数字型	NOT NULL	16	自动编号，主键
isbn	字符型	NOT NULL	13	国际标准书号
name	字符型	NOT NULL	50	书名
series	字符型		50	丛书名
authors	字符型		50	作者

续表

字 段 名	数据类型	可否为空	长 度	描 述
publisher	字符型		50	出版发行(格式为城市：出版社，出版年月，如北京：机械工业出版社，2009.12)
size	字符型		10	图书开本
pages	数字型		4	页数
price	数字型		4	定价
introduction	字符型		500	内容简介
picture	字符型		20	图片
clnum	字符型		20	图书分类号

说明：图书基本信息表只存储了图书的基本信息。这里的出版发行属性实际上存储了三类信息，即出版地点、出版社名称、出版时间。在按出版社或出版日期查询图书时，采用模糊查询方式。也可以把此属性分解为三个属性分别存储。

表 11.9　图书馆藏信息表(bookinfo)

字 段 名	数据类型	可否为空	长 度	描 述
id	数值型	NOT NULL	16	自动编号，主键
barcode	字符型	NOT NULL	20	图书条形码
isbn	字符型		13	国际标准书号
status	数值型		2	是否可借(1：可借，0：不可借)
duedate	日期型		8	图书应还时间
location	字符型		20	馆藏地点

说明：由于同一个 isbn 号的图书往往在图书馆里有很多本，而且可能分藏在不同的地点，每本都以不同的条形码区分。每本书都有一个状态标志其当前是否可借，如果该书已经被借出，则记录其应还时间，以便读者查询。

表 11.10　读者信息表(reader)

字 段 名	数据类型	可否为空	长 度	描 述
id	数字型	NOT NULL	16	自动编号，主键
readerid	字符型	NOT NULL	12	读者编号
passwd	字符型	NOT NULL	32	登录密码
name	字符型	NOT NULL	50	读者姓名
gender	字符型		2	性别
address	字符型		50	单位地址
tel	字符型		20	联系方式
startdate	日期型	NOT NULL	8	办证日期
enddate	日期型	NOT NULL	8	作废日期
type	数值型	NOT NULL	2	1：大学生，2：研究生，3：教师

说明：读者信息里包括读者的借书证号、登录密码、读者姓名、性别、单位地址、联系方式、借书证开通日期及作废日期、读者类别等信息。这里，读者可以修改自己的登录密码，单位地址、联系方式等信息，其他信息只有管理员才能修改。

表 11.11　借阅信息(lendinfo)

字 段 名	数据类型	可否为空	长 度	描 述
id	数值型	NOT NULL	16	自动编号，主键
readerid	字符型	NOT NULL	12	读者编号
bookcode	字符型	NOT NULL	20	图书条形码
borrowdate	日期型		8	借书日期
duedate	日期型		8	应还日期
returndate	日期型		8	还书日期
renew	数值型		8	续借标识(0：未续借，1：续借)
overduedays	数值型		8	超期天数
fine	数值型			罚款金额

说明：借阅信息里包括读者的借书证号、图书条形码、借书日期、应还日期、图书实际归还日期、续借标识(允许用户续借一次)、超期天数、罚款金额等信息。

表 11.12　管理员信息表(librarian)

字 段 名	数据类型	可否为空	长 度	描 述
id	数值型	NOT NULL	16	自动编号，主键
userid	字符型	NOT NULL	12	账号
name	字符型	NOT NULL	32	密码
bookp	数值型		2	图书管理权限(1：有，0：没有)，默认 0
readerp	数值型		2	读者管理权限(1：有，0：没有)，默认 0
parameterp	数值型		2	参数管理权限(1：有，0：没有)，默认 0

说明：管理员信息包括管理员账号、登录密码、权限等信息。超级管理员具备包括图书管理、读者管理、系统参数设置等所有的权限，其他管理员的管理权限则由超级管理员分配。

表 11.13　系统参数信息表(parameter)

字 段 名	数据类型	可否为空	长 度	描 述
id	数值型	NOT NULL	16	自动编号，主键
type	数值型	NOT NULL	2	读者类别
amount	数值型		2	借书数量
period	数值型		2	借期天数
dailyfine	数值型		4	超期还书每日罚款金额(元)

说明：系统参数信息包括读者的类别、该类别读者的借书数量、借期天数、超期还书时每日罚款金额等信息。

11.3.4 数据库实施

数据库的逻辑结构设计完毕后，就可以开始创建数据库和数据表了。

1. 创建数据库

首先，编写一个创建数据库的 SQL 文件，保存为 **createDB.sql**，其内容如下：

```
Create database LIBRARY
maxinstances 4
maxloghistory 1
maxlogfiles 16
maxlogmembers 3
maxdatafiles 10
logfile group 1 'e:\oracle\oradata\library\redo01.log' size 10M,
group 2 'e:\oracle\oradata\library\redo02.log' size 10M
datafile 'e:\oracle\oradata\library\system01.dbf' size 50M
autoextend on next 10M extent management local
sysaux datafile 'e:\oracle\oradata\library\sysaux01.dbf' size 50M
autoextend on next 10M
default temporary tablespace temp
tempfile 'e:\oracle\oradata\library\temp.dbf' size 10M autoextend on next
10M
undo tablespace UNDOTBS1 datafile 'e:\oracle\oradata\library\undotbs1.dbf'
size 20M
character set ZHS16GBK
national character set AL16UTF16
user sys identified by sys
user system identified by system
```

然后，调用该文件创建数据库 **LIBRARY**。

```
sql>@C:\createDB.sql;
```

这样我们就成功地创建了数据库 **LIBRARY**。

2. 创建数据表

首先编写创建数据表的 SQL 文件，保存为 **createTable.sql**，内容如下(仅供参考)：

```
//图书基本信息表(bookdata)
CREATE TABLE bookdata (
    id          number(6) not null primary key,
    isbn        varchar2 (13) not null,
    name        varchar2 (50) not null,
    series      varchar2 (50),
    authors     varchar2 (50),
    publisher   varchar2 (50),
    size        varchar2 (50),
    pages       number (5),
    price       number (7,2),
    introduction varchar2 (500),
    picture     varchar2 (20),
```

```
    clnum        varchar2 (20)
);
//图书馆藏信息表(bookinfo)
CREATE TABLE bookinfo (
    id         number(6) not null primary key,
    barcode    varchar2 (20) not null,
    isbn       varchar2 (13),
    status     number (5),
    duedate    date,
    location   varchar2 (20)
);
//读者信息表(reader)
CREATE TABLE reader (
    id         number(6) not null primary key,
    readerid   varchar2 (12) not null,
    name       varchar2 (50) not null,
    passwd     varchar2 (20) not null,
    gender     varchar2 (20),
    address    varchar2 (50),
    tel        varchar2 (50),
    startdate  date not null,
    enddate    date not null,
    type       number (2) not null
);
//借阅信息表(lendinfo)
CREATE TABLE lendinfo (
    id          number(6) not null primary key,
    readerid    varchar2 (12) not null,
    bookcode    varchar2 (20) not null,
    borrowdate  date,
    duedate     date,
    returndate  date,
    renew       number (2),
    overduedays number (6),
    fine        number (6,2)
) ;
//管理员信息表(librarian)
CREATE TABLE librarian (
    id       number(6) not null primary key,
    userid   varchar2 (12),
    name     varchar2 (50),
    bookp    number (2),
    readerp  number (2),
    parameterp number (2)
);
//系统参数信息表(parameter)
CREATE TABLE parameter (
    id        number(6) not null primary key,
    type      number (2) not null,
    amount    number (2),
    period    number (2),
    dailyfine number (5,2)
);
```

然后调用该文件创建数据表：

```
sql>@C:\createTable.sql;
```

这样我们就成功地创建了系统需要的所有数据表。

11.4 系统功能实现

由于篇幅所限，本节仅给出图书信息管理系统主要功能模块的运行界面及具体实现。

11.4.1 图书信息维护模块的主要界面

1. 图书信息录入界面

"增加图书"界面如图 11.9 所示，管理员通过本界面进行图书信息录入和图书信息的添加。

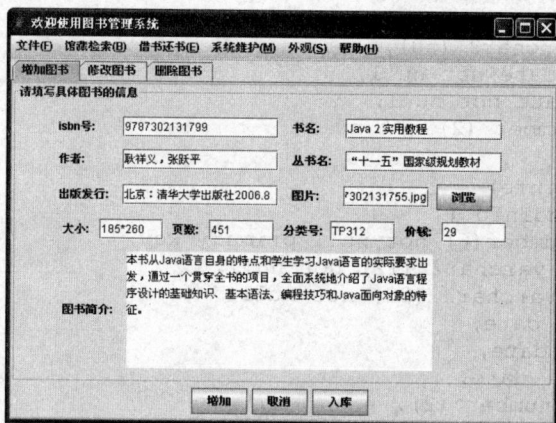

图 11.9 添加图书信息(图书信息录入)界面

首先，在文本框里输入相应的数据，如果需要输入图片信息，可以通过单击"浏览"按钮进行选择；然后，单击"增加"按钮就可以进行图书信息的添加了；最后，弹出提示"添加成功"的"消息"对话框，如图 11.10 所示。

图 11.10 "添加成功"提示信息

2. 图书入库界面

单击图 11.9 中的 "入库"按钮，弹出如图 11.11 所示的"增加图书位置"对话框，通过该对话框可以为新增图书指定图书条形码编号和图书存放位置。

3. 图书信息维护界面

"修改图书"界面如图 11.12 所示，管理员通过本界面进行图书信息的维护。

图 11.11　　"增加图书位置"(图书入库)对话框

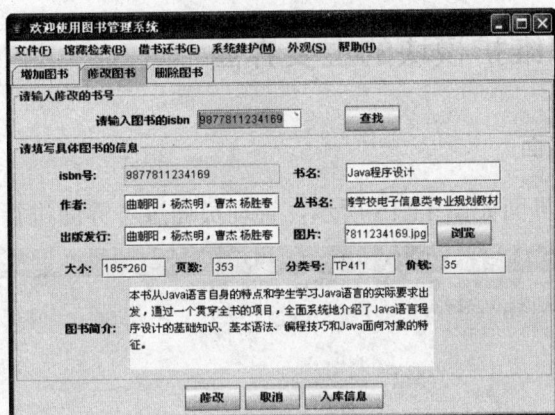

图 11.12　　"修改图书"(图书信息维护)界面

　　首先，在"isbn 号"文本框中输入图书的 isbn 编号；然后，单击"查找"按钮，可查出需修改的图书信息，供用户修改；最后单击"修改"按钮，对修改后的信息进行保存。

4. 删除图书界面

　　"删除图书"界面如图 11.13 所示，管理员通过本界面进行图书信息的删除。

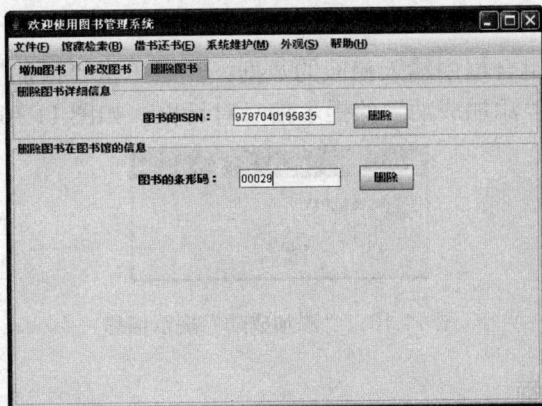

图 11.13　　"删除图书"界面

首先，在"图书的 ISBN"文本框里输入图书的 ISBN 编号；然后，输入图书的条形码编号；最后，单击上方的"删除"按钮可以删除图书的详细信息，单击下面的"删除"按钮可以删除馆藏信息。

为了防止用户误操作导致数据丢失，当用户单击"删除"按钮时，系统会弹出如图 11.14 所示的对话框，进行询问。

图 11.14　确认删除图书

11.4.2　读者信息维护模块的主要界面

1. 读者信息录入界面

"增加读者信息"界面如图 11.15 所示，管理员通过本界面进行读者信息的录入。

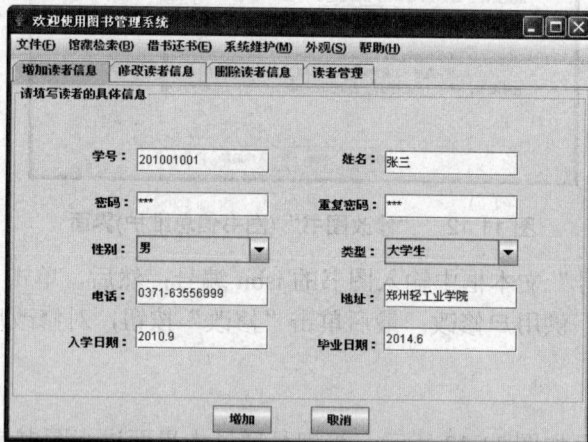

图 11.15　"增加读者信息"(读者信息录入)界面

首先，在文本框或组合框中输入相应的数据；然后单击"增加"按钮就可以进行读者信息的添加了；将弹出"添加成功"的提示信息对话框，如图 11.16 所示。

图 11.16　"添加成功"提示信息

2. 读者信息维护界面

"修改读者信息"界面如图 11.17 所示，管理员通过本界面进行读者信息的维护。

　　首先，在"学号"文本框里输入读者学号；然后，单击"查找"按钮可以查出需要修改的读者信息，供用户修改；最后，单击"更新"按钮，对修改后的信息进行保存即可。

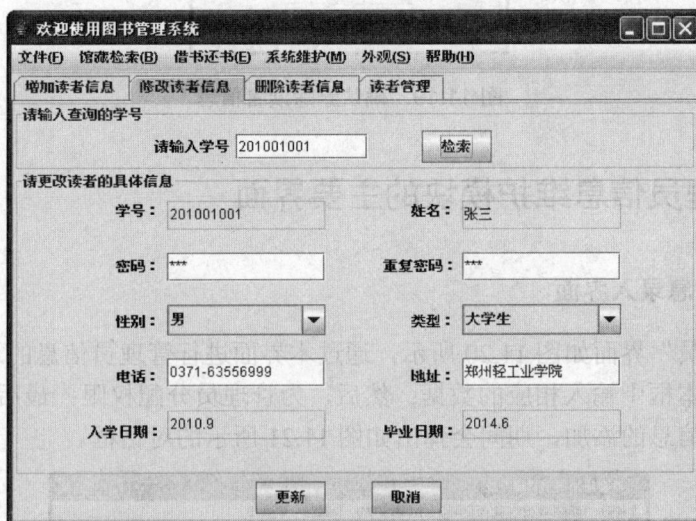

图 11.17　　"修改读者信息"(读者信息维护)界面

3. 删除读者信息界面

　　"删除读者信息"界面如图 11.18 所示，管理员通过本界面进行读者信息的删除。

　　首先，在"请输入学号"文本框里输入读者学号；然后，单击"检索"按钮，可以查出需要修改的读者信息，供用户修改；最后，单击"删除"按钮，即可实现读者信息的删除。

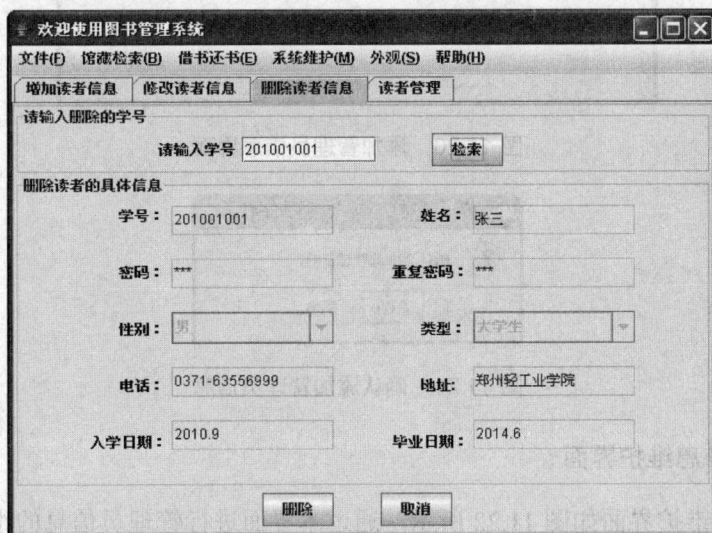

图 11.18　　"删除读者信息"界面

　　为了防止用户误操作导致数据丢失，当用户单击"删除"按钮时，系统会弹出如图 11.19 所示的对话框进行询问。

图 11.19　确认删除读者信息

11.4.3　管理员信息维护模块的主要界面

1. 管理员信息录入界面

"添加管理员"界面如图 11.20 所示，通过本界面进行管理员信息的录入。

首先，在文本框中输入相应的数据；然后，为管理员分配权限；最后，单击"确定"按钮进行管理员信息的添加，期间会弹出如图 11.21 所示的对话框。

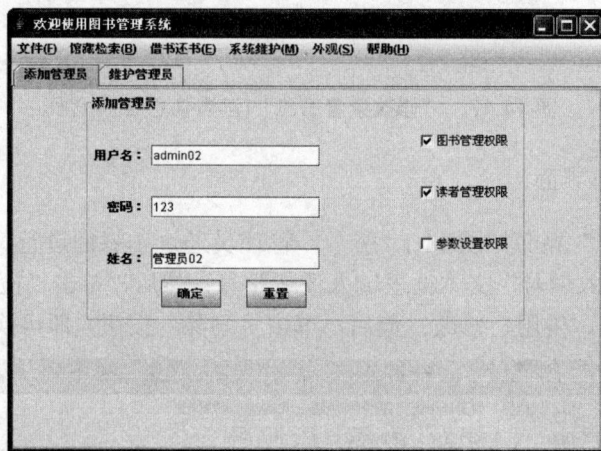

图 11.20　添加管理员信息界面

图 11.21　确认添加管理员信息

2. 管理员信息维护界面

管理员信息维护界面如图 11.22 所示，通过本界面进行管理员信息的维护。

(1) 管理员信息查询

首先，在"管理员用户名"文本框里输入用户名；然后，单击"检索"按钮，即可获得管理员信息。

(2)　删除管理员

首先，在窗口右边的"用户名"文本框里输入用户名；然后单击"删除"按钮，即可删除管理员信息，期间会弹出如图 11.23 所示的提示信息对话框。

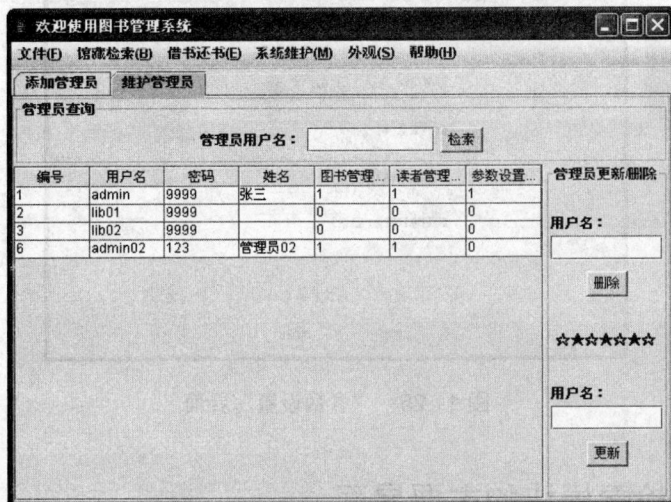

图 11.22　管理员信息维护界面

图 11.23　确认删除管理员信息

(3)　修改管理员信息

首先，在窗口右下方的"用户名"文本框里输入用户名；然后单击"更新"按钮，弹出如图 11.24 所示的对话框。修改完毕后单击"确定"按钮即可。

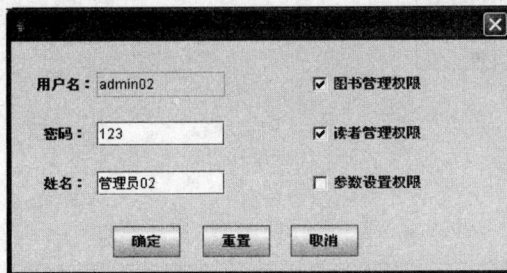

图 11.24　修改管理员信息

11.4.4　系统维护模块的主要界面

系统参数设定界面如图 11.25 所示，通过本界面进行系统参数的设定。

首先，在"读者类别"组合框中选择读者类别；然后，修改借书数量、天数等信息；

311

最后，单击"更新"按钮进行系统参数信息的更新，期间会弹出提示操作成功的对话框。

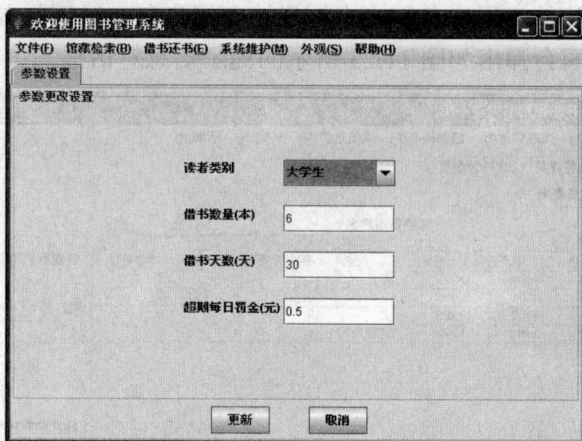

图 11.25　"参数设置"界面

11.4.5　馆藏检索模块的主要界面

1. 书目检索主界面

通过如图 11.26 所示的窗口进行书目检索。

首先，选择检索方式；然后，输入相应的检索词；最后，单击"检索"按钮就可以进行查询。读者通过本窗口检索自己需要的图书是否存在。

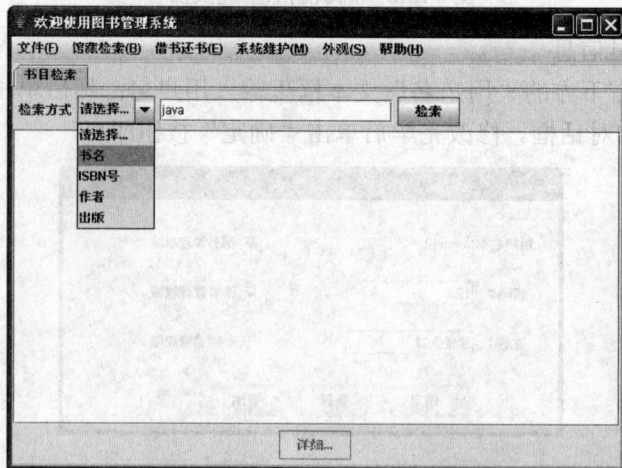

图 11.26　"书目检索"(图书查询)主界面

2. 图书查询结果界面

读者输入检索方式和检索关键词后，按 Enter 键或单击"检索"按钮进行图书查询。系统采用模糊匹配机制在数据库中查找满足条件的图书,并把结果显示在界面上(见图 11.27)，若找不到匹配的图书，则给出未找到图书的提示信息。

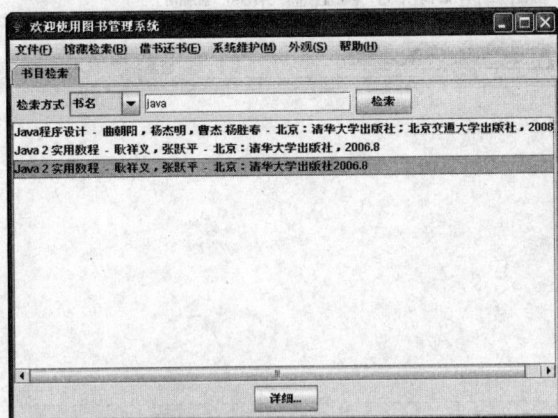

图 11.27　图书查询结果

3．图书详情界面

读者查询到图书后，双击图书所在行，或选中图书，单击下面的"详细"按钮，可以看到该书的详细信息(见图 11.28)。比如图书的名称、作者、出版社、定价、页数、摘要等，以及该书在图书馆的藏书位置、还有几本可借，被借去的图书什么时候归还等。

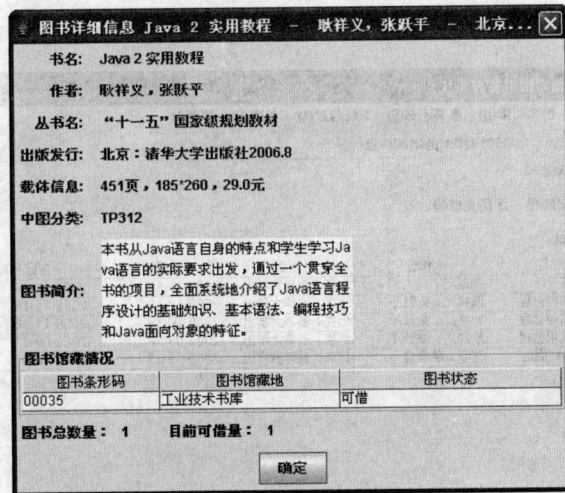

图 11.28　图书查询结果详情

11.4.6　读者借阅信息查询的主要界面

1．读者借阅信息查询

单击图 11.29 中的菜单项"查询读者借阅信息"，弹出如图 11.30 所示的信息对话框，输入图书证号，单击"确定"按钮，即可查看该读者的借阅信息，如图 11.31 所示。

Oracle 11g 数据库基础与应用教程

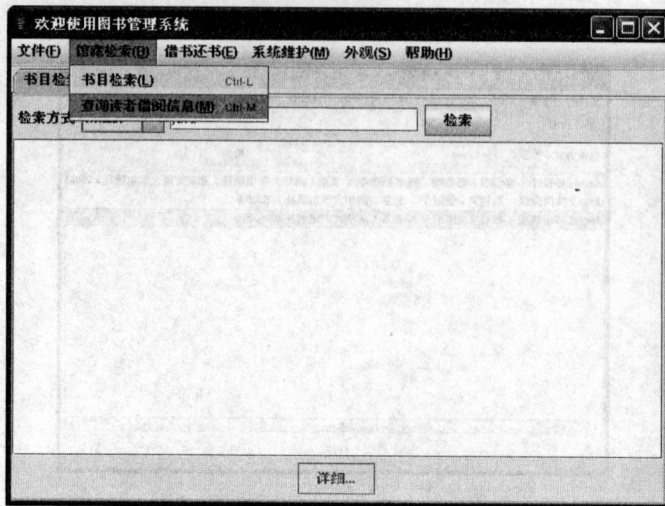

图 11.29　"查询读者借阅信息"菜单项

图 11.30　"查询读者借阅信息"对话框

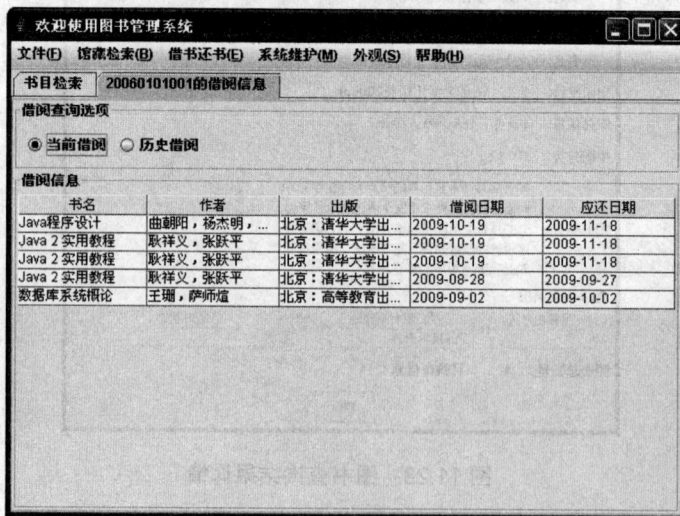

图 11.31　读者借阅清单

2. 历史借阅清单

在图 11.31 中，选中"历史借阅"单选按钮，即可查看读者的历史借阅信息，如图 11.32 所示。

314

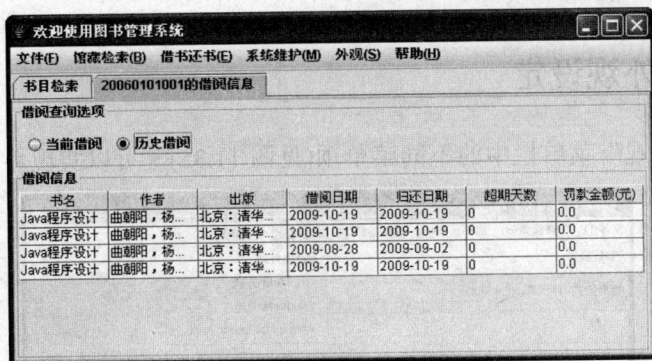

图 11.32　历史借阅清单

11.4.7　读者借/还书模块的主要界面

1．图书借阅

借阅图书的主界面如图 11.33 所示。

首先，输入图书证号和图书条形码；然后，单击"确定"选钮，即可进行图书的借阅。

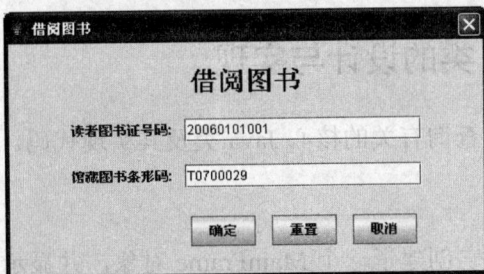

图 11.33　"借阅图书"主界面

2．图书归还

归还图书的主界面如图 11.34 所示。

首先，输入图书条形码；然后，单击"确定"按钮，即可进行图书的归还。

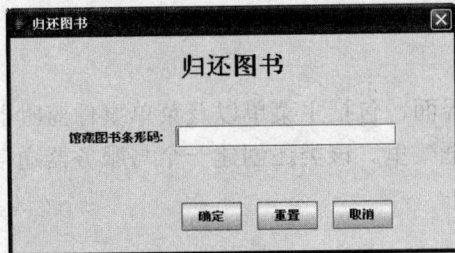

图 11.34　"归还图书"主界面

11.4.8 系统外观设定

通过单击"外观"菜单栏中的不同菜单项(见图 11.35)，可以实现界面风格的切换。

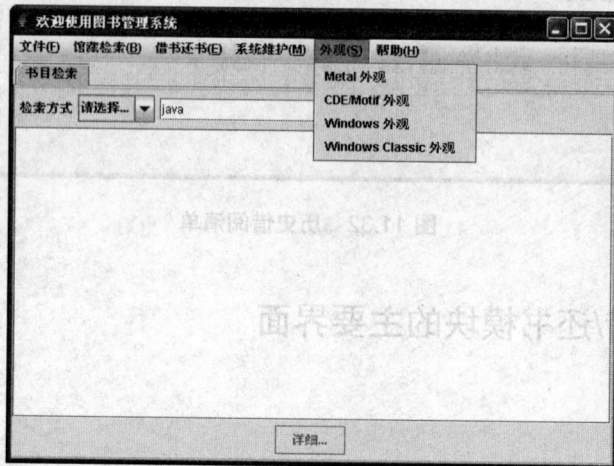

图 11.35 "外观"(风格切换)菜单栏

11.4.9 部分 Java 类的设计与实现

下面给出与图书信息查询有关的核心 Java 类及其实现代码。

1. Library.java

该类是客户端主类，它创建了一个 MainFrame 对象，并显示 MainFrame 窗口主界面。该类的代码如下：

```
public class Library {  //定义客户端主类
    public static void main(String []args) {  //主方法，客户端程序入口
        MainFrame myFrame = new MainFrame();  //创建主框架对象
        myFrame.setVisible(true);  //显示主界面
    }
}
```

2. MainFrame.java

该类定义了客户端主界面，包括主菜单以及菜单事件监听器的设计；各功能模块界面通过一定的机制加载到该框架里。该类还创建一个与服务器通信的全局连接。具体的代码如下：

```
import java.awt.*;
import java.awt.event.*;
import javax.swing.*;
import java.io.IOException;
public class MainFrame extends JFrame {
```

```java
protected JTabbedPane tabbedPane;  //多标签窗格
protected BookRetrievalPanel bookQueryPanel;  //图书查询面板
protected ReaderLoginDialog readerLoginDialog;  //读者登录对话框
public static LibClient globalClient;  //全局客户端，用于连接服务器
public MainFrame() {  //MainFrame 类的构造函数
    connectToServer();  //建立与服务器的连接
    this.setTitle("欢迎使用图书管理系统 ");  //设置窗口的标题
    Container container = this.getContentPane();  //获取窗口的内容面板
    container.setLayout(new BorderLayout());  //设置窗口的布局方式
    tabbedPane = new JTabbedPane();  //创建多标签窗格对象
    bookQueryPanel = new BookRetrievalPanel(this);  //创建图书查询窗格对象
    tabbedPane.addTab("书目检索",
        bookQueryPanel);  //将图书查询界面对象加入到选项卡
    container.add(BorderLayout.CENTER,
        tabbedPane);  //设置选项卡窗格的位置
    /* 建立菜单 */
    JMenuBar menuBar = new JMenuBar();
    buildMainMenu(menuBar);
    this.setJMenuBar(menuBar);
    /* 将窗口位置放在屏幕中央 */
    Dimension screensize = Toolkit.getDefaultToolkit().getScreenSize();
    this.setSize(600, 450);
    Dimension framesize = this.getSize();
    int x =
        (int)screensize.getWidth()/2 - (int)framesize.getWidth()/2;
    int y =
        (int)screensize.getHeight()/2 - (int)framesize.getHeight()/2;
    setLocation(x, y);

    this.addWindowListener(new WindowCloser());  //为窗口增加监听
}
protected void connectToServer() {//连接服务器，创建全局连接 globalClient
    try {
        ServerInfoGetter serverInfo = new ServerInfoGetter();
        globalClient =
            new LibClient(serverInfo.getHost(), serverInfo.getPort());
    } catch (IOException e) {
        System.out.println("服务器连接失败");
        JOptionPane.showMessageDialog(null, "服务器连接失败");
        exitSystem();  //退出系统
    }
}
/**
 * 创建系统主菜单
 */
protected void buildMainMenu(JMenuBar menuBar) {
    // 建立"文件"菜单
    JMenu fileMenu = new JMenu("文件(F)");
    fileMenu.setMnemonic(KeyEvent.VK_F);  //给文件菜单定义助记键
    JMenuItem exitMenuItem = new JMenuItem("退出");
    exitMenuItem.setMnemonic(KeyEvent.VK_X);  // 给退出菜单项定义助记键
    exitMenuItem.setAccelerator(KeyStroke.getKeyStroke(KeyEvent.VK_X,
        ActionEvent.CTRL_MASK));  //设定快捷键
    exitMenuItem.addActionListener(
        new ExitActionListener());  //给退出菜单项增加监听器
```

```
        fileMenu.add(exitMenuItem); //为文件菜单增加退出菜单项
        menuBar.add(fileMenu); //在菜单栏里增加文件菜单
        setupBookRetrievalMenu(menuBar); //调用方法，建立馆藏检索菜单
        setupLendReturnMenu(menuBar); //调用方法，建立借书还书菜单
        setupMaintainMenu(menuBar); //调用方法，建立系统维护菜单
        setupLookAndFeelMenu(menuBar); //调用方法，建立外观菜单
        // 建立"帮助"菜单
        JMenu helpMenu = new JMenu("帮助(H)");
        helpMenu.setMnemonic(KeyEvent.VK_H);
        JMenuItem aboutMenuItem = new JMenuItem("关于");
        aboutMenuItem.setMnemonic(KeyEvent.VK_A);
        aboutMenuItem.setAccelerator(KeyStroke
          .getKeyStroke(KeyEvent.VK_A, ActionEvent.CTRL_MASK));
        aboutMenuItem.addActionListener(new AboutActionListener());
        helpMenu.add(aboutMenuItem);
        menuBar.add(helpMenu);
    }
    /**
    * 建立"馆藏检索"菜单，包括"书目检索"和"我的借阅"两个菜单项
    */
    protected void setupBookRetrievalMenu(JMenuBar menuBar) {
        JMenu libMenu = new JMenu("馆藏检索(B)");
        libMenu.setMnemonic(KeyEvent.VK_B);
        JMenuItem libMenuItem = new JMenuItem("书目检索");
        JMenuItem myBorrowMenuItem = new JMenuItem("我的借阅");
        libMenuItem.setAccelerator(KeyStroke
          .getKeyStroke(KeyEvent.VK_L, ActionEvent.CTRL_MASK));
        libMenuItem.addActionListener(new BookInLibraryActionListener());
        myBorrowMenuItem.setAccelerator(KeyStroke
          .getKeyStroke(KeyEvent.VK_M, ActionEvent.CTRL_MASK));
        myBorrowMenuItem.addActionListener(new MyBorrowActionListener());
        libMenu.add(libMenuItem);
        libMenu.add(myBorrowMenuItem);
        menuBar.add(libMenu);
    }
    /**
    * 建立"借书还书"菜单，包括"借书"和"还书"两个菜单项
    */
    protected void setupLendReturnMenu(JMenuBar menuBar) {
        JMenu lrMenu = new JMenu("借书还书(E)");
        lrMenu.setMnemonic(KeyEvent.VK_E);
        JMenuItem lendMenuItem = new JMenuItem("借书");
        JMenuItem returnMenuItem = new JMenuItem("还书");
        lendMenuItem.setAccelerator(KeyStroke.getKeyStroke(KeyEvent.VK_D,
          ActionEvent.CTRL_MASK));
        lendMenuItem.addActionListener(new UndefinedActionListener());
        returnMenuItem.setAccelerator(KeyStroke
          .getKeyStroke(KeyEvent.VK_N, ActionEvent.CTRL_MASK));
        returnMenuItem.addActionListener(new UndefinedActionListener());
        lrMenu.add(lendMenuItem);
        lrMenu.add(returnMenuItem);
        menuBar.add(lrMenu);
    }
    /**
    * 建立"系统维护"菜单，包括图书维护、读者维护、管理员维护、系统参数维护 4 个菜单项
    */
    protected void setupMaintainMenu(JMenuBar menuBar) {
```

```
    JMenu sysMaintainMenu = new JMenu("系统维护(M)");
    sysMaintainMenu.setMnemonic(KeyEvent.VK_M);//给借书还书菜单定义助记键
    JMenuItem bookMenuItem = new JMenuItem("图书维护");
    JMenuItem readerMenuItem = new JMenuItem("读者维护");
    JMenuItem librarianMenuItem = new JMenuItem("管理员维护");
    JMenuItem paraMenuItem = new JMenuItem("系统参数维护");
    bookMenuItem.addActionListener(new UndefinedActionListener());
    readerMenuItem.addActionListener(new UndefinedActionListener());
    librarianMenuItem.addActionListener(
      new UndefinedActionListener());
    paraMenuItem.addActionListener(new UndefinedActionListener());
    sysMaintainMenu.add(bookMenuItem);
    sysMaintainMenu.add(readerMenuItem);
    sysMaintainMenu.add(librarianMenuItem);
    sysMaintainMenu.add(paraMenuItem);
    menuBar.add(sysMaintainMenu);
}
/**
 * 建立"外观"菜单, 给用户更多的外观风格选择, 如可以选择 Windows 风格的界面
 */
protected void setupLookAndFeelMenu(JMenuBar menuBar) {
    UIManager.LookAndFeelInfo []lookAndFeelInfo =
      UIManager.getInstalledLookAndFeels();
    JMenu lookAndFeelMenu = new JMenu("外观(S)");
    lookAndFeelMenu.setMnemonic(KeyEvent.VK_S);
    JMenuItem anItem = null;
    LookAndFeelListener myListener = new LookAndFeelListener();
    try {
        for (int i=0; i<lookAndFeelInfo.length; i++) {
            anItem =
              new JMenuItem(lookAndFeelInfo[i].getName() + " 外观");
            anItem.setActionCommand(
              lookAndFeelInfo[i].getClassName());
            anItem.addActionListener(myListener);
            lookAndFeelMenu.add(anItem);
        }
    } catch (Exception e) {
        e.printStackTrace();
    }
    menuBar.add(lookAndFeelMenu);
}
/**
 * 退出系统方法, 用于退出系统
 */
public void exitSystem() {
    setVisible(false);
    dispose();
    System.exit(0);
}
/**
 * 图书检索, 用于动态加载图书检索界面
 */
public void bookRetrieval() {
    tabbedPane.removeAll();
    bookQueryPanel = new BookRetrievalPanel(this);
    tabbedPane.addTab("书目检索", bookQueryPanel);
}
```

```
/**
 * 读者登录，用于读者登录系统，以便查询自己的个人信息
 */
public void readerLogin() {
    readerLoginDialog = new ReaderLoginDialog(this);
    readerLoginDialog.setVisible(true);
}
/**
 * 内部类："退出"事件监听器，处理退出系统事件
 */
class ExitActionListener implements ActionListener {
    public void actionPerformed(ActionEvent event) {
        exitSystem();
    }
}
/**
 * 内部类："关闭窗口"事件监听器，处理关闭窗口事件
 */
class WindowCloser extends WindowAdapter {
    public void windowClosing(WindowEvent e) {
        exitSystem();
    }
}
/**
 * 内部类："外观"选择监听器，处理用户选择不同外观时，界面风格的变化
 */
class LookAndFeelListener implements ActionListener {
    public void actionPerformed(ActionEvent event) {
        String className = event.getActionCommand();
        try {
            UIManager.setLookAndFeel(className);
            SwingUtilities.updateComponentTreeUI(MainFrame.this);
        } catch (Exception e) {
            e.printStackTrace();
        }
    }
}
/**
 * 内部类："关于"菜单监听器，处理用户激活"关于"菜单的事件
 */
class AboutActionListener implements ActionListener {
    public void actionPerformed(ActionEvent event) {
        String msg =
            "图书管理系统 V1.0\nCopyright(C) 2008-2009\n\nBy zzuli";
        String title = "多读书，读好书！";
        JOptionPane.showMessageDialog(MainFrame.this, msg, title,
            JOptionPane.INFORMATION_MESSAGE);
    }
}
/**
 * 内部类："书目检索"菜单监听器，处理书目检索事件
 */
class BookInLibraryActionListener implements ActionListener {
    public void actionPerformed(ActionEvent event) {
        bookRetrieval();
    }
}
/**
```

```
* 内部类："我的借阅"菜单监听器,处理"我的借阅"事件
*/
class MyBorrowActionListener implements ActionListener {
    public void actionPerformed(ActionEvent event) {
        readerLogin();
    }
}
/**
* 内部类:其他菜单监听器,待读者去完成
*/
class UndefinedActionListener implements ActionListener {
    public void actionPerformed(ActionEvent event) {
        String msg = "待定...";
        String title = "多读书,读好书! ";
        JOptionPane.showMessageDialog(MainFrame.this, msg, title, 1);
    }
}
}
```

3. BookRetrievalPanel.java

图书信息检索面板,为读者提供查询界面。该类的代码如下:

```
import javax.swing.*;
import javax.swing.event.*;
import java.awt.*;
import java.awt.event.*;
import java.util.*;
import java.io.*;
import java.util.Hashtable;
public class BookRetrievalPanel extends JPanel {
    protected BookDetails bookDetails; //用于保存查询到的每本图书的基本信息
    protected BookDetailsDialog bookDetailsDialog; //图书详细信息对话框
    protected ArrayList<BookDetails> bookArrayList; //用于保存图书查询结果集
    protected JLabel selectionLabel; //"选择方式"标签
    protected JComboBox fieldComboBox; //检索方式下拉式列表框
    protected JTextField keywordText; //检索关键词
    protected JPanel topPanel;
      //上部面板,用于放置标签、下拉式列表框、检索词、检索按钮
    protected JList bookListBox; //用于显示图书查询结果的列表
    protected JScrollPane bookScrollPane;
      //滚动面板,当查询结果多页时,用以滚动查询结果
    protected JButton retrievalButton; //检索按钮
    protected JButton detailsButton;  //用于查看查询结果中每本书馆藏详情的按钮
    protected JPanel bottomPanel; //下部面板,用于放置详情按钮
    protected MainFrame parentFrame; //该类的父窗口
    protected String retrievalField;//检索方式值
    /**
    *构造函数,建立本面板的主界面
    */
    public BookRetrievalPanel(MainFrame theParentFrame) {
        parentFrame = theParentFrame;
        this.setLayout(new BorderLayout());
        selectionLabel = new JLabel("检索方式"); //标签
```

```java
fieldComboBox = new JComboBox(); //分类检索下拉列表
fieldComboBox.addItem("请选择...");
fieldComboBox.addItem("书名");
fieldComboBox.addItem("ISBN 号");
fieldComboBox.addItem("作者");
fieldComboBox.addItem("出版");
fieldComboBox.addItemListener(
  new FieldSelectedListener()); //增加方式选择的监听
keywordText = new JTextField("java", 20); //关键字
keywordText.addMouseListener(new KeywordClickedListener());
keywordText.addKeyListener(new KeywodKeyListener());
retrievalButton = new JButton("检索");
retrievalButton.addActionListener(
  new RetrievalActionListener()); //检索按钮的监听
topPanel = new JPanel();
topPanel.setLayout(new FlowLayout(FlowLayout.LEFT));
keywordText.setSize(topPanel.getWidth()/2, topPanel.getWidth());
topPanel.add(selectionLabel);
topPanel.add(fieldComboBox);
topPanel.add(keywordText);
topPanel.add(retrievalButton);
this.add(BorderLayout.NORTH, topPanel);
bookListBox = new JList();
bookListBox.setSelectionMode(
  ListSelectionModel.SINGLE_SELECTION);
bookListBox.addListSelectionListener(new BookSelectionListener());
bookListBox.addMouseListener(new BookListMouseClickListener());
bookScrollPane = new JScrollPane(bookListBox);
this.add(BorderLayout.CENTER, bookScrollPane);
detailsButton = new JButton("详细...");
detailsButton.addActionListener(new DetailsActionListener());
detailsButton.setEnabled(false);
bottomPanel = new JPanel();
bottomPanel.setLayout(new FlowLayout());
bottomPanel.add(detailsButton);
this.add(BorderLayout.SOUTH, bottomPanel);
}
/**
*处理图书列表的显示，查询结果将在这里处理
*/
protected void ProcessBookList(String theField, String theKeyword) {
    try {
        /*根据读者输入的查询条件，从服务器端取回查询结果*/
        bookArrayList =
          MainFrame.globalClient.getBookList(theField,theKeyword);
        if (bookArrayList.size() > 0) { //若查询结果不为空则在列表中显示结果
            Object []theData = bookArrayList.toArray();
            bookListBox.setListData(theData);
        } else {
            // 没有检索到书的时候，清空图书列表区，置"详细"按钮不可用
            Object []noData = new Object[0];
            bookListBox.setListData(noData);
            fieldComboBox.setSelectedIndex(0);
            detailsButton.setEnabled(false);
            JOptionPane.showMessageDialog(null,
              "对不起，没有找到您要的图书！");
        }
```

```
    } catch (IOException e) {
        JOptionPane.showMessageDialog(this, "网络故障: " + e, "网络问题",
        JOptionPane.ERROR_MESSAGE);
        e.printStackTrace();
    }
}
/**
*根据选定的查询结果，显示该图书详细信息对话框
*/
private void DisplayBookDetailsDialog() {
    int index = bookListBox.getSelectedIndex();
    bookDetails = (BookDetails) bookArrayList.get(index);
    bookDetailsDialog = new BookDetailsDialog(
        parentFrame, bookDetails, MainFrame.globalClient);
    bookDetailsDialog.setVisible(true);
}
/**
*判断读者输入的查询条件是否有效
*/
private void RetrievalResults() {
    Hashtable<String, String> bookHashTable =
        new Hashtable<String, String>();
    bookHashTable.put("书名", "name");
    bookHashTable.put("作者", "authors");
    bookHashTable.put("出版", "publisher");
    bookHashTable.put("ISBN 号", "isbn");
    if (retrievalField == null || retrievalField.startsWith("请选择")) {
        JOptionPane.showMessageDialog(null, "请选择检索方式");
        return;
    }
    String keyword = keywordText.getText();
    if (keyword == null || keyword.equals("")) {
        JOptionPane.showMessageDialog(null, "检索关键字不能为空");
        return;
    }
    String field = bookHashTable.get(retrievalField);
    ProcessBookList(field, keyword);
}
/**
* 内部类: 检索方式监听器, 用于确定以何种方式查询图书
*/
class FieldSelectedListener implements ItemListener {
    public void itemStateChanged(ItemEvent event) {
        if (event.getStateChange() == ItemEvent.SELECTED) {
            retrievalField = (String) fieldComboBox.getSelectedItem();
        }
    }
}
/**
* 内部类: 关键字文本框监听器, 监听鼠标, 双击时全选框内的文字
*/
class KeywordClickedListener implements MouseListener {
    public void mouseClicked(MouseEvent e) {
        if (e.getClickCount() == 2) {
            keywordText.setSelectionStart(0);
            keywordText.setSelectionEnd(
                keywordText.getText().length());
```

```
            }
        }
        public void mousePressed(java.awt.event.MouseEvent e) {}
        public void mouseReleased(java.awt.event.MouseEvent e) {}
        public void mouseEntered(java.awt.event.MouseEvent e) {}
        public void mouseExited(java.awt.event.MouseEvent e) {}
    }
    /**
    *内部类：关键字文本框监听器，监听键盘，回车时执行查询操作
    */
    class KeywodKeyListener extends KeyAdapter {
        public void keyPressed(KeyEvent e) {
            if (e.getKeyCode() == KeyEvent.VK_ENTER) {
                RetrievalResults();
            }
        }
    }
    /**
    *内部类：检索按钮监听器，处理检索按钮被激活时的事件
    */
    class RetrievalActionListener implements ActionListener {
        public void actionPerformed(ActionEvent event) {
            RetrievalResults();
        }
    }
    /**
    *内部类：详细按钮监听器，处理详细按钮被激活的事件
    */
    class DetailsActionListener implements ActionListener {
        public void actionPerformed(ActionEvent event) {
            DisplayBookDetailsDialog();
        }
    }
    /**
    *内部类：查询结果列表监听器，若有被选择的项，则详细按钮可用，否则不可用
    */
    class BookSelectionListener implements ListSelectionListener {
        public void valueChanged(ListSelectionEvent event) {
            if (bookListBox.isSelectionEmpty()) {
                detailsButton.setEnabled(false);
            } else {
                detailsButton.setEnabled(true);
            }
        }
    }
    /**
    *内部类：查询结果列表监听器，若对某个结果双击，则显示其详细信息对话框
    */
    class BookListMouseClickListener implements MouseListener {
        public void mouseClicked(MouseEvent e) {
            if (!detailsButton.isEnabled()) {
                return;
            }
            if (e.getClickCount() == 2) {
                DisplayBookDetailsDialog();
            }
        }
        public void mousePressed(MouseEvent e) {}
        public void mouseReleased(MouseEvent e) {}
```

```
        public void mouseEntered(MouseEvent e) {}
        public void mouseExited(MouseEvent e) {}
    }
}
```

4. BookDetailsDialog.java

图书详情对话框，用于显示图书的基本信息及在馆情况，如图书的名字、作者、出版社、出版时间、定价、开本，以及该本书在图书馆中的藏书情况。该类的代码如下：

```java
import javax.swing.*;
import javax.swing.border.*;
import java.awt.*;
import java.awt.event.*;
import java.text.DecimalFormat;
import java.util.*;
import java.io.IOException;
import javax.swing.table.TableColumnModel;
public class BookDetailsDialog extends JDialog {
    protected BookDetails book; //用于保存图书书名、作者、出版社、内容摘要等信息
    protected BookInLibrary bookInLibrary =
        null; //图书馆藏详细情况，如是否被借出、馆藏地等
    protected LibClient libClient; //与服务器进行通信的客户端连接
    protected ArrayList<BookInLibrary> bookInLibArray;
        //同一 ISBN 号的图书的馆藏详细情况
    protected JTable bookInLibTable; //表格，用于显示图书馆藏详细情况
    protected Frame parent; //父窗口
    /*构造方法 1*/
    public BookDetailsDialog(Frame theParentFrame, BookDetails theBook,
        LibClient theLibClient) {
        this(theParentFrame, "图书详细信息 " + theBook.toString(),
            theBook, theLibClient);
    }
    /*构造方法 2，设置对话框位置，调用 buildGUI() 方法建立图书详情对话框界面*/
    public BookDetailsDialog(Frame theParentFrame, String theTitle,
        BookDetails theMusicRecording, LibClient theLibClient) {
        super(theParentFrame, theTitle, true);
        book = theMusicRecording;
        parent = theParentFrame;
        libClient = theLibClient;
        buildGUI();
        this.pack();
        Dimension screensize = Toolkit.getDefaultToolkit().getScreenSize();
        Dimension framesize = this.getSize();
        int x = (int)screensize.getWidth()/2 - (int)framesize.getWidth()/2;
        int y = (int)screensize.getHeight()/2 - (int)framesize.getHeight()/2;
        this.setLocation(x, y);
    }
    /**
    *建立主界面方法，综合使用 BorderLayout、GridBagLayout 布局建立图书详情界面
    */
    private void buildGUI() {
        Container container = this.getContentPane();
        container.setLayout(new BorderLayout());
        // 图书详细数据面板
        JPanel bookDataPanel = new JPanel();
```

```
bookDataPanel.setLayout(new GridBagLayout());
GridBagConstraints c = new GridBagConstraints();
c.gridx = 0;
c.gridy = 0;
c.fill = GridBagConstraints.BOTH;
c.anchor = GridBagConstraints.WEST;
c.insets = new Insets(5, 5, 5, 10);
JLabel nameLabel = new JLabel("书名:", JLabel.RIGHT);
nameLabel.setForeground(Color.blue);
bookDataPanel.add(nameLabel, c);
c.gridx = 1;
c.gridy = 0;
JLabel nameValue = new JLabel(book.getName());
bookDataPanel.add(nameValue, c);
c.gridx = 0;
c.gridy = 1;
JLabel authorsLabel = new JLabel("作者:", JLabel.RIGHT);
authorsLabel.setForeground(Color.blue);
bookDataPanel.add(authorsLabel, c);
c.gridx = 1;
c.gridy = 1;
JLabel authorsValue = new JLabel(book.getAuthors());
bookDataPanel.add(authorsValue, c);
c.gridx = 0;
c.gridy = 2;
JLabel seriesLabel = new JLabel("丛书名:", JLabel.RIGHT);
seriesLabel.setForeground(Color.blue);
bookDataPanel.add(seriesLabel, c);
c.gridx = 1;
c.gridy = 2;
JLabel seriesValue = new JLabel(book.getSeries());
bookDataPanel.add(seriesValue, c);
c.gridx = 0;
c.gridy = 3;
JLabel publisherLabel = new JLabel("出版发行:", JLabel.RIGHT);
publisherLabel.setForeground(Color.blue);
bookDataPanel.add(publisherLabel, c);
c.gridx = 1;
c.gridy = 3;
JLabel publisherValue = new JLabel(book.getPublisher());
bookDataPanel.add(publisherValue, c);
c.gridx = 0;
c.gridy = 4;
JLabel mediaLabel = new JLabel("载体信息:", JLabel.RIGHT);
mediaLabel.setForeground(Color.blue);
bookDataPanel.add(mediaLabel, c);
c.gridx = 1;
c.gridy = 4;
JLabel meidaValue=new JLabel(book.getPages()+"页, "+book.getSize()
  + ", " + new DecimalFormat("#.0").format(book.getPrice()) + "元");
bookDataPanel.add(meidaValue, c);
c.gridx = 0;
c.gridy = 5;
JLabel clssNumLabel = new JLabel("中图分类:", JLabel.RIGHT);
clssNumLabel.setForeground(Color.blue);
bookDataPanel.add(clssNumLabel, c);
c.gridx = 1;
c.gridy = 5;
```

```
JLabel clssNumValue = new JLabel(book.getClnum());
bookDataPanel.add(clssNumValue, c);
c.gridx = 0;
c.gridy = 6;
JLabel introLabel = new JLabel("图书简介:", JLabel.RIGHT);
introLabel.setForeground(Color.blue);
bookDataPanel.add(introLabel, c);
c.gridx = 1;
c.gridy = 6;
JTextArea abstractInfo = new JTextArea(book.getIntroduction(), 3, 20);
abstractInfo.setEditable(false);
abstractInfo.setLineWrap(true);
bookDataPanel.add(abstractInfo, c);
c.gridx = 4;
c.gridy = 0;
c.gridwidth = GridBagConstraints.REMAINDER;
c.gridheight = 8;
c.fill = GridBagConstraints.NONE;
c.weightx = 1.0;
c.weighty = 1.0;
c.insets = new Insets(5, 5, 10, 10);
String imageName = book.getPicture();
ImageIcon bookPicIcon = null;
JLabel bookPicLabel = null;
//读取图书封面图片
try {
    if (imageName.trim().length() == 0) {
        bookPicLabel = new JLabel(" 图片暂不存在  ");
        bookPicLabel.setForeground(Color.red);
    } else {
        bookPicIcon = new ImageIcon("images/" + imageName);
        bookPicLabel = new JLabel(bookPicIcon);
    }
} catch (Exception exc) {
    bookPicLabel = new JLabel(" 图片暂不存在  ");
    bookPicLabel.setForeground(Color.red);
}
bookPicLabel.setToolTipText(book.getName());
bookDataPanel.add(bookPicLabel, c);
container.add(BorderLayout.NORTH, bookDataPanel);
try {
    bookInLibArray = libClient.getBookInLibrary(book.getIsbn());
} catch (IOException e) {
    System.out.println("没找到相关信息");
}
int bookAvailable = 0;  //目前可借的图书数量
int bookTotal = bookInLibArray.size();   //同一 ISBN 号的图书的总数量
String []bookLendHead = { "图书条形码", "图书馆藏地", "图书状态" };
String [][]bookLibInfo = new String[bookTotal][3];
Iterator<BookInLibrary> it = bookInLibArray.iterator();
String bookStatus;
int i = 0;
while (it.hasNext()) {
    bookInLibrary = (BookInLibrary)it.next();
    bookLibInfo[i][0] = bookInLibrary.getBarCode();
    bookLibInfo[i][1] = bookInLibrary.getLocation();
    switch (bookInLibrary.getStatus()) {
    case 0:
```

```
            bookStatus = "已借出，应还日期：\n"
                + bookInLibrary.getDueReturnDate();
            break;
        case 1:
            bookStatus = "可借";
            bookAvailable++;
            break;
        default:
            bookStatus = "不可借，其他情况";
        }
        bookLibInfo[i][2] = bookStatus;
        i++;
    }
    bookInLibTable = new JTable(bookLibInfo, bookLendHead);
    bookInLibTable.setEnabled(false);
    bookInLibTable.setPreferredScrollableViewportSize(
      new Dimension(0, 120));
    JScrollPane bookInLibScrollPane = new JScrollPane(bookInLibTable);
    //按表的适中宽度设置每列的宽度
    double tableWidth = bookInLibTable.getPreferredSize().getWidth();
    TableColumnModel tcm = bookInLibTable.getColumnModel();
    tcm.getColumn(0).setPreferredWidth((int) (tableWidth / 6));
    tcm.getColumn(1).setPreferredWidth((int) (tableWidth / 3));
    tcm.getColumn(2).setPreferredWidth((int) (tableWidth / 2));
    TitledBorder tableTitleBorder =
      BorderFactory.createTitledBorder("图书馆藏情况");
    tableTitleBorder.setTitleColor(Color.black);
    bookInLibScrollPane.setBorder(tableTitleBorder);
    JPanel statisticPanel = new JPanel();
    statisticPanel.setLayout(new FlowLayout(FlowLayout.LEFT));
    JLabel totalLabel = new JLabel("图书总数量：");
    totalLabel.setForeground(Color.black);
    JLabel totalValueLabel = new JLabel("" + bookTotal);
    totalValueLabel.setForeground(Color.blue);
    statisticPanel.add(totalLabel);
    statisticPanel.add(totalValueLabel);
    JLabel whiteSpace = new JLabel("        ");
    statisticPanel.add(whiteSpace);
    JLabel vailLabel = new JLabel("目前可借量：");
    vailLabel.setForeground(Color.black);
    JLabel vailValueLabel = new JLabel("" + bookAvailable);
    vailValueLabel.setForeground(Color.red);
    statisticPanel.add(vailLabel);
    statisticPanel.add(vailValueLabel);
    JPanel bookInLibraryInfo = new JPanel();
    bookInLibraryInfo.setLayout(new BorderLayout());
    bookInLibraryInfo.add(BorderLayout.CENTER, bookInLibScrollPane);
    bookInLibraryInfo.add(BorderLayout.SOUTH, statisticPanel);
    container.add(BorderLayout.CENTER, bookInLibraryInfo);
    JPanel bottomPanel = new JPanel();
    JButton okButton = new JButton("确定");
    okButton.addActionListener(new OkButtonActionListener());
    bottomPanel.add(okButton);
    container.add(BorderLayout.SOUTH, bottomPanel);
}
/**
 * 处理按钮的内部类
 */
```

```
class OkButtonActionListener implements ActionListener {
    public void actionPerformed(ActionEvent event) {
        setVisible(false);
    }
}
```

5. ReaderLoginDialog.java

读者登录对话框，读者输入账号和密码后，激活"我的借阅"选项卡，查看自己的借阅信息。该类的代码如下：

```java
import java.awt.*;
import java.awt.event.*;
import javax.swing.*;
public class ReaderLoginDialog extends JDialog {
    protected JTextField readerFieldText;    //账号框
    protected MyBorrowPanel myBorrowPanel;    //我的借阅面板
    protected JPasswordField pswdText;    //密码框
    protected JButton okButton;        //确定按钮
    protected MainFrame frame;        //父窗口
    protected String readerID;    //读者编号
    /*构造方法，设置对话框位置，调用buildGUI()方法建立登录界面*/
    public ReaderLoginDialog(MainFrame parentFrame) {
        super(parentFrame, "读者登录", true);
        frame = parentFrame;
        Dimension screensize = Toolkit.getDefaultToolkit().getScreenSize();
        this.setSize(270, 120);
        Dimension framesize = this.getSize();
        int x = (int)screensize.getWidth()/2 - (int)framesize.getWidth()/2;
        int y = (int)screensize.getHeight()/2 - (int)framesize.getHeight()/2;
        this.setLocation(x, y);
        buildGUI();
    }
    /**
    * 建立登录界面方法
    */
    protected void buildGUI() {
        Container container = this.getContentPane();
        container.setLayout(new GridBagLayout());
        GridBagConstraints c = new GridBagConstraints();
        c.gridx = 0;
        c.gridy = 0;
        c.fill = GridBagConstraints.BOTH;
        c.anchor = GridBagConstraints.WEST;
        c.insets = new Insets(5, 5, 5, 10);
        JLabel readerIDLabel = new JLabel("账号", JLabel.RIGHT);
        readerIDLabel.setForeground(Color.blue);
        container.add(readerIDLabel, c);
        c.gridx = 1;
        c.gridy = 0;
        readerFieldText = new JTextField(10);
        readerFieldText.setSize(10, 5);
        container.add(readerFieldText, c);
        c.gridx = 0;
        c.gridy = 1;
```

```
        JLabel pswdLabel = new JLabel("密码", JLabel.RIGHT);
        pswdLabel.setForeground(Color.blue);
        container.add(pswdLabel, c);
        c.gridx = 1;
        c.gridy = 1;
        pswdText = new JPasswordField(10);
        pswdText.setSize(10, 5);
        container.add(pswdText, c);
        c.gridx = 2;
        c.gridy = 1;
        JButton okButton = new JButton("确定");
        okButton.addActionListener(new LoginActionListener());
        container.add(okButton, c);
    }
    /**
    *点击了"确定"按钮后，处理登录事件
    */
    protected void handleLogin(String reader) {
        this.setVisible(false);
        this.dispose();
        frame.tabbedPane.removeAll();
        myBorrowPanel = new MyBorrowPanel(parentFrame, reader);
        frame.tabbedPane.addTab("我的借阅", myBorrowPanel);
    }
    /**
    *内部类：确定按钮监听器
    *说明：这里没有对密码进行验证，有兴趣者可以修改此段代码增加验证功能
    */
    class LoginActionListener implements ActionListener {
        public void actionPerformed(ActionEvent e) {
            readerID = readerFieldText.getText();
            handleLogin(readerID);
        }
    }
}
```

6. MyBorrowPanel.java

"我的借阅"面板，用于显示读者的图书借阅情况，包括当前借阅情况、历史借阅情况等。该类的代码如下：

```
import java.awt.*;
import java.awt.event.*;
import javax.swing.*;
import java.util.*;
import java.io.IOException;
public class MyBorrowPanel extends JPanel {
    private String readerID;   //读者编号
    BorrowInfo borrowInfo;   //借阅信息
    private ArrayList<BorrowInfo> borrowInfoList;
        //用于接收服务器传来的借阅者的借阅信息
    protected JTable borrowInfoTable;  // 用于展示借阅信息的表格
    protected JScrollPane bookInLibScrollPane;  // 存放借阅信息的面板
    protected JPanel topPanel;
    protected JFrame parentFrame;
    public MyBorrowPanel(JFrame parentFrame, String readerID) {
```

```java
        this.parentFrame = parentFrame;
        this.readerID = readerID;
        this.setLayout(new BorderLayout());
        getBorrowInfo(); // 获取借阅信息
        buildGUI(); //建立主界面
    }
    protected void getBorrowInfo() { //连接服务器，取得读者的借阅信息
        try {
            borrowInfoList =
              MainFrame.globalClient.getReaderBorrowInfo(readerID);
        } catch (IOException e) {
            e.printStackTrace();
        }
    }
    /**
    *建立"我的借阅"主界面
    */
    protected void buildGUI() {
        topPanel = new JPanel();
        bookInLibScrollPane = new JScrollPane();
        topPanel.setLayout(new FlowLayout(FlowLayout.LEFT));
        topPanel.setBorder(BorderFactory
          .createTitledBorder("借阅查询选项"));
        JRadioButton currBorrowButton = new JRadioButton("当前借阅");
        JRadioButton oldBorrowButton = new JRadioButton("历史借阅");
        topPanel.add(currBorrowButton);
        topPanel.add(oldBorrowButton);
        currBorrowButton.addActionListener(
          new CurrentBorrowInfoListener());
        oldBorrowButton.addActionListener(new OldBorrowInfoListener());
        /**
        * 将两个 RadioButton 对象放进 ButtonGroup 中，以实现二选一
        */
        ButtonGroup buttonGroup1 = new ButtonGroup();
        buttonGroup1.add(currBorrowButton);
        buttonGroup1.add(oldBorrowButton);
        this.add(BorderLayout.NORTH, topPanel);
        /**
        * 显示所有借阅信息(包括当前借阅信息和历史借阅信息)
        */
        Iterator<BorrowInfo> it = borrowInfoList.iterator();
        Vector allBorrowInfoVector = new Vector(); //存放所有借阅记录的内容
        while (it.hasNext()) {
            borrowInfo = (BorrowInfo)it.next();
            Vector rowVector = new Vector(); //存放每一次借阅内容的向量
            rowVector.add(borrowInfo.getBookName());
            rowVector.add(borrowInfo.getBookAuthors());
            rowVector.add(borrowInfo.getPubilisher());
            rowVector.add(borrowInfo.getBorrowDate());
            rowVector.add(borrowInfo.getDueDate());
            rowVector.add(borrowInfo.getReturnDate());
            rowVector.add(borrowInfo.getOverduedays());
            rowVector.add(borrowInfo.getFinedMoney());
            allBorrowInfoVector.add(rowVector);
        }
        Vector borrowHead = new Vector(); //存储表头信息的向量
        borrowHead.add("书名");
```

```
            borrowHead.add("作者");
            borrowHead.add("出版");
            borrowHead.add("借阅日期");
            borrowHead.add("应还日期");
            borrowHead.add("归还日期");
            borrowHead.add("超期天数");
            borrowHead.add("罚款金额");
            borrowInfoTable = new JTable(
              allBorrowInfoVector, borrowHead); //生成具有内容和表头的表格
            borrowInfoTable.setEnabled(false);
            borrowInfoTable.setPreferredScrollableViewportSize(
              new Dimension(0, 120));
            bookInLibScrollPane.setViewportView(borrowInfoTable);
            bookInLibScrollPane.setBorder(BorderFactory
              .createTitledBorder("借阅信息"));
            this.add(BorderLayout.CENTER, bookInLibScrollPane);
            JPanel bottomPanel = new JPanel();
            JButton okButton = new JButton("确定");
            okButton.addActionListener(new OkButtonActionListener());
            bottomPanel.add(okButton);
            this.add(BorderLayout.SOUTH, bottomPanel);
            this.validate();
    }
    /**
    *内部类: "当前借阅"监听器,处理选定"当前借阅"单选按钮事件
    */
    class CurrentBorrowInfoListener implements ActionListener {
        public void actionPerformed(ActionEvent event) {
            buildCurrentInfoGUI(borrowInfoList);
        }
    }
    /**
    *内部类: "历史借阅"监听器,处理选定"历史借阅"单选按钮事件
    */
    class OldBorrowInfoListener implements ActionListener {
        public void actionPerformed(ActionEvent event) {
            buildOldInfoGUI(borrowInfoList);
        }
    }
    /**
    * 处理当前借阅信息内容的显示输出
    */
    private void buildCurrentInfoGUI(
      ArrayList<BorrowInfo> borrowInfoList) {
        Iterator<BorrowInfo> it = borrowInfoList.iterator();
        Vector currVector = new Vector();
        while (it.hasNext()) {
            borrowInfo = (BorrowInfo) it.next();
            Date returnDate = borrowInfo.getReturnDate();
            if (returnDate == null) { // 还书日期为空,说明此书还在读者手中
                Vector rowVector = new Vector();
                rowVector.add(borrowInfo.getBookName());
                rowVector.add(borrowInfo.getBookAuthors());
                rowVector.add(borrowInfo.getPubilisher());
                rowVector.add(borrowInfo.getBorrowDate());
                rowVector.add(borrowInfo.getDueDate());
                currVector.add(rowVector);
```

```
            }
        }
        Vector borrowHead = new Vector();
        borrowHead.add("书名");
        borrowHead.add("作者");
        borrowHead.add("出版");
        borrowHead.add("借阅日期");
        borrowHead.add("应还日期");
        borrowInfoTable =
          new JTable(currVector, borrowHead); //生成具有内容和表头的表格
        borrowInfoTable.setEnabled(false);
        borrowInfoTable.setPreferredScrollableViewportSize(
          new Dimension(0, 120));
        bookInLibScrollPane.setViewportView(borrowInfoTable);
        this.validate();
    }
    /**
     *处理历史借阅信息内容的显示输出
     */
    private void buildOldInfoGUI(ArrayList<BorrowInfo> borrowInfoList) {
        Iterator<BorrowInfo> it = borrowInfoList.iterator();
        Vector oldVector = new Vector();
        while (it.hasNext()) {
            borrowInfo = (BorrowInfo) it.next();
            Date returnDate = borrowInfo.getReturnDate();
            if (returnDate != null) { //还书日期为空则显示, 说明此书已归还图书馆
                Vector rowVector = new Vector();
                rowVector.add(borrowInfo.getBookName());
                rowVector.add(borrowInfo.getBookAuthors());
                rowVector.add(borrowInfo.getPubilisher());
                rowVector.add(borrowInfo.getBorrowDate());
                rowVector.add(borrowInfo.getReturnDate());
                rowVector.add(borrowInfo.getOverduedays());
                rowVector.add(borrowInfo.getFinedMoney());
                oldVector.add(rowVector);
            }
        }
        Vector borrowHead = new Vector();
        borrowHead.add("书名");
        borrowHead.add("作者");
        borrowHead.add("出版");
        borrowHead.add("借阅日期");
        borrowHead.add("归还日期");
        borrowHead.add("超期天数");
        borrowHead.add("罚款金额");
        borrowInfoTable =
          new JTable(oldVector, borrowHead); //生成具有内容和表头的表格
        borrowInfoTable.setEnabled(false);
        borrowInfoTable.setPreferredScrollableViewportSize(
          new Dimension(0, 120));
        bookInLibScrollPane.setViewportView(borrowInfoTable);
        this.validate();
    }
    /**
     * 处理按钮的内部类
     */
    class OkButtonActionListener implements ActionListener {
```

```
        public void actionPerformed(ActionEvent event) {
            setVisible(false);
        }
    }
}
```

7. LibClient.java

该类是系统客户端，用于连接服务器，与服务器进行通信。具体代码如下：

```java
import java.io.*;
import java.net.*;
import java.util.*;
public class LibClient implements LibProtocals {
    protected Socket hostSocket;  //服务器 socket
    protected ObjectOutputStream outputToServer;   //输出流，用于向服务器写数据
    protected ObjectInputStream inputFromServer;   //输入流，用于从服务器读数据
    /**
     * 接受主机名和端口号的构造方法
     */
    public LibClient(String host, int port) throws IOException {
        log("连接数据服务器..." + host + ":" + port);
        hostSocket = new Socket(host, port);
        outputToServer =
          new ObjectOutputStream(hostSocket.getOutputStream());
        inputFromServer =
          new ObjectInputStream(hostSocket.getInputStream());
        log("连接成功.");
    }
    /**
     * 取得与关键字匹配的相关图书集合
     */
    public ArrayList<BookDetails> getBookList(
      String field, String keyword) throws IOException {
        ArrayList<BookDetails> bookList = null;
        try {
            log("发送请求: OP_GET_BOOK_DETAILS");
            outputToServer.writeInt(OP_GET_BOOK_DETAILS);
            outputToServer.writeObject(field);
            outputToServer.writeObject(keyword);
            outputToServer.flush();
            log("接收数据...");
            bookList =
              (ArrayList<BookDetails>)inputFromServer.readObject();
            log("收到  " + bookList.size() + " 本相关图书.");
        } catch (ClassNotFoundException exc) {
            log("取图书异常: " + exc);
            throw new IOException("找不到相关类");
        }
        return bookList;
    }
    /**
     * 取得每本书的具体馆藏情况
     */
    public ArrayList<BookInLibrary> getBookInLibrary(
      String isbn) throws IOException {
        ArrayList<BookInLibrary> bookInLibraryInfo = null;
```

```
    try {
        log("发送请求: OP_GET_BOOK_LIBINFO, 书号 = " + isbn);
        outputToServer.writeInt(OP_GET_BOOK_LIBINFO);
        outputToServer.writeObject(isbn);
        outputToServer.flush();
        log("接收数据...");
        bookInLibraryInfo =
            (ArrayList<BookInLibrary>)inputFromServer.readObject();
        log("收到  " + bookInLibraryInfo.size() + " 项馆藏记录.");
    } catch (ClassNotFoundException exc) {
        log("取馆藏信息异常: " + exc);
        throw new IOException("找不到相关类");
    }
    return bookInLibraryInfo;
}
/**
 * 取回用户在图书馆的借阅信息
 */
public ArrayList<BorrowInfo> getReaderBorrowInfo(
  String readerid) throws IOException {
    ArrayList<BorrowInfo> readerBorrownInfoList = null;
    try {
        log("发送请求: OP_GET_BORROWINFO, 书号 = " + readerid);
        outputToServer.writeInt(OP_GET_BORROWINFO);
        outputToServer.writeObject(readerid);
        outputToServer.flush();
        log("接收数据...");
        readerBorrownInfoList =
            (ArrayList<BorrowInfo>)inputFromServer.readObject();
        log("收到  " + readerBorrownInfoList.size() + " 项借阅记录");
    } catch (ClassNotFoundException exc) {
        log("取借阅信息异常: " + exc);
        throw new IOException("找不到相关类");
    }
    return readerBorrownInfoList;
}
/**
 * 日志方法, 用于跟踪系统的执行
 */
protected void log(Object msg) {
    System.out.println(CurrDateTime.currDateTime()
        + "LibClient 类: " + msg);
}
}
```

8. ServerInfoGetter.java

该类是服务器信息读取器，用于读取服务器的 IP 地址和端口号。该类的代码如下：

```
import java.util.Properties;
import java.io.*;
public class ServerInfoGetter {
    private String serverHost = "";  //服务器地址, 可以是主机名或 IP 地址
    private int serverPort = 0;  //服务器端口号
    public ServerInfoGetter() {
        Properties properties =
```

```
      new Properties(); //使用 JDK 提供的 Properties 类处理本地文件
    try {
        InputStream inputstream = new FileInputStream("servInfo.txt");
        properties.load(inputstream);
        if (inputstream != null) {
            inputstream.close();
        }
    } catch (FileNotFoundException e1) {
        System.out.println("没找到 servInfo.txt 文件!");
    } catch (IOException e2) {
        System.out.println("磁盘 I/O 出错!");
    }
    serverHost =
      properties.getProperty("host"); //读出服务器 IP 地址或主机名
    serverPort =
      Integer.valueOf(properties.getProperty("port")); //读出服务器端口号
}
public String getHost() {
    return serverHost;
}
public int getPort() {
    return serverPort;
}
}
```

9. BookDetails.java

该类用于描述图书详细信息，如图书的书名、出版社、作者、开本、所属丛书、定价、页数、内容摘要等。该类的代码如下：

```
public class BookDetails implements java.io.Serializable {
    private static final long serialVersionUID =
      -8792355134417983448L;   //用于对象序列化
    private String isbn; //ISBN 号
    private String name; //书名
    private String series; //丛书名
    private String authors; //作者
    private String publisher; //出版信息，包括出版地点、出版社名、出版日期
    private String size; //图书开本
    private int pages; //页数
    private double price; //定价
    private String introduction; //图书简介
    private String picture; //封面图片
    private String clnum; //图书分类号
    public BookDetails() { }
    public BookDetails(String isbn, String name, String series,
      String authors, String publisher, String size, int pages, double price,
      String introduction, String picture, String clnum) {
        super();
        this.isbn = isbn;
        this.name = name;
        this.series = series;
        this.authors = authors;
        this.publisher = publisher;
        this.size = size;
        this.pages = pages;
```

```java
        this.price = price;
        this.introduction = introduction;
        this.picture = picture;
        this.clnum = clnum;
    }
    public String getIsbn() {
        return isbn;
    }
    public void setIsbn(String isbn) {
        this.isbn = isbn;
    }
    public String getName() {
        return name;
    }
    public void setName(String name) {
        this.name = name;
    }
    public String getSeries() {
        return series;
    }
    public void setSeries(String series) {
        this.series = series;
    }
    public String getAuthors() {
        return authors;
    }
    public void setAuthors(String authors) {
        this.authors = authors;
    }
    public String getPublisher() {
        return publisher;
    }
    public void setPublisher(String publisher) {
        this.publisher = publisher;
    }
    public String getSize() {
        return size;
    }
    public void setSize(String size) {
        this.size = size;
    }
    public int getPages() {
        return pages;
    }
    public void setPages(int pages) {
        this.pages = pages;
    }
    public double getPrice() {
        return price;
    }
    public void setPrice(double price) {
        this.price = price;
    }
    public String getIntroduction() {
        return introduction;
    }
    public void setIntroduction(String introduction) {
        this.introduction = introduction;
    }
```

```java
    public String getPicture() {
        return picture;
    }
    public void setPicture(String picture) {
        this.picture = picture;
    }
    public String getClnum() {
        return clnum;
    }
    public void setClnum(String clnum) {
        this.clnum = clnum;
    }
    public String toString() {
        return name + " - " + authors + " - " + publisher;
    }
    public int compareTo(Object object) {
        BookDetails book = (BookDetails) object;
        String targetBook = book.getName();
        return name.compareTo(targetBook);
    }
}
```

10. BookInLibrary.java

每本书在图书馆都有一个或多个副本。本类描述每种书在图书馆的馆藏情况，如书的条码、是否在馆、馆藏地、应还日期(如果该副本被读者借去)等。该类的代码如下：

```java
import java.util.Date;
public class BookInLibrary implements java.io.Serializable {
    private static final long serialVersionUID =
        7386444304600938175L;  //用于对象序列化
    protected String barCode; //图书条形码
    protected int status; //是否在馆。1：在；0：不在
    protected String location; //馆藏位置
    protected Date dueReturnDate; //应还日期
    public BookInLibrary(String barCode, int status,
        String location, Date dueReturnDate) {
        this.barCode = barCode;
        this.status = status;
        this.location = location;
        this.dueReturnDate = dueReturnDate;
    }
    public String getBarCode() {
        return barCode;
    }
    public void setBarCode(String barCode) {
        this.barCode = barCode;
    }
    public int getStatus() {
        return status;
    }
    public void setStatus(int status) {
        this.status = status;
    }
    public String getLocation() {
        return location;
    }
```

```java
    public void setLocation(String location) {
        this.location = location;
    }
    public Date getDueReturnDate() {
        return dueReturnDate;
    }
    public void setDueReturnDate(Date dueReturnDate) {
        this.dueReturnDate = dueReturnDate;
    }
    public String toString() {
        return barCode + "  -  " + status + "  -  " + location + dueReturnDate;
    }
}
```

11. BorrowInfo.java

该类记录读者借阅信息，包括读者所借过书的书名、作者、出版社、借书时间、还书时间、应还时间、超期天数、罚款金额等。该类的代码如下：

```java
import java.util.Date;
public class BorrowInfo implements java.io.Serializable {
    private static final long serialVersionUID =
        8729453305993405592L;   //用于对象序列化
    protected String bookName;   //书名
    protected String bookAuthors;   //作者
    protected String pubilisher;   //出版信息，包括出版社、出版时间、出版地点
    protected Date borrowDate;   //借书时间
    protected Date dueDate;   //应还时间
    protected Date returnDate;   //还书时间
    protected int overduedays;   //超期天数
    protected double finedMoney;   //罚款金额
    public BorrowInfo() { }
    public BorrowInfo(String bookName, String bookAuthors,
      String pubilisher, Date borrowDate, Date dueDate,
      Date returnDate, int overduedays, double finedMoney) {
        super();
        this.bookName = bookName;
        this.bookAuthors = bookAuthors;
        this.pubilisher = pubilisher;
        this.borrowDate = borrowDate;
        this.dueDate = dueDate;
        this.returnDate = returnDate;
        this.overduedays = overduedays;
        this.finedMoney = finedMoney;
    }
    public String getBookName() {
        return bookName;
    }
    public void setBookName(String bookName) {
        this.bookName = bookName;
    }
    public String getBookAuthors() {
        return bookAuthors;
    }
    public void setBookAuthors(String bookAuthors) {
        this.bookAuthors = bookAuthors;
    }
```

```
        public String getPubilisher() {
            return pubilisher;
        }
        public void setPubilisher(String pubilisher) {
            this.pubilisher = pubilisher;
        }
        public Date getBorrowDate() {
            return borrowDate;
        }
        public void setBorrowDate(Date borrowDate) {
            this.borrowDate = borrowDate;
        }
        public Date getDueDate() {
            return dueDate;
        }
        public void setDueDate(Date dueDate) {
            this.dueDate = dueDate;
        }
        public Date getReturnDate() {
            return returnDate;
        }
        public void setReturnDate(Date returnDate) {
            this.returnDate = returnDate;
        }
        public int getOverduedays() {
            return overduedays;
        }
        public void setOverduedays(int overduedays) {
            this.overduedays = overduedays;
        }
        public double getFinedMoney() {
            return finedMoney;
        }
        public void setFinedMoney(double finedMoney) {
            this.finedMoney = finedMoney;
        }
        public static long getSerialversionuid() {
            return serialVersionUID;
        }
}
```

12. LibProtocals.java

该类是接口类，保存了图书馆的各种操作协议信息。客户端和服务器端都要实现它。增加新的功能模块时，需增加相应的协议信息。该类的代码如下：

```
public interface LibProtocals {
    public static final int OP_GET_BOOK_DETAILS = 100;  //读取图书详细信息
    public static final int OP_GET_BOOK_LIBINFO = 101;  //读取图书在馆情况
    public static final int OP_GET_BORROWINFO = 102;    //读取读者借阅信息
}
```

13. LibServer.java

该类是服务器端主类，用于启动监听客户端操作请求的线程。该类的代码如下：

```
import java.io.IOException;
```

```
import java.net.ServerSocket;
import java.net.Socket;
/**
 * 应用程序服务器端主类，启动服务器并等待客户的连接
 */
public class LibServer {
    protected LibOpHandler libOpHandler;  //图书操作处理器
    protected ServerSocket serverSocket;  //服务器套接字
    protected Socket clientSocket;     //客户端套接字
    protected boolean done;         //是否结束监听客户端的请求
    public LibServer(int thePort) {
        done = false;
        try {
            log("启动服务器 " + thePort);
            serverSocket = new ServerSocket(thePort);  //创建服务器端套接字
            log("服务器准备就绪!");
        } catch (IOException e) {
            log(e);
            System.exit(1);
        }
        while (!done) {
            try {
                log("服务器正等待请求...");
                clientSocket = serverSocket.accept();  //等待客户端请求
                String clientHostName =
                    clientSocket.getInetAddress().getHostName();
                log("===收到连接来自 " + clientHostName + " 的连接===");
                libOpHandler =
                    new LibOpHandler(clientSocket);  //创建操作处理器线程
                libOpHandler.start();  //启动操作处理器线程
            } catch (IOException e2) {
                log(e2);
            }
        }
    }
    protected void log(Object msg) {
        System.out.println(CurrDateTime.currDateTime()
            + "LibServer 类: " + msg);
    }
    public static void main(String []args) {
        int port = 6666;  //设置默认启动端口号
        if (args.length == 1) {
            port = Integer.parseInt(args[0]);
        }
        new LibServer(port);
    }
}
```

14. LibOpHandler.java

操作处理器，是用于处理客户端操作请求的线程。该类的代码如下：

```
import java.io.*;
import java.net.*;
import java.util.*;
/**
```

```
* 服务器端线程，监视并处理来自客户端的请求
*/
public class LibOpHandler extends Thread implements LibProtocals {
    protected Socket clientSocket;  //客户端套接字
    protected ObjectOutputStream outputToClient;  //输出流，用于向客户端写数据
    protected ObjectInputStream inputFromClient;  //输入流，用于从客户端读数据
    protected LibDataAccessor libDataAccessor;  //数据存取器，用于操作数据库
    protected boolean done;  //是否停止监听
    public LibOpHandler(Socket theClinetSocket) throws IOException {
        clientSocket = theClinetSocket;
        outputToClient =
          new ObjectOutputStream(clientSocket.getOutputStream());
        inputFromClient =
          new ObjectInputStream(clientSocket.getInputStream());
        libDataAccessor = new LibDataAccessor();
        done = false;
    }
    public void run() {
        try {
            while (!done) {
                log("等待命令...");
                int opCode =
                  inputFromClient.readInt();  //从客户端读数据(协议信息)
                log("opCode = " + opCode);
                switch (opCode) {  //根据不同的协议信息，进行相应的操作
                    case OP_GET_BOOK_DETAILS:
                        opGetBookDetails();  //读图书详细信息
                        break;
                    case OP_GET_BOOK_LIBINFO:
                        opGetBookLibInfo();  //读图书馆藏信息
                        break;
                    case OP_GET_BORROWINFO:
                        opGetBorrowInfo();  //读"我的借阅"信息
                        break;
                    default:
                        log("错误代码");
                }
            }
        } catch (IOException e1) {
            try {
                clientSocket.close();
            } catch (Exception e2) {
                log("run 异常" + e2);
            }
            log(clientSocket.getInetAddress() + "客户离开了");
        }
    }
    /* 读图书详细信息 */
    protected void opGetBookDetails() {
        try {
            log("读图书基本数据");
            String field = (String)inputFromClient.readObject();
            String keyword = (String)inputFromClient.readObject();
            ArrayList<BookDetails> bookList =
              libDataAccessor.getBookDetails(field, keyword);
            outputToClient.writeObject(bookList);
            outputToClient.flush();
```

```
            log("发出 " + bookList.size() + " 本图书信息到客户端.");
        } catch (IOException exc) {
            log("发生 I/O 异常: " + exc);
        } catch (ClassNotFoundException exc) {
            log("发生找不到类异常: " + exc);
            exc.printStackTrace();
        }
    }
    /*读图书馆藏信息*/
    protected void opGetBookLibInfo() {
        try {
            log("读图书馆藏情况");
            String isbn = (String)inputFromClient.readObject();
            log("书 ISBN 号是 : " + isbn);
            ArrayList<BookInLibrary> bookLibList =
              libDataAccessor.getBookLibInfo(isbn);
            outputToClient.writeObject(bookLibList);
            outputToClient.flush();
            log("发出 " + bookLibList.size() + " 条藏书信息到客户端.");
        } catch (IOException exc) {
            log("发生异常: " + exc);
            exc.printStackTrace();
        } catch (ClassNotFoundException exc) {
            log("发生异常: " + exc);
            exc.printStackTrace();
        }
    }
    /*读"我的借阅"信息*/
    protected void opGetBorrowInfo() {
        try {
            log("读用户借阅情况");
            String readerid = (String)inputFromClient.readObject();
            log("读者 ID : " + readerid);
            ArrayList<BorrowInfo> borrowList =
              libDataAccessor.getBorrowInfo(readerid);
            outputToClient.writeObject(borrowList);
            outputToClient.flush();
            log("发出 " + borrowList.size() + " 条借阅信息到客户端.");
        } catch (IOException exc) {
            log("发生异常: " + exc);
            exc.printStackTrace();
        } catch (ClassNotFoundException exc) {
            log("发生异常: " + exc);
            exc.printStackTrace();
        }
    }
    public void setDone(boolean flag) {
        done = flag;
    }
    protected void log(Object msg) {
        System.out.println(CurrDateTime.currDateTime()
          + "LibOpHandler 类: " + msg);
    }
}
```

343

15. LibDataAccessor.java

数据存取器类，用于接收操作处理器的指令，完成数据的存取，并将处理结果返回到客户端，该类的代码如下：

```java
import java.util.*;
import java.util.Date;
import java.sql.*;
/**
* 数据存取器，用于从数据库中读取相关信息
*/
public class LibDataAccessor {
    private ArrayList<BookDetails> bookDataList; //图书详细信息列表
    private ArrayList<BookInLibrary> bookLibList; //图书馆藏信息列表
    private ArrayList<BorrowInfo> borrowDataList; //"我的借阅"信息列表
    private DbInfoGetter dbInfo; //数据库参数读取器
    private Connection con = null; //数据库连接对象
    private Statement stmt = null; //定义操作对象，用于执行 SQL 语句
    private ResultSet rs = null; //数据库操作结果集
    private String dbDriver; //数据库驱动程序
    private String dbURL; //数据库连接 URL
    private String dbUser; //数据库用户名
    private String dbPassword; //数据库用户密码
    public LibDataAccessor() {
        dbInfo = new DbInfoGetter();
        dbDriver = dbInfo.getDbDriver();
        dbURL = dbInfo.getDbURL();
        dbUser = dbInfo.getDbUser();
        dbPassword = dbInfo.getDbPassword();
        try {
            Class.forName(dbDriver); //加载数据库驱动程序
        } catch (ClassNotFoundException e) {
            log("找不到数据库驱动程序");
        }
    }
    /*从数据库中获取图书详细信息*/
    public ArrayList<BookDetails> getBookDetails(
      String theField, String theKeyword) {
        try {
            con = DriverManager.getConnection(
              dbURL, dbUser, dbPassword); //获取连接
        } catch (SQLException ee) {
            log("建立数据库连接失败!");
        }
        try {
            stmt = con.createStatement();
            String pSql = "SELECT * FROM bookdata WHERE " + theField
              + " LIKE '%" + theKeyword + "%'";
            rs = stmt.executeQuery(pSql);
            bookDataList = new ArrayList<BookDetails>();
            BookDetails bookDetails;
            String isbn; //ISBN 号
            String name; //书名
            String series; //丛书名
```

```
        String authors; //作者
        String publisher; //出版信息，包括出版地点、出版社名、出版日期
        String size; //图书开本
        int pages; //页数
        double price; //定价
        String introduction; //图书简介
        String picture; //封面图片
        String clnum; //图书分类号
        while (rs.next()) {
            isbn = rs.getString("isbn");
            name = rs.getString("name");
            series = rs.getString("series");
            authors = rs.getString("authors");
            publisher = rs.getString("publisher");
            size = rs.getString("size");
            pages = rs.getInt("pages");
            price = rs.getDouble("price");
            introduction = rs.getString("introduction");
            picture = rs.getString("picture");
            clnum = rs.getString("clnum");
            bookDetails =
              new BookDetails(isbn, name, series, authors, publisher,
              size, pages, price, introduction, picture, clnum);
            bookDataList.add(bookDetails);
        }
        rs.close();
        stmt.close();
        con.close();
        return bookDataList;
    } catch (SQLException e1) {
        log("数据库读异常，" + e1);
        return bookDataList;
    }
}
/*从数据库中获取图书馆藏信息*/
public ArrayList<BookInLibrary> getBookLibInfo(String isbn) {
    try {
        con = DriverManager.getConnection(dbURL, dbUser, dbPassword);
    } catch (SQLException ee) {
        log("建立数据库连接失败！");
    }
    try {
        stmt = con.createStatement();
        String pSql =
          "SELECT * FROM bookinfo WHERE bookinfo.isbn like '%"
          + isbn + "%' ";
        rs = stmt.executeQuery(pSql);
        bookLibList = new ArrayList<BookInLibrary>();
        BookInLibrary bookInLibrary = null;
        String barCode; //图书条形码
        int status; //是否在馆。1：在；0：不在
        String location; //馆藏位置
        Date dueReturnDate; //应还日期
        while (rs.next()) {
            barCode = rs.getString("barcode");
            status = rs.getInt("status");
            location = rs.getString("location");
```

```java
          dueReturnDate = rs.getDate("duedate");
          bookInLibrary =
            new BookInLibrary(barCode, status, location, dueReturnDate);
          bookLibList.add(bookInLibrary);
        }
        rs.close();
        stmt.close();
        con.close();
        return bookLibList;
    } catch (SQLException e1) {
        log("数据库读异常, " + e1);
        return bookLibList;
    }
}
/*从数据库中获取"我的借阅"信息*/
public ArrayList<BorrowInfo> getBorrowInfo(String readerID) {
    try {
        con = DriverManager.getConnection(dbURL, dbUser, dbPassword);
    } catch (SQLException ee) {
        log("建立数据库连接失败!");
    }
    try {
        stmt = con.createStatement();
        String pSqlSel =
          "SELECT bookdata.name, bookdata.authors, bookdata.publisher,
          lendinfo.borrowdate, lendinfo.duedate, lendinfo.returndate,
          lendinfo.overduedays, lendinfo.fine";
        String pSqlFrom = " FROM lendinfo, bookdata, bookinfo";
        String pSqlWhere = " WHERE lendinfo.readerid = '" + readerID
          + "' AND lendinfo.bookcode = bookinfo.barcode
          AND bookinfo.isbn = bookdata.isbn";
        String pSql = pSqlSel + pSqlFrom + pSqlWhere;
        rs = stmt.executeQuery(pSql);
        borrowDataList = new ArrayList<BorrowInfo>();
        BorrowInfo borrowInfo = null;
        String bookName;
        String bookAuthors;
        String pubilisher;
        Date borrowDate;
        Date dueDate;
        Date returnDate;
        int overDueDays;
        double finedMoney;
        while (rs.next()) {
            bookName = rs.getString("name");
            bookAuthors = rs.getString("authors");
            pubilisher = rs.getString("publisher");
            borrowDate = rs.getDate("borrowdate");
            dueDate = rs.getDate("duedate");
            returnDate = rs.getDate("returndate");
            overDueDays = rs.getInt("overduedays");
            finedMoney = rs.getDouble("fine");
            borrowInfo =
              new BorrowInfo(bookName, bookAuthors, pubilisher,
              borrowDate, dueDate, returnDate, overDueDays, finedMoney);
            borrowDataList.add(borrowInfo);
        }
        rs.close();
        stmt.close();
```

```
                con.close();
                return borrowDataList;
            } catch (SQLException e1) {
                log("数据库读异常, " + e1);
                return borrowDataList;
            }
        }
    protected void log(Object msg) {
        System.out.println(CurrDateTime.currDateTime()
            + "LibDataAccessorr 类: " + msg);
    }
}
```

16. DbInfoGetter.java

数据库信息读取器，用于读取数据库的连接参数。该类的代码如下：

```
import java.io.*;
import java.util.Properties;
/**
* 用于读连接数据库时所用到的有关参数，如数据库的驱动程序、数据库所在主机的 URL、
* 用于连接数据库的用户名、密码
*/
public class DbInfoGetter {
    private String dbDriver;  //数据库驱动程序
    private String dbURL;  //数据库连接 URL
    private String dbUser;  //数据库用户名
    private String dbPassword;  //数据库用户密码
    public DbInfoGetter() {
        Properties properties =
          new Properties(); //使用 JDK 的 Properties 类读取本地文件
        try {
            InputStream inputstream = new FileInputStream("dbInfo.txt");
            properties.load(inputstream);
            if (inputstream != null) {
                inputstream.close();
            }
        } catch (FileNotFoundException e1) {
            System.out.println("没找到 dbInfo.txt 文件!");
        } catch (IOException e2) {
            System.out.println("I/O Error!");
        }
        dbDriver = properties.getProperty("dbdriver");
        dbURL = properties.getProperty("dburl");
        dbUser = properties.getProperty("dbuser");
        dbPassword = properties.getProperty("dbpwd");
    }
    public String getDbDriver() {
        return dbDriver;
    }
    public String getDbURL() {
        return dbURL;
    }
    public String getDbUser() {
        return dbUser;
    }
    public String getDbPassword() {
```

```
            return dbPassword;
        }
}
```

17. CurrDateTime.java

时间日期处理器，以不同的格式显示当前的时间和日期。该类的代码如下：

```java
import java.text.SimpleDateFormat;
import java.util.Date;
/**
 * 返回系统的当前日期和时间，时间精确到毫秒
 */
public class CurrDateTime {
    /**
     * 静态方法，返回系统当前时间
     */
    public static String currTime() {
        return new SimpleDateFormat("[HH:mm:ss:SSS]").format(new Date());
    }
    /**
     * 静态方法，返回系统当前的日期
     */
    public static String currDate() {
        return new SimpleDateFormat("[yyyy-MM-dd]").format(new Date());
    }
    /**
     * 静态方法，返回系统当前的日期和时间
     */
    public static String currDateTime() {
        return new SimpleDateFormat("[yyyy-MM-dd HH:mm:ss:SSS] ")
          .format(new Date());
    }
    public static String myDateTime(String datetimeformat) {
        return new SimpleDateFormat(datetimeformat).format(new Date());
    }
}
```

11.5　系统开发运行环境

本节介绍图书信息查询系统的开发运行环境。

11.5.1　运行环境

1. 硬件环境

本系统对硬件环境要求不高，在普通的 PC 机上就可以运行。由于本系统是 C/S 结构，即客户/服务器结构，所以最好准备好两台机器，一台运行服务器，一台运行客户端。

2. 软件环境

本系统在如下软件平台上测试通过。

- 操作系统：Windows XP SP3
- Java 虚拟机：jdk-6u16-windows-i586.exe
- 开发环境：MyEclipse 7.0(可选)

11.5.2 系统的运行

1. 服务器端程序的运行

在如图 11.36 所示的窗口中选择 libServer.java；然后，在如图 11.37 所示的窗口中选择 Java Application 菜单命令，即可运行服务器端程序。

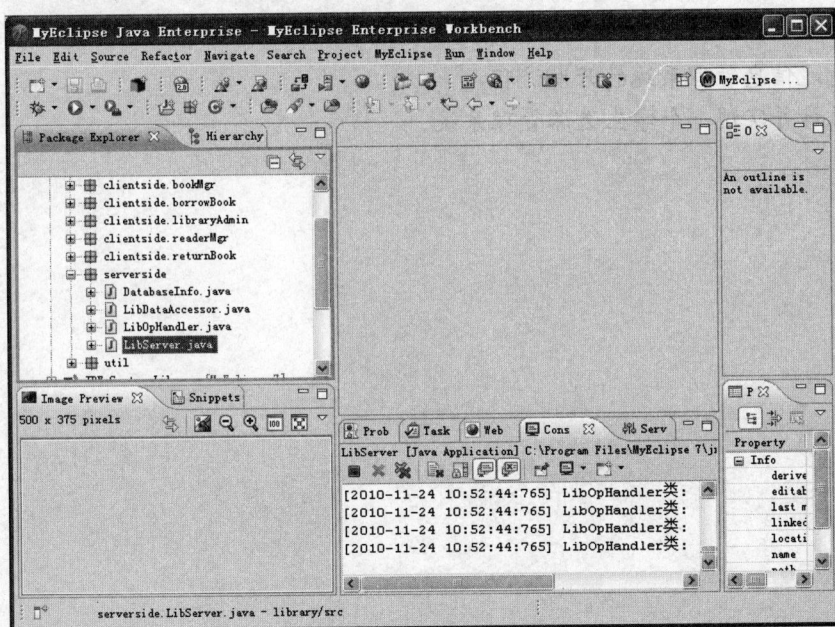

图 11.36　选择服务器端主程序

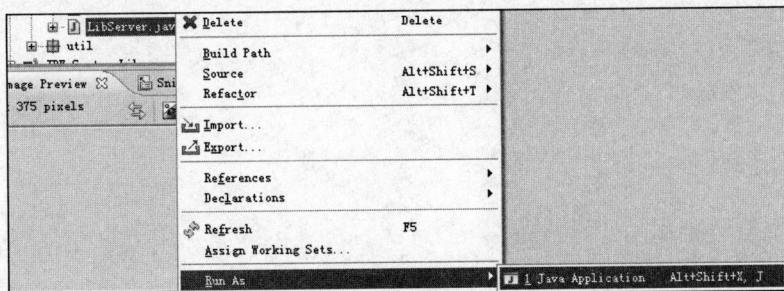

图 11.37　运行 Java 应用程序

2. 客户端程序的运行

运行客户端程序的方法和运行服务器端程序的方法一样，只不过是在如图 11.36 所示的窗口中需要选择的是 Library.java 而已，因此，不再做过多的介绍。

11.6 本 章 小 结

本章从系统需求分析、系统设计、系统实现、系统的运行与发布等环节，给出了图书馆信息管理系统的设计与开发的基本过程。由于篇幅所限，本章只给出了图书检索、图书详情查询和读者借阅情况查询 3 个功能模块的实现代码。

习 题

1. 简述信息管理系统的开发流程。
2. 设计并实现一个学生选课管理系统。